호텔관광 경영론

김 성 혁 저

Hospitality & Tourism
Management

백산출판사

▌머리말

관광학의 역사는 타 학문에 비해 그다지 길지 않다. 오히려 신생학문으로 역사는 비교적 매우 짧다고 말할 수 있는데, 그럼에도 불구하고 관광학은 응용학문적 성격으로 인해 호텔경영, 관광경영의 실천적 과업을 현실세계에서는 매우 갈망하고 있다.

특히 국내에서 1970년대 초기에 개설된 관광학과는 곧이어 실천적인 경영학의 성격을 강조하는 관광경영학과의 개설 및 기존학과의 명칭변경이 이루어졌고, 1990년대 이후에는 여러 대학교에서 호텔경영학과가 신설되었다. 그 후로 외식경영학과, 항공경영학과, 컨벤션학과, 카지노학과 등 서비스 및 환대산업 관련 학과의 개설이 뒤를 이었다. 그러나 이렇듯 자칫 개별업체들의 특징을 가진 학과들이 무수하게 생겨나면서 학문적 정체성에 대한 논의가 대두되기도 하였다.

그러한 가운데 학자들 사이에 관광경영학과 과목의 다양성과 포괄성 및 통합성에 대해 많은 논의가 있었고 다학제적인 학문적 특성을 강조하는「관광학연구」학술지를 비롯해 호텔경영학회지 등 다수의 학술지가 호텔·관광경영 분야를 비롯해 각 세부 분야의 전공영역 연구에 박차를 가하고 호텔·관광경영 및 관련 분야의 학문적인 밑거름을 담당하게 되었다.

그러나 최근 한국의 대학들은 학령인구의 감소와 더불어 대학입학정원의 축소, 그리고 유사 학문 및 유사학과의 통폐합 등으로 인해 커리큘럼의 급격한 변화를 보이고 있다. 많은 대학에서 호텔·관광관련 학과들은 학부제 또는 통폐합의 파고 속에서 혼합적이고 망라적인 새로운 과목을 개설하지 않으면 안되게 되었다.

이러한 환경 하에서 본서는 관광경영론과 호텔경영론을 동시에 학습할 수 있는 과목의 필요성으로 인해 탄생하게 된 것이다. 현재 국내에서는 아직까지 광범위한 영역에 걸쳐있는 관광경영론의 범주와, 확장일로에 있는 환대산업의 경영이론을 한 권으로 학습할 수 있는 저서는 전무한 형편이다. 본서는 이제까지 두 학과에서 학습하던 학문적 내용을 하나의 원리로 풀어내려는 저자의 고민이 고스란히 담겨있다.

필자는 이미 몇 년 전에 관광경영론을 출간한 바 있다. 그때에도 관광경영론의 체계 및 내용에 대해 오랜 기간 많은 고민을 하였다. 이번에 본서를 출간하는 데에도 매우 많은 고민과 숙고를 거듭하였다. 원래는 관광학의 한 줄기에서 經營(management)의 측면을 강조하면서 파생한 두 과목이 어떠한 원리 아래에 융합되어야 하는가? 학문의 길은 멀고 험하고 한 개인의 욕심은 향후 후학들을 위해 얼마만큼의 기여를 할 수 있을까 고민하는 시간들이었다.

이와 같은 상황에서 본서는 우선 졸저 「최신 관광경영론」의 형식 및 내용 등을 활용해 일부 문장을 재사용하면서 또한 호텔경영의 내용을 가감하였고 한편으로 경영학의 틀을 적용하면서 새로운 부분을 추가하려 시도하였다. 특히 호텔관광 다국적 경영, 호텔관광기업의 윤리경영 부분을 강조함으로써 차후 세부학문 분야의 발전을 기대하고 있다.

그러나 완성된 원고를 읽어보니 참으로 부족한 부분이 많은 것을 느낀다. 원래부터 학문영역에서 통합 또는 화합이란 시도는 어설픈 일인지도 모른다. 본서는 천리길을 가는 첫 걸음이라 생각하고, 앞으로 수정 보완하고자 한다.

본서의 기획에 대한 저자의 의견을 받아주고 마지막까지 출간을 인내심을 갖고 지켜봐주신 진욱상 사장님께 우선 감사드린다. 한 해가 다가는 세밑가지에 원고를 넘기면서 빠른 교정을 재촉한 저자의 마음을 헤아려주고 신속하게 편집업무를 맞춰준 편집부장님과 편집부 직원들께 감사드린다.

저자 씀

▋차례

제3장 | 호텔 · 관광경영자의 리더십과 전략적 사고 / 95

제6장 | 호텔·관광기업의 인적자원관리 / 205

제7장 │ 호텔·관광기업의 마케팅관리 / 237

제8장 호텔·관광기업의 서비스관리 / 271

제9장 │ 호텔 · 관광기업의 품질관리 / 303

제10장 | 호텔・관광전략계획 / 329

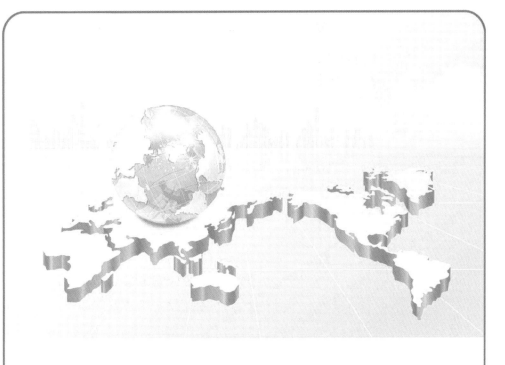

제1장 | 경영과 경영자의 이해

제1절 경영의 의미

1. 존경받는 기업

기업은 조직이다. 조직을 단순하게 정의한다면 공통의 목적을 추구하는 사람들의 집단이라고 할 수 있다. 조직을 사람들의 집단이라고 하지만 기업의 구성원은 항상 변한다. 기업을 하나의 생명체로 간주한다면 구성원의 끊임없는 순환은 기업의 영속성을 유지하는데 중요한 전제조건이라고 할 수 있다. 우리는 영속성을 전제로 해서 기업을 계속기업(going concern)으로 표현하기도 한다.

우리들 주위에는 제품의 이름만 들어도 어떤 회사가 그것을 만드는지 쉽게 알 수 있는 기업이 많다. 이러한 기업들이 제공하는 제품과 서비스를 통해 우리는 풍요로운 생활을 누리고 있는 것이다. <표 1.1>에는 글로벌 10대 존경받는 기업이 순위별로 나타나 있다.

이들 기업들은 어떻게 해서 세계 일류기업으로 성공하게 되었을까? 존경 받는 이유는 무엇보다도 경영을 잘해 왔기 때문일 것이다. 그것뿐일까? 이들 기업들은 복잡하고 어려운 경영문제들을 잘 해결해왔을 뿐 아니라 다른 기업들이 쉽게 모방하기 힘든 독특한 경영방식을 구축해 오늘날과 같은 세계적인 기업으로 발전해 온 것이다. 여러분들은 세계적인 500대 기업을 찾아보고 그들이 성공한 이유는 무엇일까를 생각해 보는 것도 좋을 것이다.

〈표 1.1〉 글로벌 10대 존경받는 기업

순위	2009년도	2010년도
1	Apple Computer	Apple Computer
2	Google	Google
3	Berkshire Hathaway	Berkshire Hathaway
4	Johnson & Johnson	Southwest Airlines
5	Amazon.com	Procter & Gamble
6	Procter & Gamble	Coca-Cola
7	Toyota Moter	Amazon.com
8	Goldman Sachs Group	FedEX
9	Wal-Mart Stores	Microsoft
10	Coca-Cola	McDonald

자료: Fortune, 2010, 2011

2. 경영의 일반적 정의

경영이란 일반적으로 개인이나 사회 전체의 안락과 복리를 위하여 필요한 상품 및 서비스를 생산하고 분배 또는 관리하는 사람들의 제반 활동을 일컫는 말이다. 즉 경영은 개인으로서 달성할 수 없는 조직목표를 달성하기 위해 집단 속에서 함께 일하는 환경을 조성하고 유지·발전해 나가는 과정으로서 이해할 수 있다.

경영은 영어로 management[1] 또는 business라고 한다. 이 영어에서는 사회적 존재로서 생존하고 발전하기 위한 나름대로의 목적을 달성하려고 내리게 되는 최적의 의사결정 과정을 의미하고 있다. 환언하면 모든 경제주체가 각각 사회적 존재로서 생존하고 발전하기 위해 인적 자원, 물적 자원, 자본 등을 계획·조직·지휘·통제하는 연속적인 과정을 뜻한다고 할 수 있다. 이러한 경영의 개념은 좁은 의미로는 영리조직인 기업의 경영만을 의미하지만 넓은 의미로는 기업을 포함하여 가정이나 국가, 학교, 종교단체 등 비영리조직의 경영까지도 포함한다. 과거에는 국가행정, 도시행정, 학교운영, 병원운영, 마을운영이라고 하던 것이 최근에는 국가경영, 도시경영, 학교경영, 병원경영, 마을경영이라고 하고 있다. 따라서 현대 경영은 영리조직뿐만 아니라 비영리조직을 포함한 모든 조직을 운영하는 기본원리라고 할 수 있다. 즉 경영은 모든 조직에 적용된다.

경영은 기본적인 개념을 중심으로 다음과 같이 요약할 수 있을 것이다.

① 경영관리는 어느 조직에나 적용된다.

② 경영관리의 수행은 생산성과 연관된다. 생산성은 효율성(efficiency)과 효과성(effectiveness)을 내포하고 있다.

③ 경영관리는 모든 조직계층의 경영관리자에게 적용된다.

④ 경영관리자는 계획화, 조직화, 지휘화, 통제화의 관리직능을 수행한다.

⑤ 모든 관리자들의 목표는 동일하다. 그것은 부가가치의 창출이다.

---

1) management란 말은 '손'을 뜻하는 라틴어 'manus'에서 비롯되었다고 한다. 이것에서부터 '말(馬)을 훈련시킨다'는 이탈리아어의 'managgiare'가 파생되었으며 영어로 바뀌면서 경영한다, 관리한다는 뜻을 갖게 되었다. 경영이라는 management를 풀어보면 man-age-ment가 된다고 한다. 이는 사람이 나이가 들어서 지혜로워지면 내리는 의사결정 내지는 활동으로 해석할 수 있다. 또한 경영을 business라고도 하는데 이것의 어원은 busy라는 말이다. 이는 사람이 사회적 존재로서 생존하고 발전하기 위해 몹시 바쁘게 뛰는 것을 의미한다.

3. 경영을 보는 관점

경영을 어떻게 보는가는 그것을 보는 관점에 따라 나누어진다.

1) 업무 측면에서 보는 관점(역할로서의 기능)

기업은 먼저 조직체계가 성립되고 정보를 전달하는 정보시스템이 확립된 기반 위에서 실제적인 경영활동을 수행한다. 일반적으로 기업에서 부서를 만드는 경우에 업무의 성격별로 구분하는 경우가 많은데, 이것도 경영활동을 업무의 성격별로 구분하는 관점이다.

- 인사활동 : 기업활동에 필요한 인력을 채용, 관리, 운영하는 활동
- 마케팅활동 : 기업이 생산할 혹은 생산한 제품과 서비스의 구성, 가격, 유통, 촉진 등에 관련된 활동
- 생산·제조활동 : 상품이나 서비스를 만들어내는 과정으로서 자원을 조달하고 결합, 변형시키는 활동
- 재무활동 : 생산, 인사, 판매 등에 필요한 자본을 조달하고 관리·운영하는 활동

〈그림 1.1〉 기업경영의 4가지 기둥과 2가지 기반

2) 과정측면에서 보는 관점

일반적으로 경영은 조직과 밀접한 관련성을 가지고 있으며 이 관점은 조직의 목표를 달성하기 위해 요구되는 프로세스별로 경영활동을 나누는 것이다. 이러한 관점은 기업의 규모가 확대되고 업무가 복합해질수록 더욱더 강조된다. 경영은 계획(P) → 조직화(O) → 지휘(L) → 통제(C)의 과정이다. 이러한 4가지 요소가 원활하게 수행되어야만 조직은 많은 성과를 거둘 수 있다.

- 계획활동(planning) : 조직의 비전과 목표를 세우고 그것을 어떻게 달성할 것인가 가장 좋은 방안을 찾는 활동
- 조직화활동(organizing) : 수립된 계획을 성공적으로 달성하기 위해 조직과 업무를 체계적으로 수행하도록 업무의 담당, 보고, 협조 등을 결정하는 활동
- 지휘활동(leading) : 기업의 목표를 달성하기 위하여 요구되는 업무를 잘 수행하도록 상충되는 이해관계를 조정하고 협조하는 분위기를 조성하는 활동
- 통제활동(controlling) : 일의 수행 결과 얻은 실적을 확인, 분석, 예측해 가며 종업원이 수행하는 업무가 제대로 추진되고 있는가를 확인하고 문제가 있을 때 수정하는 활동

3) 흐름 측면에서 보는 관점

전통적인 경영의 개념은 관리 '과정'의 관점에서 이해되어 왔다. 앞에서 언급한 과정측면에서 보는 관점은 '흐름' 측면과 동일한 것이지만, 여기서는 POLC로 보는 것이 아니고, 흐름 측면에서는 이를 PDS순환으로 부르기도 한다. 즉 경영자가 경영목표를 설정하고 경영자원을 조달·배분하여 경영활동을 수행하고 이러한 것들을 통제하는 일련의 '흐름'으로 이해되고 있다.

- 계획(plan) : 목표설정과 목표에 이르는 경로를 설계하는 단계
- 실행(do) : 설정된 목표와 경로에 따라 자원을 조달하고 배분하며 경영활동을 수행하는 단계
- 평가(see) : 수행된 활동을 감독하고 교정하는 단계

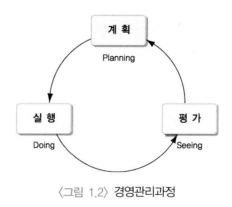

〈그림 1.2〉 경영관리과정

4) 의사결정 측면에서 보는 관점

기업의 다양한 경영활동을 의사결정이 이루어지는 측면에서 다음과 같이 바라볼 수 있다.

- 전략적 의사결정 : 기업의 장기목표 및 자원배분과 관련되어 기업 전체에 영향을 미치는 활동(최고경영층에서 이루어지는 활동)
- 관리적 의사결정 : 기업의 목표를 달성하기 위한 자원의 획득 및 효율적인 사용과 관련된 활동(중간관리층에서 이루어지는 활동)
- 기능적 의사결정 : 특정업무의 효율적이고 효과적인 수행과 관련된 활동(현장매니저 급에서 이루어지는 활동)

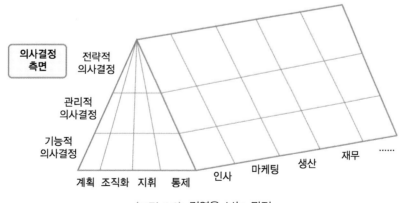

〈그림 1.3〉 경영을 보는 관점

제2절 경영에 필요한 자원과 구성요소

1. 경영에 필요한 자원

경영에는 무엇이 필요한가? 산업사회나 제조업 중심적 사회에서는 토지, 노동, 자본
이 경영활동에 필요한 자원이었으나, 세계화와 정보화가 진전되면서 경쟁이 격화된 현
대사회에서는 사람, 자본, 정보, 전략이 중요한 경영자원으로 떠오르게 되었다.

1) 사람

경영에는 사람이 가장 중요하다. 세상사 모든 일은 사람에 의해 이루어지며 국가의
존망이나 기업의 성패는 사람을 어떻게 다루느냐에 따라 달라진다. 여기서 사람은 인적
자원(human resources)을 의미하며 우리 사회에서 좋은 인재를 채용하려는 기업들의 노
력은 확실한 투자인 것이다. 그러므로 기업경영을 사람경영이라고 부르기까지 한다[2].

2) 자본

경영에는 자본이 필요하다. 자본(capital)은 돈을 의미하며 자금이라고도 한다. 자본은
기업을 창업하고 운영하는데 필요한 자금이며 자체적으로 조달하거나 주식이나 채권
등을 발행하여 조달할 수 있다. 자본은 설비나 건물, 사무실, 종업원 채용 등에 사용되
며, 경영자는 이러한 자본을 확보하여야 이윤 창출활동이 가능하게 된다.

3) 정보

경영에는 정보가 필요하다. 현대사회에서는 정보(information)의 중요성에 대해 아무
리 강조해도 지나침이 없을 것이다. 기업의 경쟁을 정보전이라고도 하며 국가 간에 정
보 확보 노력을 정보전쟁이라고 부르기도 한다. 경영에는 외부환경에 대한 정보를 신

---

2) 일부 학자는 호텔·관광산업을 사람산업이라고 칭하기도 하는데, 이는 인적 자원이 가장 중요한
호텔·관광산업의 특성을 단적으로 표현한 것이기도 하다.

속·정확하게 파악하고 이를 전략적으로 사용할 수 있어야 치열한 경쟁환경에서 유리한 위치를 차지할 수 있고 생존할 수가 있다.

4) 전략

경영에는 전략이 필요하다. 전략(strategy)이란 기업이 목표를 달성하기 위하여 미래에 수행하여야 할 방향을 정하는 것이다. 이것은 기업이 어떤 방향으로 나아가야 할지 또는 그것을 실현시키기 위한 방법이 무엇인지 결정하는 것을 전략이라고 한다. 한편, 전략을 최고경영자의 의지가 담긴 포괄적인 계획 내지 비전이라고 이해할 수도 있다. 전략이나 비전이 없는 기업은 미래가 없다는 것은 나침반이 없이 항해하는 배와 같다는 의미이다.

결국 경영활동은 경영목표를 달성하기 위하여 기업에서 사람, 자본, 정보 등의 이용가능한 모든 자원을 어떻게 활용하는 것이 살아남을 수 있는 방법인가에 대한 전략을 세워 이를 실행에 옮기는 연속적인 작업이라고도 볼 수 있다.

〈그림 1.4〉 경영의 구성요소

2. 경영의 구성요소

1) 경영대상으로서의 조직

사람들은 무인도에 혼자 남겨진 경우가 아니면 무엇인가 얻기 위해 조직에 참여하게된다. 우리가 관심을 가지고 있는 기업도 이러한 조직의 하나이다. 조직이란 특정한 목적을 달성하기 위해 함께 일하는 사람들의 모임이다. 만일 하나씩의 힘을 가진 사람 열명이 모여서 조직체를 만들었을 때, 그 힘의 합계는 열이 아니라 백 명이나 천명 이상의 힘을 발휘할 수 있어야 조직으로서의 가치를 지니게 된다.

(1) 조직의 형태

경제활동을 수행하는 조직으로는 정부, 기업, 가계가 있다. 정부는 중앙정부와 지방정부로 나눌 수 있고, 기업은 정부가 경영권을 가지고 있는 공기업과 민간인이 경영권을 가지고 있는 사기업으로 나눌 수 있으며, 사기업은 다시 영리기업과 비영리기업으로 나누어진다.

(2) 조직의 목적

조직은 부여받은 역할에 따라 제각기 다른 목적을 추구하게 된다. 따라서 여러 가지 조직의 대표적인 목적이 있는데, 영리기업이 추구하는 목적에는 수익성, 안정성, 성장성이 대표적인 것이지만 그 외에도 여러 가지가 있을 수 있다.

어떤 형태의 조직이더라도 그 조직을 이끄는 사람은 그 조직의 목적을 달성하기 위하여 능력을 발휘해야 하는데, 그런 사람을 경영자라고 한다.

〈그림 1.5〉 기업경영의 구성요소

2) 경영내용으로서의 전략, 관리, 운영

경영의 내용으로는 전략(strategy), 관리(management), 운영(operation) 등 세 가지 활동이 있다. 전략은 조직체의 사회적 역할에 따라 목적을 설정하고 그 목적을 달성하기 위하여 외부환경으로부터 주어진 기회를 포착하는 의사결정활동을 말한다. 관리란 결정된 전략을 실행하는데 투입되는 자원을 최소화하거나 주어진 자원을 이용하여 추구하는 목표의 달성도를 최대화하는 활동 또는 이 두 가지를 동시에 추구하는 활동을 말한다. 운영이란 관리활동을 사전적으로 정해진 방식과 체계에 따라 수행하는 것을 말한다.

예를 들어 최고경영자가 호텔산업에 진출할 것인지 아닌지를 결정하는 것은 전략적 차원의 문제이며, 호텔을 건설하는데 어떻게 하면 원가를 줄일 수 있을까 하는 것은 관리적 차원의 문제이다. 또한 운영은 미리 정해진 방식에 따라 객실서비스를 제공하는 것을 말한다.

3. 기업의 사회적 책임은?

1) 경영과 기업

조직이나 집단에서 경영적 사고, 즉 경영마인드를 필요로 하지 않은 곳은 없다. 기업 (enterprise)은 경영활동이 가장 두드러진 경제주체로서 현대 자본주의 국가경제의 근간 이 되고 있다. 이러한 기업은 인간의 욕구를 만족시켜주는 제품이나 서비스를 생산하고 판매하여 이윤을 추구하는 경제주체를 말한다. 이러한 기업은 가계 및 정부와의 상호활 동을 통하여 긴밀히 연결되어 있다.

기업은 이윤을 추구하기 위해 모인 영리조직이므로 이윤을 극대화하여 기업의 가치 를 높여야 한다. 이 때 기업이 이윤을 극대화하여 기업가치 또한 극대화하려는 활동을 경영활동이라고 한다. 기업은 외형적으로 보이는 기업 그 자체로는 아무런 의미를 갖지 못한다. 단순하게 건물이나 기자재를 갖추고 종업원을 채용한다고 해서 기업이 유지·발전되는 것이 아니다. 일정한 계획 하에서 이러한 자원을 전략적으로 활용해야 기업이 원활히 굴러갈 수 있다. 이와 같이 기업이 정상적으로 운영될 수 있도록 여러 자원들을 효과적으로 활용하여 계획·조직화·지휘·통제하는 활동이 바로 경영인 것이다.

2) 기업의 사회적 책임

기업의 사회적 책임(social responsibility)이란 기업의 의사결정이 특정개인이나 사회 전반에 미칠 수 있는 영향을 고려해야 하는 의무를 말한다. 기업은 정부, 주주, 종업원,

공급자, 고객, 경쟁자, 지역사회 등 다양한 이해자 집단과의 공공이익을 도모할 수 있는 경영을 지속해 나가야만 사회적 책임을 다하는 것이 된다.

(1) 기업을 유지·발전시키는 책임

기업을 전체사회를 구성하는 하나하나의 공동체라고 볼 때, 경영자에게는 적정이윤을 확보함으로써 계속적으로 기업을 유지하고 발전시켜야 할 책임이 있다. 기업이 도산하게 되면 주주나 채권자에게 개인적 손실을 줄 뿐만 아니라 귀중한 자원을 낭비하여 사회적인 손실을 초래하게 된다.

(2) 공정한 경쟁의 책임

적정이윤의 확보를 통해 기업을 유지·발전시킨다는 책임 속에는 다른 기업과의 공정한 경쟁을 통해서 적정한 이윤을 획득해야 하는 것도 포함된다. 대기업 위주의 특혜를 누리거나 우월한 지위를 이용하여 중소기업에 대하여 비효율적인 경영활동을 요구한다거나 대기업의 문어발식 확장은 더 이상 용납되어서는 안 될 것이다.

(3) 이윤의 공평한 분배 책임

기업은 적정한 이윤을 유지하면서 종업원이나 기업관계자들에게 공정한 분배를 통해 삶의 질을 향상시킬 책임이 있다. 근로자에게 적정임금을 지급하고 출자자에게는 적정배당을 하고 국가에는 합당한 세금을 내며 협력업체나 거래처에 대해서는 거래에 대한 확실한 대가를 지급해야 한다.

(4) 환경에 대한 책임

급격한 산업화에 따른 각종 오염으로 인하여 생활환경이 날로 악화되고 있다. 기업은 환경오염의 주요 원인제공자이기 때문에 많은 비난을 받고 있다. 따라서 기업은 오염을 방지하고 생활환경을 보호하고 개선해야 할 의무를 저버려서는 안 될 것이다.

(5) 지역사회에 대한 책임

기업이 영리추구를 목적으로 하여 이윤을 확보하였다면 그 이윤은 기업만의 노력으로 달성된 것은 아니다. 주변 사람들과 단체 및 기관이 직·간접으로 지원하였기 때문에 성장·발전할 수 있는 것이다. 그러므로 기업은 소재지에 대한 이윤 환원활동을 하고 아울러 사회전체적인 문제에도 적극적으로 지원을 할 수 있어야 한다.

제3절 경영자의 의미와 유형

1. 경영자란?

기업가(enterpriser)란 기능자본가 또는 소유경영자(owner)라고도 하며, 기업에 출자자임과 동시에 스스로 경영을 담당하는 사람을 의미한다. 여기서 기업가는 자본을 출자하여 기업의 위험을 부담하는 동시에 기업 내에서 경영관리를 직접 수행하는 관리자를 뜻한다. 그러나 기업제도의 발전과 함께 기업이 대규모화하고 전문적인 경영자에게 기본적인 경영기능을 위양하게 되면서 기업가로서의 신분은 점차 약화되게 되었고, 경영관리 기능을 전문적으로 담당하는 경영자(manager, executive)라는 개념이 등장하게 되었다.

〈표 1.2〉 기업가와 전문경영자의 특성(개인적 속성 및 특성)

성공적인 기업가	비성공적인 기업가	전문경영자
• 헌신적인 태도 • 지구력이 강함 • 강한 개성 • 독립적 • 위험감수 • 현실적인 목표 • 논리 • 스스로의 가치와 표준 • 일에 열중 • 희생정신 • 기업제일주의 • 기업에 대한 풍부한 지식 • 팀 구축자 • 장시간 근무 • 기업을 이루는데 5~10년 소요 • 혁신과 창의	• 자기중심적 • 타인에 귀 기울이지 않음 • 크고 작은 위험부담 • 불분명한 목표 • 기업구축보다 돈을 더욱 중시 • 성공적인 기업가가 지닌 점을 거의 갖추고 있지 못함	• 기능과 전문성을 지님 • 목표를 설정할 수 있음 • 지휘와 동기부여 능력 • 자신감 • 결단력 • 경쟁심이 있음 • 미래를 유념 • 신중한 위험감수 • 조직의 가치 • 지위의 보장에 관심 • 보다 상례적인 일에 관심 • 직업보장 중시 • 위험 회피 • 관리기술 중시 • 현상유지 및 능률향상적

* Timmons, J. A., L. E. Smollen & A. L. Danger(1997), *New Venture Creation*, Homewood Ⅲ, Richard D. Irwin.

투자자인 기업가는 소유기업에 대한 경영지배 내지는 영향력 행사를 최소화하게 되었으며, 고용경영자(employed manager) 또는 전문경영자(professional manager)가 기업의 주역으로 자리잡게 되었다. 전문경영자는 관리기능을 수행하는데 출자자나 소유자로부터 경영권을 위임받아 종합적이고 장기적인 기업활동을 담당하는 의사결정권자로서 역할을 수행하게 되었다.

2. 경영자의 유형

경영자의 유형은 기업조직의 발전과정에 따른 유형, 직무활동 범위에 따른 유형, 조직의 관리계층에 따라 구분할 수 있다.

1) 기업조직의 발전과정에 따른 유형

기업조직의 발전과 함께 경영자들이 갖추어야 할 지식은 전문화되고 고도화되었다. 또한 기업환경이 다변화되면서 경영자는 더욱 전문성이 요구되었다. <표 1.3>은 소유경영자와 전문경영자 각각의 장점과 단점을 극단적으로 비교하고 있다.

(1) 소유경영자

소유경영자는 자신의 이익이나 목적을 추구하고자 기업을 창설하기 위하여 자본을 출자하고 직접 기업을 경영하는 한편, 기업의 손익에 대한 모든 책임과 의무를 지는 경영자를 의미한다. 소유경영자는 기업의 규모가 작고 생산방법이 단순하기 때문에 개인이 자본출자와 동시에 기업경영까지도 수행하는 소유형태로서 기업을 완전히 소유 및 지배하게 된다.

이러한 형태의 기업은 자본주의 초기에서 출발하여 현대의 중소기업과 같은 비교적 규모가 작은 기업에서 찾아볼 수 있으며, 또한 일부 대규모의 기업에서도 대주주 내지는 소유주가 직접 기업경영을 담당하기도 한다.

(2) 고용경영자

기업의 규모가 점차 확대되고 경영활동의 내용이 복잡해짐에 따라 소유경영자 1인 경영체제에서는 기업가 스스로 모든 경영기능을 감당할 수 없게 되는 한계를 극복하고

자, 경영기능의 일부에 대해 경영자를 고용하여 위양하게 되는데 이를 고용경영자 또는 유급경영자(salaried manager)라 한다.

즉 고용경영자는 출자자의 대리인으로서 경영기능의 일부를 위양받아 기업을 경영하는 사람을 의미한다. 이들은 출자자인 기업가의 이익과 경영방침을 대변하는 고용된 중역(이사)이며 기업가의 대리인으로서 경영업무를 담당하고 성격상 출자자의 이익을 대표하므로 실질적인 소유경영자와 다름이 없는 형태이다.

고용경영자는 전문적인 능력보다는 출자자인 기업가와의 관련성이 있는 학연·지연·충성심 등에 기초하여 고용되는 경향이 많다.

〈표 1.3〉 소유경영자와 전문경영자의 비교

경영체제	소유경영체제	전문경영체제
경영주체	소유경영자	전문경영자
장 점	• 최고경영자의 강력한 리더십 • 과감한 경영혁신 • 외부환경변화에의 효과적 적응	• 민주적 리더십과 자율적 경영 • 경영의 전문화·합리화 • 회사의 안정적 성장
단 점	• 족벌경영의 위험성 • 개인이해와 회사이해의 혼동 • 개인능력에의 지나친 의존 • 부와 권력의 독점 가능성	• 임기의 제한으로 인한 문제점 • 주주 외의 이해관계자에 대한 경시 • 장기적 전망과 투자의 부족 • 단기적 이익 및 성과에의 집착

(3) 전문경영자

기업의 경영규모가 대규모화되고 경영활동이 고도로 복잡해지면서 지금까지의 경영자와는 달리 각 분야에 과학적이고 전문적인 경영지식과 능력을 가지고 있는 경영자가 필요하게 되었다.

전문경영자는 기업경영 전반에 걸쳐 전문적 식견과 기업관리능력 및 전문가적 자질을 보유하고 있는 경영자로서 소유권자(주주)로부터 경영권을 위탁받아 실질적으로 기업을 경영하게 된다. 전문경영자의 등장으로 소유와 경영의 분리가 가능해지고 주주라는 이해집단의 소유권에 구애됨이 없이, 전문경영자에 의해 기업의 사회적 책임과 공익성이 실현되는 산업사회의 경영활동을 할 수 있게 되었다.

2) 직무활동 범위에 따른 유형

경영조직도 상에서 나타나는 경영자는 직무의 범위, 권한과 책임한계, 과업수행의 직능별 차이, 그리고 조직업무 수행의 성격 등에 따라 몇 가지 유형이 나타난다.

(1) 라인경영자(line manager)

경영활동의 목표를 달성하기 위하여 주요 제품이나 서비스를 직접적으로 취급하는 중요 경영활동에 종사하고 책임을 지는 경영자이다. 일반적으로 사장을 비롯하여 인사업무나 판매업무 및 재무업무 등을 담당하는 중역과 부서장 그리고 이들에게 보고하는 모든 매니저들이 포함된다.

(2) 스탭경영자(staff manager)

스탭경영자는 라인경영자들이 경영활동이나 기능을 보다 능률적으로 수행하고 촉진할 수 있도록 전문적 기술과 지식을 제공하거나 지원함으로써 라인활동에 간접적으로 영향을 주는 매니저이다. 스탭경영자의 역할은 기획, 총무, 경리, 인사, 기술, 법률 및 연구개발 등의 경영활동 전반에 걸쳐 조언, 추천, 기술적 전문성을 제공하는 것이다.

(3) 직능경영자(functional manager)

이들은 경영활동이 실질적으로 수행하는 과업영역에 따라 생산, 마케팅, 인사, 회계 등과 같은 어느 한 부분 활동에 책임을 지는 중간관리자 및 하위관리자로서 부분경영자라고도 한다. 이들은 특정 부문의 직능활동을 수행하는 계층이다.

(4) 전반경영자(general manager)

경영활동이나 직능부문의 책임을 총체적인 차원에서 총괄하는 경영자로서 총괄경영자라고도 한다. 총괄경영자는 조직전체의 경영활동이나 부서의 직능부문 또는 특수사업부문의 전략, 계획, 방침 등의 전반적인 경영활동의 책임을 담당한다. 회장, 사장, 이사회의 임원 등 최고경영자들을 의미하며 기업의 최고책임과 동시에 전략계획이나 경영정책을 수립한다. 보통 호텔에서의 G.M은 사장 또는 전무이사에 해당된다.

3) 경영관리계층에 따른 유형

경영관리기능은 최고경영자를 중심으로 관리폭 또는 감독폭에 따라 몇 개의 계층적

집단이 형성되는데 이를 경영관리계층(hierarchy of management)이라고 한다.

(1) 최고경영층(top management)

기업전반에 걸쳐 장기적이고 거시적이며, 전략적인 의사결정을 내리는 가장 핵심적인 경영층으로서 수탁기능, 전반경영기능, 대환경기능, 최고인사기능, 조직기능 등을 수행하는 계층이다. 최고경영층(top manager)은 회장이나 사장(CEO: chief executive officer), 대표이사, 사업본부장, 전무이사, 상무이사, 이사 등을 가리킨다.

(2) 중간경영층(middle management)

최고경영층이 설정한 경영방침이나 경영계획에 따라 담당부문에 관한 감독, 관리의 책임을 맡고 있는 경영자계층이다. 중간관리자로서 상하간의 의사소통의 중계기능과 부문간의 상호조정기능, 자기부문의 종합조정자 역할을 수행하며, 하위관리층을 감독, 지휘 및 교육시키는 기능을 수행한다. 부문별 부장이나 차장, 실장, 국장, 과장급 등이 여기에 속하며 경영보다는 관리기능을 수행하는 것이 강하기 때문에 중간관리층, 또는 부문관리층이라고 한다.

(3) 하위감독층(lower supervisory management), 현장관리자, 일선경영자

하위경영층은 하위감독층이라고도 하는데 중간경영층의 지시를 받고 업무를 직접적으로 수행하고 상부경영층에 보고할 의무를 가지고 있는 계층이다. 일상적이고 단기적인 업무에 대하여 현장의 작업자나 일반사무원들을 지휘·감독하는 계층이며, 중간경영층과의 원만한 조정역할을 위해 문제해결을 위한 상황판단력과 대인관계기능이 필요하게 된다. 현장에서 직접 감독 책임을 지고 있는 현장매니저, 식음료매니저, 계장, 대리, 반장, 조장, 캡틴 등이 여기에 속한다.

경영활동을 하는데 있어서 각 경영자 계층별로 요구되는 경영능력의 상대적 중요성은 다르다. 미국의 경우에 상대적으로 최고경영자의 경우에는 계획활동에, 중간경영자는 조직화활동에, 일선경영자는 통제활동에 비중을 많이 두는 것으로 나타났다(<그림 1.6> 참조).

〈그림 1.6〉 계층별 경영자 역할

제4절 경영자의 역할과 관리기능

1. 경영자의 역할의 이해

경영자의 역할이란 조직의 직무 또는 직위로 인하여 경영자 본인이 수행하여야 할 일련의 행위를 뜻한다. 민츠버그(H. Mintzberg)는 경영자들이 실제로 수행하고 있는 업무(job)를 기초로 하여 경영자의 역할을 세 가지 범주로 보고 있다.

〈그림 1.7〉 경영자의 역할

1) 대인간 역할(interpersonal role)

경영자는 많은 시간을 들여 부하들과 동료, 상급자, 고객, 언론인 등 다양한 사람들을 만난다. 이런 만남을 통해 대표자, 리더, 섭외자(연락자)의 역할을 수행하며 이런 역할들은 경영자에게 부여된 공식권한을 통해 행사하게 된다.

첫째, 대표자 역할(figurehead role)은 경영자의 가장 기본적인 역할로, 법적·사회적 성격을 지닌 상징적인 직무를 수행하는 역할이다.

둘째, 리더의 역할(leader role)은 조직활동의 목표를 달성하기 위해 작업과 관련하여 부하를 독려하고 지도하며, 동기를 부여하고 비전을 제시함으로써 리더십을 발휘하는 역할이다.

셋째, 섭외자 역할(liaison role)은 경영자가 조직외부의 사람이나 집단과 여러 가지 관계를 맺고 유지하는 행동을 말한다. 이는 기업의 성공에 영향을 미칠 수 있는 사람 및 단체로부터의 지원을 모색하는 것이라 할 수 있다.

2) 정보전달의 역할(informational role)

경영자는 대인 접촉을 통해 많은 네트워크를 형성함으로써 중요한 정보의 경로를 만들어간다. 이러한 활동으로 조직의 신경 중추로서 정보탐색자, 정보보급자, 대변인 등의 정보전달 역할을 한다.

첫째, 정보탐색자(정보검색자: monitor role)의 역할은 조직활동에 영향을 주는 각종 정보와 기회, 문제점 등을 찾기 위해 다양한 경로를 통해 수시로 수집하고 검색하는 것을 의미한다.

둘째, 정보보급자의 역할(disseminator role)이란 경영자는 조직 내외부로부터 수집된 정보를 조직구성원들에게 전달하는 직무를 수행하는 것을 의미한다.

셋째, 대변인으로서의 역할(spokesman role)이란 경영자는 조직의 하위자뿐만 아니라 조직외부의 사람에게도 정보를 전달하고 조직의 가치를 반영하는 일련의 사항을 공식적으로 발표하는 업무를 수행해야 한다.

3) 의사결정의 역할(dicisional role)

경영자는 조직활동의 새로운 목표설정과, 조직활동을 효율적이고 효과적으로 달성하기 위하여 의사결정을 하고 있다. 경영자의 역할 가운데 의사결정만큼 중요한 것은 없을 것이다.

첫째, 기업가(enterpreneur)로서의 역할은 조직의 새로운 프로젝트나 사업의 설계 및 착수를 말한다. 환경변화에 대응하여 위험부담을 안고서 새로운 문제에 부딪혀야 하기 때문에 그때마다 기업가로서의 모험을 감수해야 한다.

둘째, 분쟁조정자(disturbance handler)의 역할은 조직의 활동을 원만히 하기 위해 조직활동에 지장을 주는 노사분규, 공급자의 도산이나 계약위반사항 등 각종 위기사항이 발생할 경우 경영자는 적극적으로 대처하여 이들 문제를 해결해야 하는 것을 말한다.

셋째, 자원배분자의 역할(resource allocator)은 조직의 자원과 설비, 인적 자원, 시간 등 부족한 자원을 효과적으로 활용하기 위해 적절하게 배분하는 역할을 말한다. 경영자는 기업의 최대이윤 획득을 위해 이들 자원을 적절하게 배분함으로써 하위자들의 활동을 조정하고 통합하는 일을 한다.

넷째, 협상자(negotiator)의 역할이란 경영자의 협상대상은 대정부간, 고객, 공급자, 노조, 경쟁관계 등에서 발생된다. 경영자는 발생가능한 모든 종류의 갈등에서 상호간의 차이점을 토의하여 합의에 도달할 수 있도록 요구받고 있는 것이다.

2. 경영자의 책임

경영자가 수행해야 할 책임은 기업 내부의 활동에 국한되는 책임과 기업의 대외적 문제에 대한 책임으로 나누어 생각할 수 있다. 대내적 책임은 기업활동의 유지 및 발전에 대한 책임, 기업구성원의 성장에 대한 책임, 후계자 양성에 대한 책임 등이 있으며, 대외적 책임은 이해집단의 조정에 대한 책임, 지역사회의 공헌에 대한 책임으로 나눌 수 있다.

1) 기업의 유지·발전에 대한 책임

조직은 하나의 생명체로서 계속 성장·발전해야 한다. 조직이 경쟁력을 구비하여 환경에 적응하면서 성장·발전하는데 가장 중요한 것이 경영자의 활동이다. 즉 영속성을 지닌 계속기업으로서의 건전성을 유지·존속하는 것이 무엇보다도 중요한 경영자의

'본원적·사회적 책임'이라고 할 수 있다.

2) 종업원의 성장·복지증진에 대한 책임

구성원의 창의력과 능력, 기술은 기업의 경쟁력을 제고하는 데 결정적인 작용을 하며, 구성원은 자신들의 활동에 의한 성과에 따라서 성취감을 얻고 또한 성장·발전하게 된다. 종업원에게 인간적이고 사회적인 성취감을 높여주고 또한 복지증진을 통해 경영 안정화를 도모하며 경영에 참가할 기회를 넓혀주는 것이 경영자의 책임이다.

3) 후계자 양성에 대한 책임

기업이 성장·발전하기 위해서는 급변하는 환경에 적응하면서 경쟁력을 제고할 수 있어야 한다. 기업은 영속성을 지니지만 이러한 과정에서 경영자는 지속적으로 교체된다. 따라서 급변하는 환경에 나타나는 많은 도전의 기회에 대처할 수 있도록 체계적인 젊은 경영자를 육성하는 것이 경영자의 책임이다.

4) 이해집단의 조정에 대한 책임

기업은 주주와 고객, 공급자, 정부기관, 경쟁자, 노조, 소비자단체, 환경단체 등 많은 이해집단의 관심을 받게 된다. 예컨대 노종조합과 경영협의회와의 갈등, 기업지배를 위한 주식의 대량 인수, 지역사회단체와 기업과의 갈등 등은 기업존립에 위협을 주는 요인들이다. 이해집단 사이에 발생하는 갈등에 대한 조정책임은 기업의 관계가 복잡해지면서 그 중요성이 강조되고 있다. 경영자는 이러한 이해집단과 이해관계를 조정해야 하는 책임이 있다.

5) 지역사회의 공헌에 대한 책임

기업활동은 해당 지역과 시장을 기반으로 이루어지므로 지역과 기업은 물과 고기의 관계와 같다. 그러므로 기업은 사회성, 공공성, 공익성을 발전시키는데 기여해야 한다. 특히 경영자는 대기오염이나 수질오염과 같은 환경문제와, 그 지역의 미풍양속을 해치는 행위, 국민건강을 해치는 행위 등과 같은 문제에 관심을 갖고 이를 개선하는 역할을 해야 한다. 또한 기업이윤의 사회환원과 지역발전에 책임을 다해야 한다.

3. 경영자의 관리기술

경영자는 조직활동을 성공적으로 달성하는데 필요한 구체적인 능력이 필요한데 이것을 관리기술(management skills)이라고 한다. 이 관리기술은 선천적인 것이기보다는 교육훈련을 통해서 후천적으로 습득할 수 있다.

관리기술은 계층에 따라 상대적 중요성이 다르다. 개념적 기술은 상위계층으로 올라갈수록 중시된다. 왜냐하면 계층이 높을수록 조직활동 전체에 영향을 미치는 포괄적이고 장기적인 의사결정을 해야 하기 때문이다. 반면에 전문적 기술은 주로 조직의 하위계층에서 많이 사용되며 상위계층으로 올라갈수록 그 중요성이 감소한다. 대인적 기술, 분석적 사고력, 커뮤니케이션 기술 등은 모든 관리자에게 필수적이고 기본적인 기술이기 때문에 계층에 관계없이 중요하게 요구된다.

일선경영자	중간경영자	최고경영자
개념적 기술	개념적 기술	개념적 기술
분석적 기술	분석적 기술	분석적 기술
대인적 기술	대인적 기술	대인적 기술
Comm. 기술	Comm. 기술	Comm. 기술
실무적 기술	실무적 기술	실무적 기술

〈그림 1.8〉 계층에 따른 관리기술

1) 개념적 기술(conceptual skills)

개념적 기술은 모든 문제나 관심 사항을 조직 전체의 관점에서 파악하는 능력이다. 미래에 발생가능한 다양한 문제를 진단하고 평가하는 개념적 기술은 개인적 패러다임에 따라 영향을 받기 때문에 기술향상을 위한 훈련이 어려우며 어떤 기준을 마련하기보다 상대적 우선순위나 기회의 가능성, 전체상황을 한눈에 보는 사고를 통해 향상된다. 그러한 의미에서 상황판단능력이라고도 부른다. 이 기술이 뛰어난 경영자는 조직활동의 여러 부서와 다양한 기술이 어떻게 상호 연결되어 있으며 한 부서의 작용이 다른 부서에 어떤 영향을 미치는지를 간파한다.

2) 분석적 사고력(critical thinking skills)

분석적 사고력은 당면한 상황을 분석하고 종합하는 인간사고의 폭을 증폭시키는 능력이다. 미리 정해진 절차에 따라 관리하는 것이 아니라, 특히 환경 변화가 복잡한 양상을 띠고 어렵게 얽힌 문제를 돌파하는 힘을 창출하는 기술을 말한다.

3) 대인적 기술(human skills)

대인적 기술은 다른 사람을 통솔하고 동기부여, 갈등해소 등 구성원 간에 이루어지는 기술이다. 실무적 기술이 물질적 대상에 작용하는 기술이라면 대인적 기술은 사람과 더불어 일하는데 필요한 기술이다. 탁월한 매니저는 의사결정 과정에 부하를 참여시키고 존중하며 애정을 갖고 통솔하는 것으로 알려져 있다.

4) 커뮤니케이션 기술(communication skills)

커뮤니케이션 기술은 생각이나 느낌, 태도에 대한 정보를 전달하고 수신하는 능력을 말한다. 이러한 능력은 언어로 표현되거나 서류 또는 몸짓(body language)에 의해 이루어진다. 커뮤니케이션 기술은 매니저에게 아주 중요한 능력이다. 특히 글로벌 경영이 전개되는 과정에서 다른 문화권의 다양한 민족·인종과의 커뮤니케이션은 점점 더 중요해져 가고 있다.

5) 실무적 기술(technical skills)

실무적 기술은 특정한 작업을 수행하는데 필요한 구체적인 작업방법이나 과정을 말한다. 구성원이 매일 자신의 업무수행에 직접적으로 활용하는 능력으로, 계획기술과 회계업무, 서비스제공 기술, 컴퓨터 프로그래밍 등을 말한다. 이러한 기술은 전문대학, 직업훈련원, 학원, on-the-job훈련을 거쳐 습득된다.

4. 경영자의 관리기능

기업활동을 성공적으로 달성하기 위해서는 생산성을 높이고 경쟁력을 갖추어 성장·발전할 수 있어야 한다. 이러한 궁극적인 목적을 추구하는 수단으로서 경영자들은 관리기능(managerial function)이라는 과정을 통해 활동한다. 다음 4가지 기능은 순환되는 기능이다. 또한 각 기능이 독립적인 것이 아니라 상호 밀접하게 관계를 가지고 연결된다.

1) 계획기능(planning)

계획기능은 목표를 설정하고 설정된 목표를 달성해 가는 세부 활동을 정하는 과정이다. 계획은 목표설정뿐 아니라 목표달성을 위한 수단이다. 이 과정은 목표를 달성하기 위한 모든 자원의 획득과 투입을 정하고 종업원으로 하여금 목표를 향해 일관성 있는 활동을 할 수 있게 한다. 이를 위해 기준을 정하고 그 기준에 따라 행동하도록 하는 것이다. 이러한 일련의 과정을 계획과정이라 한다.

2) 조직화 기능(organizing)

조직화 기능은 목표가 설정되고 목표달성을 위한 계획이 만들어지면 이를 성공적으로 수행하기 위한 조직체계를 수립한다. 경영자는 목표달성을 위해 요구되는 활동 및 과업을 분류한다. 분류된 과업을 관리 가능한 활동단위로 나누고 나누어진 직무를 다시 상호연관성 있게 통합한다. 그 다음에 활동단위와 직무를 수행할 종업원을 선발 및 배치하여 직무에 알맞은 책임과 권한을 부여한다. 이러한 과정을 조직화라 한다.

3) 지휘기능(leading)

지휘기능은 경영자와 종업원 간의 상호작용으로, 종업원이 수립된 계획에 따라 기업의 목표를 달성할 수 있도록 동기를 부여하여 의욕을 가지고 적극적인 기업활동을 하도록 장려하는 기능이다. 이를 위해 기업의 모든 활동과정에 종업원을 참여시키고 성과에 알맞은 보상을 하는 등 종업원을 독려한다.

4) 통제기능(controlling)

통제기능은 설정된 목표를 위해 활동한 성과를 측정하는 기준을 확립하고 그 기준에 따라 기업활동이 이루어지도록 측정하고 평가하는 기능이다. 따라서 통제는 계획과 밀접한 관계에 있다. 경영자는 평가된 결과를 계획과정에 수립한 수준과 비교함으로써 필요한 경우에는 조치를 취하고 목표를 수정하기도 한다.

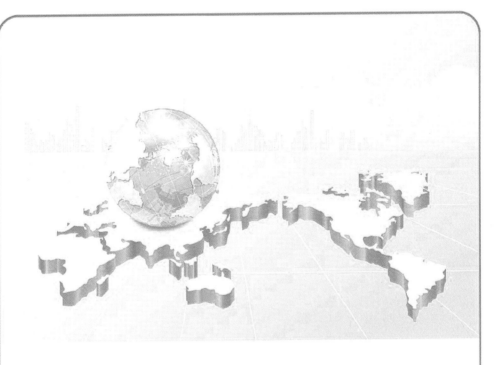

제2장 | 호텔·관광사업과 호텔·관광기업

제1절 기업의 개념 변화

1. 기업환경의 중요성

기업은 외부에서 원료, 자금, 정보 등의 경영자원을 조달한다. 그리고 기업내부에서 그들의 경영자원을 사용하여 제품이나 서비스를 생산하여 시장에 판매한다. 여기서 외부환경의 변화는 직접·간접으로 기업에 영향을 미치게 된다. 기업환경이 중요한 이유는 다음과 같다.

첫째, 기업경쟁이 치열해짐에 따라 환경조건이 여러 가지로 복잡해졌고 아울러 환경 자체가 급변하는 추세에 대해 의사결정을 위한 환경예측과 대응, 적응이 매우 곤란해졌다.

둘째, 기업활동이 인간생활 전반에 미치는 영향력이 증대하고 결과적으로 소비자의 비판이 증대됨에 따라 기업 자체가 사회적 영향력을 고려할 수밖에 없는 입장에 처하게 되었다.

2. 기업의 개념

기업이란 무엇인가? 일반인들이 기업에 대해 생각하는 견해를 정리한 것이 <그림 2.1>이다. 그림은 기업내부가 어떻게 생겼는가를 현미경을 통해 들여다본다면 좌측의 내용이 나오는데, 기업이란 돈 버는 곳, 이윤을 극대화하는 기관, 최소자원으로 최대효과를 추구하는 곳, 여러 자원을 조합해 상품을 생산하는 곳 등 미시적인 견해이고, 그와 동시에 자신의 자아를 실현하는 수단, 스트레스 또는 보람을 주는 곳, 사람들이 공동목적을 추구하는 곳, 구성원의 능력을 개발시키는 곳 등으로 인식되고 있다.

기업이 사회에서 어떤 위치를 차지하고 있는가를 망원경을 통해서 내려다보면 우측의 내용이 나올 수 있는데, 사회가 필요로 하는 것을 제공하는 곳, 국력의 기본, 세금을 내는 기관, 고용기회를 창출하는 곳, 새로운 기술의 산실, 인간생활을 윤택하게 해 주는 곳 등 거시적 견해가 된다.

- 돈 버는 곳
- 이윤을 극대화하는 기관
- 최소자원으로 최대효과를 추구
- 여러 자원을 조합해 상품을 생산

- 사회가 필요로 하는 것을 제공
- 국력의 기본, 세금을 내는 기관
- 고용기회를 창출하는 곳
- 새로운 기술의 산실
- 인간생활을 윤택하게 해주는 곳

- 자신의 자아를 실현하는 수단
- 스트레스 또는 보람을 주는 곳
- 사람들이 공동목적을 추구하는 곳
- 구성원의 능력을 개발시키는 곳

〈그림 2.1〉 기업이란 무엇인가?

3. 미시적 기업 관점

1) 생산중심적 개념

프리드만(Milton Friedman)의 주장에서 볼 수 있는 것으로, 조직구성원은 노동, 자본, 물자, 기술, 에너지 등의 투입물을 블랙박스인 기업에 넣어서 물리적, 화학적으로 가공하여, 투입물과는 모습이나 성질, 가치가 전혀 다른 제품 또는 서비스라는 산출물로 바꾸는 역할을 한다. 이때 산출물과 투입자원의 가치를 화폐로 환산한 것을 수익과 비용이라고 하고, 기업은 바로 수익을 극대화하고 비용을 극소화함으로써 이윤을 극대화하기 위해 만들어진 조직이라고 할 수 있다. 즉 "기업의 사회적 책임은 이윤을 극대화하는 것"이다.

〈그림 2.2〉 기업에 대한 생산중심적 견해

그러나 근래에 들어 이러한 전통적 견해에 대해 문제가 생기게 되었다. 기업이 아무리 투입물을 효율적으로 활용해서 좋은 제품과 서비스를 생산하더라도 이것이 제대로 팔리지 않으면 재고품은 창고에 쌓이고 서비스가 팔리지 않으면 기업에서는 돈이 들어오지 않아 임금도 못주고 채무도 갚을 길이 없어 결국 문을 닫을 수밖에 없다는 것이다.

2) 마케팅 중심적 개념

기업이 아무리 커다란 가치를 지닌 산출물을 생산하더라도 소비자가 이를 찾고 구매하고 소비해 주지 않는다면 기업은 원활하게 돌아갈 수 없고 영속적인 실체(going concern)로서 기능할 수 없게 된다. 이러한 견해를 피터 드러커(Peter Drucker)는 "기업의 역할은 고객을 창출하는 것"이라고 표현하고 있다. 이는 제2차 세계대전이 종식되면서 대부분의 전쟁당사자인 독일, 이탈리아, 일본, 영국, 프랑스 등은 생산시설이 파괴된 반면에 미국은 군수물자 조달을 위해 생산시설이 오히려 늘어났고, 그 당시 미국의 국민소득은 세계 최고였다. 이 막대한 생산시설에서는 대량생산이 이루어졌지만 미국국민들은 전쟁중에 익혔던 절약과 내핍생활방식을 그대로 유지하여 소비를 자제한 결과, 기업은 생산해낸 제품을 판매할 수가 없어서 결국 망할 수밖에 없었다. 이러한 상황을 타개하고자 기업은 시장조사를 실시하고 그에 맞는 신제품을 개발하고, 광고를 통해 자사상품을 알리고 유통시스템을 개발하여 소비자로부터 구매의욕을 불러일으키도록 마케팅활동을 적극적으로 전개하였다.

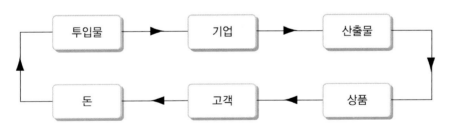

〈그림 2.3〉 기업에 대한 마케팅 중심적 견해

3) 인간중심의 개념

1970년대 앨빈 토플러(Alvin Toffler)에 의해 주장된 것으로, 그에 의하면 고대의 농경

사회가 19세기 후반 산업혁명을 거쳐 산업사회로 넘어갔고, 1970년대 이후에 정보화사회로 변화하는 과정에서 기업을 둘러싼 사회환경이 변화함에 따라 기업의 운명도 크게 바뀌게 된다고 예언하였다.

그는 정보화사회에서는 사람들이 창조적인 두뇌활동을 벌여 새로운 아이디어를 내놓아 이를 기초로 가치가 창출되기 때문에 사람이야말로 건물과 공장을 대신해서 이윤 창조활동에 가장 중요한 자산이 되어야 한다고 주장한다. 즉 미래사회에서 "기업의 사명은 사람의 능력을 개발하는 것"이어야 한다.

4. 거시적 기업 관점

기업은 거시적 관점에서 사회에 어떠한 역할을 수행하는가? "기업이란 사회에 존재하는 제한된 자원을 가장 효율적으로 배분하여 그 가치를 극대화시킴으로써 사회의 경제수준 향상에 이바지하는 조직"이라 할 수 있다. 사회의 어떤 조직도 기업만큼 제한된 자원을 효율적으로 활용하지 못하므로 이러한 점에서 기업의 고유한 가치가 사회에서 긍정적으로 평가될 수가 있다. 그러나 반면에 기업은 사회로부터 부여받은 역할인 가치 극대화를 추구하는 과정에서 창출하는 이윤을 사회에 내놓지 않고 그대로 기업 안에 축적하면서 거대한 힘을 형성하여 부정적인 영향을 행사하기도 한다. 이것은 실제 19세기 말부터 20세기 초에 걸쳐 미국을 비롯한 많은 선진국에서 현실적인 문제로 나타났고, 우리나라의 경우는 오늘날 재벌의 기형적 비대화라는 현상으로 나타나 사회문제의 초점이 되고 있다.

5. 기업의 형태

기업의 형태는 보는 관점에 따라 다른 의견이 제시되고 있는데, 출자자의 수와 범위, 경영의 원리, 주요 기관의 구조 등에 따른 기업의 종류를 의미한다. 이와 같은 기업의 형태는 출자, 경영, 지배의 3가지 요소에 의해 결정된다[3].

---

3) 한편, 우리나라의 기업형태는 상법상의 합명회사, 합자회사, 유한회사, 주식회사, 그리고 민법 및 특별법에 의한 조합, 특별법에 의한 회사 및 공사 등이 있다.

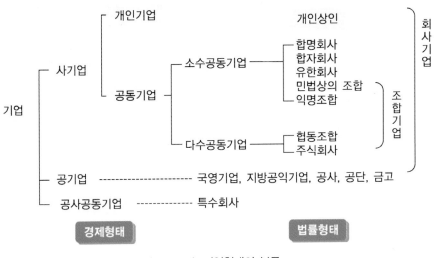

〈그림 2.4〉 기업형태의 분류

1) 규모에 의한 분류

기업은 규모의 크기에 따라 대기업, 중기업 및 소기업으로 구분되고 규모의 크기는 매출액, 종업원 수, 자본금에 따라서 기준을 정한다.

2) 업종에 의한 분류

기업은 종사하는 업종에 따라 광업, 공업, 상업, 금융업, 통신업 등으로 구분될 수 있다.

3) 출자성격에 의한 분류

기업의 출자자가 누구인가에 따라 공기업, 사기업, 또는 공사공동기업으로 구분한다. 공기업은 출자자가 정부나 공공단체, 사기업은 개인, 공사공동기업은 개인과 정부 또는 공공단체가 공동으로 출자한 기업의 형태를 말한다.

4) 법률 규정상에 의한 분류

기업은 법률의 규정에 따라 합명회사, 합자회사, 유한회사, 주식회사 등으로 구분된다.

5) 소유방식에 의한 분류

기업은 소유와 지배를 중심으로 개인기업, 인적 공동기업, 자본적 공동기업 등으로 구분된다.

제2절 관광사업의 발전

1. 관광사업의 개념과 범위

1) 관광사업의 개념

관광사업이란 관광왕래를 대상으로 하는 서비스산업을 총칭하는데 이는 관광객에게 각종의 서비스를 제공하는 여러 기업체의 총체이다.

관광사업의 내용은 다양한 관광활동으로 말미암아 매우 복잡하고 광범위한 영역에 걸쳐 있어서 그 실상을 정확하게 파악하여 정의를 내린다는 것은 대단히 어렵다. 그러나 관광사업의 개념을 종합해 보면 관광사업은 관광현상에 대처하여 관광의 효용성과 관광사업이 안겨줄 사회적·문화적·경제적 효과를 합목적적으로 촉진시키기 위한 인간활동을 의미한다고 정의할 수 있을 것이다.

2) 관광사업의 범위

관광사업은 현대인의 관광여행 왕래에 능동적으로 대처하여야 하고, 그 수용자세에도 적극성을 보이는 한편, 왕래를 촉진하는 일체의 인간활동이라는 점에서 복합적인 사업이다. 그 범위는 ① 관광객의 유치 및 홍보와 관련하는 관광사업, ② 관광객의 알선 및 접대와 관련하는 관광사업, ③ 관광시설의 정비와 이용증대에 관한 사업, ④ 관광자원의 보호 및 개발에 관한 관광사업 등 실로 광범위하다.

2. 관광사업의 발전단계

관광사업은 관광여행에 관련된 사업으로서 기능을 해온 것이지만 시대적 변천에 따라 커다란 변화를 거쳐 왔다. 즉 교통기관, 숙박시설, 관광조직과 같은 관광사업 등 여러 가지 관광현상에 근거하여 발전하였는데 그 단계는 자연발생적 단계, 매개서비스 단계, 개발·조직적 단계, 레저 정착화 단계 등으로 나눌 수 있다.

1) 자연발생적 단계

관광객을 유치하려는 사업활동이 이익을 창출한다는 것을 일부 관광사업자가 인식하여 사업을 영위하였으나, 관광객의 증가에 따라 자연발생적으로 생겨난 것이 대부분이었다.

2) 매개서비스적 단계

교통업, 여행업, 숙박업 등이 관광사업의 핵심적인 위치를 차지하게 되었고 이들 관광사업이 적극적인 서비스의 제공에 노력하고 동시에 관광왕래의 촉진을 도모하였다. 또한 제1차 세계대전 이후에는 각국이 관광기관의 육성을 적극적으로 추진하여 국제관광의 진흥을 도모하였다.

3) 개발·조직적 단계

국가적·민간적 차원에서 괄목할 만한 변화를 보이기 시작하였다. 즉 관광왕래의 촉진을 위해서 종래의 수동적 입장을 버리고 적극적인 수요개발에 나서는 한편, 관광객의 조직화와 관광지의 개발에 비중을 둠으로써 관광사업을 국민복지라는 입장에서 국가적 시책으로 촉진하려는 인식이 높아졌으며 관광의 대중화가 정착하기에 이르렀다.

4) 레저 정착화 단계

소득의 증가 및 근로시간의 단축 등으로 세계 각국에서 관광객의 이동이 급격히 증가하였다. 한편, 정보통신의 급격한 발달로 인해 세계여행 정보를 한눈에 파악하기가 용이하게 되었고 휴가형 레저가 정착화 되기에 이르렀다.

〈표 2.1〉 관광사업의 발전단계

발전 단계	시 대	경영유형	주체	주요기업(조직)	관광계층
자연 발생적 단계	고대~ 19세기 중엽	자생형 관광사업	기업	우마차, 노새, 당나귀, 목조선, 주막	귀족, 무사, 고관 등의 특권계층과 서민계층의 종교관광객
매개 서비스 단계	19세기 중엽~ 제2차 세계대전 (1945)	매개형 관광사업	기업, 국가	철도, 증기기선, 호텔, 여관, 여행사	특권계층과 서민계층의 일부 여행자
개발·조직적 단계	제2차 세계대전 후~ 1990년대	개발형 관광사업	기업, 국가, 공공단체	철도, 선박, 항공기, 자동차, 호텔, 여관, 여행사, 관광관련업체, 관광개발추진기관	일반대중(국민관광)의 관광객
레저 정착화 단계	1990년대 ~ 현재	휴가형 / 정보형 관광사업	기업, 국가, 공공단체	철도, 선박, 항공기, 자동차, 호텔, 리조트, 여행사, 컨벤션센터, 카지노업체, 국가, 지자체 등	일반대중

3. 관광사업의 기본적 특성

관광사업은 여러 가지 업종으로 구성되어 있는 복합적인 사업이란 특징을 가지고 있고, 그 효과도 단순히 경제적인 측면에 국한하는 것이 아니라 경제 외적인 효과를 촉진하는 것을 목적으로 하기 때문에 공익성과 기업성을 동시에 달성해야 한다. 따라서 관광사업은 다음과 같은 여러 가지 기본적인 특성을 가지고 있다.

1) 복합성

관광객이 관광여행을 출발할 때부터 귀착할 때까지 그들의 여행일정이 수행되는 과정에 여러 관련업종의 관광사업이 복합적으로 관여하는 것을 알 수 있다. 사업주체로보더라도 정부 및 지방자치단체 등의 공적 기관과 민간기업이 역할을 분담하여 추진하는 복합성을 이루고 있다. 이 복합성을 다르게 설명하면 관광상품의 이질성이 되는 것으로, 관광상품은 이와 같은 여러 개의 이질적 구성요소들이 모여서 만들어진 하나의 통합된 사업활동으로서 관광사업을 성립시키고 있다.

이와 같이 관광사업은 관광객에게 직접 서비스를 제공하는 사업 이외에 간접적으로 대처하는 여러 업종과 기관에 의해 구성되는 복합성을 기본적 특성으로 하고 있다.

2) 입지의존성

관광사업은 관광자원에 의존하고 있는 점으로 보아 입지의존성이 강한 사업이지만, 사업경영에 있어 여러 가지 특징을 가지고 있다.

첫째, 관광사업은 계절의 변동에 따라 영향을 받는 사업이다. 관광사업은 관광객의 내방에 의하여 경제활동이 시작되지만, 관광객의 내방은 계절별, 월별, 주별 등에 따라 변동이 크기 때문에 사업의 연속성이 불투명한 특성을 갖는다.

둘째, 관광사업은 상품의 저장이 불가능한 사업이다. 관광사업은 생산과 소비의 동시성을 기본적 특징으로 하고 있으며, 그 때문에 예를 들어 호텔객실과 같은 관광상품은 저장이 불가능하여 경영상의 탄력성이 적은 사업이다.

셋째, 관광사업 가운데 호텔 및 항공사와 같은 장치산업은 고정자산의 투자비율이 높고 많은 인력을 소요하는 사업이다. 또한 투자자본의 회수기간이 길며 많은 종업원을 필요로 하기 때문에 타산업에 비해 경영상 어려운 특징을 가지고 있다.

이상의 세 가지 특징은 관광사업의 경영에 있어 상호간에 관련되는 성질의 것이지만 어느 것이나 경영상 불안정 요소가 되는 것뿐이다. 그래서 사업경영의 합리화를 위해서는 이들의 불안정 요소를 해소하기 위한 노력이 경주되어야 하겠지만, 기본적으로는 많은 관광객이 평균적으로 내방하는 관광지를 최우선적으로 택하는 입지의존성을 중시해야 할 것이다.

3) 공익성과 기업성

관광사업은 공익성과 기업성을 내포하며 사적 관광기업을 통해서 공익목적을 달성하려는 특성을 갖고 있다. 관광사업에 있어서 공익적인 측면은 관광효과와 관광경제효과 및 경제 외적효과의 측면에서 지적할 수 있다.

관광사업은 공(公)과 사(私)의 여러 관련산업으로 이루어진 복합체라는 점에서 기업의 이윤추구만을 목적으로 하는 사업경영은 허용되지 않는다. 관광의 목적은 관광객의 위락적 가치추구와 함께 정신적 문화성에 두고 있기 때문에 관광사업의 목적도 관광소비에 따른 이윤 이상의 가치를 추구하는 데 두어야 하며 관광소비에 의한 사업이윤만을 목적으로 할 수 없다. 그러므로 관광사업은 개별 기업활동의 특징을 살려가면서 공익적 효과를 높여 가도록 조화로운 발전을 도모해야 한다.

그런데 이들 효과는 모두 공익적인 측면에서 인식되어 관광사업 발전의 기조가 되어 있는 것이지만, 이들 효과를 실질적으로 나타나게 할 사적(私的) 관광기업은 경쟁적인 개별 기업활동을 기본적으로 하고 있으며, 반드시 공익적 성과에 적합하게 작용한다고는 할 수 없다. 따라서 관광사업은 개별 기업활동의 특징을 살리면서도 공익적인 효과를 높이기 위해 관광기업을 유도하는 일이 큰 과제가 되므로 공익성과 기업성의 조화로운 발전을 도모하는 일이 무엇보다 중요하다고 할 수 있다.

4) 변동성

일반인의 관광에 대한 충족욕구는 필수적인 것이 아니고 임의적인 성격을 띠고 있기 때문에 관광활동은 외부사정의 변동에 매우 민감하게 영향을 받는다. 변동성의 요인으로는 경제적 요인, 사회적 요인 및 자연적 요인 등을 들 수 있다.

경제적 요인에는 경제불황, 소득상황, 환율의 변동, 운임의 변동, 외화사용 제한 등의 조치가 영향을 주고, 사회적 요인에는 사회정세의 변화, 국제정세의 긴박함, 정치불안, 폭동, 질병발생, 그밖에 인간의 안전에 불안을 주는 것 등이 있다. 그리고 자연적 요인으로는 기후, 지진, 태풍, 폭풍우 등과 같은 자연의 변동현상을 들 수 있다.

5) 서비스성

관광사업은 서비스업이다. 즉 관광객에 대해 서비스를 제공하는 영업을 중심으로 구성되어 있다. 서비스는 관광객의 심리에 지대한 영향을 미치고 있으므로 서비스의 질적 수준 여하에 따라 관광사업은 물론이고 관광지 전체 또는 국가 전체의 관광산업의 성패에 결정적인 요인이 되는 것이다. 따라서 서비스의 제공은 관광사업 종사자뿐만 아니라 지역주민 및 모든 국민의 친절한 서비스의 제공도 필요하기 때문에 관광에 대한 인식을 적극적으로 계몽시켜야 한다.

4. 관광사업의 경제효과

1) 소득효과

관광사업의 발달에 의한 경제적 효과는 우선 해당 지역에 미치는 소득증대를 들 수 있다. 소득효과는 관광사업에 필요한 투자에 의한 경우와 관광객의 소비에 의한 경우가 있다.

(1) 투자소득효과

관광사업에 대한 투자에는 일반적으로 관광자원의 개발 및 보호, 도로나 공원 등의 공공시설에 대한 공공투자, 장비산업 관광시설에 대한 설비투자로서의 기업투자가 있다. 이와 같은 투자액은 거액인 경우가 많고 경제환경에 따라 이 지역에 떨어지는 소득수입이 되고 있다. 또한 개발 시의 일시적 투자에 이어 관광투자는 계속된다. 이러한 투자자본은 대부분 외부로부터 오는 경우가 많은데 국가나 지방공공단체로부터의 재정자금이라든가 폭넓은 민간자금 등의 자본조달이 행해진다.

(2) 소비소득효과

관광행위는 일련의 소비활동으로 성립되어 있다. 관광소비의 구조는 교통비, 숙박비, 음식비, 오락비, 토산품 구입비, 입장료, 주차료 등으로 되어 있어서 교통비의 일부를 제외하고는 관광객이 소비하는 돈이 그 지역의 관광수입이 된다. 더욱이 관광사업은 복합적으로 구성되어 있어서 소득분배효과가 미치는 범위가 넓다. 그 효과를 최대화하기 위해서는 관광객의 증가와 체재의 장기화가 기본정책이 된다.

(3) 외화획득효과

외국인의 관광소비는 관광객 수용국으로 볼 때 외화수입이 되어 모든 경제적 효과를 유발해서 그 나라의 국민경제에 크게 기여하게 된다.

국제관광수입은 수출무역수입과 비교된다. 말하자면 무역외 수지의 일부가 된다. 외화를 획득하는 것은 무형적 무역이라 할 수 있는 운임, 보험료, 이자배당, 이민자 또는 해외근로자의 송금, 관광에 의한 외화수입에 의해 가능하다. 경상수지 가운데 관광수지가 차지하는 비율이 매우 높아서 영국, 스페인, 이탈리아, 멕시코 등 많은 국가에서는 관광이 최대의 수출품목으로서 중시되고 있다.

2) 산업효과

산업효과는 소득효과와 관련되어 있어 관광사업의 사회경제적 중요성을 높여준다. 이 산업효과는 다양하게 직접적인 산업진흥으로부터 고용문제의 해결, 또한 산업자본의 하나로서 사회자본의 고도이용효과 등도 고려되고 있다.

(1) 산업진흥

관광수요는 관광산업을 발생시키므로, 관광산업의 진흥은 관광관련산업의 활동에 영향을 준다. 말하자면 관광산업의 수요는 타 산업의 활동을 촉진시켜 지역전체의 경제활동을 활성화한다.

관광산업의 생산활동은 관광소비에 의한 것이고 관광지출은 서비스구입에 한하지만, 유형재 지출이 많은 여행상품, 토산품 등의 구입은 관광산업 이외의 산업생산을 유발하며 유형재생산에도 경제파급효과가 크다. 지역경제를 고려할 때 토산품의 생산은 현지산업의 육성과 유지발전에 도움이 된다. 지역적 특수생산품이 되는 토산품은 곧바로 일반상품화하여 생산규모를 한층 증대시키는 경우가 많다. 외국관광객이 토산품을 구입할 경우 토산품판매는 곧 상품수출이 된다.

(2) 고용증대

관광소비는 각종 산업활동을 활발하게 하며 고용증대를 가져다준다. 관광산업은 일반적으로 밀도 높은 노동력을 필요로 하여 기계화가 곤란하지만 고용효과는 크다. 1차산업 및 2차산업에는 점차 산업기술의 발달이라든가 생산시스템의 개량에 의하여 노동력 전체에 잉여현상이 일어나고 있다. 그러한 산업의 잉여노동력을 관광산업이 흡수하여 많은 취업기회를 줄 뿐 아니라 국민생활안정에도 기여한다. 관광산업에서의 노동은 신체적 노동 외에 지적노동, 기술노동, 상품요소가 되는 노동 등 폭넓은 노동을 필요로 한다. 노동기회의 증가는 소득분배효과를 가져오고 지역의 소비생활을 증대시키며 경제생활을 풍요롭게 하는 효과가 있다. 또한 소비에 따른 생산 및 유통활동도 촉진시키게 된다.

(3) 사회자본의 고도이용

철도, 선박, 자동차, 항공기 등에 관계하는 교통시설에 대한 투자는 언제나 거액이지만 이러한 교통관계시설은 교통 이외에는 거의 이용이 불가능한 시설이란 점을 고려할 때 그 거액의 자본을 필요로 한 교통관계시설을 충분히 활용하지 못하는 것은 국민경제의 크나큰 손실이 된다. 또한 산업 및 경제에도 대단히 증대한 영향을 미친다.

교통기관의 이용률이 낮은 경우 사업경영의 유지를 곤란하게 할 뿐 아니라 공적사업이 되는 까닭에 국민의 경제생활에 영향을 주는 사회생활의 질서유지를 보장할 수가 없다. 관광왕래에 있어서도 교통기관은 불가결한 것이며 관광왕래와 교통기관은 서로 자극을 주어 관광왕래의 증대와 교통기관의 발전이 동시에 이루어질 수 있다. 철도, 자동차 및 도로망의 정비, 항공기의 발달과 국내외 여행의 활성화 등은 좋은 예이다.

관광왕래의 촉진과 증가는 교통기관의 집약적 이용을 비롯하여 교통업무의 단가를 하락시키고 교통업무의 내용을 개선하는 데 힘쓰는 한편, 각종 교통기관의 발전을 상호·촉진하여 산업경제활동이나 사회일반의 모든 활동에 있어서도 균형효과를 주게 된다.

3) 지역경제의 개발효과

관광사업에 의한 지역의 소득효과 및 산업효과는 지역경제에 대한 개발효과를 가져온다. 관광객에 의한 관광소비는 직접적으로 관광수입을 형성하고 또한 관광객 증가에 의한 새로운 관광개발도 활발히 행해지며 여기에 필요한 토지이용, 노동력, 자본의 유입에 의해서 지역의 관련사업이 번영하고 지역주민에게 취업기회를 주게 된다.

이와 같이 관광사업의 발전은 지역주민의 소득을 향상시키고 주민의 과소화 현상을 막아주며 교통을 편리하게 하여 생산성을 높이는 지역경제 개발효과를 가져다준다.

제3절 관광사업의 주체와 내용

1. 관광사업의 주체

관광사업을 추진하는 사업주체는 정부와 지방단체 등의 공적 기관이 담당하는 공적 사업과, 민간기업이 참여하여 담당하는 사적 사업으로 분류된다. 각 사업주체가 동일한 관광객을 상대로 사업을 전개하면서도 그 목적 내지 행동원리는 서로 다른데, 공적사업은 공익을 목적으로 하는 반면에 사적 사업은 영리를 목적으로 하는 기업활동이다.

1) 공적 관광사업

공적 관광사업은 대내적으로는 국민경제의 발전과 국민복지의 증진 및 향상을 위하고 대외적으로는 국위선양과 국민경제의 발전을 위하여 정책적으로 추진하는 관광사업을 말한다. 공적 관광사업의 주요 내용을 열거해 보면 다음과 같다.

① 관광이념의 보급
② 관광자원의 보호·육성 및 적절한 이용의 추진
③ 관광시설의 정비·개선
④ 관광지 개발·운영의 지도
⑤ 관광광고매체의 향상과 홍보활동의 촉진
⑥ 관광종사원의 교육훈련 및 질적 향상
⑦ 관광통계의 정비
⑧ 조사·연구 활동의 추진 실시
⑨ 국내외 관광관련 기관과의 유대 강화
⑩ 관광정보의 수집 및 제공
⑪ 입·출국 수속절차의 개선
⑫ 국제관광 경제협력 및 기술교류
⑬ 국제회의 및 국제행사의 유치
⑭ 기타 관광촉진에 필요한 사항

2) 사적 관광사업

사적 관광사업은 관광객의 관광행동에 직접 대처하는 영업목적의 활동이며 교통, 레저, 숙박, 여행알선, 레크리에이션, 관광객 이용시설, 각종 인적·물적 서비스 등의 영리목적이 중추적 사업내용이다. 각 업종은 기본적으로는 개별 영업활동을 통해 관광객을 상대로 하고 있으나, 관광왕래의 촉진과 관광객 유치 및 판촉활동은 결국에는 각 업종에 공통이익을 가져다주기 때문에 관광사업의 공공성을 갖게 되고 따라서 공익에 기여할 사명도 가지고 있다.

2. 관광사업의 내용

관광사업을 거시적 사업과 미시적 사업으로 나눈다면, 우선 전체적인 파악을 주로 하는 거시적 사업은 국가나 공공단체 등에 의하여 지역의 관광정책에 기초가 되고 전체적 파악 및 통제·관리를 위해 실시하는 종합적 사업을 가리킨다.

관광사업을 미시적으로 파악하는 경우에는 이와 같은 사업에 관계하는 관광기관이나 기업의 경영사업을 말한다.

또한 거시적 관광사업을 사업내용에 의해 분류한다면 국내관광사업과 국제관광사업으로 분류한다. 이러한 분류는 그 사업의 대상, 유동범위 및 그 목적에 따라 서로 다르지만 일반적으로는 연구나 사업에 관해서 별개로 취급하고 있다.

이와 같이 관광사업의 내용을 여러 측면에서 설명할 수 있으나 기능적인 면에서 보면 다음과 같다.

1) 관광개발에 관한 사업

관광자원의 보호 및 개발에 관한 사업은 관광사업의 기본적 사업활동이다. 이러한 사업에는 교통시설, 숙박시설을 기본으로 한 관광개발계획이 포함된다. 지역경제개발과 관련성도 있고 국가나 공공단체에도 관련된다.

2) 관광시설경영에 관한 사업

관광객을 받아들이는 시설을 경영·사업화하는 것으로 그것을 집합적으로 보면 관광산업이다. 교통업, 숙박업은 관광 왕래를 목적으로 하는 기능을 가진 관광사업의 핵심적 사업이다. 영리적 사업이 대부분이고 관광서비스를 공급하는 사업으로서 관광수요에 대처한다. 또한 토산품 판매, 오락, 관람, 스포츠 및 레저관계시설을 운영하는 사업도 포함된다.

3) 유치홍보에 관한 사업

관광정보를 제공하여 관광시장을 개척하고 나아가서는 관광객에 대한 효과적인 행동을 지원하기 위하여 실시하는 홍보사업이다. 각 기업에 의해 실시하는 것도 있지만 주로 한국관광공사, 지방공공단체의 관광기관이나 관광협회 등의 공익법인에 의해 실시되고 있다. 국제관광사업에서는 대부분의 국가에서 국가사업으로서 재정예산을 가지고 이 사업활동을 실시하고 있다.

4) 여행업무에 관한 사업

여행업무를 중심으로 한 사업으로서 관광지에서 관광객의 영접 · 안내업무를 포함한다. 여행에 관한 정보의 제공에서부터 여행알선 및 여행상품의 개발 · 판매에 이르는 업무를 수행하는 것으로서 관광유통사업이라고 할 수 있다.

5) 기타 복합 관광에 관한 사업

상기의 모든 사업들을 연관시켜주며 부가가치 창출에 기여하는 모든 사업을 말한다. 관광객은 어느 하나의 사업만을 즐기러 오는 것이 아니라 새로운 즐길거리를 찾아 방문하기도 한다. 복합관광 관련 사업은 이른바 볼거리, 먹거리, 살거리, 즐길거리, 잘거리 등을 연계 · 조합시켜 부가가치를 창출하는 새로운 사업이라고 할 수 있다.

3. 호텔 · 관광경영학의 대상인 관광산업

1) 호텔 · 관광산업이란

하나의 산업은 사업체 또는 법인 그리고 그들을 위해 일하는 사람들의 집단이다. 자동차산업, 보험산업 그리고 컴퓨터산업은 이미 잘 알려진 산업의 본보기이다. 산업 (industry)이란 제품 및 서비스, 또는 그것을 혼합한 것을 생산하고 있다. 제품이란 개발되고 제조되고 만들어진 물건이다. 그것은 구매자에 의해서 소비 또는 사용되어진다. 자동차, 철광석 등은 제품의 예이다. 반면에 서비스는 누군가에게 혜택을 주는 행위 또는 실행이다. 소득세를 계산하기 위해 공인회계사를 고용한다거나 가슴이 답답하여 의사에게 진찰을 받는다면 서비스를 구매하는 것이 된다. 관광산업의 주요 핵심부분은 고객에게 제공되는 서비스이다.

호텔·관광산업(Hotel / Hospitality & Travel / Tourism / Tourist Industry)은 글자 그대로 호텔·관광을 이루고 있는 산업을 지칭하며 협의의 제3차 산업을 말할 때 주로 호텔·관광산업을 가리킨다. 특히 호텔·관광산업은 국제관광에 한정해서 사용되는 경우가 적지 않고 때때로 호텔·관광사업과 동의어로 사용되고 있다.

2) 호텔·관광산업의 구성요소

호텔·관광산업은 관광객들에게 상품과 서비스를 제공하는 수많은 기업들로 구성된다. 이러한 기업은 중소기업에서 다국적기업에 이르기까지 매우 다양하다. 길가의 조그만 여행사 대리점에서부터 세계적인 항공사에 이르기까지 관광산업은 매우 방대하다. 기업의 기능에 따라 관광기업들은 대략 7가지로 분류될 수 있다.

〈그림 2.5〉 관광산업의 구성요소

호텔·관광산업 가운데 세 가지 요소가 가장 기초적인 서비스를 제공하는 교통운송 분야이다. 항공, 육상, 해상교통서비스는 관광객을 가고자 하는 장소로 운반해 준다. 숙박 및 컨벤션서비스는 관광객들에게 위락, 휴식, 위안을 제공한다. 관광마케팅, 광고 및 정보서비스, 관광유통서비스 등은 관광객에게 상기의 다섯 가지(항공, 육상, 해상, 숙박, 여가시설) 구성요소들의 상품과 서비스를 유통·전달·소구하는 역할을 담당한다.

최근에는 관련 인프라가 많이 추가되었고 사람들이 여행하면서 즐길 수 있는 선택안이 많이 늘어났다. 이를 테면 의료관광, 한류관광, 도보관광, 자연힐링관광, 템플스테이, 크루즈관광, 체험여행, 드라마·영화촬영지 관광, 축제·행사 등 다채로운 관광매력물이 늘어나면서 국민들의 삶의 질을 향상 뿐만 아니라 외국인 관광객 유치에도 막대한 영향을 미치고 있다.

이상에 대해서 열거하면 아래와 같다.

1. 항공교통 서비스
2. 육상교통 서비스
3. 해상교통 서비스
4. 숙박 및 회의참가 서비스
5. 여가관련 서비스
6. 관광마케팅·광고·정보서비스
7. 관광유통 서비스
8. 기타 서비스

제4절 관광사업의 분류

1. 사업주체에 의한 분류

관광사업은 사업주체에 의해서 공적 관광기관과 사적 관광기업으로 나눌 수 있다. 공적 관광기관은 정부나 지방자치단체 등의 관광행정기관과 관광협회나 업종별 협회 등

관광공익단체로 나누어지며, 영리목적인 사적 관광기업은 직접관련 관광기업과 간접적 관광관련 기업으로 나누어 볼 수 있다.

1) 관광행정기관

공적 관광사업으로 관광정책 관련 기관을 의미하는데, 국가 · 정부 · 지방자치단체 등 관광행정기관을 가리킨다. 이는 관광객 · 관광기업 · 관광관련 기업들과 직간접적으로 영향을 주고받으며 관광개발업무와 관광진흥업무를 담당한다.

2) 관광공익단체

공적 관광기관으로 관광공사 · 관광협회 등의 공익법인과 관광인력을 양성하는 교육기관 및 관광연구소 등이 있다. 대표적인 공익단체로는 관광진흥, 관광자원개발, 관광사업의 연구, 관광요원의 양성 및 훈련을 목적으로 설립된 한국관광공사(KNTO), 정부의 관광정책 대안제시와 효율적 지원정책과 관련한 조사 · 연구를 수행하기 위하여 설립된 한국문화관광연구원, 그리고 우리나라 관광업계를 대표하는 한국관광협회중앙회와 업종별 · 지역별 관광협회 등이 있다.

3) 관광기업

관광객과 직접적으로 관계되어 영리를 목적으로 하는 기업들 즉 관광객의 소비활동을 주된 수입원으로 하는 기업들을 말한다. 여기에는 여행업, 숙박업, 교통업, 쇼핑업, 관광정보제공업, 관광개발업 등 대부분의 관광사업이 포함되며, 「관광진흥법」에 의한 자영업들도 여기에 포함된다.

4) 관광관련 기업

관광객과 직접 대면하지는 않으나 관광기업과 직접적인 관계를 가짐으로써 관광객과는 간접적(2차적)으로 관련을 갖는 간접관광사업 또는 2차 관광사업이라 지칭되는 기업을 말한다.

호텔에서 외주를 받은 세탁업자, 청소업자, 경비업자와 식품납품업자 등이 여기에 포함되며, 일반적인 소매상점, 요식업체, 숙박업체, 오락업체 등도 관광객이 이용할 때에는 여기에 해당된다.

2. 관광법규에 의한 분류[4)]

우리나라의 관광사업은 1960년대에 들어서서 비로소 조직과 체제를 갖추고 정부의 강력한 정책적 뒷받침 아래 관광사업 진흥을 위한 기반을 구축하기 시작하였다. 이에 정부는 관광사업의 중요성을 인식하고, 이를 진흥시키기 위하여 우리나라 최초의 관광법규인 「관광사업진흥법」을 제정하여 관광질서를 확립함과 동시에 관광행정조직의 정비, 관광사업의 국제화 추진 등 관광사업 발전에 필요한 기반을 조성하였다.

〈표 2.2〉 「관광진흥법」에 따른 관광사업의 분류

종 류	세분류	
여행업	일반여행업, 국외여행업, 국내여행업	
관광숙박업	호텔업	관광호텔업, 수상관광호텔업, 한국전통호텔업, 가족호텔업, 호스텔업, 소형호텔업, 의료관광호텔업
	휴양콘도미니엄업	
관광객이용 시설업	전문휴양업	민속촌, 해수욕장, 수렵장, 동물원, 식물원, 수족관, 온천장, 동굴자원, 수영장, 농어촌휴양시설, 활공장, 등록 및 신고 체육시설업시설, 산림휴양시설, 박물관, 미술관
	종합휴양업	제1종 종합휴양업, 제2종 종합휴양업
	야영장업(일반야영장업, 자동차야영장업)	
	관광유람선업(일반관광유람선업, 크루즈업)	
	관광공연장업	
국제회의업	국제회의시설업, 국제회의기획업	
카지노업		
유원시설업	종합유원시설업, 일반유원시설업, 기타유원시설업	
관광편의 시설업	관광유흥음식점업, 관광극장유흥업, 외국인전용 유흥음식점업, 관광식당업, 시내순환관광업, 관광사진업, 여객자동차터미널시설업, 관광펜션업, 관광궤도업, 한옥체험업, 외국인관광 도시민박업	

---

4) 조진호(2015), 관광법규론, 현학사, pp.134-147.

1970년대에 접어들면서 국민의 관광수요가 점차 증가해 갔으며, 우리나라 기업의 경제무대가 빠른 속도로 국제화되어가는 가운데 외국관광객이 급속히 증가하였다. 그래서 정부는 관광법규의 재정비에 착수하여 1975년 12월 31일 우리나라 최초의 관광법규인 「관광사업진흥법」을 발전적으로 폐지함과 동시에 동법의 성격을 고려하여 「관광기본법」과 「관광사업법」으로 분리 제정하였다. 그 후로 개정과 명칭변경, 관광업무의 소관이 변경되다가, 2013년 1월 현재 「관광진흥법」에서 규정하고 있는 관광사업의 종류는 여행업, 관광숙박업, 관광객이용시설업, 국제회의업, 카지노업, 유원시설업, 관광편의시설업 등 크게 7개 업종으로 구분하고 있으며, 동법 시행령에서는 이를 각각의 종류별로 다시 세분하고 있다. 이를 도표화하면 <표 2.2>와 같다.

3. 여행업

현행 「관광진흥법」에서의 여행업이란 "여행자 또는 운송시설·숙박시설, 그 밖에 여행에 딸리는 시설의 경영자 등을 위하여 그 시설 이용 알선이나 계약 체결의 대리, 여행에 관한 안내, 그 밖의 여행 편의를 제공하는 업"을 말한다. 여행업은 사업의 범위 및 취급대상에 따라 일반여행업, 국외여행업 및 국내여행업으로 구분하고 있다

1) 일반여행업

국내외를 여행하는 내국인 및 외국인을 대상으로 하는 여행업[사증(査證; 비자)을 받는 절차를 대행하는 행위를 포함한다]을 말한다. 따라서 일반여행업자는 외국인의 국내 또는 국외여행과 내국인의 국외 또는 국내여행에 대한 업무를 모두 취급할 수 있다.

2) 국외여행업

국외를 여행하는 내국인을 대상으로 하는 여행업(사증을 받는 절차를 대행하는 행위를 포함한다)을 말한다. 국외여행업은 우리나라 국민의 아웃바운드 여행(해외여행업무)만을 전담하도록 하기 위하여 도입된 것이므로, 외국인을 대상으로 하거나 또는 내국인을 대상으로 한 국내여행업은 이를 법으로 허용하지 않고 있다.

3) 국내여행업

국내를 여행하는 내국인을 대상으로 하는 여행업을 말한다. 따라서 국내여행업은 내국인을 대상으로 한 국내여행에 국한하고 있어 외국인을 대상으로 하거나 또는 내국인을 대상으로 한 국외여행업은 이를 법으로 금하고 있다.

4. 관광숙박업

현행 「관광진흥법」은 관광숙박업을 호텔업과 휴양콘도미니엄업으로 나누고, 호텔업을 다시 세분하고 있다.

1) 호텔업

호텔업이란 관광객의 숙박에 적합한 시설을 갖추어 이를 관광객에게 제공하거나 숙박에 딸리는 음식·운동·오락·휴양·공연 또는 연수에 적합한 시설 등을 함께 갖추어 이를 이용하게 하는 업을 말한다.

호텔업은 운영형태, 이용방법 또는 시설구조에 따라 관광호텔업, 수상관광호텔업, 한국전통호텔업, 가족호텔업, 호스텔업, 소형호텔업, 의료관광호텔업 등으로 세분하고 있다.

가) 관광호텔업

관광호텔업은 관광객의 숙박에 적합한 시설을 갖추어 관광객에게 이용하게 하고 숙박에 딸린 음식·운동·오락·휴양·공연 또는 연수에 적합한 시설 등(이하 "부대시설"이라 한다)을 함께 갖추어 관광객에게 이용하게 하는 업(業)을 말한다.

나) 수상관광호텔업

수상관광호텔업은 수상에 구조물 또는 선박을 고정하거나 매어 놓고 관광객의 숙박에 적합한 시설을 갖추거나 부대시설을 함께 갖추어 관광객에게 이용하게 하는 업으로서, 수려한 해상경관을 볼 수 있도록 해상에 구조물 또는 선박을 개조하여 설치한 숙박시설을 말한다. 만일 노후선박을 개조하여 숙박에 적합한 시설을 갖추고 있더라도 동력(動力)을 이용하여 선박이 이동할 경우에는 이는 관광호텔이 아니라 선박으로 인정된다.

우리나라에는 2000년 7월 20일 최초로 부산 해운대구에 객실수 53실의 수상관광호텔이 등록된 바 있으나, 그 후 태풍으로 인해 멸실되어 현재는 존재하지 않는다.

다) 한국전통호텔업

한국전통호텔업은 한국전통의 건축물에 관광객의 숙박에 적합한 시설을 갖추거나 부대시설을 함께 갖추어 관광객에게 이용하게 하는 업을 말한다.

현재 우리나라에서 운영되고 있는 관광호텔은 모두가 서양식의 구조와 설비를 갖추고 있어 외국인관광객이 한국고유의 전통적 숙박시설을 이용할 수 없는 것이 오늘의 현실이다. 따라서 외국인관광객의 수요에 대처하기 위하여 한국고유의 전통 건축양식에 한국적 분위를 풍길 수 있는 객실과 정원을 갖추고 한국전통요리를 제공하도록 한 것이 한국전통호텔업이다.

라) 가족호텔업

가족호텔업은 가족단위 관광객의 숙박에 적합하도록 숙박시설 및 취사도구를 갖추어 관광객에게 이용하게 하거나 숙박에 딸린 음식·운동·휴양 또는 연수에 적합한 시설을 함께 갖추어 관광객에게 이용하게 하는 업을 말한다.

경제성장으로 인한 국민소득수준의 향상은 다수 국민으로 하여금 여가활동을 향유케 함으로써 가족단위 관광의 증가를 가져왔는데, 가족단위 관광의 증가는 가족호텔을 급격히 증가하게 하였다. 이에 정부는 증가된 가족단위의 관광수요에 부응하여 국민복지 차원에서 저렴한 비용으로 가족관광을 영위할 수 있게 하기 위하여 가족호텔 내에는 취사장, 운동·오락시설 및 위생설비를 겸비토록 하고 있다.

마) 호스텔업

호스텔업은 배낭여행객 등 개별 관광객의 숙박에 적합한 시설로서 샤워장, 취사장 등의 편의시설과 외국인 및 내국인 관광객을 위한 문화·정보 교류시설 등을 함께 갖추어 이용하게 하는 업을 말한다.

바) 소형호텔업

관광객의 숙박에 적합한 시설을 소규모로 갖추고 숙박에 딸린 음식·운동·휴양 또는 연수에 적합한 시설을 함께 갖추어 관광객에게 이용하게 하는 업을 말한다. 이는 외국인관광객 1,200만명 시대를 맞이하여 관광숙박서비스의 다양성을 제고하고 부가가치가 높은 고품격의 융·복합형 관광산업을 집중적으로 육성하기 위하여 2013년 11월 「관광진흥법 시행령」 개정 때 호텔업의 한 종류로 신설된 것으로, 소형호텔업에 대한 투자를 활성화시켜 관광숙박서비스의 다양성을 제고하고 관광숙박시설을 확충하는 데 기여할 것으로 기대되고 있다.

사) 의료관광호텔업

의료관광객의 숙박에 적합한 시설 및 취사도구를 갖추거나 숙박에 딸린 음식·운동 또는 휴양에 적합한 시설을 함께 갖추어 관광객에게 이용하게 하는 업을 말한다. 이는 외국인관광객 1,200만명 시대를 맞이하여 관광숙박서비스의 다양성을 제고하고 부가가치가 높고 고품격의 융·복합형 관광산업을 집중적으로 육성하기 위하여 2013년 11월 「관광진흥법 시행령」 개정 때 호텔업의 한 종류로 신설된 것으로, 의료관광객의 편의가 증진되어 의료관광 활성화에 기여할 것으로 기대되고 있다.

2) 휴양콘도미니엄업

휴양콘도미니엄업이란 관광객의 숙박과 취사에 적합한 시설을 갖추어 이를 그 시설의 회원이나 공유자, 그 밖의 관광객에게 제공하거나 숙박에 딸리는 음식·운동·오락·휴양·공연 또는 연수에 적합한 시설 등을 함께 갖추어 이를 이용하게 하는 업을 말한다.

본래 콘도미니엄(Condominium)은 1957년 스페인에서 기존호텔에 개인의 소유개념을 도입하여 개발한 것이 그 시초이며, 1950년대 이탈리아에서 중소기업들이 종업원들의 복리후생을 위해 회사가 공동투자를 하여 연립주택이나 호텔형태로 지은 별장식 가옥을 10여 명이 소유하는 공공휴양시설로 개발한 것이 그 효시라 한다.

우리나라는 1981년 4월 (주)한국콘도에서 경주보문단지 내에 있는 25평형 103실을 분양한 것이 콘도미니엄의 시초인데, 1982년 12월 31일에는 휴양콘도미니엄업을 「관광진흥법」 상의 관광숙박업종으로 신설한 후 오늘에 이르고 있다.

5. 관광객이용시설업

관광객이용시설업이란 ① 관광객을 위하여 음식·운동·오락·휴양·문화·예술 또는 레저 등에 적합한 시설을 갖추어 이를 관광객에게 이용하게 하는 업 또는 ② 대통령으로 정하는 2종 이상의 시설과 관광숙박업의 시설(이하 "관광숙박시설"이라 한다) 등을 함께 갖추어 이를 회원이나 그 밖의 관광객에게 이용하게 하는 업을 말한다.

　현행 「관광진흥법」은 관광객이용시설업의 종류를 전문휴양업, 종합휴양업(제1종, 제2종), 야영장업(일반야영장업, 자동차야영장업), 관광유람선업(일반관광유람선업, 크루즈업), 관광공연장업, 외국인전용 관광기념품판매업 등으로 구분하고 있다. 다만, 외국인 전용관광기념품판매업은 2014년 7월 16일 개정 때 관광객이용시설업에서 삭제되었다.

1) 전문휴양업

　관광객의 휴양이나 여가선용을 위하여 숙박업시설(농어촌에 설치된 민박사업용시설) 및 제2호(자연휴양림 안에 설치된 시설)의 시설을 포함하며, 휴게음식점영업, 일반음식점영업 또는 제과점영업의 신고에 필요한 시설(이하 "음식점시설"이라 한다)을 갖추고 전문휴양시설 중 한 종류의 시설을 갖추어 관광객에게 이용하게 하는 업을 말한다.

2) 종합휴양업

　종합휴양업은 제1종과 제2종으로 구분된다.

　제1종 종합휴양업은 관광객의 휴양이나 여가선용을 위하여 숙박시설 또는 음식점시설을 갖추고 전문휴양시설 중 두 종류 이상의 시설을 갖추어 관광객에게 이용하게 하는 업이나, 숙박시설 또는 음식점시설을 갖추고 전문휴양시설 중 한 종류 이상의 시설과 종합유원시설업의 시설을 갖추어 관광객에게 이용하게 하는 업이다. 예를 들면 일정한 장소에 운동 · 오락 및 휴양시설을 갖춘 서울드림랜드, 운동 · 오락 · 식당 및 동식물원 시설을 갖춘 롯데월드, 동식물원, 오락 및 휴양시설을 갖춘 에버랜드(용인자연농원) 등이 이에 해당된다.

　제2종 종합휴양업은 관광객의 휴양이나 여가선용을 위하여 관광숙박업의 등록에 필요한 시설과 제1종 종합휴양업 등록에 필요한 전문휴양시설 중 두 종류 이상의 시설 또는 전문휴양시설 중 한 종류 이상의 시설 및 종합유원시설업의 시설을 함께 갖추어 관광객에게 이용하게 하는 업이다.

3) 야영장업

가족단위로 야영하는 여행자의 증가에 따라 야영장의 수가 증가하고 있음에도 불구하고, 지금껏 자동차야영장업만을 관광사업으로 등록하도록 하고 있어 야영장에 대한 종합적인 관리가 어려웠는 바, 마침 2014년 10월 28일 「관광진흥법 시행령」 개정 때 종전의 자동차야영장업을 일반야영장업과 자동차야영장업으로 세분하고 일반야영장업도 관광사업으로 등록하도록 함으로써 야영장 이용객들이 안전하고 위생적으로 이용할 수 있게 한 것이다.

가) 일반야영장업

야영장비 등을 설치할 수 있는 공간을 갖추고 야영에 적합한 시설을 함께 갖추어 관광객에게 이용하게 하는 업을 말한다.

나) 자동차야영장업

자동차를 주차하고 그 옆에 야영장비 등을 설치할 수 있는 공간을 갖추고 취사 등에 적합한 시설을 함께 갖추어 자동차를 이용하는 관광객에게 이용하게 하는 업을 말한다.

4) 관광유람선업

가) 일반관광유람선업

「해운법」에 따른 해상여객운송사업의 면허를 받은 자나 「유선(遊船) 및 도선사업법(渡船事業法)」에 따른 유선사업의 면허를 받거나 신고한 자가 선박을 이용하여 관광객에게 관광을 할 수 있도록 하는 업을 말한다.

나) 크루즈업

「해운법」에 따른 순항(順航) 여객운송사업이나 복합 해상여객운송사업의 면허를 받은 자가 해당 선박 안에 숙박시설, 위락시설 등 편의시설을 갖춘 선박을 이용하여 관광객에게 관광을 할 수 있도록 하는 업을 말한다.

5) 관광공연장업

관광공연장업은 관광객을 위하여 적합한 공연시설을 갖추고 공연물을 공연하면서 관광객에게 식사와 주류를 판매하는 업을 말한다. 관광공연장업은 1999년 5월 10일 「관광진흥법 시행령」을 개정하여 신설한 업종으로서 실내관광공연장과 실외관광공연장을 설치·운영할 수 있다.

6) 외국인전용 관광기념품판매업 〈삭제 : 2014.7.16.〉

외국인전용 관광기념품판매업은 2014년 7월 16일 「관광진흥법 시행령」 개정으로 '관광사업등록업종'에서 제외되었다. 그 이유를 살펴보면, 외국인전용 관광기념품판매업은 1987년 외화획득 및 외국인 관광객 편의증진을 위하여 「관광진흥법」상 관광사업으로 등록하여야 하는 업종인 관광객이용시설업의 한 종류로 도입된 것인데, 그동안 외국인 관광객이 물품을 구매하기 위한 여건이 향상되었으므로, 외국인전용 관광기념품판매업을 관광사업으로 등록하여야 하는 업종에서 제외함으로써 외국인 관광객을 대상으로 물품을 판매하는 업종 간에 자유경쟁을 유도하려는 것이다.

6. 국제회의업

국제회의업은 대규모 관광수요를 유발하는 국제회의(세미나·토론회·전시회 등을 포함한다)를 개최할 수 있는 시설을 설치·운영하거나 국제회의의 계획·준비·진행 등의 업무를 위탁받아 대행하는 업을 말한다. 국제회의업은 국제회의시설업과 국제회의기획업으로 분류하고 있다.

국제회의는 참가자들이 일반관광객에 비해 장기간 체재하면서 회의기간 중 또는 그 전후에 국내관광과 쇼핑 등을 하므로 대량 관광객과 유사한 유치효과를 가져오며, 교통·숙박·유흥업·관광 등 관련산업의 발전을 유도함으로써 경제발전 창출효과에도 크게 기여한다. 또한 참가자 대부분이 각국의 정치·경제·과학·기술·문화 등 관련 분야의 전문가로서 지도적인 위치에 있으므로 국가홍보 효과를 가져옴은 물론, 국제회의는 계절별 변수가 비교적 적어 관광비수기 타개책으로 활용되기도 한다.

1) 국제회의시설업

대규모 관광수요를 유발하는 국제회의를 개최할 수 있는 시설을 설치·운영하는 업을 말하는데, 첫째, 「국제회의산업 육성에 관한 법률 시행령」 제3조에 따른 회의시설(전문회의시설·준회의시설) 및 전시시설의 요건을 갖추고 있을 것과, 둘째, 국제회의 개최 및 전시의 편의를 위하여 부대시설(주차시설, 쇼핑·휴식시설)을 갖추고 있을 것을 요구하고 있다.

2) 국제회의기획업

대규모 관광수요를 유발하는 국제회의의 계획·준비·진행 등의 업무를 위탁받아 대행하는 업을 말한다. 우리나라 국제회의업은 '국제회의용역업'이라는 명칭으로 1986년 처음으로 「관광진흥법」상의 관광사업으로 신설되었던 것이나, 1998년에 동법을 개정하여 종전의 국제회의용역업을 '국제회의기획업'으로 명칭을 변경하고 여기에 '국제회의시설업'을 추가하여 '국제회의업'으로 업무범위를 확대하여 오늘에 이르고 있다.

7. 카지노업

카지노업이란 전문영업장을 갖추고 주사위·트럼프·슬롯머신 등 특정한 기구(機具) 등을 이용하여 우연의 결과에 따라 특정인에게 재산상의 이익을 주고 다른 참가자에게 손실을 주는 행위 등을 하는 업을 말한다.

카지노업은 종래 「사행행위등 규제 및 처벌특례법」에서 '사행행위영업(射倖行爲營業)'의 일환으로 규정되어 오던 것을 1994년 8월 3일 「관광진흥법」을 개정하여 관광사업의 일종으로 전환 규정하고, 문화체육관광부에서 허가권과 지도·감독권을 갖게 되었다(동법 제21조). 다만, 제주도에는 2006년 7월부터 「제주특별자치도 설치 및 국제자유도시 조성을 위한 특별법」(이하 "제주특별법"이라 한다)이 제정·시행됨에 따라 제주특별자치도에서 외국인전용 카지노업을 경영하려는 자는 제주도지사의 허가를 받아야 한다.

현행 「관광진흥법」에 의거한 카지노업은 내국인 출입을 허용하지 않는 것을 기본으로 하고 있으며, 예외적으로 「폐광지역개발지원에 관한 특별법」에 의거 폐광지역의 경기활성화를 위하여 2000년 10월 강원도 정선군에 개장한 강원랜드카지노만은 내국인의 출입을 허용하고 있다.

8. 유원시설업

유원시설업(遊園施設業)은 유기시설(遊技施設)이나 유기기구(遊技機具)를 갖추어 이를 관광객에게 이용하게 하는 업(다른 영업을 경영하면서 관광객의 유치 또는 광고 등을 목적으로 유기시설이나 유기기구를 설치하여 이를 이용하게 하는 경우를 포함한다)을 말한다.

현행「관광진흥법」상의 유원시설업은 종합유원시설업, 일반유원시설업, 기타유원시설업으로 분류하고 있다.

1) 종합유원시설업

유기시설이나 유기기구를 갖추어 관광객에게 이용하게 하는 업으로서 대규모의 대지 또는 실내에서「관광진흥법」제33조에 따른 안전성검사 대상 유기시설 또는 유기기구 여섯 종류 이상을 설치하여 운영하는 업을 말한다.

2) 일반유원시설업

유기시설이나 유기기구를 갖추어 관광객에게 이용하게 하는 업으로서「관광진흥법」제33조에 따른 안전성검사 대상 유기시설 또는 유기기구 한 종류 이상을 설치하여 운영하는 업을 말한다.

3) 기타유원시설업

유기시설이나 유기기구를 갖추어 관광객에게 이용하게 하는 업으로서「관광진흥법」제33조에 따른 안전성검사 대상이 아닌 유기시설 또는 유기기구를 설치하여 운영하는 업을 말한다.

9. 관광편의시설업

관광편의시설업은 앞에서 설명한 관광사업(여행업, 관광숙박업, 관광객이용시설업,

국제회의업, 카지노업, 유원시설업) 외에 관광진흥에 이바지할 수 있다고 인정되는 사업이나 시설 등을 운영하는 업을 말한다. 이는 비록 다른 관광사업보다 관광객의 이용도가 낮거나 시설규모는 작지만, 다른 사업 못지않게 관광진흥에 기여할 수 있다고 보아 인정된 사업이라고 하겠다.

관광편의시설업을 경영하려는 자는 문화체육관광부령으로 정하는 바에 따라 특별시장·광역시장·도지사·특별자치도지사(이하 "시·도지사"라 한다) 또는 시장·군수·구청장의 지정을 받을 수 있는데, 그 종류는 다음과 같다.

1) 관광유흥음식점업

식품위생법령에 따른 유흥주점 영업의 허가를 받은 자가 관광객이 이용하기 적합한 한국 전통 분위기의 시설을 갖추어 그 시설을 이용하는 자에게 음식을 제공하고 노래와 춤을 감상하게 하거나 춤을 추게 하는 업을 말한다.

2) 관광극장유흥업

식품위생법령에 따른 유흥주점 영업의 허가를 받은 자가 관광객이 이용하기 적합한 무도(舞蹈)시설을 갖추어 그 시설을 이용하는 자에게 음식을 제공하고 노래와 춤을 감상하게 하거나 춤을 추게 하는 업을 말한다.

3) 외국인전용 유흥음식점업

식품위생법령에 따른 유흥주점 영업의 허가를 받은 자가 외국인이 이용하기 적합한 시설을 갖추어 그 시설을 이용하는 자에게 주류나 그 밖의 음식을 제공하고 노래와 춤을 감상하게 하거나 춤을 추게 하는 업을 말한다.

4) 관광식당업

식품위생법령에 따른 일반음식점영업의 허가를 받은 자가 관광객이 이용하기 적합한 음식제공시설을 갖추고 관광객에게 특정 국가의 음식을 전문적으로 제공하는 업을 말한다.

5) 시내순환관광업

「여객자동차운수사업법」에 따른 여객자동차운송사업의 면허를 받거나 등록을 한 자가 버스를 이용하여 관광객에게 시내와 그 주변 관광지를 정기적으로 순회하면서 관광할 수 있도록 하는 업을 말한다.

6) 관광사진업

외국인 관광객과 동행하며 기념사진을 촬영하여 판매하는 업을 말한다.

7) 여객자동차터미널시설업

「여객자동차운수사업법」에 따른 여객자동차터미널사업의 면허를 받은 자가 관광객이 이용하기 적합한 여객자동차터미널시설을 갖추고 이들에게 휴게시설·안내시설 등편익시설을 제공하는 업을 말한다.

8) 관광펜션업

숙박시설을 운영하고 있는 자가 자연·문화 체험관광에 적합한 시설을 갖추어 관광객에게 이용하게 하는 업을 말한다. 이는 2003년 8월 「관광진흥법 시행령」 개정시 새로추가된 업종으로 새로운 숙박형태의 소규모 고급민박시설이지만, 관광숙박업의 세부업종이 아님을 유의하여야 한다.

그리고 관광펜션업은 「제주특별자치도 설치 및 국제자유도시 조성을 위한 특별법」을 적용받는 지역에 대하여는 적용하지 아니한다. 이 "제주특별법"에서는 관광펜션업대신에 '휴양펜션업'을 규정하고 있기 때문이다.

9) 관광궤도업

「궤도운송법」에 따른 궤도사업의 허가를 받은 자가 주변 관람과 운송에 적합한 시설을 갖추어 이를 관광객에게 이용하게 하는 업을 말한다. 이는 궤도차량인 케이블카 등을 설치·운행하는 사업으로 안내방송 등 외국어 안내서비스가 가능한 체제를 갖추고있어야 하는데(관광진흥법 시행규칙 제14조 관련 별표 2), 종래의 「삭도·궤도법」이 전부 개정되어 「궤도운송법」으로 법의 명칭이 변경됨에 따라 2009년 11월 2일 「관광진흥법 시행령」 개정 때 종전의 '관광삭도업'을 '관광궤도업'으로 명칭이 변경된 것이다.

10) 한옥체험업

한옥(주요 구조부가 목조구조로서 한식기와 등을 사용한 건축물 중 고유의 전통미를 간직하고 있는 건축물과 그 부속시설을 말한다)에 숙박체험에 적합한 시설을 갖추어 관광객에게 이용하게 하거나, 숙박체험에 딸린 식사체험 등 그 밖의 전통문화 체험에 적합한 시설을 함께 갖추어 관광객에게 이용하게 하는 업을 말하는데(개정 : 2014.7.16.), 그 지정기준을 살펴보면 한 종류 이상의 전통문화 체험에 적합한 시설을 갖추고 이용자의 불편이 없도록 욕실이나 샤워시설 등 편의시설을 갖추어야 한다(관광진흥법 시행규칙 제14조 관련 별표 2). 이는 2009년 10월 7일 「관광진흥법 시행령」 개정 때 새로 추가된 업종이다.

11) 외국인관광 도시민박업

외국인관광 도시민박업이란 「국토의 계획 및 이용에 관한 법률」 제6조제1호에 따른 도시지역(「농어촌정비법」에 따른 농어촌지역 및 준농어촌지역은 제외한다)의 주민이 거주하고 있는 단독주택 또는 다가구주택과 아파트, 연립주택 또는 다세대주택을 이용하여 외국인 관광객에게 한국의 가정문화를 체험할 수 있도록 숙식 등을 제공하는 업을 말하는데, 종전까지는 외국인관광 도시민박업의 지정을 받으면 외국인 관광객에만 숙식 등을 제공할 수 있었으나, 2014년 11월 28일 「관광진흥법 시행령」 개정으로 '재생활성화계획'에 따라 마을기업이 운영하는 외국인관광 도시민박업의 경우에는 외국인 관광객에게 우선하여 숙식 등을 제공하되, 외국인 관광객의 이용에 지장을 주지 아니하는 범위에서 해당 지역을 방문하는 내국인 관광객에게도 그 지역의 특성화된 문화를 체험할 수 있도록 숙식 등을 제공할 수 있게 하였다(관광진흥법 시행령 제2조 제1항 제6호 카목). 외국인관광 도시민박업의 지정기준을 살펴보면 건물의 연면적이 230제곱미터 미만이고 외국어 안내서비스가 가능한 체제를 갖추고 있어야 한다.

이는 2011년 12월 30일 「관광진흥법 시행령」 개정 때 새로 도입된 제도로, 도시지역의 주민이 거주하고 있는 단독주택 또는 아파트 등을 이용하여 외국인 관광객에게 숙식 등을 제공하고 한국의 가정문화를 체험할 수 있도록 함으로써 외국인 관광객의 유치 확대에 이바지할 수 있을 것으로 전망하고 있다.

제5절 호텔 소유형태

20세기까지 거의 모든 호텔은 개인 소유(독립호텔)로 운영되어왔다. 그러나 호텔과 모텔체인의 발달로 인해 리스, 조인트벤처, 프랜차이즈, 경영계약 등 많은 새로운 소유형태가 발전하였다.

1. 독립호텔

이는 소유자가 제3자로부터 자금지원이나 경영지원 없이 독자적으로 경영하는 형태이다. 미국호텔의 약 50%가 개인소유(Individual Ownership)로 운영되고 있다. 이들의 대부분은 아직도 호텔산업의 근간을 이루고 있는 100실 이하의 가족소유호텔이다. 그중에는 소규모 호텔, 컨트리 인이 포함된다. 개인소유(독립호텔)라는 용어는 또한 1960년대 중반 이후 호텔산업에 투자해 대기업에 의해 소유된 개인호텔에도 적용된다. 이러한 개인소유 형태에는 자이언트 시티호텔과 디럭스 리조트호텔도 포함된다.

독립호텔의 주요 이점은 정책과 운영을 완전히 통제할 수 있어 독립적이고 호텔자산으로부터 이익 전부를 차지한다는 점이다. 명백한 단점은 오너가 모든 위험을 감수해야 한다는 것이다. 독립호텔의 장점과 단점은 아래 <표 2.3>과 같다.

〈표 2.3〉 독립호텔의 장점과 단점

장 점	• 위탁 경영비 및 상표 사용 등의 수수료가 들지 않음 • 의사결정 등을 신속히 처리할 수 있음 • 독자적인 시스템으로 국내스타일에 맞는 유연한 경영 • local hotel의 기업이미지 형성이 가능
단 점	• 투자에 대한 위험 부담이 높음 • 호텔 건설 및 경영 노하우가 부족 • 해외 마케팅의 한계(해외시장에서의 낮은 지명도) • 선진 호텔 문화 및 서비스 도입의 한계

2. 체인호텔

다수의 자산으로 구성된 호텔체인은 수많은 호텔을 직접 소유하고 운영한다. 이는 체인소유(Chain Ownership)이다. 체인은 빌딩과 직원을 갖고 있다. 이러한 소유형태는 독립호텔의 모든 이점을 제공한다. 그러나 체인의 확장은 자본능력에 따라 제한된다. 급속히 확장하기를 원하는 체인은 직접적 소유보다는 프랜차이징(프랜차이즈 시스템)과 경영계약을 이용하고 있다.

3. 리스와 조인트 벤처

독립호텔이나 체인호텔은 리스(Lease) 계약을 하여 소유함이 없이 운영할 수 있다. 장기리스 하에서 테넌트(tenant)는 호텔의 완전사용에 대해 지주에게 매월 고정된 렌탈료를 지급한다. 호텔오너가 이익에 참가하는 이익분할 리스는 더욱 일반적이다.

조인트벤처(Joint Venture)는 두 개 회사 간, 두 개인 간 또는 1개 회사와 1 개인 간의 파트너십이다. 조인트벤처는 모텔의 발전에는 빈번히 그리고 대형 호텔프로젝트에는 간혹 사용되어 왔다. 거대자본을 투자하려는 개인자산가나 개발자와, 경영 노하우 및 개발기술을 기여하려는 기존모텔체인 간에 주로 이러한 조인트벤처가 형성된다.

4. 프랜차이즈 시스템

프랜차이징은 프랜차이즈 본사가 독립된 사업자인 가맹점에게 일정기간, 특정장소에 상호, 제품, 마케팅 기법, 인테리어, 영업시스템, 권리를 사용하도록 허용해주는 계약형태이다. 프랜차이즈(Franchise) 시스템 하에서 호텔오너는 체인명의로 자산을 운영하도록 기존체인과 계약을 한다. 호텔의 오너 또는 프랜차이지(franchisee)는 초기개발비(initial development fee)로 그리고 매달 객실순판매액의 3% ~ 6%를 프랜차이즈비(franchise fee)로 지급한다. 그와 더불어 프랜차이지는 체인의 경영정책을 따르기에 동의한다.

그에 대해 체인본부 또는 프랜차이저(franchiser)는 직원의 선발과 훈련, 마케팅과 세일즈 및 광고지원, 중앙 컴퓨터예약시스템에의 접속 등에 도움을 준다. 아마도 가장 중요한 것은 프랜차이저가 널리 인지된 이미지와 친숙한 체인명칭을 제공하는 것이다. 우리나라에서는 가맹본부(프랜차이저)가 가맹점(프랜차이지)을 모집하는 것과 유사하다.

프랜차이즈 시스템은 독립호텔 다음으로 호텔조직이 가장 일반적인 형태이다. 호텔과 모텔체인은 실제적인 자본투자 없이 조직을 확장하는 방법으로 1950년대 말과 1960년대 초에 프랜차이징 개념을 채택하기 시작하였다.

윌슨의 홀리데이 인은 프랜차이즈 시스템의 초기의 개척자로 명성을 날렸다. 운영 초기 2년 동안에 홀리데이 인은 겨우 4개의 모텔을 건설할 수 있었다. 이때 윌슨은 직접소유주의 독립호텔에 의존하지 않으면 그의 체인은 매우 빨리 성장할 수는 없다는 것을 깨달았다. 프랜차이즈 시스템이 가장 실행 가능한 대안으로 제시되었고 그로부터 5년이 지나기 전에 홀리데이 인은 100여개의 프랜차이지를 운영하게 되었다. 다른 체인도 재빨리 프랜차이즈 시스템 분야에 뛰어들어 1980년대 중반에는 거의 70%의 체인호텔이 프랜차이즈 계약을 맺게 되었다. 프랜차이즈 경영 호텔의 장점과 단점은 아래 <표 2.4>와 같다.

〈표 2.4〉 프랜차이즈경영 호텔(외식업)의 장점

장 점	• 직접투자나 비용에 관계 없이 새로운 지역에 진출 • 프랜차이저의 각종 노하우를 활용할 수 있음 • 잘 알려진 브랜드의 사용으로 신용과 명성을 얻음 • 국내 및 국제적인 광범위한 공동 촉진·마케팅 • 대량 구매에 의한 원가절감의 효과
단 점	• 프랜차이저에게 수수료 지급 　(로열티, 가입비, 수수료 등이 비쌀 수 있음) • 프랜차이지는 표준화된 서비스 절차에 따라야 하며 본인들의 독창성이나 고객관리요령에 제한을 받음 • 지역적 특성이 희석될 수 있음 • 본부의 능력에 의존하게 됨

5. 위탁경영시스템

위탁경영계약(Management Contract)은 호텔의 경영관리 기술을 가지고 있는 호텔 전문가와 호텔 소유주가 호텔경영 관리 위탁 또는 수탁계약을 맺고 운영하는 방식이다. 이는 자산을 효율적으로 운영·개발하기 위해 호텔, 식당, 컨벤션센터, 종합휴양지 등의 소유주들에게 전문화된 관리기법을 제공하는 경영협정으로, 관리회사는 이익의 일정 배율만을 받고 실질적 소유권을 갖지 않는다.

프랜차이즈 시스템에서는 개인 또는 기업이 호텔을 운영하고 체인으로부터 지원을 받는다. 그러나 위탁경영계약 아래에서는 개인 또는 기업이 자산(호텔)을 소유하고 체인은 그것을 운영한다. 오너는 호텔의 운영에 관여할 필요 없이 프랜차이즈 시스템의 모든 혜택을 향유할 수 있다. 체인은 오너로부터 경영관리비(managerial fee)를 받고 호텔운영에 대한 완전한 통제권을 갖는다. 위탁경영계약으로 인하여 체인은 자본투자액을 최소한 아니면 전혀 없이 세력 확대가 가능하다. 반면에 오너는 체인이 아니고 그대로 투자가이다.

위탁경영시스템 개념은 미국체인회사가 해외에 확장하려는 방법의 하나로 1950년대에 개발된 것이다. 이 개념도입으로 인해 외국소유권법이나 정치적 상황이 외국회사의 소유권을 막고 있는 국가에서 호텔 오픈이 가능하게 되었다. 미국체인의 경영관리 및 마케팅 전문가를 원하는 해외호텔 개발업자는 자산(호텔)을 투자하고 그 운영에 미국호텔기업과 계약하기 시작하였다. 위탁경영계약의 장점과 단점은 아래 <표 2.5>와 같다.

〈표 2.5〉 위탁경영계약의 장점과 단점

장 점	• 호텔소유주는 호텔경영 경험이 없어도 운영 가능 • 체인본부의 상호를 사용해 신뢰와 명성을 얻을 수 있음
단 점	• 호텔소유주는 위탁경영에 대한 일정 수수료인 경영위탁료 지급 • 호텔소유주는 호텔경영상의 통제력을 행사할 수 없음 • 호텔소유주와 경영자 간에 의사소통 문제가 발생될 수 있음

제6절 호텔상품

1. 호텔의 유형[5]

50년 전 많은 호텔들이 특정시장의 다양한 욕구에 별다른 관심 없이 건설되어 운영

---

5) 김성혁(2014), 관광산업의 이해, 8장 참조

되고 있었다. 오늘날 거기에는 다른 유형의 방문객들의 동기, 욕구, 기대에 크게 자각하고 있다. 또한 장애자 관광객들의 욕구에도 큰 관심을 두게 되었다.

점차 시장조사를 통하여 호텔은 고객을 파악하고 고객의 욕구를 예상하고 그에 따라 서비스를 조정할 수 있다. 호텔은 이미 일반관광객을 대상으로 건설되고 있지 않다. 그 대신에 비즈니스여행자, 컨벤션 단체, 휴가객, 주말객, 신혼객, 부자, 절약가 등 특정시장에 초점을 두고 있다. 특정 단체에 특정 제품을 개발한다는 개념은 시장세분화로 알려져 있다.

1) 기간에 의한 분류

시장세분화는 호텔산업에 커다란 변화를 가져왔다. 그러나 변하지 않은 것이 하나가 있는데 두 개의 기본적인 호텔유형의 개념, 즉 단기체재호텔과 장기체재호텔이다.

단기체재호텔(Transient Hotel)은 '단기로 호텔을 이용하는 고객을 주 대상으로 영업하는 호텔'이다. 상용이나 위락여행으로 1일, 1주, 1개월 등 한정된 기간 동안 체재하는 고객을 대상으로 하는 호텔이다. 커머셜호텔, 모텔, 모터호텔, 컨벤션호텔, 인, 리조트호텔 등 대부분의 호텔이 여기에 속한다.

장기체재호텔(Residential Hotel)은 '적어도 1주일 이상의 체재객을 대상으로 하는 호텔로, 마치 자기의 집과 같은 주거지로서 이용할 수 있도록 장기체류 숙박객을 위해 발전된 숙박형태'이다.

2) 법규에 의한 분류

우리나라 「관광진흥법」 제3조 제1항 2호는 관광숙박업을 호텔업과 휴양콘도미니엄업으로 분류하고, 호텔업의 정의를 "관광객의 숙박에 적합한 시설을 갖추어 이를 관광객에게 제공하거나 숙박에 딸리는 음식·운동·오락·휴양·공연 또는 연수에 적합한 시설 등을 함께 갖추어 이를 이용하게 하는 업"이라고 규정하고 있다. 그리고 동법 시행령은 제2조에서 호텔업의 세부업종을 관광호텔업, 수상관광호텔업, 한국전통호텔업, 가족호텔업, 호스텔업, 소형호텔업, 의료관광호텔업으로 분류하고 있다.

3) 규모에 의한 분류

규모에 따라서 소규모호텔(Small Hotel), 보통호텔(Average Hotel), 보통 이상 호텔(Above Average Hotel), 대규모호텔(Large Hotel) 등으로 구분할 수 있다.

4) 입지에 의한 분류

호텔의 입지에 따라서 메트로폴리탄호텔(Metropolitan Hotel), 시티호텔(City Hotel), 도심호텔(Downtown Hotel), 서버반호텔(Suburban Hotel), 컨트리호텔(Country Hotel), 에어포트호텔(Airport Hotel), 씨포트호텔(Seaport Hotel), 터미널호텔(Terminal Hotel) 등으로 구분할 수 있다.

5) 숙박목적에 의한 분류

숙박목적에 따라서 컨벤셔널호텔(Conventional Hotel), 커머셜호텔(Commercial Hotel), 리조트호텔(Resort Hotel), 아파트먼트호텔(Apartment Hotel) 등으로 구분할 수 있다.

6) 특별목적에 의한 구분

특별한 목적에 따라서 모텔(Motel), 유스호스텔(Youth Hostel), 보텔(Botel), 요텔(Yachtel), 로텔(Rotel), 후로텔(Flotel) 등으로 구분할 수 있다.

이 밖에 호텔은 경영형태에 의한 구분, 체재지역에 따라 도시호텔과 리조트호텔 등으로 구분하기도 한다.

2. 호텔객실 가격에 영향을 미치는 요소

대부분의 호텔은 객실의 표준요금을 갖고 있다. 이 표준요금을 공표요금(rack rate 또는 tariff)이라고 한다. 공표요금은 호텔경영진에 의해 책정된 호텔객실당 기본요금이다. 객실의 가격결정에는 많은 요소가 영향을 미친다.

1) 호텔 위치

호텔의 위치(입지)는 호텔객실가격에 영향을 미치는 가장 중요한 요소이다. 멋있는 금빛 해변이 바라보이는 디럭스 리조트호텔은 동일해변에서 5km 떨어진 고속도로변의 리조트호텔보다 높은 객실가격을 요구할 수 있다는 것은 명백하다. 호텔객실은 동일지구에 다른 숙박시설이 없다면 더욱 비싸게 받을 수 있다. 도시호텔의 경우 상업센터, 관람매력물, 유명상가 아케이드로 접근하기 편리한 호텔이 도시외각에 자리잡은 호텔보다 더 비싸다.

2) 객실 위치

한 호텔내의 객실의 위치는 가격에 직접적으로 영향을 미친다. 특히 리조트호텔의 경우는 전망이 좋은 위층의 객실일수록 더욱 비싸다. 대부분의 호텔에서 레스토랑, 수영장, 디스코텍 등 시끄러운 공공장소에서 멀리 떨어진 객실이 더 높은 가격을 받는 경향이 있다.

3) 객실 크기와 설비

염가시장을 대상으로 하는 일부 체인은 싱글이고 표준크기의 객실로 호텔을 운영하고 있다. 그러나 대부분의 호텔은 다양한 크기의 객실을 제공한다. 여기에는 싱글 룸(싱글베드 1개), 트윈 룸(싱글베드 2개), 더블 룸(대형 더블베드 1개), 트윈더블 룸(더블베드 2개), 스위트 룸(1개 이상의 베드룸과 리빙 룸), 그리고 가격의 최상층에 펜트하우스 스위트(지붕, 수영장, 테니스장으로 접근하기 쉬운 최상층의 호화객실) 등이 있다.

다음 사항도 알아둘 필요가 있다. 한 객실을 차지하는 사람의 수는 반드시 가격에 영향을 미치는 것은 아니다. 싱글 룸은 때때로 트윈 룸이나 더블 룸의 가격만큼 비싸기도 하다. 그리고 일정 연령 이하의 어린이는 부모와 함께 투숙하는 경우에 추가비용이 없다.

설비는 대체로 표준화되어 있으며 보통 화장실, 샤워·욕조시설, 에어컨이 부착되어 있다. 전화, TV, 라디오는 미국의 염가모텔에서도 거의 표준이다. 그러나 세계 일부국가에서는 그러한 실내설비는 사치품으로 간주되기도 하여 더 비싼 객실에만 비치되는 경우도 있다. 예를 들어 욕조가 각 객실에 없고 낭하 끝에 위치하는 경우도 있다.

4) 체류기간과 시즌

일부 호텔 특히 유럽의 호텔에서는 주간특별요금을 제공한다. 그래서 공표요금(rack rate)으로 4~5일간 체류하는 것보다 더욱 저렴하게 1주일간을 숙박할 수 있다. 또한 미국의 커머셜호텔에서 제공하는 주말요금은 공표요금보다 더 저렴하다.

연간의 계절은 리조트호텔이 제공하는 객실요금에 중요한 근거가 된다. 예를 들어 스키리조트의 경우 겨울철보다 여름철의 요금은 상당히 저렴하다. 카리브 해, 멕시코, 플로리다와 같은 따뜻한 목적지의 리조트호텔도 그렇다. 그곳은 겨울은 성수기이고 여름은 비수기이다.

5) 식사

많은 나라에서 특히 리조트호텔에서 일반화되어 있지만 객실요금에 식사를 포함하는 미국의 호텔은 거의 없다. 그러나 식사는 어느 나라이건 패키지여행의 가격에는 포함되어 있다. 호텔에서 객실요금에 포함된 식사요금제도에는 여러 가지 종류가 있다.

① 유럽식 요금제도(European Plan : EP)

서구식 경영방식으로서 숙박요금에 식사를 포함시키지 않고 숙박요금과 식사요금을 각각 구분하여 계산하는 요금제도이다. 숙박객에게 숙박요금 지불만을 원칙으로 하고 식사는 각종 식당에서 메뉴에 의해서 자기 취향대로 먹을 수 있도록 하는 것이다. 그리고 특히 도시에서는 호텔 이외의 다른 곳에서 자유로이 식사를 할 수 있기 때문에 호텔의 음식을 먹지 않아도 되는 것이다. 그러므로 현재 세계 대부분의 호텔들과 특히 도시의 호텔들이 이 요금제도를 채택하고 있다.

② 대륙식 요금제도(Continental Plan : CP)

대륙식 요금제도는 객실료에 대륙식 아침식사를 포함한 숙박요금제도이다. 이 대륙식은 미국식 아침식사와는 달라서 달걀요리, 오트밀, 콘플레이크 등의 메뉴가 없는 것이 특색이다. 그리고 롤빵이나 토스트에 곁들여서 커피나 홍차, 우유를 마시는 간단한 식사이다. 이것은 유럽 대륙에서 많이 이용되고 있으며 음식부문의 룸서비스가 식사를 객실에 제공하며 식당을 이용하는 고객은 소수이다.

③ 미국식 중간형 요금제도(Modified American Plan : MAP)

숙박요금제도의 하나로 수정된 플랜을 뜻하며 미국식 플랜을 수정한 미국식 중간형은 객실료와 아침식사에 점심이나 저녁식사 중 하나를 부가한 것으로서 숙박요금에 2식이 포함된 요금제도이다. 호텔이 이 제도를 채택하면 식사요금이 점심과 저녁식사의 어느 것을 숙박요금에 포함시켜야 할 것인가를 고객과 합의해야 되므로, 이 요금제도를 실시할 경우에 대부분이 아침과 저녁식사를 포함시키고 있다. 그러나 이 제도는 현실적으로 많이 활용되지 않고 있으며 음식판매의 기록과 관리에도 부적합한 제도로 평가되고 있다.

④ 미국식 요금제도(American Plan : AP)

아메리칸 플랜은 AP라고 약어로 사용하며 뜻은 호텔 숙박요금형식의 일종으로 객실료에 매일 3식의 요금이 포함되어 있다. 식사는 보통 테이블 도테(정식)로 full pension (특히 유럽에서)이라고도 한다. 이것은 또한 bed and board라는 별칭이 있다.

6) 특징(Special Feature)

레크리에이션 시설, 케이블 TV, 24시간 룸서비스 등의 특별서비스의 유무 또한 객실가격에 영향을 미친다. 수영장, 테니스 코트, 헬스 센터, 골프 코스, 기타 스포츠시설의 건축과 유지에 드는 고(高)코스트는 객실요금에 반영된다. 이러한 시설의 이용은 무료일 수 있지만 그 이용에 대한 가격이 객실료에 포함되어 있는 것은 물론이다.

만약 호텔이 역사적 또는 건축적으로 의미가 있는 곳이라면 객실료는 또한 높아지는 경향이 있다. 예를 들어 '조지 워싱턴이 여기서 숙박하다', '엘비스 프레슬리가 여기서 묵다'라는 호텔의 자랑에 객실료가 비싸도 고객은 기꺼이 지불하려 할 것이다.

7) 특별요금

단체로 호텔에 숙박하는 개인은 보통 개별로 예약하는 고객보다 숙박시설에 덜 지불한다. 블록 부킹(block booking : 호텔의 객실, 항공기의 좌석 등 1구획을 한꺼번에 예약하는 것)에 대한 요금은 런 오브 더 하우스 레이트(Run of the House Rate)로 알려져 있다.

런 오브 더 하우스 레이트는 단체용으로 설정된 호텔 요금산정방식으로 스위트를 제외한 모든 객실에 있어서 단체투숙을 위한 최소요금과 최대요금 사이에 평균요금으로 결정하는 협정가격으로, 객실지정은 일반적으로 '최저이용 가능한' 객실을 기준으로 한다.

대부분의 호텔은 또한 기업요금(Corporate rate)으로 대기업의 직원에게 할인요금을 제공한다. 가장 큰 할인요금은 호텔 내에 컨벤션이나 미팅에 참가한 숙박고객에게 제공하는 것이다. 많은 체인이 가족할인요금(Family Plan Rates)이라는 특별가족요금을 운영한다. 이것은 추가적 비용 없이 어린이를 부모의 방에 동숙시킬 수 있는 것이다.

3. 호텔의 조직

호텔은 타기업의 조직과는 상이한 여러 부문으로 구성되어 있다. <그림 2.6>은 300실 이하의 우리나라 호텔의 조직표이고, <그림 2.7>은 500~800실의 특급호텔의 전형적인 조직표이며, <그림 2.8>은 대형호텔의 조직표의 예이다.

식사, 음료, 기타 서비스가 없는 소규모 개인소유 호텔(또는 장급호텔)은 오너, 몇 명의 종업원, 객실청소담당인 메이드 1~2명으로 운영할 수 있다. 그러나 대부분의 호텔은 복잡한 조직구조를 이루지만 소형호텔은 일반적으로 다음과 같은 6개의 부문으로 구성된다.

1) 관리부

모든 호텔은 총지배인을 비롯하여 매니저, 부매니저, 호텔운영 담당직원이 필요하다. 관리부문에 일하는 사람은 회계, 재무, 구매, 영업, 마케팅 담당직원이다. 관리부문의 중요한 기능은 호텔종업원의 인터뷰와 선발이다.

2) 프런트 오피스

프런트 오피스는 숙박업에서 가장 가시적인 직업이다. 종업원은 직접 고객과 접촉하고 예약, 객실배정, 우편, 수하물을 처리하고 호텔과 주변지역의 오락활동에 대한 정보를 제공한다. 잘 조직된 프런트 오피스는 숙박업의 경영에 필수적이다.

3) 하우스키핑

고객의 안락함은 최우선이다. 대부분의 호텔은 객실 및 공공장소의 청결과 산뜻한 모습을 보이기 위해 다수의 하우스키핑 종업원을 고용한다.

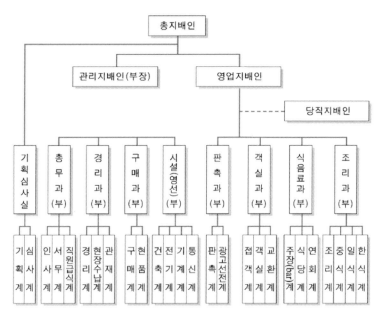

〈그림 2.6〉 호텔조직표(300실 이하)

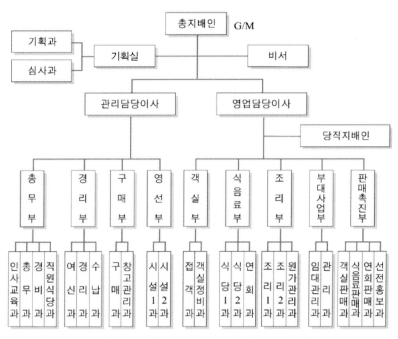

〈그림 2.7〉 호텔조직표(500 ~ 800실: 실질조직)

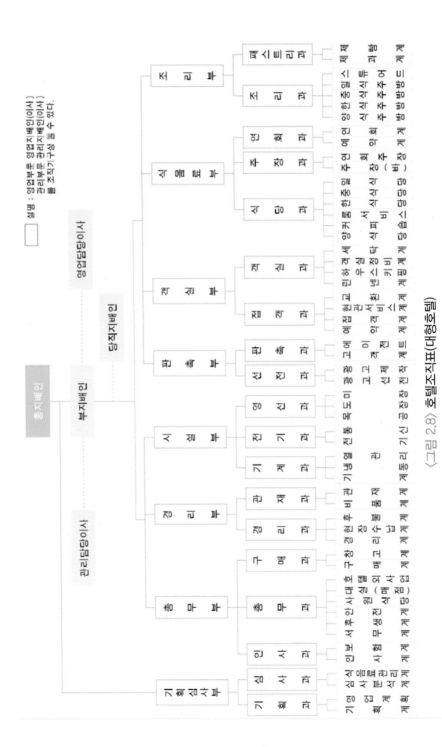

〈그림 2.8〉 호텔조직표(대형호텔)

4) 식음료부

호텔에 레스토랑, 방켓 룸, 칵테일 라운지가 있다면 식음료의 준비와 서비스에 많은 운영요원이 필요할 것이다. 호텔종업원의 약 반 이상이 이 부문에 종사한다.

5) 시설부

시설(영선)부 종업원은 고객과 접촉이 전혀 없지만 매일의 호텔경영에 있어서 중요한 역할을 담당한다. 호텔내의 모든 기계 및 전기장치의 유지, 수리, 보수에 책임을 진다.

6) 안전부

최근까지 호텔에서는 안전요원을 고용할 필요성을 느끼지 못하였다. 그러나 이제는 많은 대형호텔, 특히 도심호텔에서는 안전부문이 필수적이 되었다. 안전요원은 호텔고객과 고객의 재산을 보호할 뿐 아니라 또한 호텔의 재산을 지킨다.

더 복잡한 서비스를 제공하는 호텔은 부가적인 부문이 필요하다. 호화 리조트호텔에서는 레크리에이션활동을 조직하고 감독할 인원이 필요하다. 대형 시티호텔은 컨퍼런스나 미팅을 처리하기 위해서 독립된 컨벤션부문을 만들어야 한다. 만약 호텔이 실내점포, 임대매장, 주차장시설이 있다면 그 관리에 추가인원이 필요할 것이다.

제7절 기타 숙박시설[6)]

1. 빵숑

빵숑(pension: 펜션)[7)]은 유럽에서 발생된 전형적인 하숙식 여인숙으로 장기체재형의

---

6) 김성혁·오재경 공저, 최신 관광사업개론 (개정판), 백산출판사, pp.181-185.

7) 우리나라에서 요즘 유행하는 펜션(pension)은 빵숑(pension)과는 달리 숙박시설로 기능하기는 하지만, 가족단위의 여행객들이 자체적으로 취사를 해결하면서 쉬어갈 수 있는 공간을 말하는데, 주로 경관이 좋은 교외에 위치하여 개인의 프라이버시를 침해하지 않도록 각각의 건물들이 일정한 거리를 두고 위치하고 있는 것이 특징이다.

저렴한 숙박시설이다. 주변에 레스토랑 및 음식점이 많이 있는 곳에 위치하므로 조식은 제공되지만 석식은 제공되지 않는 것이 통례이다. 소규모의 객실을 보유하고 손님의 접대도 극히 제한된 서비스 이외에는 하지 않는다. 비교적 저렴한 숙박비가 매력적이다.

빵숑의 요금제도로는 흔히 빵숑 뿌랑(pension plan)이니 더미 빵숑(demi pension)이니 하는 것이 있는데, 전자는 숙박에 3식이 포함된 객실요금이고, 후자는 숙박에 1식이 포함된 요금제도를 말한다. 가족적 분위기의 따뜻한 접대와 비교적 저렴한 요금에 그 매력이 있으나, 한편 노후한 시설로 인하여 체재 중 상당한 불편을 아울러 감수해야 하는 경우도 있다.

2. 인

인(inn)은 우리말로는 여관에 해당되지만, 근대적 호텔시설이 갖추어지기 이전의 숙박시설 형태를 말한다.

유럽에서는 보통의 호텔보다 시설 및 규모면에서 비교적 작은 호텔을 말하지만, 최근 미국에서는 홀리데이 인(holiday inn)을 비롯하여 Inn이라는 명칭을 사용하는 고급호텔들이 많이 건립되어서 호텔과 시설이나 규모면에서 차이가 나지 않는 것이 많다.

그럼에도 최근에 특히 미국 등지에서 호텔을 인이라고 부르는 이유 중의 하나는 호텔경영상의 인건비가 상승하고 서비스가 저하되기 때문에 고객에게 환대(hospitality)에 대한 복고적인 이미지를 창출하기 위한 전략의 일종으로 본다.

3. 롯지

롯지(lodge)는 빵숑과는 큰 차이가 없으나, 명칭에서 풍기듯 독특하고 아름다운 이미지를 갖는 숙박시설이다. 롯지는 프랑스의 전원다운 숙박시설로 국가의 보호와 지도아래 전국적인 조직으로 통일된 상호를 갖고 발전하고 있다. 보통 30~50실의 규모를 가지고 맛있는 요리와 아름다운 꽃과 멋진 장식을 갖추면서도 순박한 멋을 풍긴다.

4. 유로텔

유로텔(eurotel)은 유럽호텔의 약어로 분양식 리조트 맨션의 한 형태이다. 운영조직이 국제적으로 체인화되어 있는 특징을 가진 유로텔은 호텔의 객실과 기기, 비품 등 소유자 자신이 이용하지 않는 동안 타인에게 임대할 수 있는 시스템을 갖춘 호텔을 말한다. 부대시설로는 각종 레크리에이션 시설과 스포츠시설을 겸비하고 있으며, 시설은 수탁관리가 가능하다.

5. 유스호스텔

유스호스텔(youth hostel)은 청소년을 위한 저렴한 숙박시설이다. 유스호스텔은 1910년대 독일에서 처음 시작된 것으로, 여관이나 호텔 등이 영리를 목적으로 하는데 반하여, 경제력이 미약한 청소년들이 야외여행을 통하여 심신의 건전한 단련을 도모하며, 나아가서는 여행 중의 단체생활을 익힘으로써 봉사와 우애의 정신, 그리고 국토보호의 정신을 함양케 하며, 학교교육의 재확인을 기대할 수 있는 성과를 위하여 마련된 공공적·공익적 심신수련의 숙박시설이다. 따라서 세계 각국은 청소년 선도책의 하나로서 국가예산으로 이를 건설하고 있다.

6. 민박

민박(B&B : Bed and Breakfast)은 영국 전역에서 이용가능하며 우리나라에서는 민박, 일본에서는 민숙(民宿)에 해당된다. 문자 그대로 침실과 조식을 제공하는 개인 가정이 많고 직업생활을 끝낸 노부부가 자녀들이 독립해서 떠난 후에 몇 개의 방을 개조해서 숙박시설로 영업하고 있는 경우가 일반적이다. 외국에서는 B&B의 간판을 달고 도로에 접한 객실 창문에 전광판으로 '빈방 있음'이라고 표시하고 있다. 로비, 응접실, 식당, 욕실 등은 집주인과 공용이다. 매우 저렴함으로 영국인의 자가용 여행에 흔히 이용되고 있다.

7. 국민숙사

일본에서 흔히 볼 수 있는 숙소로서 휴가촌숙사라고도 하며, 가족단위 여행객들이 휴가를 함께 즐길 수 있도록 만든 저렴한 공공숙박시설이다. 정부나 공공단체에 의해 운영되며 국민관광의 일환으로 장려되고 있는데, 우리나라 「관광진흥법」상의 가족호텔업과 비슷하다고 볼 수 있다.

8. 방갈로[8]

방갈로(bungalow)는 열대지방의 목조로 만들어진 2층 건물형태로 우리나라의 원두막과 그 모양이 비슷하다. 지역환경이 무더운 만큼 환기와 온도를 적절하게 조절할 수 있도록 만든 이상적인 숙박시설이다. 방갈로는 각각 독립된 별개의 객실이므로 프라이버시가 보장되어 특히 신혼여행객들에게 인기가 높다.

9. 허미티지[9](산장)

허미티지(hemitage)란 별장과 유사한 개념의 숙박시설로 깊은 산속이나 내륙관광지에 위치하며, 이용자는 주로 등산·등반객이나 스키어(skier) 또는 휴양객들로서, 각종 편의시설을 갖추고 있다.

10. 샤또

샤또(château)는 프랑스어로 영어의 성(castle)에 해당되는 단어이다. 프랑스에서는 귀족이나 대지주의 큰 저택(mansion)을 일컫는 말로 사용되는데, 빌라보다 좀 더 큰 규모에 100실 내외의 객실을 갖춘 소규모 숙박시설을 말한다. 성을 나타내는 이름에서도 알 수 있듯이 주로 복고적인 중세풍의 뾰족한 지붕양식을 띠고 있으며, 주변에는 승마장과 골프장 시설을 갖추고 있는 관광지에 위치한 숙박시설이다.

---

8) Hindi어인 Bengal에서 유래된 단어로, 사전적인 의미로는 베란다가 붙은 간단한 목조의 단층집을 말한다.

9) 암자(庵子) 혹은 은둔자의 집, 쓸쓸한 외딴집이라는 뜻이다.

11. 바캉스촌

바캉스촌(vacances)이란 휴양시설, 숙박시설 및 레크리에이션시설이 복합되어 있는 관광지의 집단적인 숙박시설을 말하는데, 프랑스와 스페인, 이탈리아, 모로코 등 세계적으로 아름다운 해변 관광휴양지에 주로 위치하고 있다.

12. 캠핑장

주로 여름철에 청소년들에 의해 많이 이용되며, 기본적인 공간(식수, 세면대, 취사대, 화장실 등)만을 갖추고 있으나, 숙사시설(텐트)은 이용자가 지참 또는 해결해야 하는 것이 대부분이나 곳에 따라 대여해 주는 곳도 있다. 부담 없이 여행이 가능하다는 점에서 사랑받고 있으며, 누구나 언제든지 이용할 수 있다는 장점이 있다.

13. 마리나

마리나(marina)는 유람선의 정박지 또는 중개항으로서의 시설 및 관리체계를 갖춘 곳을 말한다. 기본적인 시설로는 선박 출입을 위한 외곽시설, 정박지, 견인시설, 계류장, 급유시설, 수리장, 구난사무소, 정화시설 이외에 관리사무소 등 각종 유관설비가 있다.

14. 빌라

빌라(villa)는 일반적으로 별장이라고 부르고 있으며, 개인이 가족들의 이용을 위해 소유하고 있는 경우와 이를 관광객에게 개방하여 숙박시설로 제공하는 경우가 있는데, 여기서는 후자를 의미한다.

15. 여텔

여텔은 여관과 호텔을 복합한 형식의 숙박시설로서 객실은 양식과 한실을 배합하여 호텔형식의 서비스를 가미한 것이다.

16. 모텔

모텔(motel)은 motor+hotel의 합성어로서 자동차 이용객을 위한 숙박시설이다. 도로의 발달과 자동차 여행의 급격한 증가로 자동차와 함께 쉬고 숙박할 수 있는 모텔이 미국을 비롯하여 세계적으로 호텔 못지않게 등장하고 있다. 모텔(motel)이란 글자 그대로 자동차 여행자를 위한 모터호텔(motor hotel)인 것이다.

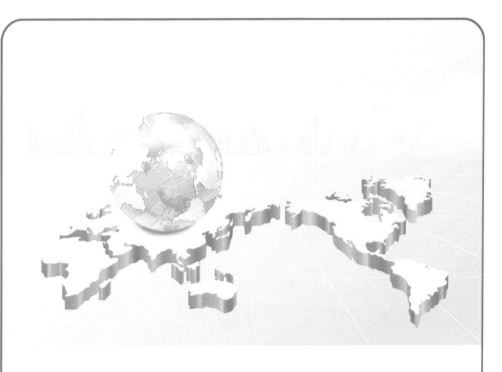

제3장 | 호텔·관광경영자의 리더십과 전략적 사고

제1절 리더십과 경영자의 과제

1. 리더십의 정의

호텔·관광산업에서 미래의 경영자들은 미지의 미래에 기업을 관리할 때 반드시 변화를 예상할 수 있어야 한다. 훌륭한 지도자가 되기 위해서 미래의 경영자는 반드시 기회를 포착하여 그것에 대한 미래의 비전을 제시할 수 있어야 한다. 비전은 반드시 기업의 모든 구성원들에게 전달되어 숙지되어야 한다. 그러므로 어떻게 경영자들이 성공적으로 변화를 주도하면서 기업을 경영해야 하는지를 명확히 해야 한다.

또한 미래의 리더십은 분명히 다를 것이다. 최근 문헌에서 보면 리더십은 지도자, 추종자 및 환경 사이에 존재하는 관계라고 정의된다. 여기에는 이해당사자들도 포함된다. 일부 사람들은 이해당사자에 대해 다른 의견을 보이고 있지만, 이해당사자는 기업의 방향을 결정하는 데 점점 목소리의 강도를 더해가고 있는 소유주 혹은 투자자로 정의된다. 그들의 목소리는 호텔·관광기업의 경영방향에 강한 영향을 미치며, 그럼으로써 지도자의 가변적인 상황에 대한 대처능력을 요구하고 있다.

리더십은 다양하게 정의할 수 있다. 왜냐하면 그것은 서로 다른 많은 분야에서의 노력에 의해 원근법적으로 고찰되어 왔기 때문이다. 리더십은 군대, 스포츠, 교육, 사업, 산업 등 수많은 분야에서 적용되는 곳에 따라 정의되어 왔다. 본서에서 리더십이란 기업의 목표를 완수 또는 초과 달성하기 위해 종업원들을 총체적으로, 기꺼이, 그리고 자발적으로 전념하도록 고무시키는 능력으로 정의한다.

2. 리더가 갖추어야 할 능력

Warren Benis와 Burt Nanus는 그들의 저서 'Leaders; The Strategy for Taking Charge'에서 지도력에 있어서 리더가 할 수 있어야 하는 것을 다음의 세 가지로 요약하여 설명하고 있다.

- **변화에 대한 반발의 극복.** 경영자 계층에 있는 어떤 사람들은 이를 힘과 통제로써 다루려는 사람이 있다. 리더는 총체적, 의지적, 공유된, 자발적 참여를 이룩함으로

써 가치와 목표를 공유하여 반발을 극복한다.

- **조직 내부와 외부의 요구에 대한 조정자 역할.** 회사의 요구와 외부의 요구 사이에 분쟁이 발생하였을 때, 리더는 공정하게 서로의 요구를 하나로 만들 수 있는 방법을 찾아낼 수 있어야 한다.
- 전 사원과 회사의 모든 운영에 적용될 윤리적 틀을 만든다. 이는 다음과 같은 일을 통해 가장 잘 이루어 낼 수 있다.
  - 윤리적 행동의 모범 설정
  - 윤리적 사원을 팀원으로 선정
  - 기업의 목적의식 전달
  - 기업 내외에서의 적절한 행동 강조
  - 내외부적으로 윤리적 태도의 명료화

3. 리더십의 유형

리더십의 유형은 사람들이 어떻게 그들이 이끌고자 하는 사람들과 상호작용하는가와 관련이 있다. 리더십의 유형에는 여러 가지 이름이 있으나 대부분의 유형은 <그림 3.1>에 있는 분류에 속한다.

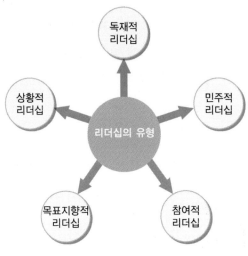

〈그림 3.1〉 리더십의 유형

1) 독재적 리더십

독재적 리더십은 지시적 또는 전횡적 리더십이라 한다. 이런 사람들은 종업원들의 영향이나 자문 없이 결정을 내린다. 종업원들은 이에 일을 착수해야 하며 이에 영향을 받을 수 있다. 그들은 다른 이들에게 무엇을 해야 하는지 말하고 그들에게 순순히 따를 것을 기대한다. 이러한 접근을 비판하는 사람들은 단지 짧은 기간 혹은 특정한 예에서 이루어질 수 있으며, 장기간에는 효과적이지 못하다고 말한다.

2) 민주적 리더십

민주적 리더십은 협의적 또는 여론의 리더십이라고 한다. 이런 지도자는 실질적으로 최후의 결정을 내리지만 팀 구성원들의 추천과 의견을 받은 후에 결정을 내리게 된다. 이러한 접근을 비판하는 사람들은 가장 인기 있는 결정은 언제나 최고의 결정이 되지는 않으며, 민주적 리더십은 그것의 본래 성격으로 인해 옳은 결정을 대신하여 인기 있는 것으로 결정을 내리게 되는 과오를 범한다고 말한다. 이 형태의 지도력은 영원히 원하는 결과를 도출하지 못하게 하는 보증을 하게 된다.

3) 참여적 리더십

참여적 리더십은 개방적이고 지배적이지 않으며 지시적이지도 않은 리더십으로 알려져 있다. 이러한 접근을 취하는 사람은 의사결정 과정에 거의 압력을 가하지 않는다. 오히려 그들은 문제에 관련된 정보를 제공하고 팀 구성원들이 방법과 해법들을 개발할 수 있도록 한다. 지도자의 역할은 팀이 결론에 도달하도록 이끄는 것이다. 이러한 방식을 비판하는 사람들은 합의된 결론을 도출하는데 시간이 낭비되고 참여한 사람 모두가 기업의 이익을 위해 전념해야만 효과가 있다고 말한다.

4) 목표지향적 리더십

이 리더십은 결과 또는 목표에 기초한 리더십이라고 불린다. 이러한 사람들은 팀 구성원에게 단지 장래의 목표에 초점을 묻는다. 오직 조직의 목표를 달성하기 위한 한정되고 측정 가능한 공헌들이 논의된다. 조직의 특정한 목표와 관련 없는 개성과 다른 요소의 영향은 최소화된다. 이 접근을 비판하는 사람들은 팀 구성원들이 오로지 목표에 초점을 맞춤으로써 다른 가치를 보지 못하며 초점 밖의 잠재된 문제를 보지 못하게 될 때 이것은 무너진다고 지적한다.

5) 상황적 리더십

상황에 따른 리더십은 유동적이고 유연적인 리더십이라고 불린다. 이 접근을 취하는 사람들은 어떠한 주어진 시간에 존재하는 환경에 어울리는 형태를 선택한다. 환경을 인지하는데 있어서 리더는 다음과 같은 사항들을 고려한다.

- 경영자와 팀 구성원의 관계
- 택한 행동들이 구체적 지침에 얼마나 정확하게 일치하는가?
- 팀 구성원과 리더의 실제적인 권한

이상의 요소들을 고려하여 얻어진 인식에 따라 경영자는 독재적이거나 민주적이거나 참여적이거나 목표지향적, 또는 상황적인 접근 중에 어떠한 것을 선택할지를 결정한다. 경영자는 환경에 따라 다른 리더 유형을 적용할 것이다.

4. Olson 등의 과거와는 다른 미래의 리더십

1) 상황적 접근방법

과거 50년 동안 많은 학자들은 리더십 사상을 이해하고자 노력하였다. 우리는 X, Y, Z이론들을 경험했고, 또한 개인의 동기를 유발하기 위해 거래분석, 권한위임, 목표에 의한 경영 및 제로베이스 예산편성 등을 이용하여 왔다. 또한 기대이론, 교환이론, 목적경로 이론, 가장 선호되고 선호되지 않는 동반자 이론 및 기타 연구 등을 통하여 조직구성원이 조직 내에서 기업의 목적을 달성하기 위해 어떠한 행동을 보이고 직무를 수행하는지를 이해하고자 했다. 지도자는 타고나는 것이고 이때 카리스마는 필수적이며 신장과 매력도 중요하게 고려되었다. 결론적으로 이 주장들은 대부분 이론적이고 그 시대에만 통용되는 한시적인 것이었다. 그렇지만 아직까지 그 유용성이 입증되고 있는 상황이론(the contingency theory)만 존재하고 있다.

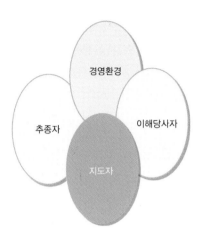

〈그림 3.2〉 상황적 접근방법

2) 지식혁명과 새로운 지도자

리더십을 이해하기 위한 종래의 접근방법들은 환경이 아주 안정되고 단순할 때 등장하였다. 그러나 오늘날의 상황은 전혀 다르다. 그러므로 지도자들은 변화의 속도에 어떻게 대응할 것인가에 대한 학습을 요구받고 있다. 불확실성의 증가로 인하여 경영자들은 미래의 변화를 더욱 규칙적이고 정확하게 예상해야 한다. 경영자들은 거친 미래에서 기업을 인도하기 위해서 반드시 미래지향적인 성향을 보유하여야 할 것이다. 이것은 분명히 과거와는 다른 변화이다. 미래의 지도자는 오늘과 다를 것이다.

세계가 지식사회를 향해 지속적으로 이동하고 있는 것과 같이 지도자는 이런 변화로 인하여 장래 환대산업의 종사자들도 변할 것이라는 것을 반드시 인식해야 한다. 이런 변화는 산업혁명과 유사하여 이제 지식혁명으로 불리고 있다. 산업혁명이 세계를 변하게 하였듯이 지식혁명도 그러할 것이다. 이는 지식혁명 후에 환대산업에 종사하는 근로자들은 그들이 무엇을 하고 있는지는 물론이고 무엇을 알고 있는지를 토대로 하는 가치체계를 보유할 것이다. 이런 개인들을 독재적인 지도자가 이끌어 나간다는 것은 시대에 뒤떨어진 사고방식이다. 이런 새로운 종사자들은 그들을 신뢰하고 그들의 공헌에 의해 보상을 제공하는 지도자들을 요구할 것이다. 이런 분위기에서 지도자는 '동료 중에서의 일인자'로서 고려될 것이다. 그들은 서로의 능력을 존중하고 스스로를 평등한 사람들로 고려할 것이다. 지도자는 단지 그들 중에서 수행해야 할 직무를 가장 먼저 담당하는 사람일 뿐이다. 이런 사실은 지도자가 종사자들에게 어떻게 직무를 수행해야 하는지를 전달하는 것을 기대하고 있는 오늘날 관광산업의 현실과는 확연히 다른 것이다.

3) 파트너 탐색 능력

새로운 지식을 창출할 수 있는 능력을 보유한 종사자들은 호텔·관광기업에 의해 판매되는 상품과 서비스를 더욱 개별적인 관점으로 관찰하게 되기 때문에 미래의 리더십은 다를 것이다. 이미 기업들은 전에는 모두 담당해서 운영했던 호텔 레스토랑의 운영, 회계 및 급여작업, 하우스키핑 및 다른 기능들은 용역기업들에 맡기고 있다. 또한 컨벤션센터에도 파트타이머가 근무하고 용역업체에 많은 일들을 맡기고 있다. 이 경우에 왜 미래의 경영자들은 이런 직무들을 학습해야 하는가? 결론적으로 미래의 경영자들은 적합한 시간근로자들을 찾기보다는 가장 적합한 파트너를 탐색하는 데 더욱 숙달되어야 할 것이다. 이를 위해 기존의 것과는 전혀 다른 리더십을 모색해야 할 것이다.

4) 직무의 변화와 이에 맞는 리더십

지식근로자를 지향하는 변화는 더욱 복잡한 작업장을 초래할 것이다. 근로자들은 자신의 고유한 직무에 대해 높은 수준의 지식을 보유할 것이고, 이들을 효과적으로 이끌어 나가기 위해서는 많은 과제가 존재하게 될 것이다. 지도자들은 기업의 미래방향을 결정하는 과정에서 이에 대한 전문지식을 보유한 사람들에게 많은 부분을 의존하게 될 것이다. 특정한 동향이 장래에 대두될 것이라는 것을 알고 있는 것만으로는 충분하지 않다. 특정동향을 잘 이해하기 위해서는 그 동향을 구성하는 많은 변수에 의해 형성되는 복잡성을 이해할 수 있는 전문가의 충고와 의견 개진이 필요하다. 지식근로자들은 경쟁시장에서의 복잡함에 대한 실마리를 풀 수 있는 능력이 요구된다고 할 수 있다.

간단히 말해 오늘날에는 직무의 본질이 변하고 있다는 것이다. 과거 몇 십 년 동안 지도자의 복합적인 역할에 대한 연구활동에 의해 리더십에 대한 많은 지식이 존재하고 있지만, 이런 변화들은 지식위주의 세계가 태동하는 시점에서 별로 도움이 되지 않고 있다. 많은 호텔·관광산업의 종사자들은 앞으로도 고객을 접대하고 침대를 정돈하고, 접시를 닦아야 하지만, 그들은 오늘과 같이 도전적이고 급격히 변화하고 복잡한 환경에서 적절한 리더십을 발휘해야 한다. 기존의 만연된 리더십에 대한 이해로는 아무것도 기대할 수 없으며, 변화된 리더십의 본질을 반드시 이해할 수 있어야 한다.

5. Hill의 미래의 리더십

Hill(2008)은 리더십의 어떤 측면이 전통적인 것에서 달라질 수 있는가? 반문한다. 그에 의하면 리더십 유형에는 두 가지 주요 영역이 있는데, 하나는 집단적 능력으로서의 리더십이고, 다른 하나는 후방으로부터의 리더십이다.

1) 분배형 리더십(distributed leadership model)

다른 문화권에서 온 리더는 매우 다른 스타일을 가질 수 있으며, 때로는 신흥국가 출신일 수 있다. 예를 들면, 아프리카에서 리더십은 흔히 "우리가 있기에 내가 있다".의 원칙을 기초로 한다. 한 성공적인 인도기업에서는 직원이 첫 번째이고 고객은 두 번째이다. 이것은 다양한 집단의 리더가 CEO와 리더십을 공유하는 분배형 리더십 모델에서 효과적이다.

2) 집단적 능력으로서의 리더십(collective genius)

전통적 리더는 진로를 결정하고 사람들이 따를 수 있도록 격려했다. 미래의 리더는 다양한 이해관계자 사이의 상호 간의 존중과, 사업의 다양성으로 인해 문제해결에 팀 접근법을 활용하는 등 더 협력적일 필요가 있다. 리더가 지위를 이용하여 권력을 행사하는 경우, 이에 따르지 않는 유능한 사람이 많은 것은 당연하다. 그러는 대신에 집단적 능력으로서의 리더십 프로세스를 보유해야 한다.

3) 후방으로서의 리더십(leadership from behind)

후방으로부터의 리더십은 리더가 다른 사람과 권력을 나누는 것을 두려워하지 않는다. 그들은 사람이 자발적으로 이끄는 배경을 만들 수도 있고, 다른 사람의 지식에 근거하여 여러 시점에서 그들이 주도할 수 있는 배경을 만들 수도 있다.

미래에는 혁신이 경쟁 분야에서 기업이 앞으로 전진할 수 있는 방법이 될 것이다. 혁신을 위해서는 후방으로부터의 리더십을 요구하는데, 혁신은 다양한 그룹의 재능을 이용하는 창조적인 프로세스이기 때문이다. 사람들은 이러한 총체적인 노력이 개인의 노력보다 훨씬 뛰어난 결과물을 생산할 수 있다는 것을 알게 될 것이다.

제2절　미래의 비전 창출과 변화과정 관리

1. 미래 비전 창출 과정

효과적인 기업을 창조하고 유지하는 데 있어 환경의 중대한 역할에 대해 명확하게 이해해야 한다. 미래의 기업의 비전을 창출하고 이 비전을 기업으로 깊숙이 유입되게 하는 측면에서 환경을 정확하게 이해한다는 것은 매우 중요하다. <그림 3.3>은 미래의 비전을 창출하는 과정에 대한 흐름도를 포함하고 있다.

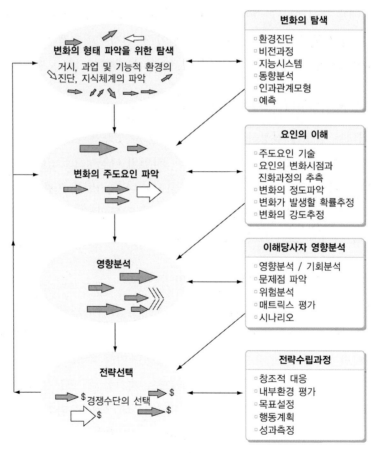

〈그림 3.3〉 미래의 비전 창출 과정

1) 변화의 형태 파악을 위한 탐색

미래의 비전을 창출하는 과정의 첫째 단계는 경영진이 기업의 미래에 영향을 미치는 변화의 형태 파악을 위해 탐색하는 것이다. 다중방향의 화살표들은 이런 요인들을 상징하고 있다. 그림에서 보듯이 화살표의 방향은 불규칙적인데 이는 타원체내 요인들의 무작위적인 본질을 지적하고 있다.

이러한 불확실성을 파악하는 데는 여러 가지 방법이 존재하고 있는데, 환경진단, 비전과정 워크숍, 동향분석, 인과관계 모형, 예측 등은 변화가 기업에 미치는 영향을 파악하는 데 효과적으로 이용되었던 방법들이다. 이러한 변화를 탐색하는 행위에서는 항상 '기존의 틀을 벗어나라'와 같은 자유롭고 창의적으로 변화를 살펴볼 수 있는 사고를 요구하고 있다.

2) 변화의 주도 요인 파악

첫 단계가 종료되면 경영진은 반드시 기업에 상당한 영향을 미칠 수 있는 요인들을 규정하고, 그들의 구성요소 및 기업에 영향을 미치는 시간적 범위 등을 파악해야 한다. 경영진은 그들의 강점과 미래의 가능성에 대한 확률을 파악할 수 있어야 한다.

여기서 재고관리 요인은 유용하게 이용할 수 있다. 알프스 산맥, 혹은 모로코의 사막 혹은 인도네시아 밀림지역에서 영업을 하는 조그만 호텔의 사업자들을 연상해보자. 그들은 아마도 고객들을 수배하기 위해 많은 기간 동안 tour planner 혹은 여행사 등에 의존해왔을 것인데, 한편으로 그들은 전세계예약시스템의 발전과정에는 별로 관심을 집중하지 못했다.

만일 그들에게 변화의 수용여부를 질문했을 때 그들이 아마도 굳이 변화해야 할 이유를 찾지 못하는 것은 하나도 이상하게 여길 일이 아니다. 일부는 확신을 갖고 변화를 수용하더라도 이들은 이 시스템에 대한 지식을 전혀 보유하고 있지 않기 때문에 변화에 대한 적절한 대처방안을 찾기란 그리 쉽지 않을 것이다. 그러므로 그들은 미래의 기업의 비전을 창출할 수 있는 능력이 없음을 인지하게 될 것이다.

3) 이해당사자의 영향분석

변화의 주도요인이 파악되면 지도자들은 이들이 기업에 미치는 파급효과의 분석에 착수해야 한다. 여기서 중요한 사항은 지도자는 이와 같은 정보를 조직화하여 모든 구성원에게 전달하여야 하는데, 그 목적은 신속히 변화해야 하는 당위성을 전 조직에 확산하는 것이다.

모든 조직의 구성원들이 변화를 적극적으로 수용하려 하고 심지어는 변화로 인한 그들의 직무와 생계에 미치는 불확실성조차도 극복하려는 상황은 현실적인 상황은 아닐 것이고, 아마도 그 반대가 더욱 정확한 현실일 것이다. 그러므로 지도자들은 변화의 요인들과 이들이 기업에 미치는 영향에 대한 확신을 전 직원들에 제시해야 할 것이다. 이 경우에 지도자들은 변화에 대한 영향을 예측하는 데 있어 최고 수준의 정확한 분석을 위한 몰입노력으로 존경받을 수 있는 효과적인 대화자여야 한다. 지도자의 성실, 정직 및 도덕성의 중요성은 오늘날과 같은 변화과정에서 더욱 필수적인 사항이 되고 있다.

4) 전략수립 과정

그 다음 과정으로는 기업이 변화에 대처하기 위한 대응방안을 결정하기 위한 계획을 수립하게 된다. 이런 노력은 미래의 비전을 기업의 비전으로 전환하는 것이라고 말할 수 있다. 이 경우에 미래의 지도자들은 반드시 기업의 목표와 그 달성을 위한 계획을 구성원들에게 설명함으로써 그들에게 확신을 제공해야 하는데, 이것의 의미는 기업의 밝은 미래를 보장할 수 있는 기업의 경쟁수단을 파악하는 것이다. 여기서 경영진이 전략적 의도를 실행하기 위한 경영자원을 획득하고 배분할 수 있게 되면 기업의 비전을 종사자들과 기타 이해당사자에게 전달하는 것은 성공할 확률이 무척 높다고 할 수 있을 것이다.

이 모형에서 비전은 기업이 되고자 추구하는 것이며, 또한 기업이 미래의 경쟁에서 어떻게 대처할 것인지에 대해 모든 구성원의 에너지와 자원이 집중되어야 한다. 이것은 지도자에게는 엄청난 과제이자 도전이다. 여기서 효과적인 지도자가 되기 위해서는 반드시 종사자와 이해당사자들과의 관계에서 신뢰를 구축해야 할 것이다. 아울러 효과적인 대화기술은 각 변화의 주도요인에 대한 깊은 이해와 더불어 핵심적인 사항이다. 오늘날과 같이 급격하게 변화하고 책임감이 더욱 강조되는 시점에서 지도자는 반드시 비전에 대한 심각한 도전과정에서 발생하는 여러 장애들을 극복할 수 있어야 할 것이며, 또한 비전은 신뢰할 수 있고 타당성이 있어야 한다.

비전을 창조하는 노력의 핵심은 창의력이다. 성공한 지도자들은 미래에 대한 꿈과 아이디어를 기업문화로 구축한 창의적인 기업가이며, 창의적인 아이디어를 구체적인 행동으로 전환한 아이디어 창출의 대가였다. 많은 사람들이 창의력이 있는 사람들은 본래 타고난 극소수라고 주장하고 있지만, 일부 사람들은 학습을 통해 터득할 수 있다고 주장하고 있다. 특정 개인이 진정으로 지각의 창을 확대할 수 있다면, 또한 변화의 형태를 파악할 수 있어 동기부여가 되어 새로운 것을 개발한다는 생각에 열정적으로 될 수 있다면 창의적인 사람이 된다는 것은 그렇게 어려운 일이 아닐 수 있다.

미래의 지도자는 지식과 경험의 습득을 통하여 개인적으로 성장할 수 있다. 사회가 지식사회 혹은 정보사회로 변화하고 있듯이 위와 같은 필요는 더 이상 단지 바라는 목표가 아닌 필수적인 것이 되고 있다. 미래의 지도자들이 기업에서 정신적이고 합리적인 지도자로서 존재하기를 원한다면 미래의 지도자들은 반드시 위와 같은 지적 능력을 활용할 수 있어야 한다.

2. 변화과정의 관리

상황적인 관계에서 지도자의 창의적인 사고가 실행될 수 없는 것이라면 아무런 의미도 없는 것이다. <그림 3.4>는 변화의 관리를 위한 모형을 제공하고 있으며 창의적인 비저닝 노력과 꿈을 현실로 전환하기 위한 계획을 통합하고 있다. 즉 이것은 기업이 지향하는 방향과 비전의 내용을 성취하기 위해 기업의 모든 구성원을 하나로 묶는데 도움을 제공하기 위해 설계된 청사진이다.

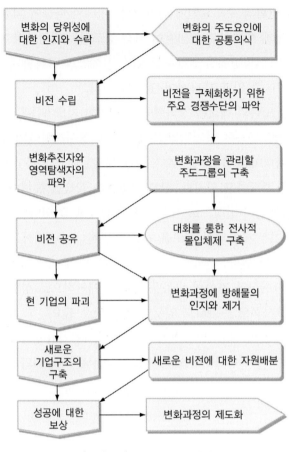

〈그림 3.4〉 변화과정의 관리

1) 변화의 주도 요인에 대한 공통의식

변화 과정 관리의 첫 단계는 변화를 인식하고 인정해야 할 필요가 반드시 존재해야 한다. 여기에는 무엇이 변화를 주도하는 요인들인가에 대한 것과, 또한 변화의 긴급함에 대한 공감대 형성이 요구되고 있다. 기업 내에서 변화의 주요 요인들에 대한 공감대를 형성하는 것은 비교적 쉬운 일이지만, 변화의 긴급함에 대한 동의를 구하는 것은 힘든 일이라고 할 수 있을 것이다. 이런 기업들의 구성원들은 스스로 아주 만족하고 있으며 변화에 대한 아무런 필요를 느끼지 못하며 계속 종래와 같은 행위를 할 것이다. '고장 나지 않았다면 굳이 수리하려 들지 말라'는 구절이 이런 경우에 적합한 표현일 것이다. 이런 문제점은 타성이 변화에 대한 어떠한 노력도 허용하지 않는 거대한 기업에서 더욱 악화되고 있다.

종종 긴박함은 위기에 의해 파생된다고 할 수 있다. 위기에 처했을 때 일반적으로 긴박함에 대한 공감대를 형성하는 데는 그리 많은 노력이 요구되지 않는다. 오늘날과 같이 급변하는 환경에서는 위기상황이 벌어질 확률이 아주 높은데, 만일 지도자가 이런 위기가 발생하기를 기다리고 있다면 진짜 위기일 때 해결책을 개발한다는 것은 거의 불가능하다고 할 수 있을 것이다. 그러므로 경영자들은 반드시 아주 효과적인 대화자여야 하는데, 변화에 대한 필요와 요인들이 영향을 미치는 시점을 파악할 때 특히 이런 능력이 요구된다고 할 수 있다.

2) 비전 수립

두 번째 단계는 비전의 파악과 이 비전을 핵심적인 경쟁수단으로 전환하는 것이다. 변화과정을 관리하는 상황에서 이런 경쟁수단들이 적합하고 또한 타당성이 있는 것임을 확신할 수 있는 증거를 제공하는 것은 지도자에게 있어 필수적인 것이다. 이와 같은 과정이 효과적으로 수행되지 않는다면 기업구성원들은 과정을 의심하게 되며, 원하는 변화의 양상을 달성할 수 있는 지도자의 능력은 퇴색하게 될 것이다. 변화를 두려워하는 자들로 구성된 기업에서는 변화가 실효를 거둘 수 없을 것이다. 변화의 노력이 실패하게 되면 일부는 '우리가 말했지, 변화가 소용이 없을 것이라고'라고 떠들 것이다. 이 과정은 대단히 미묘한 단계인데 이때 지도자는 이와 같은 대화과정에 포함되는 변화의 추진자들을 면면히 관찰할 필요가 있다.

3) 변화과정을 관리할 주도그룹의 구축

이런 변화의 추진자를 파악할 때 지도자들은 반드시 기업의 모든 조직과 기능의 영역을 효과적으로 탐색할 수 있는 사람을 선택해야 한다. 이런 사람들은 공식적이거나 비공식적 지도자 혹은 양쪽을 혼합한 지도자이다. 직책에 상관없이 이들은 핵심적인 변화의 전달자이다. 변화의 추진자를 파악하고 선택하는 데 있어 주요 판단기준은 반드시 개인적으로 효과적인 대화를 통해 모든 구성원들의 행동을 유발하는 데 필요한 강한 개념 및 지각능력이 있어야 한다.

오늘날과 같이 지식근로자들이 기업의 리더십에서 점점 역할을 확대해가고 있는 상황에서 변화의 추진자에 대한 정확한 묘사는 매우 힘들다고 할 수 있을 것이다. 그럼에도 불구하고 변화가 효과적으로 관리되려면 이런 목적은 반드시 달성되어야 한다.

4) 비전 공유와 대화를 통한 전사적 몰입체제 구축

넷째, 변화의 추진자들은 비전을 공유해야 한다. 비전을 현실화하기 위해 반드시 비전을 내부화하고, 신봉하고, 에너지를 확보해야 하는데, 여기서 에너지의 역할은 절대 간과해서는 안되며, 특히 오랫동안 성공을 유지해왔던 기업들에게는 더욱 중요하다. '고장 나지 않았으면 굳이 수리하려 들지 말라'라는 종래 관습에 젖어있는 기업에게서는 변화에 대한 저항이 대단할 것이다. 이 경우에 변화의 추진자들은 반드시 그들의 비전에 신뢰, 열정 및 정신적 믿음이 있어야 할 것이다. 여기서 열정과 합리성의 조화는 높은 수준의 지적 능력과 변화과정에 대한 이해를 요구하고 있다. 이런 역할은 현재의 기업구조를 쇄신하고 변화의 실행을 위해 핵심적인 새로운 구조를 구축할 때 더욱 중요하다.

새로운 비전과 그에 따른 경쟁수단들을 부정하는 사람들의 대부분은 현 상태를 유지하기 위해 어떤 일이든지 마다하지 않을 것이 예상되며, 이들은 미래에 대한 불확실성으로 인해 미래업무의 변화에 대하여 두려워할 것이다. 이런 기업 상황에서 변화의 추진자들의 가장 중요한 목표는 가능한 정확하게 미래의 청사진을 수립하는 것이다. 이것이 의문과 그에 수반되는 불확실성을 제거하는 지름길이다.

5) 변화과정에서 방해물의 인지와 제거

변화를 두려워하는 것은 모든 이들의 공통된 본질이다. 알 수 없는 것에 대한 공포이든지 혹은 조직에서 확실한 역할을 유지하기 위해 반드시 변화해야 한다는 사실로 인한 공포이든지 간에, 변화의 추진자들은 이런 종사자들의 고충을 반드시 파악해야 한다. 이런 불확실성을 제거하는 것에 대한 열정은 미래의 지도자가 반드시 소유해야 할 중요한 덕목이다. 미래에 지속적인 변화가 필요하다는 가정이 타당하다면 불확실성을 해소하고 변화과정에서 발생하는 방해물을 인지하고 그것을 제거하는 것이 미래의 지도자가 보유해야 할 가장 중요한 과제의 하나일 것이다.

6) 새로운 비전에 대한 자원배분

여섯 번째 단계는 새로운 기업구조를 구축하는 것인데, 비전을 토대로 하여 효과적인 자원배분을 통한 실행의 중요성을 반영하고 있다. 많은 기업들은 비전을 창조할 수 있고 또한 비전을 위한 필수적인 자원도 확보할 수 있지만, 비전에 대한 장기적인 자원배분에는 실패하고 있다. 변화를 원하지 않는 사람들은 구질서를 유지하기 위해 자원을 계속하여 구시대 비전에 배분하려고 할 것이다. 그러므로 변화과정의 관리에서는 이와 같은 상황이 발생되지 않도록 반드시 명확한 목표들을 제시할 수 있어야 할 것이다. 이런 저항을 겪게 될 것이라는 가정을 변화노력의 시초에 포함해야 할 것이다.

물론 변화를 성공적으로 이룩하는 것이 핵심사항이다. 이는 모형에서 기업은 이런 노력에 대한 긍정적인 결과에 대해 보상을 해야 한다는 것을 암시하고 있다. 여기서 효과적이려면 기업들은 반드시 도달할 수 있고, 시의적절하고, 상당한 이정표들을 보유해야 한다. 바꾸어 말하면 종사자들에게 그들이 적절한 시기에 목표를 달성했고 이것에 대한 보상을 받는다는 느낌을 반드시 가질 수 있게 해야 한다. 문화적 혹은 협상과정의 장애물로 인하여 명확하지 않거나 비효율적인 보상시스템을 보유한 기업들에게는 쉽지 않은 일이다. 그러나 모든 구성원들이 비전을 중심으로 하여 단결되지 못하고 성공에 대한 보상이 제공되지 않으면 비전을 현실화하는 과정은 결국 실패하게 될 것이다.

7) 변화과정의 제도화

마지막 단계는 변화과정을 제도화하는 것이다. 이것은 기업들이 모든 구성원들에 의해 수용될 수 있는 변화의 풍조와 문화를 창조해야 하는 당위성을 암시하고 있다. 이런 상황이 발생하기 위해서는 종사자들은 지도자를 신뢰하고, 그들은 반드시 지속적으로 변화를 위한 노력을 해야 하며, 기업이 나가고 있는 방향을 믿어야 할 것이다. 여기서 신뢰는 가장 핵심적인 용어이다. 신뢰는 리더십이 성실하다는 것을 말해주며 구성원들이 바른 일을 하고 있다는 것에 대한 믿음이다. 신뢰는 획득하는 것이 아니고 얻어야 하는 것인데, 신뢰는 미래의 지도자들의 행동과 경영하고 있는 기업에게 더욱 강한 윤리적 및 사회적 책임을 수용할 것을 요구하고 있다.

3. 미래 지도자의 능력 보유

1) 비전을 창출할 수 있는 능력

미래의 지도자들에게 어떠한 기능 혹은 기술들이 필수적인가? 미래의 지도자는 비전을 창출할 수 있는 능력이 있어야 하고, 또한 경영환경에 대한 지식도 갖추어야 한다. 더불어 가치창출은 오로지 정확한 환경평가에서 유래된다. 중요한 것은 지도자의 많은 기능들은 지도자의 비전창출 능력이 구성원들로 하여금 비전을 수용하게 하는 능력과 상호보완적이어야 한다는 것이다. 이것을 달성하기 위해 지도자는 반드시 변화의 대리인이어야 하며, 그의 고유한 세계관을 종합한 비전을 창조하기 위해 기업, 문화 및 지식의 여러 영역들을 탐색해야 할 것이다.

2) 지식을 활용하고 관리하는 능력

지식을 활용하고 관리하는 것이 필수적이라는 것은 명백한 사실이다. 이런 능력은 경쟁우위를 달성하기 위해 기술에 투자되기 위해 실용적인 용도로 반드시 전환되어야 한다. 호텔·관광산업에서 미래의 경쟁적인 전략들은 컴퓨터, 전자통신 및 지식위주의 내용통합을 토대로 하여 개발될 것이다. 미래의 지도자들은 이 분야에 대해 충분한 지식을 확보해야 할 것이다.

3) 다양한 개념의 통합 능력

비전의 필요와 지식관리는 지도자들이 미래의 경쟁력을 제고하기 위해 다양하고 복잡한 개념들을 종합하고 통합할 수 있는 능력을 보유할 것을 요구하고 있다. 새로운 상품과 서비스의 개발을 유발하는 변화의 형태와 관계를 파악할 수 있는 능력이 절대적으로 필요하다. 지도자들은 이 과정에서 전문지식인들에게 조언을 구할 수 있어야 하며, 필요한 정보를 수집하고, 수집된 정보를 사업영역과 관련해 분석해서 경쟁우위로 전환할 수 있어야 한다. 그러므로 여기서 성공은 지식으로서의 비전과 이것을 응용한 사업문제에 대해 상황적인 관계에 있다고 말할 수 있다.

그러므로 리더십은 동태적이고 복잡한 환경에서 여러 난관을 극복하여 지탱할 수 있어야 할 것이다. 지도자들은 반드시 변화하는 여러 다양한 환경(거시적, 과업적, 세분시장, 기업 및 기능 환경)에서 자신의 식견을 제시할 수 있는 가장 우수한 지식근로자들의 능력을 활용하고 다른 모든 구성원들에게 변화를 창조할 수 있다는 확신을 주입할 수 있어야 할 것이다. 이를 위하여 지도자는 반드시 구성원들로부터 확신과 성실을 인정받을 수 있어야 한다. 이런 면에서 미래의 리더십은 과거의 그것과는 분명히 다를 것이다.

제3절 전략 개념과 모형

1. 전략이란 무엇인가?

1) 전략의 개념적 정의

전략과 전략경영에 대한 정의는 매우 다양하다. 전략의 정의가 다양하다는 것은 조직에서의 전략현상이 복잡하면서도 다차원적인 속성을 갖는다는 점을 반영한다. 전략과 전략경영에 관한 연구는 기업에서 일어나는 많은 경영기능들의 통합에 관한 것이다. 전략과 전략경영에 대한 정의를 요약한 것이 <표 3.1>이다.

〈표 3.1〉 전략과 전략경영에 대한 정의

전략	정의
전략	• 기본적인 조직의 미션과 장·단기적인 목적을 설정하는 것; 이를 달성하기 위한 정책과 프로그램 전략; 조직의 목표를 달성하기 위한 전략의 실행에 요구되는 방법 (Steiner & Miner, 1977: 7) • 전쟁계획을 수립하고 개인의 작전행동을 고안하는 한편, 이들 틀 안에서 개인들의 책무를 결정하는 것(Von Clausewitz, 1976: 177) • 일련의 행위나 의사결정의 패턴(Mintzberg & McHugh, 1985: 161)

전략	정의
전략	• 완전한 계획: 모든 가능한 상황에서 어떠한 선택을 하여야 할 것인가를 구체화 해 놓은 계획(Von Neumann & Morgenstern, 1944: 79) • 기업의 기본적인 목적달성을 위한 통일되고, 포괄적이며, 통합된 계획(Glueck, 1980: 9) • 조직의 주요 목표, 정책, 그리고 행동절차가 전체적으로 응집력을 갖도록 통합하는 패턴이나 계획. 잘 수립된 전략은 조직의 내부역량과 단점, 예상되는 환경 변화, 그리고 경쟁사의 다양한 행동 가능성을 고려하여 조직의 자원을 독특하고 생존가능한 방식으로 결집하고 할당하는데 도움을 준다(Quinn, 1980). • 조직의 목표달성을 위한 방법(Hatten & Hatten, 1988: 1)
전략 경영	• 조직의 목표에 따라 조직과 환경과의 관계를 결정하고, 조직과 하위부서가 효과적이고 효율적인 행동을 할 수 있도록 자원을 할당하여 이들 간에 바람직한 관계가 달성되도록 노력하는 과정(Schendel & Hatten, 1972: 5) • 경영자들이 조직의 장기적인 방향을 설정하고, 구체적인 성과목표를 수립하며, 내·외부의 환경을 고려하여 목표달성을 위한 전략을 수립하고, 선택된 행동계획을 실행하는 과정(Thompsom & Strickland, 1987: 4) • 조직과 환경과의 관계를 관리함과 동시에 조직의 미션추구를 관리하는 과정(Higgins, 1983: 3) • 현재와 미래의 환경분석과 조직목표의 설정뿐만 아니라 현재 및 미래의 환경에서 이러한 목표를 달성하기 위해 의사결정을 하고 이를 실행하며 통제하는 등의 과정(Smith, Arnold & Bizzell, 1988: 5) • 조직이 목표를 설정하고 이러한 목표를 달성하기 위해 조직을 관리하는 과정(Hatten & Hatten, 1988: 1)

2) 전략과 전략경영의 계층적 정의

전략에 대한 가장 오래된 정의는 기업의 사명(mission), 목표, 전략, 전술 개념과 관련되어 있다. 전략개념에 대한 이러한 접근방법은 계층적인 구조를 갖고 있다. <그림 3.5>에 나타난 것처럼 전략은 기업이 목표를 달성하거나 사명을 수행하는 하나의 방식으로 정의되며, 전략경영은 기업의 사명과 전략이 결정되고, 기업의 구체적인 전략이 선택되며, 이러한 전략이 구체적인 정책이나 전술을 통해 실행되는 총체적인 과정이라고 할 수 있다. <표 3.2>는 미래에 대한 관점을 사명선언문 형태로 표현한 예이다.

미션: 조직이 장기적으로 무엇을 추구하고 지향해야 할 것인가에
대한 최고경영층의 관점

↓

목표: 기업의 미션을 바탕으로 한 구체적인 성과목표

↓

전략: 기업이 미션과 목표를 달성하게 하는 수단

↓

전술/정책: 전략을 실행하기 위한 기업의 행동

〈그림 3.5〉 전략과 전략경영에 대한 계층적 정의

〈표 3.2〉 기업 사명선언문의 예

기업	사명선언문
Hershey Foods	Hershey Foods사의 기본적인 사업미션은 다각화된 최고의 식품회사가 되는 것이다. 우리 회사는 이러한 미션을 달성하기 위해 네 가지의 접근방법을 추구한다. (1) 현 시장에서 성장가능성이 있는 우리 회사의 기존 상표와 제품에 투자 (2) 신제품 출시 (3) 잘 알려진 우리 회사의 상표와 신제품을 국내외의 신시장으로 유통망을 확장 (4) 인수와 전략적 제휴 이와 같은 접근방법은 우리 회사의 재무적인 강점을 유지하는 범위 내에서 추구된다. Hershey사가 채택하고 있는 기본적인 원칙은 우수한 품질과 가치를 가진 제품과 서비스를 통해 고객들을 유인·확보하는 것이다.

Hershey사는 그들의 사명선언문에서 구체적인 목표를 표현하고 있지 않다. 그러나 다각화된 식품회사가 된다는 것은 일정 수준의 매출과 수익을 캔디 이외의 식품사업 분야에서 달성하는 것을, 또한 최고의 기업이라는 것은 일정 수준의 매출과 수익을 달성하는 것을 의미한다고 볼 수 있다.

사명과 목표가 구축되고 나면 이제 기업은 전략에 관심을 기울여야 한다. 따라서 전략은 기업의 목표와 사명을 달성하는 수단이 되는 것이다. 전략은 그 중요성이 매우 크기 때문에 종종 기업사명의 한 부분으로 포함되기도 한다. Hershey사는 그들의 사명을 선언(최고의 다각화된 식품회사가 되는 것)하는 것뿐 아니라 이러한 사명을 어떻게 달성할 것인가에 대해서도 구체적으로 명기하고 있다(기존시장에서 기존제품을 확장, 신

제품 도입, 기존제품을 가지고 신시장을 개척, 인수).

마지막 분석수순의 전술/정책인데 여기서 전술 또는 정책(동의어로 볼 수 있음)은 기업이 자신의 전략을 실행에 옮기기 위해 취하는 구체적인 행동이다. Hershey사가 최고의 다각화된 식품회사가 되고자 하는 사명을 달성하기 위해 인수(acquisition)의 방법을 택하는 것은 Hershey사가 수립한 전략 가운데 하나라고 할 수 있다. Hershey사가 어떤 기업을 인수하는가, 인수를 위해 얼마나 많은 금액을 지급할 것인가, 인수기업을 자사의 기존사업과 어떻게 통합할 것인가 등의 문제는 Hershey사의 전술이 될 것이다.

3) 전략과 전략경영의 절충적 정의

많은 학자들이 공식적이고 관련적인 측면을 강조하는 계층적 전략 정의의 한계를 지적하면서, 전략은 더 유연하고 포괄적인 개념으로 정의되어야 한다고 지적하고 있다. 이를 주장하는 연구자는 Mintzberg(1988)인데 그는 조직현상을 좀더 포괄적으로 반영하는 전략과 전략경영에 대한 관점을 제시하였다. 이를 나타낸 것이 <표 3.3>이다.

〈표 3.3〉 전략 정의에 대한 Minzberg의 절충적 정의

전략이란	내용
계획(Plan)	상황에 대처하기 위해 의식적으로 의도한 행동코스
책략(Ploy)	적을 속이기 위한 교묘한 책동
패턴(Pattern)	오랜 기간 동안 습관적으로 나타나는 행동패턴
시장에서의 위치(Position)	기업이 스스로를 경쟁시장에 관련시키는 방식
관점(Perspective)	기업경영자들이 자신과 외부세계를 바라보는 방식

4) 전략과 전략경영의 적합적 정의

전략 정의에 대한 적합적 정의(matching definition)는 현재 가장 일반적으로 받아들여지고 있는 전략에 대한 견해라고 할 수 있다. <그림 3.6>에서 보는 바와 같이, 기업의 전략은 기업이 환경으로부터의 위협과 기회에 대응하면서 스스로의 강점을 활용하고 약점을 회피하기 위해 취하는 행동으로 정의된다. 전략경영은 기업이 기회와 위협을 발견하기 위해 경쟁환경을 분석하고 자신들의 경쟁상의 강점과 약점을 발견하기 위해 내

부의 자원과 능력을 분석하며, 전략을 선택하기 위해 이러한 두 가지의 분석을 적합시키는 과정으로 정의된다. 전략경영은 또한 선택된 전략을 실행하기 위한 조직화(organization)를 포함한다.

　과거 20여년 동안 쓰여진 대부분의 전략경영에 관한 교재들은 이러한 정의를 받아들이고 있다. 전략에 대한 적합적 정의는 전략적 선택의 과정을 나타내기 위해 각 개념의 첫 글자를 인용하여 표현하기도 한다. 예를 들면 WOTS-UP(Weaknesses, Opportunies, Threats, Strengths, Underlying Planning), SWOT분석(Strengths, Weaknesses, Opportunies, Threats), TWOS분석(Threats, Weaknesses, Opportunies, Strengths) 등으로 표현된다. 어떤 표현을 사용하든지 간에 전략과 전략경영에 관한 기본적인 특성은 동일하다.

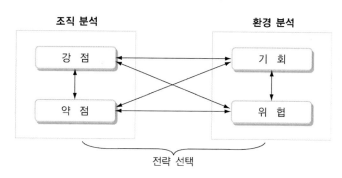

〈그림 3.6〉 전략과 전략경영에 대한 적합적 정의

2. 전략적 사고와 상호일치의 원칙

　기업의 경쟁수단은 변화의 시대에서 미래를 예측할 수 있어야 하며 특정 기업의 경영철학을 반드시 반영해야 한다. 그러므로 환경은 기회를 제공하며 경영진은 이 기회를 바탕으로 하여 경쟁우위를 차지할 수 있는 경쟁수단을 개발한 후 효율적으로 경영자원을 투입하여 기업에게 최대한의 가치를 제공할 수 있어야 하는데, 이것이 상호일치의 원칙 개념의 핵심내용이다(<그림 3.7> 참조).

　상호일치의 원칙을 더욱 자세히 이해하기 위해서 경영진에게 상호일치의 원칙이란 목표를 달성하는 데 필요한 개념들을 제공하는 틀(framework)을 개발하는 것은 유용한 방법일 것이다.

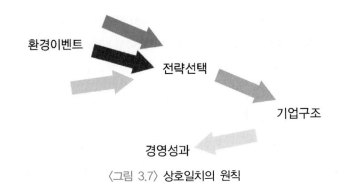

〈그림 3.7〉 상호일치의 원칙

먼저 전략은 과정이 아니고 사고의 방법이라는 것을 인식하여야 한다. <그림 3.8>에서 보여주듯이 전략은 많은 행위들을 포함하는데 기업을 둘러싼 이해당사자들이 원하는 경영성과를 산출하기 위해 이런 행위들은 반드시 상호 연계되어 시너지효과를 달성할 수 있어야 한다. 전략은 기업의 주인들에게 상당한 수준의 가치를 제공할 수 있는 경쟁수단에 시종일관 효율적인 형태로 기업의 경영자원을 배분하는 것이라고 정의할 수 있다. 또한, 전략은 조직의 구성원들이 기업의 장기적 방향과 예상되는 경영성과를 결정하는 행위인데 이런 행위는 진지한 전략의 수집, 적절한 실행과 전개된 전략의 평가를 통하여 구체화 될 수 있다.

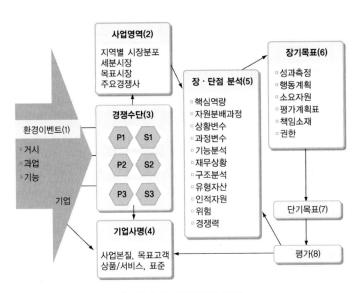

〈그림 3.8〉 경영전략 모형

전략의 개발은 일시적은 행위가 아닌 지속적인 과정이다. 전략의 개발은 미래의 경쟁을 위한 사고의 방법이며 기업 내의 모든 수준, 즉 말단의 서비스 종사자부터 최고경영진을 포함하는 일상적인 행위를 포함한다. 전략수립은 어떻게 경쟁상황을 파악하여 어떤 경쟁수단으로 기업의 재무적 성공에 공헌할 수 있는가에 주안점을 두고 있고, 재무적인 성공은 주당 현금흐름[1]의 최대화라고 정의하고 있다.

1) 환경에 대한 진단과 평가

현재 사업 환경을 둘러싼 모든 요소가 변화하고 있기 때문에 환경진단과 평가(environmental scanning and assessment)는 오늘날 기업의 중요한 전략적 기능이 되고 있는데, 환경진단은 경영자의 책임 중에서도 가장 중요한 행위 중의 하나가 되었다. <그림 3.8>의 경영전략 모형의 환경요인 (1)을 보면 이해가 용이하다.

경영환경은 모든 기업에게 기회와 위협을 동시에 제공하고 있다. 기회는 기업에게 부가가치 창출의 목표를 달성 또는 초과할 수 있는 기회를 제공할 수 있는 상황이며, 위협은 기업목표의 달성을 저해하고 혹은 기업의 생존마저 위협하는 상황을 말한다.

거시환경은 기업외부의 환경에서 유래된 요소들로 구성되며 기업이나 다른 조직의 행동에 의해 변경되거나 통제받지 아니한다. 그럼에도 불구하고, 기업은 궁극적으로 기업의 재무적 성과에 영향을 미치는 거시환경에 존재하는 변화의 주도요인들의 잠재적 영향을 파악하기 위해 환경을 지속적이고 체계적으로 진단하여야 한다.

과업환경은 일반적으로 거시환경보다 기업에 직접적인 영향을 미치는데 시장과 고객의 행위, 산업구조, 경쟁사, 법제정자, 공급자 등이 있다.

기능환경은 재무관리, 인사관리, 마케팅, 운영, 연구개발과 경영관리 분야에서의 변화를 일으키는 주도요인들로 구성된다. 일반적으로 기능환경에서의 변화는 각 기능영역의 지식구조가 진화함에 따라 나타나며, 변화는 또한 경영자가 최상의 업무를 수행함으로써 일어날 수도 있다.

환경과 환경진단이란 개념은 특히 현재처럼 역동적인 환경 하에서 경영전략의 전반을 이해하는 데 매우 중요하다. 변화를 예측하고 그 변화에서 기회를 선점하여 경쟁에

---

1) 주당 현금흐름(cash flows per share) : 현금 흐름액을 발생주식수로 나눈값을 1주당 현금흐름이라 한다.

서 주도적 기업이 되는 것이 오늘날의 경영을 대변한다.

2) 전략의 수립

경영전략은 한 가지 사고방식이지만 전략수립(strategy formulation)은 하나의 과정이다. 전략수립은 경영진이 기업의 미래 방향을 수립하는 데 관여하는 행위이다.

기업은 경영환경을 진단하면서 경쟁을 위한 계획을 시작한다. 이것은 <그림 3.8>의 경영전략 모형의 환경요인 (1)에 해당된다. 이 행위가 전반적인 경영전략 과정에서 차지하는 중요성을 강조하기 위해 가장 큰 심벌로 표현된다.

환경진단을 마친 후 다음 행위는 기업이 경쟁하게 될 사업영역의 범위를 정의하는 것이다. 이것은 <그림 3.8>의 (2)에 해당된다.

기업의 사업영역이 결정되면 경영진은 파악된 기회를 바탕으로 하여 경쟁우위를 차지하기 위한 경쟁수단을 파악한다. 이것은 <그림 3.8>의 (3)에 해당된다.

이런 결정이 종료되면 기업사명을 개발하여야 한다. 이것은 <그림 3.8>의 (4)에 해당된다. 기업사명은 기업의 장기적인 목적을 달성하는 데 필요한 개요를 제공한다. 사업의 본질을 기술하고 반드시 전사적 전략, 사업부 전략 및 기능별 전략들을 반영할 수 있어야 하고 기업이 여행사나 호텔, 레스토랑과 같은 서비스기업인지 장비제조업체와 같은 생산업체인지를 파악할 수 있어야 한다.

사업의 본질이 결정되면 목표로 하는 고객층을 설정하여야 한다. 마케팅 분야가 지속적으로 발전하고 있는 상황에서 가장 중요한 개념 중의 하나가 목표시장이다.

오늘날 마케팅의 역할이 점점 확대되고 있듯이 목표고객시장에서 새로운 전망이 떠오르고 있는데 이것을 개별고객시장이라 한다. 개별고객시장이 암시하는 바는 고객들이 점점 개별적인 행동양상을 보인다는 것이다. 고객들은 점점 자기들의 욕구에 부합하는 특화된 상품과 서비스를 요구하며 또한 그들의 이런 욕구에 가장 적합한 상품과 서비스만을 구매할 것이다.

기업사명은 기업이 어떻게 고객, 직원과 주주들을 대우할 것인지를 결정하는 가치지표를 반드시 포함하여야 한다. 핵심가치라는 사고는 구성원 간에 중요한 개념인데 이것을 바탕으로 하여 그들은 공동의 목표를 달성하기 위해 함께 노력할 수 있는 것이다. 핵심가치의 공표가 없다면 기업의 의도하는 전략을 달성하는 데 주요한 역할을 하는 핵심 기업문화의 수립에 어려움을 겪을 수 있다.

3) 전략의 선택

전략선택(strategy choice)이란 개념은 기업목표를 달성하기 위해 기업들이 경쟁수단의 개발에 집중하는 것이다. 전략선택은 <그림 3.8>의 (3)에 관련된다. 여기서 선택이란 단어는 전략선택이란 개념을 이해하는 데 결정적인 역할을 한다. 그 의미는 경영진은 어떻게 경쟁해야 하는가를 지속적으로 선택해야 하며, 전략은 반드시 상호일치의 원칙에서 말하는 환경진단의 결과에 의해 선택되어야 한다.

경쟁수단은 기업이 속한 환경에서 경쟁하기 위해서 선택하는 상품과 서비스의 포트폴리오라고 정의할 수 있다. 개별적인 상품과 서비스의 선택과 그것들을 바람직한 포트폴리오로 통합하는 것은 경영진의 의무인데, 이 지도자 그룹은 환경에 존재하는 기회를 고려하여 어떤 상품과 서비스에 투자해야 할 것인가, 각 상품과 서비스에서 산출되는 예상 현금흐름은 얼마인가, 이런 투자가 기업의 가치에 미치는 영향은 어떠한가? 등에 대한 의사결정을 해야 한다.

전략유형을 서술하면 차별자(differentiator), 혁신자(innovators), 가격주도자(price leaders), 판매의 풀 앤드 푸시(pull and push selling)와 이미지 경영(image management) 등은 마케팅 기능을 강조하고, 반면에 통제자(controllers), 자원보존자(resource conservers)와 효율집중(focused efficiency) 등의 전략유형은 운영을 강조한다. 그러나 이런 일반 전략유형들은 서비스산업의 특색인 고객과의 개별적인 거래에 대한 본질과 선행연구와는 다른 전략적 사고의 변화를 반영하는 경쟁수단에 대한 연구의 필요에 대한 욕구를 충족시키지 못하였다. 그러므로 경쟁수단에 대한 투자인 전략선택은 반드시 개별고객시장 혹은 고객의 기업에 대한 장기적인 경제적 가치와 같은 개념에 의해 주도되어야 한다.

4) 전략의 실행

기업이 어떤 경쟁수단에 투자할 것인가를 결정한 후 결정에 대한 실행을 효과적으로 전개하기 위해서는 반드시 자원을 배분하여야 한다. 그리고 자원의 배분과정은 반드시 가장 높은 가치를 생산하는 경쟁수단에만 일관적으로 행해져야 하고 이런 행위는 미래에도 지속적이어야 한다. 전략실행(strategy implementation)은 경영자원의 배분과정이라고 할 수 있으며, 경영자원은 자본, 인력과 원재료로 정의될 수 있다. 전략실행은 모든 자원을 기업목표와 일치하게 하여 순조롭게 기업목적을 달성하는 것이다. 이것은 <그림 3.8>의 (5)부터 (8)에 해당된다.

전략실행은 최대의 가치를 창출하기 위해 많은 변수들을 가장 효과적으로 결합하는 것이라고 정의할 수 있다. 이런 변수들은 기업의 상황과 성공적인 실행을 달성하기 위해 기업에 의해 사용되는 과정을 포함하는 데, 여기서 상황은 기업의 내부 환경을 말한다. 기업의 내부 환경은 기업의 구조, 전략, 문화, 수명주기 단계, 지리적 확산 정도와 경영진이 환경진단 노력에 의해 파악된 불확실성을 어떻게 인식하고 있는가? 등으로 표현될 수 있다.

핵심역량과 일치에 연관되는 상황변수와 과정변수를 진지하게 고려한 후 기업은 반드시 상호일치 관계에 있는 장점 및 단점을 철저하게 파악하여야 한다. 그러므로 상호일치를 구성하는 모든 요소들은 반드시 장점 및 단점으로 평가되어야 한다. 기업의 모든 행위와 과정이 어떻게 전략실행에 영향을 미치는가에 대한 체계적인 관점은 반드시 기업의 현재 장점 및 단점을 바탕으로 파악되어야 한다. 경영진은 반드시 왜, 어떠한 장점인가를 결정하여 장점을 유지하는 데 자원을 할당하여야 하며, 또한 단점도 정확하게 파악하여 가장 많은 주당 현금흐름을 산출하는 경쟁수단에 자원을 배분할 수 있어야 한다.

5) 장·단기 목표설정

기업의 장점 및 단점 파악이 종료되면 경영진은 기업의 장기 및 단기 목표를 수립하는 절차에 대하여 관여하게 된다. 전략실행과정에서 가장 중요한 평가기준의 하나는 대부분의 기업목표가 핵심역량 및 경쟁수단과 일치되어 있는가를 확신할 수 있어야 한다.

기업목표에는 일상적인 것과 예외적인 것의 두 가지 중요한 범주가 있다. 일상적 목표는 경쟁수단의 성과에 따라 설계되어야 한다. 바꾸어 말하면, 각 경쟁수단은 가치창출을 위한 목표수준을 가지고 있다. 일상적 목표를 확립하는 것은 한동안 경영학 연구의 중요한 과제였다. 많은 경우에 목표는 매출목표, 비용절감과 직무과정향상 등과 같은 분야에 집중되었다.

두 가지 범주의 기업목표는 반드시 몇몇 명확한 판단기준을 충족하여야 한다.

첫째, 목표는 반드시 측정이 가능해야 한다. 전략의 효과를 측정하는 방법은 주당 현금흐름이다.

둘째, 목표는 반드시 시간을 고려해야 한다. 1년 혹은 더 짧은 기간을 소요하는 것을 단기목표라 하고 1년부터 5년까지의 기간을 소요하는 것을 장기목표라고 한다.

셋째, 목표는 실현이 가능해야 한다. 이것은 반드시 기업의 처한 상황과 보유하고 있는 자원과 능력을 고려해야 한다는 것인데, 이 기준은 급변하는 현 상황을 비추어 봤을 때 가장 어려운 기준이라 할 수 있다. 새로운 상품과 서비스가 지속적으로 출시되는 상황에서 경영자들은 투자에 대한 보상이 되도록 짧은 기간 내에 이루어지지 않으면 투자자체를 포기해야 한다는 사실을 인지하여야 한다.

6) 평가

평가는 전략실행과 완수를 확신하는 데 중요한 역할을 하며, 평가는 전략의 전반적 결과 및 개별적 경영성과 파악 등 기업의 몇 가지 수준에서 행해질 수 있다.

기업의 경쟁수단은 반드시 주기적으로 평가되어야 하는데, 이에 대한 첫째 질문은 경쟁수단이 주당 현금흐름 목표를 충족하고 있는가이다. 두 번째 질문은 경쟁수단의 잠재력은 얼마나 지속될 수 있는가에 집중하는 것이다. 바꾸어 말하면, 경쟁수단을 구성하는 상품과 서비스의 수명주기는 어떤가를 파악하는 것이다. 이런 형태의 평가를 달성하는 가장 좋은 방법은 경영진의 주기적인 회의에 의제로 채택함으로써 각 상품과 서비스의 경제적인 수명주기가 평가될 수 있는데 이는 매우 중요하기 때문에 회의안건의 첫 번째 의제가 되어야 한다. 평가의 다음 단계는 기업목표를 실현할 수 있는 수준과 시간을 가지고 있는가를 살펴보는 것이다.

전략실행과정에서 가장 중요한 요소는 이러한 과정이 지속적으로 평가되어야 한다는 것이다. 평가는 각 경쟁수단의 성과에 치중하여야 하며, 목표에 비추어 각 경쟁수단의 가치창출 능력을 측정할 수 있어야 한다.

3. 기업전략, 사업부전략, 기능별 전략

경영전략은 어떠한 수준에서 분석할 것인가에 따라 기업전략과 사업부전략으로 나뉘고 사업부전략 하위에 기능별전략이 있다. <그림 3.9>와 같이 기업 전체적(전사적)으로 참여할 사업영역을 결정하는 기업전략(corporate strategy)이 존재하고 개별사업부 내에서의 경쟁전략을 다루는 사업부전략(business strategy)이 있다. 이러한 기업전략과 사업부전략의 차이점을 대비한 것이 <그림 3.10>이다.

기업이 성과를 높이기 위해서는 다음 두 가지 요소를 고려해야 한다. 첫째, 구체적으로 어떤 사업분야에 들어가서 경쟁할 것인가를 결정한다. 둘째, 그 사업분야에서 구체적으로 어떻게 경쟁을 해서 수익률을 높일 것인가를 결정한다. 첫 번째 문제가 '기업수준의 전략'이고 두 번째 문제가 '사업부수준의 경쟁전략'에 해당한다. 기능별 전략은 각기 다른 기능분야에 제한된 기업의 경영자원을 효율적으로 배분하는 것을 결정한다.

기업이 최대한의 수익을 달성하려면 위에 설명한 세 수준의 전략들은 반드시 서로 조화되어야 한다.

자료 : 장세진(2006), 글로벌 경쟁시대의 경영전략 4판, 박영사. p.20.

〈그림 3.9〉 전략의 분류

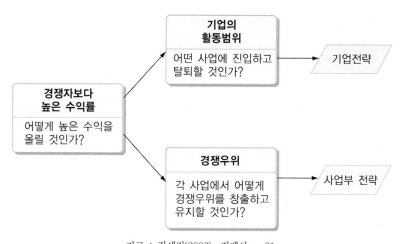

자료 : 장세진(2006), 전게서, p.21.

〈그림 3.10〉 기업전략과 사업부전략의 차이

1) 전사적 전략

전사적 전략(corporate strategy)은 어떤 사업 분야에 기업이 진출해야 하는가를 결정하고 기업목표와 운영범위를 결정하는 것을 주요 관심사로 하고 있다. 전사적 전략은 기업 전체를 경영하기 위한 거대한 설계이다. 전사적 전략은 산업, 세분시장, 상품과 서비스로 분류되는 총체적인 사업관점에서 어떤 사업에 기업이 진출해야 하는가를 결정한다. 전사적 전략은 어떤 전략적 목표를 달성해야 하는가와 이러한 목표를 성취하기 위해 각 사업부는 어떻게 경영되어야 하는가를 결정하는 과정이다.

전사적 전략들은 일반적으로 1년부터 5년 사이의 기간을 범위로 한다. 한 기업이 다른 기업을 인수하거나 혹은 전혀 새로운 사업영역에 진출하는 결정을 해야 할 때 많은 대안들이 평가되어야 하고 연구와 분석을 위한 많은 시간이 요구된다.

궁극적으로, 전사적 결정은 기업의 이사회가 그 책임과 권한을 갖게 되는데 이들은 기업의 주주들에게 경영성과에 대해 설명할 수 있어야 한다. 그러나 이러한 의사결정에 대하여 다른 이해관계자의 영향력이 점점 강화되고 있는데, 예를 들면 특정 기업의 주식지분을 상당부분 소유한 기관투자자들이 이사회의 의사결정과정에 목소리를 높이고 있다. 환경운동 단체들, 노조와 관련 정부기관도 기업의 전사적 전략 의사결정에 영향력을 행사하고 있다.

2) 사업부 전략

전사적 전략이 결정되면 다음 수준의 전략은 사업부 전략(business strategy)이다. 사업부 전략은 기업에 속하는 각 사업부를 지원하는 목적으로 개발되며 각 사업부가 속하는 경쟁시장에서 경쟁우위를 차지하는 것을 중점 사항으로 하고 있다. 사업부 전략은 '어떻게 우리 기업이 특정산업 내에서 경쟁할 수 있을까?'란 질문에 대한 대답이며 특정한 세부시장에서 경쟁우위를 차지하는 것을 목표로 한다. 이 수준의 전략은 기업이 경쟁수단과 핵심역량을 사용하여 특정산업 내의 특정사업에서 경쟁하는 것이다.

사업부 전략은 기업이 테마파크 사업과 같이 특정시장에서 한 가지 사업으로 경쟁하기 위해 경쟁수단을 개발하는 것이다. 반드시 전사적 전략에서 파생되어야 하며 또한 전사적 전략을 지원해야 한다.

3) 기능별 전략

기업에서 세 번째 수준의 전략은 사업부 내의 기능별 전략(functional strategies)이다. 기능별 전략은 사업부 전략보다 그 대상범위가 좁다고 할 수 있다. 기능별 전략들은 주로 사업부를 운영하는데 필요한 일상의 행위에 주안점을 둔다. 일반적으로 재무관리, 마케팅, 인사관리, 운영, 경영관리와 연구개발로 구성되어 있다. 기능별 전략은 전략 계획의 실질적인 실행을 통하여 제한된 경영자원을 가지고 최대의 경영성과를 달성하는 것이다.

사업부 전략은 경쟁을 위한 방법을 파악하는 것인데 반해, 기능별 전략들은 기업이 개발한 가장 가치 있는 경쟁수단을 효과적으로 실행하는 데 필요한 각 기능별 세부행위들이다.

〈표 3.4〉 기능별 전략

기능 영역	요소
재무관리	자산관리, 예산편성, 자본구조, 자금수급, 위험경영, 재무계획, 배당률 결정, 예산, 기업 인수 및 합병, 통제시스템
인사관리	종사원관리, 조직행동, 노사관계, 리더십
마케팅	판매유통경로, 홍보 및 판촉, 가격결정, 상품 및 서비스관리, 고객세분화, 시장조사
경영관리	보험관계, 회계시스템, 경영정보시스템, 전략적 계획, 법률문제
운영관리	생산관리, 품질관리, 자원의 획득 및 저장, 안전과 보안, 공정관리
연구개발	상품개발, 고객개발, 새로운 사업계획

제4절 상품과 서비스 포트폴리오로서의 경쟁수단

경쟁수단은 기업의 수명주기 동안 기업에게 긍정적인 현금흐름을 산출하는 상품과 서비스의 포트폴리오라고 정의된다. 경쟁수단은 물리적 자산이고 무형적이며 측정하기 힘들고, 존재기간이 짧고, 생산과 소비가 동시에 진행되고, 각 고객마다 다르게 인식이 되는 서비스이다. 호텔·관광기업은 현금흐름을 산출하는 여러 개별적인 상품과 서비스를 보유하기 때문에 기업의 전반적인 전략을 구성하는 경쟁수단을 생산하기 위해서 상품과 서비스는 서로 결합되어 포트폴리오를 구성한다. 여기서 Olson 등(1998)의 연구 결과를 정리하면 다음과 같다.

1. 관광기업의 경쟁수단

여러 연구결과를 통해 결정된 실제 관광산업에서 활용되는 경쟁수단들에 대해서 보기로 한다. 전략선택은 각 개별기업이 직면하는 고유한 상황을 반드시 반영해야 하는 배경적인 문제이며, 전략선택은 모든 기업과 산업에 공통으로 사용할 수 있는 일반적인 전략들에 의존해서는 안 된다는 것이다.

관광기업에 관련된 문헌들을 조사한 결과 <표 3.5>와 같은 경쟁수단의 목록이 파악되었다. 목록의 첫째 항목 위치는 호텔과 레스토랑 산업에서 모두 주요한 경쟁우위의 수단으로 고려되어 왔다. 이 목록은 관광산업에서 응용할 수 있는 일반적인 경쟁수단의 목록에 아주 근접한다고 할 수 있다.

〈표 3.5〉 관광기업의 경쟁수단의 예

• 위치	• 조직 상호간의 시너지 효과
• 운영의 효율성	• 경영능력
• 서비스 수준	• 자산의 수명주기와 생산성
• 기술 활용	• 브랜드의 가치
• 기능적 역량	• 핵심기술과 유연성
• 재고관리와 통제	• 상품과 서비스의 묶음

이 목록은 잠재적인 경쟁수단들을 평가하는 데 유용하게 사용할 수 있지만, 상호일치의 원칙에서 파악된 관계들을 더욱 이해하기 위해서는 호텔과 레스토랑 분야별로 사용되는 경쟁수단들을 자세히 분류하는 것이 좋다.

2. 호텔산업의 경쟁수단

세계적인 경기불황 여파로 호텔산업은 적대적인 환경에서 경쟁하는 방법에 집중하게 되었다. 또한 호텔경영자들은 성장과 가치를 창출할 수 있는 방안을 탐색하기 시작했고, 이런 현상은 경쟁수단들의 확산을 가져왔다. 호텔기업에서 활용되는 모든 경쟁수단들을 파악하려는 두 가지 연구가 호텔들이 경쟁우위라는 힘든 목표를 달성하기 위해 어떤 상품과 서비스를 선택하고 있는지를 판단하기 위해 수행되었다. <표 3.6>은 주요 다국적 호텔기업들에 의해 활용된 경쟁수단들이다.

〈표 3.6〉 다국적 호텔기업의 경쟁수단

주요 경쟁수단	정의
단골고객우대 프로그램	단골고객에게 특별한 혜택과 무료 여행기회를 제공하여 고객의 충성도를 구축하기 위해 개발
전략적 제휴	광고와 마케팅, 상품과 고객의 공유 및 객실점유율을 최대화하기 위한 재무적 행위 등을 포함하는 기업들의 공식적인 협조 노력
컴퓨터 예약시스템	처음 Holiday Inns에 의해 개발된 이 프로그램은 항공사의 예약시스템과 유사하다. 객실당 매출을 최대화할 수 있는 수준의 요금으로 객실을 채우기 위해 고안되었고, 이 프로그램은 또한 고객과 여행사들이 적정가격으로 원하는 객실을 쉽게 확보하는데 도움을 준다.
부가서비스	고객이 등록을 하면 제공되는 부가적인 상품과 서비스(amenities)
브랜드	고객에게 새로운 상품을 개발하고 전달하기 위한 호텔들의 시도. 종종 최저가, 중저가, 고급 호텔들의 서비스 레벨로 간주되기도 한다. 각 상품은 경쟁에서 차별화하기 위해 개발된다. 또한 각 세분시장별로 브랜드가 개발된다.
기술혁신	호텔에서 개발되는 상품과 서비스를 향상하기 위해 고안된 많은 종류의 기술적 진보들로 이루어지는데, 모든 통신시스템, 경영진을 위한 의사결정지원시스템, 회계서비스, 안전과 보안 프로그램, 에너지 및 절약 시스템, 자동 체크인 및 체크아웃 시스템 등을 포함한다.

주요 경쟁수단	정의
틈새 마케팅 및 광고	특별한 상품과 서비스를 강조하여 구체적인 목표시장을 겨냥하기 위해 설계된 프로그램
가격전술	보통 가격할인과 판매관리 프로그램
비용절감	호텔을 운영하는 데 소요되는 모든 비용을 가능한 효율적으로 사용하기 위한 프로그램
서비스 품질관리	TQM 및 지속적인 서비스전달과정의 향상 등을 통하여 서비스의 질을 향상하려는 시도
해외시장 진출	현 시장이 포화상태에 이르자 호텔기업들은 새로운 해외시장으로 진출하고자 했다
여행사의 가치 인지	매출을 향상하기 위해 여행사와의 관계를 향상하고자 했으며, 이를 위해 보상과 혜택을 제공하였다
프랜차이징과 계약경영	가치를 창출하는 데 필수적인 고유한 능력을 보유한 기업들이 경쟁수단으로 사용하고 있다
중요한 자산으로서의 종사원	이 방법은 높은 수준의 상품과 서비스를 전달하는 데에 종사원의 역할에 대해 새로운 가치를 부여했다.
객실내 판매와 오락	pay-per-view 영화, 음료, 스낵 및 보안(concierge) 서비스를 객실내에서 제공하여 매출을 최대화하려는 프로그램
단골고객을 위한 특별서비스	기존의 단골고객우대프로그램을 초월하여 자동 체크인 및 체크아웃, 특별주문 의자, 라운지, 호텔판매상품 가격할인 및 모든 상품과 서비스의 선택에서 전반적인 향상 등을 제공하는 프로그램
환경친화적인 프로그램	호텔과 객실의 실내 공기 정화 등을 포함하는 고객들의 환경에 대한 관심에 기초하여 개발한 프로그램. 환경문제를 중시하는 고객들을 위해 고안됐다.
비즈니스 서비스	점점 증가하는 상용여행자들의 욕구를 충족하기 위해 고안되었으며 호텔내의 모든 비즈니스서비스와 통신서비스를 포함하고 있다.
데이터베이스 관리	고객들의 습관 등을 명확히 파악하고 최신기술분야에 대한 경쟁우위를 차지하기 위해서 개발됐다. 현재 고객정보는 호텔의 다른 시스템들과 통합되어 사용되고 있다.
핵심사업경영	가장 경쟁적인 일개 혹은 몇 개의 분야에만 집중적인 관리를 행하고 주변적인 분야는 전문회사에 용역을 준다.
직접고객 마케팅	정보고속도로를 이용하여 직접 고객에게 상품을 판매하는 프로그램

주요 경쟁수단	정의
새로운 상품개발	이 방법은 all-suite호텔과 같은 전혀 새로운 상품의 개발 등을 포함한다.
브랜드 리포지셔닝	기업의 각 브랜드에 적절하고 명확한 이미지를 갖는 상품과 서비스의 개발 등을 포함한다. 또한 최고급 호텔과 상용호텔의 차이점을 명확히 하는 것도 포함한다.
기술	운영 및 마케팅 측면에서 컴퓨터와 통신기술의 통합으로 인해 그 영향력이 증가하자, 기업들은 기술에 대한 투자에 더욱 많은 관심을 기울이고 있다.
다각화	위험을 분산하고 가치를 향상하려는 대부분의 기업들의 염원을 반영하고 있다. 예로서는 콘도미니엄으로의 진출, 노인휴양시설, 유람선 등
가치경영자로의 변화	많은 기업들은 자본시장의 압박에 반응하여 기업을 위해 가치를 창출했던 기록을 보유한 성공적인 경영자들만을 고용하고 있다.
데이터베이스 마케팅	고객들의 취향을 개별적으로 파악하고자 이용되고 있다.
경영정보 시스템	의사결정과정에서 정보에 대한 의존도가 증가하고 있다.

두 번째 서비스산업의 경영전략에 대한 문헌은 관광산업의 전략을 파악한 모든 연구들을 종합하여 호텔산업에서 이용되는 경쟁수단들에 대한 이해를 더욱 증진하고자 시도되었다. 이 경쟁수단들은 600여 개의 호텔 표본을 활용하여 유사한 그룹으로 분류하기 위해 측정·평가가 되었는데, 최종 그룹은 <표 3.7>에 기술되었고 서비스, 기술 및 마케팅에 대한 집중을 반영하고 있다.

〈표 3.7〉 호텔산업에서 활용되고 있는 경쟁수단

서비스 품질 리더십	서비스향상 행위들의 활용
최신기술 리더십	상품과 서비스 전달을 향상하기 위한 기술의 활용
Push-직접판매	직접판매에 집중하는 유능한 판매팀을 구성하여 능동적인 판매프로그램을 개발
비용통제	효율성에 집중
Pull-전략적 연합	새로운 시장과 동맹의 창출
단체고객시장	인센티브 시스템을 도입하여 판매 촉진
상호교육	다기능을 보유한 종사원의 개발

세부사항을 제공하기 위해 <표 3.8>은 서비스품질 리더십이라고 명명된 경쟁수단의 세부적인 서비스행위 혹은 행동의 표본을 포함하고 있다. 서비스행위들은 경쟁우위를 달성하기 위해서 적절한 교육, 실행 및 품질통제에 의존하게 되는데, 이들은 쉽게 모방될 수 있어 오랜 기간 동안 경쟁우위를 달성하기가 힘들다. 하지만 반드시 이런 경쟁수단에 자원을 배분해야 한다.

〈표 3.8〉 경쟁수단을 구성하는 서비스의 표본

서비스 품질의 리더십
• 상품과 서비스의 높은 품질을 일관적으로 유지 • 서비스 품질 표준을 향상하기 위해 교육 및 개발 프로그램을 활용 • 종업원 행위의 서비스지향성을 향상 • 고객과 대면하는 종업원의 교육 • 고객의 욕구를 충족하기 위해 설계된 서비스 품질 목표의 설정 • 종업원들에 의해 받아들여질 수 있는 도전적이고 현실적인 서비스 품질 목표를 설정하고 주기적으로 측정하고 평가 • 꾸준하고 명확한 표현/경영진의 상품과 서비스의 질에 대한 몰입 • 종업원들의 대화 능력향상을 위한 교육 • 고객과 접촉하는 종업원들에 대한 세심한 교육 • 종사자들의 대인관계에 대한 교육 • 높은 수준의 운영 효율성 달성

3. 외식산업의 경쟁수단

외식산업은 수많은 레스토랑들이 경쟁하는 성숙기에 이르렀으며, 이런 전반적인 수요와 공급의 관계는 조만간 변하지는 않을 것으로 보인다. 앞의 <표 3.6> 다국적 호텔기업에서 소개된 경쟁수단에 추가하여 다른 보다 구체적인 외식산업의 경쟁수단의 목록들이 <표 3.9>에 열거되어 있다. 이 표는 외식산업에서 이용되는 경쟁수단들을 파악하기 위해 설계되고, 일반적인 전략을 파악한 전략분야 일부 학자들의 종전 연구를 토대로 한 연구에서 개발되었다.

〈표 3.9〉 외식산업의 경쟁수단

경쟁수단	상품/서비스 범주
통제 (낮은 경영성과)	• 프랜차이즈 대신 점포를 직접 소유 • 제한된 지역시장만을 상대로 한 영업활동 • 표준화를 통한 비용의 최소화
차별화에 대한 집중 (낮은 경영성과)	• 특별 상품과 서비스의 개발 • 표준화를 통한 비용 최소화를 고려하지 않음 • 가장 값싼 공급자의 확보를 고려하지 않음 • 특별 시장을 위한 상품과 서비스의 설계
이미지 관리 (중간 수준의 경영성과)	• 혁신적인 마케팅기법 사용 • 이미지 광고에 집중 투자
효율향상에 집중 (높은 경영성과)	• 혁신적인 장비와 시설의 설계를 이용 • 운영의 효율에 집중 • 시장 성장률 예상 • 품질관리를 강조 • 명성의 구축 및 유지 • 원재료 구매 시 엄격한 세부사항 적용
혁신 및 개발 (높은 경영성과)	• 혁신적인 메뉴의 개발 • 새로운 상품과 서비스의 개발 • 다양한 메뉴의 개발

물리적 분류에서 가장 선호하는 경쟁수단은 장소와 시간이 결합된 편리함이며, 이는 레스토랑은 반드시 최대한 고객 근처에 위치함으로써 고객들이 원하는 상품과 서비스를 구매하기 위해 점포로 가거나 줄을 서는 등의 귀중한 시간을 낭비하지 않게 할 수 있다는 것을 암시하고 있다. <표 3.10>의 항목들을 자세히 보면 가장 중요한 주제가 떠오르는데 바로 상품과 서비스 전달의 실행이다. 일반적으로 상품과 서비스는 생산과 소비가 동시에 이루어지기 때문에 비록 고객과 대면하는 서비스 종사자가 올바로 교육되었을지라도 질 좋은 서비스의 실행을 일관적으로 행하는 것은 아주 힘들다고 할 수 있다. 종사자들은 고객들의 메뉴 선택에 따른 생산과정의 복잡함과 불확실성을 반드시 이해해야 한다.

〈표 3.10〉 외식산업의 최근 경쟁수단

물리적 수단	인적 수단	조직적 수단
• 편리 • 포장 • 기술 • 메뉴 증가 • 판매하는 메뉴의 다양성 • 점포규모 축소 • 제한된 메뉴 • 자산의 수명(장비, 빌딩) • 실내장식/분위기 • 청결 • 위치 • 경영정보시스템 • 조경 • 안내도 • 유지보수 시스템 • 자산 보안 시스템 • 부동산 보유 현황	• 경영진 능력 • 종사원간의 팀 정신 • 문화적 차이 조화 • 동기 부여된 종사자 • 혁신적인 종사자 • 기술 있는 종사자 • 종사자 몰입 • 종사자 충성도 • 성과 측정 • 고용 • 적절한 태도 • 용모 • 교육 프로그램 • 이직률 • 개발 프로그램	• 상품 혁신 • 시장조사 능력 • 브랜드 정체성 • 명성 • 다중 브랜드 장소 • 여러 컨셉트 간의 상승효과 • 마케팅 빈도 • 절차의 통제 • 좋은 계획 • 품질 인식 • 단순한 운영 • 변화에 적응할 수 있는 능력 • 좋은 프랜차이저/프랜차이지 관계 • 서비스마케팅 지향 • 내부마케팅 지향 • 기능부서의 효험 • 적절한 표준 • 생산방법

제4장 | 호텔·관광기업의 환경분석과 환경진단

제1절 환경의 위협요인 평가

환경은 추상적인 개념이며, 아직도 호텔·관광기업의 성공을 결정하는 주요 요인이다. 환경은 변화를 주도하는 요인들을 창출하며, 이 요인들은 수많은 변수들이 불연속적인 형태로 상호작용하는 과정에서 떠오른다.

경영자들은 반드시 이런 상호작용들이 어떻게 궁극적으로 변화를 주도하는 요인과 기업에 영향을 미치는지를 이해하기 위한 노력을 하여야 한다. 이런 관계들을 이해함으로써 경영자들은 개발이 진행되고 있는 변화의 형태를 파악하기 위해 그들의 경영환경을 다각적이고 진지하게 바라볼 필요가 있는데, 경영자들은 이런 어려운 과업을 지원하기 위해 합리적인 개념적 틀을 보유할 것을 요구받고 있다.

1. 구조 – 행동 – 성과 모형

구조 - 행동 - 성과 모형은 산업 내 완전경쟁을 촉진시키기 위한 정부당국의 정책을 지원하기 위해, 산업 내의 완전경쟁을 저해하는 조건을 규명하기 위해서 개발되었다[1].

<그림 4.1>에서 보는 바와 같이, 구조(structure)는 산업구조를 의미하며, 산업 내 구매자와 판매자의 수, 제품차별화의 수준, 진입장벽, 비용구조, 그리고 수직통합 등으로 측정된다. 행동(conduct)은 산업 내에서 기업의 구체적인 행동을 의미하며, 가격전략, 제품전략, 광고, 연구개발, 그리고 공장 및 설비에 대한 투자 등을 포함한다. 성과(performance)는 두 가지 의미를 가지고 있는데 개별기업의 성과와 경제 전체의 성과가 그것이다.

---

1) Barney, J. B.(2000) *Gain and Sustaining Competitive Advantage*, Pearson Education. 권구혁·신진교 역, 전략경영과 경쟁우위. 시그마프레스. pp.74-76.

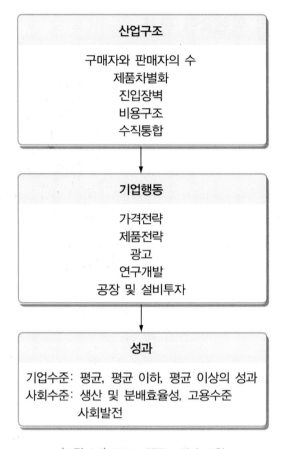

〈그림 4.1〉 구조 – 행동 – 성과 모형

2. 환경위협에 대한 5요인 모형

환경위협은 기업의 성과수준을 저하시키는 기업 외부의 어떤 개인, 집단 또는 조직이다. 위협은 기업의 비용을 증가시키거나 매출을 감소시키고 기업의 성과를 감소시킨다. 구조 -행동-성과 모형에 의하면 위협은 산업 내 경쟁을 증가시킴과 동시에 기업의 성과를 평균수준이 되도록 하는 힘이다.

환경위협에 관한 모형은 경영자들이 이러한 위협요인을 분석하여 환경위협을 중화시킬 수 있는 효과적인 전략을 선택하는데 도움을 주고자 하는 것이다. <그림 4.2>는

M.Porter가 개발한 환경위협에 관한 5요인 모형이다. 포터에 의하면 평균 이상의 수익을 창출하거나 유지하려는 기업의 능력에 위협을 가할 수 있는 산업구조의 5가지 속성이 있다고 한다.

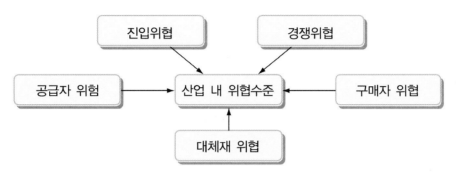

〈그림 4.2〉 환경위협에 관한 5요인 모형

1) 진입위협

새로운 진입기업이란 최근 호텔·관광산업에서 영업을 시작한 기업이거나 또는 곧 호텔·관광산업에 진입하여 영업하려고 위협하고 있는 기업을 말한다. 구조 -행동-성과 모형에 의하면 새로운 진입기업은 기존 기업들이 평균 이상의 경제적 이익을 얻고 있는 호텔·관광산업에 진출하고자 한다. 이렇게 되면 호텔·관광산업의 경쟁수준은 증가될 것이며, 기존 기업의 성과는 줄어들게 된다. 만약 어떤 진입장벽도 존재하지 않는다면 호텔·관광산업 내 기존 기업의 이익이 평균 이상으로 되는 한 진입은 계속될 것이며, 모든 진입기업들이 평균적인 수익만을 얻게 될 때야 비로소 진입이 그치게 될 것이다.

새로운 진입기업이 기존기업의 성과에 위협으로 작용하는 정도는 진입비용에 달려 있다. 만약 어떤 기업이 호텔·관광산업으로의 진입비용이 새로운 진입으로 인해 얻을 수 있는 잠재적 이익보다 크다면 진입은 일어나지 않을 것이며, 이 때의 새로운 진입은 기존 기업들에게 위협이 되지 않을 것이다. 그러나 만약 진입비용이 진입후의 잠재적 이익보다 적다면, 진입으로 인한 이익이 진입비용보다 작아질 때까지 진입은 계속될 것이다. 진입비용이 높을수록 진입장벽은 높아진다.

구조-행동-성과 모형과 전략문헌들에 의하면 진입장벽은 5가지인데, 규모의 경제, 제품차별화, 규모와는 무관한 절대적인 비용우위, 기존 기업의 의도적 진입방해, 정부의 진입규제 등이다.

2) 경쟁위협

경쟁은 기업의 이익을 감소시킴으로써 기업에 위협을 가한다. 호텔·관광산업 내 경쟁수준은 두 번째 환경위협요인이다. 경쟁수준이란 해당기업과 직접적으로 경쟁관계에 있는 기업들과의 경쟁정도를 말한다. 경쟁수준이 높으면 빈번한 가격인하(예를 들면 항공산업에서 가격할인), 잦은 신제품 출시, 치열한 광고캠페인, 급격한 경쟁적 행동과 반응행동(한 항공사의 가격할인은 다른 항공사들의 직접적인 가격할인을 가져 옴) 등과 같은 현상이 초래된다. Porter(1980)는 높은 수준의 경쟁을 불러일으키는 산업속성을 <표 4.1>과 같이 나타내고 있다.

〈표 4.1〉 경쟁위협을 증가시키는 산업속성

```
1. 경쟁기업의 수가 많다.
2. 경쟁기업들의 규모가 비슷하고 수요에 대해 비슷한 영향력을 가지고 있다.
3. 산업의 성장속도가 느리다.
4. 제품차별화 수준이 낮다.
5. 생산능력이 큰 폭으로 증가된다.
```

3) 대체재 위협

Porter가 제시한 세 번째 환경위협은 대체재이다. 경쟁사의 제품이나 서비스는 또 다른 경쟁사의 제품이나 서비스와 거의 동일한 방법으로 동일한 고객욕구를 충족시켜주고 있다. 그러나 대체 제품이나 서비스는 거의 동일한 고객욕구를 충족시키지만 그 방법은 다르다. 자동차에 대한 대체재는 자전거, 버스, 기차 그리고 비행기 등이 될 수 있다. 그러나 컴퓨터 제품에 대한 대체재는 상대적으로 적다고 볼 수 있다.

대체재는 산업 내에서 기업이 책정할 수 있는 가격의 한도와 벌어들일 수 있는 이익의 최고한도를 결정한다. 예를 들어 1970년대와 1980년대 석유파동시기에 과거에는 경제성이 없다고 판단되었던 오일모래톱, 태양에너지, 에너지 보존시설 등 대체재들이 갑자기 매력적인 대안으로 대두되었다. 그러나 1980년대의 원유가락 급락으로 인해 이러한 대체재들의 매력은 줄어든 반면 석유산출국가의 이익은 감소하였다.

극단적인 경우에는 대체재가 기존의 제품과 서비스를 대체하기도 한다. 대체재가 기존의 제품보다 월등히 우수할 때 대체가 발생한다. 이러한 예는 계산자와 기계식 계산기를 대체한 전자계산기, 레코드 LP판을 대체한 CD 등이 있다.

대체재는 산업 내 잠재적인 이익을 감소시키는데 점점 중요한 역할을 하고 있다. 예를 들어 법률관련 분야에서는 개인적인 중개 및 중재서비스가 변호사들의 대체재가 되고 있다. 출판산업에서는 전자책이 인쇄서적의 대체재가 되고 있고 대형 슈퍼마켓이 소형 식료품 가게를 위협하고 있다. 미국에서는 여러 주에서 조정(riverboat)도박이 전통적인 경마도박을 위협하고 있다. 호텔 객실은 펜션이나 텐트야영장이 대체재가 되기도 한다.

4) 공급자 위협

공급자들은 공급품의 가격을 올리거나 공급품의 품질을 저하시킴으로써 이들 제품을 사용하는 기업의 성과에 위협을 가할 수 있다. 이와 같은 이유로 인해 호텔·관광산업 내 평균 이상이 수익은 공급자에게 이전될 수 있다. 2000년 이전까지 국적항공기를 이용하여 해외여행패키지를 만드는 한국의 여행도매업자는 항공권 가격 및 좌석 여부에 따라 상품형성의 성공이 좌지우지되었다. 2000년 이후 서울도심의 특급호텔은 비즈니스 고객 및 FIT의 증가로 여행사를 통한 객실판매를 축소하기 시작하였고 그 결과 여행사들의 매출 하락에 영향을 미치는 결과를 가져왔다.

높은 수준의 위협을 가져올 수 있는 공급자 위협의 속성들은 <표 4.2>에 나타나 있다.

〈표 4.2〉 호텔·관광산업내 공급자 위협의 지표

1. 공급자의 산업이 소수의 기업에 의해 지배된다.
2. 공급자들이 독특하고 차별화된 제품을 판매하고 있다.
3. 공급자들이 대체재에 의해 위협을 받지 않고 있다.
4. 공급자들이 전방수직통합 위협을 가하고 있다.
5. 제품을 공급하는 기업이 공급자에게 중요한 고객이 아니다.

5) 구매자 위협

다섯째 환경위협 요인은 구매자인 고객이다. 공급자들은 기업의 비용을 증가시키는 역할을 하는 반면, 고객들은 기업의 수입을 줄이는 역할을 한다. 고객의 영향력이 클수록 산업내 기업의 수익성은 더 크게 위협받는다. 고객위협에 대한 주요지표들은 <표 4.3>에 나타나 있다. <표 4.3>의 3번과 같은 상황에서 고객들은 공급가격에 매우 민감해지며, 후방 수직통합 등과 같은 더 값싼 대안을 항상 모색하게 된다. 예를 들면 항공수송 서비스의 고객인 우정사업본부가 해외 우편배달 서비스 업무를 실행하기 위해 자체적으로 제트 비행기를 구입하는 것을 고려한다고 가정하고, 이 진출계획이 실현된다면 우정사업본부에 그들의 서비스를 전통적으로 판매해 오던 항공사들에게는 위협이 될 것이다.

〈표 4.3〉 호텔·관광산업내 고객위협의 지표

1. 고객의 수가 적다.
2. 고객들에게 판매되는 제품이 차별적이지 않고 표준화되어 있다.
3. 고객들에게 판매되는 제품이 고객이 생산하는 최종제품 비용에서 상당한 비중을 차지한다.
4. 고객들이 충분한 경제적 이익을 얻지 못하고 있다.
5. 고객들이 후방 수직통합을 계획하고 있다.

제2절　환경의 기회요인 평가

1. 기회로서의 환경위협

앞 절에서 본 Porter의 5요인 모형이 기업이 직면하게 되는 중요한 위협요인을 기술하고 있으나, 이 모형은 기회를 기술하는 데에도 사용될 수 있다. 어떤 의미에서는 위협요인은 기회이기도 하다. 즉 위협을 중화할 수 있는 전략을 선택할 수 있는 기회이기도 하다. 5요인과 관련된 중요한 위협중화 기회는 <표 4.4>에 나타나 있다.

〈표 4.4〉 기회로서의 위협

위협	위협을 중화할 수 있는 기회
진입위협	진입장벽의 구축: 진입저지를 위해 규모의 경제를 실현하고, 제품을 차별화하며, 절대적 비용을 절감하고, 의도적으로 진입을 방해하며, 정부의 진입규제 정책을 활용함.
경쟁위협	가격 이외의 차원을 가지고 경쟁: 저원가, 제품차별화, 협력, 다각화
대체재 위협	대체재를 능가하도록 제품매력도를 개선: 저원가, 제품차별화, 협력, 다각화
공급자 위협	공급자의 특이성을 감소시킴: 후방 수직통합, 2차 기반의 개발
고객위협	고객 특이성을 감소시킴: 전방 수직통합, 제품차별화, 다른 고객의 탐색

* Barney(2000), 권구혁·신진교 역, p.112.

1) 진입위협의 중화

진입위협과 관련된 일차적인 기회는 진입장벽의 구축이다. 기업들은 규모의 경제, 제품차별화, 절대적 비용절감, 의도적 진입방해 실시, 진입저지를 위한 정부정책 등을 활용하여 진입장벽을 구축할 수 있다. 이러한 장벽구축의 성공 여부는 잠재적 진입기업들의 진입비용을 얼마나 증가시킬 수 있는가에 달려 있으며, 진입장벽을 구축하기 위한 비용은 진입저지를 통해 얻을 수 있는 이익보다 적어야 한다. 호텔·관광산업에는 비교적 진입위협이 심한 업종이 많다고 한다.

2) 경쟁위협의 중화

기업들은 더 낮은 원가(원가우위)나 제품에 대한 독특한 특성(제품차별화)에 기반하여 경쟁을 할 수 있다. 또한 기업들은 경쟁기업과 협력할 수도 있다(암묵적 담합이나 전략적 제휴). 마지막으로 기업들은 그들이 운영하고 있는 여러 사업영역을 활용하여 경쟁을 할 수도 있다(다각화). 이러한 전략들은 가격에 기반한 경쟁을, 다른 차원에 기반한 경쟁으로 옮기려는 기업들의 노력을 나타낸 것이다.

패스트푸드산업은 수년 동안 제품차별화 전략의 실행을 통해 높은 경쟁과 가격경쟁을 회피한 대표적인 산업이다. 여러 패스트푸드 기업들은 각각 그들의 세분시장을 달리하여 마케팅 노력을 기울이고 있다. 예를 들면 맥도널드는 어린이시장, Jack in the Box

는 성인시장, 타코 벨은 멕시코 음식시장, 켄터키 후라이드 치킨은 닭고기 시장 등에 그들의 마케팅노력을 집중시키고 있다. 그러나 경쟁감소전략으로서의 제품차별화는 패스트푸드산업에서 와해되었고 격렬한 가격경쟁상황으로 바뀌지고 있다. 이 산업은 벨류 밀(value meal), 소프트드링크 무료 제공, 세일항목, 낮은 음식가격 등으로 인해 경쟁수준이 매우 증가하고 있다.

3) 대체재 위협의 중화

경쟁위협을 줄일 수 있는 전략은 대체재 위협을 줄일 수 있는 전략에도 사용될 수 있다. 대체재 위협을 받는 기업은 제품의 원가절감(저원가), 품질 또는 성능의 개선(제품차별화), 조인트벤처나 전략적 제휴를 통한 대체재 제조기업과의 협력 또는 다각화를 통한 직접적인 대체재 생산 등을 할 수 있다. 대체재가 상당한 위협이 될 때에는 다각화가 매우 매력적인 대안이 된다.

4) 공급자 위협의 중화

공급자들의 수가 적을 때, 공급자들은 기업에 대한 위협으로 작용한다. 공급자 위협을 중화시키는 방법 중 가장 일반적인 것은 공급자의 특이성(uniqueness)을 줄이는 것이다. 이에는 기업이 후방수직통합을 하여 스스로가 공급자가 될 때, 공급자 위협은 줄어들 수 있다. 후방수직통합은 공급자 위협을 직접적으로 줄일 뿐만 아니라 산업 내 공급자의 수를 증가시킨다. 공급자의 영향력을 줄일 수 있는 또 다른 방법은 기업이 핵심공급품에 대해 2차적 소스를 라이슨싱 해주는 것이다.

5) 고객위협의 증가

고객의 수가 적을 경우에도 고객은 위협요인이 된다. 여기서도 고객위협을 줄이기 위한 일반적인 방법은 고객의 특이성을 줄이는 것이다. 이러한 방법은 구체적으로 전방수직통합(자신이 고객이 됨), 제품차별화(자신의 제품을 독특하게 함), 그리고 다른 고객을 찾는 일(소수의 고객에 대한 의존성을 줄임) 등이 있다.

2. 산업환경에서의 기회

구조-행동-성과 모형의 논리에 비추어 볼 때, 평균 이상의 경제적 성과를 창출할 수 있는 환경기회를 찾기 위해 산업의 구조적 특성을 파악하는 것은 당연한 일이다. Porter(1980)는 기업이 속해 있는 산업특성에 따라 기업이 활용할 수 있는 기회는 다르다고 주장하고 있다. 그는 <표 4.5>에서 보는 바와 같이 5개의 산업에서 우수한 성과를 창출할 수 있는 기회에 대해 연구하였다.

〈표 4.5〉 산업구조와 환경기회

산업구조	기회
분절산업	통합: 새로운 규모의 경제의 발견, 소유구조의 변경
신생산업	선점우위: 기술적 리더십, 전략적으로 가치 있는 자산의 선매취득, 고객전환비용의 창출
성숙산업	제품개선, 서비스 질에 대한 투자, 공정혁신
쇠퇴산업	리더십전략, 틈새전략, 추수전략, 퇴출전략
국제산업	다국적 조직, 글로벌 조직

* Barney(2000), 전게 역서, p.117.

1) 분절산업에서의 기회 : 통합

분절산업(fragemented industries)은 많은 중소규모의 기업들이 사업활동을 하고 있는 산업이며, 또한 소수의 기업이 지배적인 시장점유를 하거나 지배적인 기술을 개발하지 못하는 산업이다. 대부분의 서비스산업, 소매산업 등이 이에 속한다.

분절산업에는 진입장벽이 거의 없기 때문에 많은 중소기업들의 진입이 촉진된다. 또한 분절산업에는 규모의 경제가 거의 없고 오히려 어느 정도의 규모의 비경제가 존재하기 때문에 많은 기업이 규모를 작게 유지하려고 한다. 그리고 이 산업에서는 품질을 확보하고 도난의 손실을 극소화하기 위해 지역 극장이나 지역 레스토랑과 같이 기업에 대한 현장에서의 긴밀한 통제의 필요성이 존재한다.

분절산업에 속해 있는 기업들이 기회를 창출하는 방법 중 하나는 산업을 더 적은 기업군으로 통합하는 전략을 실행하는 것이다. 다양한 프랜차이즈 체인은 이 산업에 속한다.

2) 신생산업에서의 기회 : 선점우위

신생산업(emerging industries)은 기술혁신, 수요변화, 새로운 고객욕구의 발생 등으로 인해 새롭게 만들어지거나 재구성된 산업이다. 신생산업에 있는 기업들은 특수한 기회에 직면하게 되는데 이러한 기회를 어떻게 활용하느냐에 따라 기업성과가 결정된다.

이 산업에 있는 기업이 직면하게 되는 기회는 대체로 '선점우위'라는 범주에 포함된다. 선점우위는 산업발전의 초기에 중요한 전략적, 기술적 의사결정을 한 기업이 가질수 있는 이점이다. 신생산업에서는 경쟁과 성공에 요구되는 게임룰과 표준 업무절차가아직 개발되어 있지 않다. 따라서 선점기업은 자신들에게 유리한 게임룰과 산업구조를 설정할 수 있다는 이점이 있다. 예를 들어 월마트는 경쟁사가 진입하기 전 중소도시에 할인점을 밀, 옥수수, 연맥, 밀기울, 설탕 등의 모든 가능한 배합으로 그들의 제품라인에 포함시킴으로써 진입저지를 통한 선점우위를 누리고 있다.

3) 성숙산업에서의 기회 : 제품개선, 서비스, 공정혁신

신생산업은 종종 산업 내 게임의 룰을 급속하게 변화시키는 신제품이나 신기술의 출현에 의해 형성된다. 그러나 시간이 지나면서 새로운 기업경영방식은 광범위하게 알려지게 되며 기술은 경쟁사에 의해 급속히 확산되고 신제품과 신기술의 혁신율은 감소된다. 이러한 결과로 인해 산업은 성숙단계에 접어들게 된다.

성숙단계에 있는 대표적인 산업은 패스트푸드 산업이다. 사실 맥도널드는 현 점포의 매출을 저해하지 않는 새로운 점포의 위치를 발견하는데 어려움을 겪기 시작하고 있다. 1960년대 이래 급속한 성장을 기록하였던 맥도널드는 1990년대 초반에 처음으로 영업이익의 감소를 경험하였고 이후로 치열한 기업 간 경쟁이 전개되었다.

성숙산업에서 기업의 기회는 신생산업에서의 신기술 및 신제품 개발에서 벗어나 기존제품의 개선, 서비스의 질 개선, 제조원가의 절감 그리고 공정혁신을 통한 품질개선등을 강조하는 데 있다.

4) 쇠퇴산업에서의 기회 : 리더십전략, 틈새전략, 추수전략, 퇴출전략

쇠퇴산업은 상당기간 동안 매출 감소를 경험하고 있는 산업이다. 쇠퇴산업에 속해 있는 기업은 기회보다는 위협이 많다. 쇠퇴산업에서는 경쟁이 치열하며 고객, 공급자, 그리고 대체재 위협이 높게 나타난다. 그러나 높은 위협에도 불구하고 기업이 인식·활용할 수 있는 기회 역시 존재한다. 이와 같은 쇠퇴산업에 속해 있는 기업이 직면하게 되는 주요한 전략적 대안으로는 리더십전략, 틈새시장전략, 추수전략, 퇴출전략 등이다.

5) 국제산업에서의 기회 : 다국적 전략, 글로벌 전략

21세기는 세계적인 범위에서 경쟁이 더욱 치열하게 전개되고 있다. 국가나 지역 범위의 산업(예, 뉴욕의 브로드웨이 공연)이 다른 도시(런던의 West End)로 옮겨졌으며 지역 여행사들이 이들 공연을 전세계에 알렸다. 국제경쟁은 산업 내 위협의 유형과 강도에 매우 큰 영향을 미치게 된다. 국제적 경쟁은 경쟁, 진입, 그리고 대체재 위협 등을 증가시킨다. 그러나 사업의 국제화는 기업에게 기회 역시 제공해준다. 국제적 경영을 하는 데 있어 기업이 해야 할 주요 의사결정은 다국적 전략(multinational strategy)으로 경쟁할 것인지, 아니면 글로벌 전략(global strategy)으로 경쟁할 것인지를 결정하는 것이다.

제3절 환경분석

1. 환경분석의 중요성

환경분석은 전략수립가가 환경요소 또는 환경의 특성을 이해함으로써 불확실성을 감소하는 과정이라고 정의할 수 있다. 경영자는 반드시 환경을 진단하고 변화의 주도요인을 파악하여 어떤 요인이 선제 기회를 포착하는데 유용한가를 판별할 수 있는 창의적 사고능력을 보유해야 한다. 미래의 예측은 환경이 어떻게 기회와 위협을 제공하는지 이해하는 능력이다. 변화를 일으키는 환경요소에 대한 지식을 필요로 하며, 미래에 대한 질문과 대답을 하며 시작된다.

질문에 답하기 위해 경영자들은 현재 당면해 있는 시계를 초월해 지각의 틀을 확장하여 생각할 수 있는 능력이 필요하며 단기 및 장기적인 전망에 관심을 가져야 한다.

관심의 집중은 당면한 현실이 아닌 미래여야 한다.

끓는 개구리 우화는 변화를 예상하고 그 변화를 관찰할 필요를 설명하는 좋은 예이다. 개구리를 물이 담긴 주전자에 넣고 끓이면 즉각적인 반응을 보이며 점프를 해 뛰쳐나올 것이라고 생각하지만 그렇지 않다. 개구리의 반응은 열을 가하여 끓이기 시작하면 미세한 변화에 적응할 것이며 물이 끓기 시작하기까지 동일한 점진적인 상황인식은 지속될 것이며, 물이 펄펄 끓게 되면 움직일 수조차 없게 되고 결국 환경변화에 대처하기에는 너무 늦어진다.

또한 미래지향적 사고로 전환의 필요성을 강조하는 백미러 예가 있다. 대부분의 운전자들은 주행할 때 백미러를 보면서 닥쳐올 위험을 생각하는 경우가 많지만 뒤쪽을 향한 주의산만은 특히 운전자가 앞으로 다가오는 신속한 변화의 예상을 필요로 할 때 사고를 일으키는 위험이 있다.

경쟁이 점점 격화되는 환경에서 성공하려면 경영자들은 반드시 미래에 대해 과거와는 다르게 사고할 필요가 있고 고루한 과거 사고방식에서 탈피해야 한다. 또한 지적자본 향상에 투자하여 새로운 기술을 연마하는 미래지향적인 철학을 개발해야 한다.

2. 환경의 차원

환경을 기술하는데 일반적으로 3가지 차원이 사용된다. 그것은 불확실성, 복잡성, 풍요함이다.

1) 불확실성과 역동성

불확실성은 환경에서 발생하는 변화의 정도와 변화의 속도다. 유동적인 환경에서 기업의 현금흐름의 변동폭은 많은 요인들에 심한 영향을 받는다. 이런 환경에서 경영자의 목표는 어떤 요인들이 변동폭에 영향을 미치는지를 파악하고 이해해야 한다.

<표 4.6>에서 보듯 불확실성의 정도는 안정과 불안정의 연속선상에 위치하며 세계화가 더욱 진행되면서 외부환경은 세계적으로 점점 불확실해지고 있지만, 필수적인 지각능력을 향상하고 변화를 주도하며 불확실성을 구성하는 변수들의 역할을 이해할 수 있으면 더욱 적절한 의사결정을 할 수 있다.

2) 복잡성과 단순성

복잡성은 수많은 서로 다른 변수들이 기업에게 미치는 영향이다. 경영자에게 도전거리를 제공하며 변수가 많을수록 더욱 복잡해진다. <표 4.6>에서 보는 바와 같이 경영환경에는 수많은 잠재변수들이 존재한다. 각 경쟁시장은 고유한 변수들로 구성되는데 이러한 상황은 경영자에게 훨씬 완벽한 경영환경에 대한 이해를 요구한다.

3) 풍요함과 인색함

풍요함은 특정산업에 존재하는 성장가능성의 정도를 말한다. 환경이 풍족하지 못할수록 실수를 더욱 용납하지 않는 환경이 된다. 경영자는 각 차원을 구성하는 모든 변수들에 의해 존재하는 인과관계의 이해능력을 향상시킬 수 있는 사고과정을 활용해야 한다. 또한 지각능력의 확장을 요구한다. 그러므로 경영자들은 호텔·관광산업의 운영상 기본적 지식뿐만 아니라 반드시 개인적인 사고과정과 창의성도 성장할 것을 요구한다.

〈표 4.6〉 불확실성과 복잡성의 환경차원을 구성하는 변수들

불확실성 차원	복잡성 차원
• 공급자와 경쟁사의 가격 • 노동인력의 수요와 비용 • 상품과 서비스의 수요곡선 • 자본비용(자본의 유용성) • 금융기회 • 경쟁사가 사용하는 경쟁수단 • 시장에서 법제정자의 행위 • 새로운 상품의 출시 • 경쟁시장에서 새로운 경쟁사의 출현 • 세법 • 상품의 질에 대한 기대수준 • 기술 • 원재료 비용 • 전반적 경제상황 • 부동산의 가치 • 안전과 보안 • 변하는 노동인력의 속성	• 공급자의 수와 종류 • 공급자의 지리적 분포 • 노동인력의 분포 • 경쟁브랜드의 수 • 시장에 영향을 미치는 정치적 단체의 수 • 위험을 초래하는 경제적 변수 • 고객 집중도 • 잠재적 목표시장의 수 • 사회적／문화적 다변화의 정도 • 경쟁시장에서 사업주체들의 종류와 규모 • 잠재적인 상품과 서비스의 대체품 • 서비스 전달과정에서 단계의 수 • 사업부 간의 독립성

3. 환경의 분류

환경을 어떻게 분류할 것인가 하는 점에 있어서 일반적으로 과업환경, 산업 및 경쟁환경, 일반환경, 기능별 환경의 네 가지 요소로 나누고 있다.

1) 과업환경

과업환경(task environment)이란 기업의 목표설정과 목표달성에 잠재적 연관성이 있는 환경을 의미한다. 과업환경은 기업이 일상적인 업무를 수행해나가는 환경으로 개별 기업마다 특유한 성격을 띠고 있다. 구체적으로 과업환경은 소비자, 공급자, 법제정자와 경쟁자로 구성되어 있으며, 일반적으로 경영자들의 일상 활동의 주된 관심사다. 예를 들어, 미국은 1960년대부터 환경보호에 대한 관심이 증가되었는데, 버지니아주에 위치한 Wintergreen Resort의 경영진은 환경에 대한 집중이 그들에게 경쟁우위를 제공하므로 미래에 예상되는 입법제정을 반영하였다. 거시환경을 평가하고 과업환경과의 가능한 인과관계를 결정하여 환경친화적인 개발정책으로 경쟁시장에서 경쟁우위를 차지할 수 있었다.

2) 산업 및 경쟁환경

산업 및 경쟁환경(industry and competitive environment)은 기업과 그 기업의 경쟁기업을 포함하는 산업을 의미한다. 산업 및 경쟁환경은 대부분의 경쟁기업들이 공유하는 환경으로 과업환경보다 넓은 의미의 환경이다. 이 환경도 기업의 목표달성과 성과달성에 영향을 준다. 산업 및 경쟁환경은 경쟁기업들의 행동에 의해서 변화되며, 이에 따라 기업의 상대적 지위(예컨대 시장점유율)에 영향을 주게 된다.

3) 거시환경

거시환경(general environment)은 경제적, 정치적, 사회문화적, 기술적, 생태적 요소 다섯 가지로 구성된다. 각 요소에는 궁극적으로 변화를 추진하고 기업에 기회와 위협을 제공하는 수많은 변수들이 포함된다. 여기서 각 변수에서 발생하는 행위들은 잠재적 변화를 반영한다는 사실을 아는 것이 매우 중요하다.

경영자에게 부여된 과제는 거시환경에서 발생하는 행위들이 어떻게 기업에 영향을 미치며, 그 영향이 미치는 시간과 영향의 정도를 결정하는 것이다. 미국의 환경보호에 대한 관심 증가 동향은 거시환경의 여러 요소에서 발생하는 행위를 반영한 것이었다. 전 세대는 환경보호의 필요에 관심이 집중되는 사회문화적 변화에 의해 영향을 받았다. 많은 지방정부와 중앙정부의 법들은 이 변화에 의해 영향을 받았고 기업들은 쾌적한 환경에 대한 책임을 흔쾌히 수락했다. 이것이 일부 호텔·관광기업에게는 전략적 기회로 파악이 되었는데, Wintergreen Resort의 경영진은 떠오르는 중요한 동향을 바탕으로 리조트 호텔을 개발하는 기회를 포착했다. 이러한 기회를 파악하기 위해 Wintergreen은 사업영역을 매우 광범위하게 인식했을 뿐만 아니라 주의 깊게 관찰하고 사업영역 내에서의 환경보호에 대한 책임을 인식하고 행동했다. 다년간에 걸쳐 거대한 리조트를 개발하기 위해 일찍이 개발된 생태학적인 정신자세로 무장하기를 관리자들에게 요구하고, 잠재적 영향평가 후, 환경친화적인 의도를 수행하기 위해 실행과정과 자산에 조심스럽게 투자했다.

〈표 4.7〉 거시환경의 주요 변수들

사회/문화적	경제적	기술적	정치적	생태적
인구통계학적	국내총생산	통신시스템	정부	환경자원
문화/언어	부의 분포	교통	법률	수질
심리통계학적	통화/재정정책	안전과 보안	규칙	공해
사회적 변화	자본시장	식품/영양/포장	로비	환경유지보수
대중의 의견	세금과 관세	컴퓨터	입법	환경보전
교육	무역과 산업정책	소프트웨어		
국수주의	인력시장	에너지		
		건축		
		설계와 디자인		

4) 기능별 환경(functional environment)

기능별 환경은 재무관리, 마케팅, 인사관리, 운영, 경영관리 및 연구개발을 포함하는 대부분의 기업들이 일반적으로 수행하는 핵심활동이다. 비록 이 활동들은 보통 기업 내에서 경영진에 의해 수행되지만 평가해야 할 중요한 환경분야를 상징하고 있는데, 일개 특정기능의 개발은 기업에게 그 기능분야에서의 경쟁우위를 제공한다.

제4절 환경진단

실제적으로 효과적인 환경진단 과정을 개발해야 하는 중요성은 변화의 주도요인, 전략선택과 기업구조 사이에 상호일치의 원칙을 달성하는데 핵심이 된다. 효과적인 경영전략의 첫 단계는 떠오르는 변화의 주도 요인들을 파악하고 미래 경쟁에 필수적인 경쟁수단들을 선택하는 것이다.

환경진단과정의 목표는 기업의 사업영역에서 변화를 주도하는 핵심요인들을 성공적으로 파악하는 것이고, 경영자들은 환경에 대한 넓은 인식을 갖기 위하여 반드시 개인 및 조직적 진단시스템을 수립해야 한다. 진단시스템은 반드시 각 요인, 요인을 구성하는 변수들, 변수 사이의 상호관계들을 파악하고, 인과관계를 시사하고, 요인들의 발전과정에 수반되는 과정과 시간을 결정해야 한다.

변화를 주도하는 요인들을 파악할 때 경영자는 수많은 출처에서 수집되는 정보를 통합해야 하며 각 정보출처의 공헌도를 평가할 때 각 출처 간의 정보의 유사성을 감지해야 한다. 유사점들이 통합되면 더욱 자세히 분석되어야 하고 관찰이 필요한 변화의 형태를 제시할 수 있어야 한다. 떠오르는 변화의 형태들이 개발되어지는가를 관찰한 것이 <그림 4.3>이다. 경영전략과정을 통해 성공을 성취하려면 경영자들은 반드시 환경진단시스템(environmental scanning system)을 구축하여야 한다.

환경진단은 장기적인 과정이다. 진단은 경영전략 과정에서 중요한 역할을 하는 다양한 분야의 경영자들에 의해 반드시 지속적으로 행해져야 한다. 요약하면 진단은 격동적인 환경에서 새로운 기회를 창출할 수 있는 강한 지적능력을 요구하고 있으며, 이런 능력은 각 요인과 이들이 일으키는 인과관계에 대한 꾸준한 평가를 포함하는 지속적인 진단프로그램에 의해서만이 구축될 수 있다. 진단과정의 수행은 동태적이고 복잡한 세계에서 어려운 과제지만 그러나 핵심적인 것이다. 미래를 위한 기회들이 파악되면 경영진은 반드시 기업에 큰 가치를 제공할 수 있는 경쟁수단에 대한 투자를 실행해야 한다. <표 4.8>은 시스템을 구축하는 데 필수적인 요소들을 보여주고 있다.

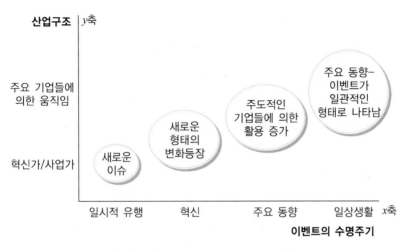

〈그림 4.3〉 환경 속에서 요인들의 파악

〈표 4.8〉 환경진단시스템의 수립

환경진단시스템 구축 순서
1. 영역의 정의의 수립
2. 기업구조 분석
3. 정보욕구의 결정–질적 및 양적
4. 정보매체의 결정
5. 정보출처의 파악
6. 진단활동의 선택–주기적 및 비주기적
7. 분석 및 종합과정의 결정
8. 정보의 공유, 피드백과 평가

1. 영역의 정의

영역을 정의(domain definition)하는 과업은 효과적인 환경진단시스템을 구축하는 과정의 첫 단계이다. 기업의 영역은 기업이 존재하며 기능하고 있는 환경을 말한다.

1) 영역의 구성요소(elements of the domain)

<표 4.9>는 경영자들이 가장 적절한 영역의 정의를 수립하는 데 이용되는 중요한 판단기준이 포함되어 있다. 첫째 고려사항은 지리적 시장인데, 호텔·관광기업이 주기적으로 경쟁하는 지역의 경계를 정의한다. 어떤 호텔·관광기업들은 세계적인 명성을 보유하고 있는데, 즉 전세계 모든 지역에서 경쟁하고 있다.

영역의 두 번째 요소는 산업의 세분시장이며, 기업에 의해 사용되는 경쟁수단에 의해 정의된다. 경쟁수단들은 기업이 경쟁을 위해서 사용하는 상품과 서비스 속성들의 조합으로 구성되어 있다. 오늘날과 같은 급변하는 환경에서 기업들은 경쟁시장에서 새로운 속성을 가진 상품과 서비스를 출시하는 것처럼 새로운 경쟁수단을 개발하거나 낡은 경쟁수단에 재활력을 제공하는 역할을 한다. 주요 경쟁사는 직접적, 간접적인 경쟁사를 말하며, 목표시장의 주요 특성에 따라서 시장세분화 변수들을 활용할 수가 있다.

영역의 요소 가운데 마지막 항목은 목표시장의 주요 특성이며 현재 가장 변화가 심한 요소이다. 이 주요 특성들을 사용한 영역 정의는 변하고 있는데, 그 이유는 혁신적인 기술의 등장과 소비자들이 점점 개인적 취향을 요구하고 있다는 사실 때문이다. 그러므로 기업들은 데이터베이스 마케팅전략을 이용하여 새로운 고객의 욕구를 충족하게 되었고 마케팅의 전통적 사고방식이 변화하였다.

〈표 4.9〉 영역 정의의 설정기준

영역의 요소	• 지리적 시장 • 상품과 서비스의 속성 조합으로 구성된 경쟁수단들에 의한 세분시장 • 주요 경쟁사 • 목표시장의 주요 특성	
산업구조	• 기존 경쟁사 • 대체재 • 소비자	• 잠재적 경쟁사 • 공급자
상호관계의 결정	• 공급자와 경쟁사들과의 관계 • 서로 다른 환경 간의 관계 • 주요 및 2차의 경쟁 관계(계층적)	

2) 산업구조(industry structure)

산업구조는 경쟁사, 공급자, 소비자와 대체상품 사이에 존재하는 관계들을 바탕으로 구성되어 있다. 경영자들은 각 요소에서 개발되고 있는 동향들을 관찰해야 하고 요소와 요소 간의 관계와 요소들 사이의 관계에 존재하는 인과관계를 파악할 수 있는 상당한 수준의 지식을 보유해야 한다는 것을 암시하고 있다. 이 요소들을 관찰하는 진단시스템은 기업의 사업영역에서 발생하는 행위들을 관찰하는 데 효과적인 도구가 될 수 있다.

산업구조의 각 요소들을 살펴볼 때 경영자는 관찰해야 할 많은 변수가 존재한다는 것을 알 수 있다. 공급자를 관찰할 때 생산자에 대한 집중 정도를 파악하는 것은 중요한 일이다. 기업의 환경영역에서 공급자가 권력을 보유할 수 있듯이 소비자도 권력을 가지며, 대체상품의 위협은 산업구조모형의 중요한 부분이다.

산업환경의 모든 요소들 사이의 상호관계를 파악할 수 있는 능력은 핵심적이며, 경쟁사, 공급자와 잠재적 경쟁사로서의 고객 등을 이해하는 데 반드시 많은 시간과 노력을 기울여야 한다는 것을 암시하고 있다. 진단시스템을 효과적으로 운영하기 위해서는 반드시 해당 산업의 복잡한 본질을 반영해야 한다.

3) 상호의존관계의 결정(determining interdependencies)

기업의 사업영역을 정의하는 과정에서 경영진은 단지 변화를 위해 관찰되는 요소들을 파악하는 이상의 행위를 수행해야 한다. 공급자와 경쟁사들과의 관계는 어떠하며, 서로 다른 환경 분류 사이의 관계도 고려해야 한다. 또한 주요한 경쟁관계 그리고 2차적 즉 간접적 경쟁관계를 고려해서 상호의존관계를 파악해야 한다. 사업영역의 모든 요소 사이에 존재하는 인과관계들을 정의하는 노력을 해야 하며, 이런 인과관계들은 모든 요소 사이에 존재하는 가장 중요한 상호의존관계를 파악하는 데 도움이 된다. 그러므로 각 요소와 요소들 사이의 상호의존관계 파악을 위한 진단시스템의 구축은 아주 중요하다.

2. 기업구조 분석

기업들은 그들의 목표를 달성하기 위해 경영자원을 배분하는 시스템을 보유해야 하며, 이 시스템은 기업의 구조(organizational structure)라고 호칭된다. 환경진단은 기업구조와 일치되어야 하는 데 경영자원은 반드시 이 중요한 경영활동에 배분되어져야 하기 때문이다. 기업구조를 고려할 때 경영진은 환경진단과정이 최고책임경영자, 간부진, 혹은 다른 팀에 의해 수행되어져야 하는지의 여부를 결정해야 한다. 지난 연구에서 여러 관계들을 평가하는 과정에서 기업의 세계적인 측면에서의 활동범위와 환경진단 팀의 구조에는 긍정적인 관계가 존재한다는 사실을 발견했는데, 이런 사실은 기업규모가 크면 클수록 환경진단과정은 더욱 복잡해지고 있다는 것을 입증하고 있다. 환경진단 부서의 구조를 결정하는 데 경영진의 또 다른 중요한 사안은 전략적 의사결정을 하는 상황에서 환경진단 팀의 전반적 역할에 관한 것이다.

전략적 역할은 거시환경과 과업환경을 통찰하고 기업의 전사적 및 사업부 수준의 의사결정을 통합하는 것이라고 정의할 수 있다. 기능적 역할은 일개 혹은 모든 경영기능에 영향을 미치는 요인들을 평가하는 것이라고 말할 수 있다. 경영진이 다루어야 할 구조에 대한 마지막 사안은 환경진단과정의 공식화이다. 공식화는 진단과정에 수반되는 규칙, 절차, 시스템 및 대화경로 등에 대한 문서화의 정도라고 말할 수 있다. 효과적인 환경진단 부서의 개발은 반드시 기업의 필요를 충족할 수 있어야 하는데, 이 행위에는 궁극적으로 기업에게 가치를 가져다주어야 하는 자원을 요구한다. 여기서 만들어지는 결정은 경영환경에서 성공적으로 신호를 수집하고 이 신호와 기업의 전략과의 관계에서의 의미를 해석하는 데에 있어서의 성공 여부를 결정하게 될 것이다.

3. 정보욕구의 결정

기업이 필요로 하는 정보를 결정하는 정보욕구의 결정(determining information needs)의 첫 단계는 기업이 경쟁해야 하는 사업영역을 정의하는 과정이다. 이것이 수립되면 정보에 대한 욕구는 일반적으로 질적(qualitative), 양적(quantitative), 인적 관계와 비인적 관계의 세 가지 분야로 분류될 수 있다.

질적 정보는 잡지, 서적, 과학논문 등의 다양한 출처를 탐구해서 수집되는 지각적 정보라고 말할 수 있으며, 이런 정보는 확실한 자료가 충분하지 않은 좀더 주관적인 정보이다. 질적 및 양적 정보 모두는 인적 관계 혹은 비인적 관계의 출처에서 수집된다. 인적 관계 출처는 동료, 공급자와 친구를 말하며, 비인적 관계 출처는 이차적인 출처인

출판된 정보를 말한다.

오늘과 같은 정보홍수의 시대에 이러한 요구에 부응할 수 있는 능력을 개발하는 데 도움을 줄 수 있는 한 가지 방법은 지식체계라고 불리는 개념을 사용하는 것이다. 이 개념은 산업영역의 주제에 대한 모든 유용한 정보라고 정의할 수 있으며, 과학적 연구의 결과와 이를 실제로 구체적인 산업의 문제와 사안에 적용하는 것을 포함한다. 또 전략경영자의 가장 중요한 책임은 환경진단과정에서 반드시 탐색해야 할 지식체계를 올바로 이해하는 것이며, 지식체계 내의 가장 중요한 정보출처를 파악하는 시도는 반드시 지속적으로 수행되어야 한다. 정보에 대해 확실한 사실은 전략적 의사결정을 지원할 수 있는 지식체계는 꾸준히 확대된 것이라는 점이며, 정보경영자로서의 능력을 경영자에게 요구하고 있다. 경영자들은 복잡한 환경을 경영하는 데 이런 정보를 이용해야 한다.

4. 정보매체의 결정

적절한 환경진단 부서의 구조와 정보욕구를 결정하는 것이 중요한 것처럼 핵심적인 정보를 제공하기 위해 사용될 정보매체를 결정(determining the information medium)하는 것도 매우 중요하다. 가장 흔한 매체는 개인과 개인 간의 대면을 통한 교류(face-to-face personal interaction)이다.

대인적 및 비대인적인 문서형식의 매체는 꾸준히 중요한 매체가 되고 있다. 경영자는 이런 매체를 통해 전달되는 정보가 점점 증가함에 따라 이들을 다루어야 할 시간이 상대적으로 부족한 상황에 직면하게 될 것이다. 여기서 중요한 것은 경영자는 최신 기술에 능통하고 최신 기술에 의해 제공되는 유용한 정보를 분석하고 해석할 수 있는 능력을 보유해야 한다는 사실이다. 전자매체는 정보의 교환기능을 장악하게 될 것이며, 이것이 정보전송에서 가장 주요한 역할이 전자상거래의 영역으로 확대될 것이다. 호텔·관광산업에서 전자매체는 상품판매에 가장 유용한 매체가 되고 있다.

5. 정보출처의 파악

정보출처(sources information)를 파악하는 첫 단계는 경영자가 찾고자 하는 정보의 지식체계를 결정하는 것이다. 지식체계는 기업의 사업영역과 관련된 분야에서 축적된 지식의 총집합체라고 정의할 수 있다.

경영자는 반드시 산업 내에 존재하는 정보와 연구자들의 연구결과에 의존해야 한다. 정보출처를 선택할 때 경영자의 주요 관심사는 타당성과 신뢰성이다. 타당성은 제공된 정보가 다양한 상황에서 일관성을 유지하고 있는가를 검증하는 것이고 신뢰성은 시간이 경과됨에 따른 정보의 정확도와 일관성의 여부를 말한다.

인터넷 출처를 통한 정보의 가장 큰 장점은 하이퍼텍스트와 하이퍼미디어를 사용하여 광범위하고 다양한 영역에서 막대한 양의 정보를 수집할 수 있는 능력이다. 정보탐색자를 원하는 출처로 인도하는 인터넷 홈페이지가 다양한데, 이런 형식의 지식탐색의 장점은 다양한 영역에서의 지식을 결합할 수 있는 능력이다. 여기서 정보는 사용자가 정한 주기별로 갱신되며, 정보출처가 파악되면 사용자에 의해 관리된다. 경영자들은 모든 정보출처를 주기적으로 검토해야 한다. 이에 기업은 구축된 진단시스템의 일부분으로 사용되는 정보출처의 주기적 감사를 수행하고 있다.

6. 진단활동의 선택(Choosing Scanning Activities)

경영의 다른 직무처럼 진단은 우선순위, 시점, 능력, 보상과 피드백의 기능이고 상호 일치의 원칙의 가치를 인식한 것을 반영한 것이며 강한 지각 및 인지능력 없이는 효과적으로 수행될 수 없다. 진단활동은 크게 무형적, 반응적, 비주기적, 주기적, 전향적 등 다섯 가지 방법으로 분류될 수 있다.

무형적 진단활동은 명확히 위험한 진단방법이다. 이 방법은 일반적으로 요청되지 않은 상태에서 전해지는 정보에 의존한다. 오늘날과 같은 동태적인 환경에서는 비효율적이다. 대부분의 경영자들은 아마도 반응적인 방법에 익숙할 것이다. 경영자들은 대부분 주어지는 정보에 반응하고 응답한다. 이 방법을 이용하는 경영자는 거시환경에서 개발되고 있는 변화의 요인을 평가하는 데 거의 시간을 투자하지 않는다.

경영자들은 또한 자주 비주기적인 진단방법을 사용하는데, 어떤 문제점에 당면하거나 기회 분석시에 이 방법을 적용한다. 그렇지만 시간은 부족하고 정보의 양은 많다는 공통적인 문제점을 지니고 있다.

주기적인 진단은 일정한 구조를 제공하며 기업구조는 가장 효과적인 정보의 전달과 핵심관리자와의 정보공유시스템을 제공한다. 전향적인 방법은 진단과정의 주기와 구조를 개발함으로써 촉진된다. 기업은 진단과정에서 파악된 떠오르는 환경변화 요인들, 즉 거시, 과업 및 기능별 환경 등에서 파악된 환경변화 요인을 진단하여야 한다.

경영자는 독자적인 양식을 사용하여 환경진단을 수행할 수 있고, 이 과정은 반드시 주기적으로 행해져야 한다. 주기적 방법과 전향적 방법의 단순한 차이점은 진단팀에 의해 활용되는 사고의 틀이다. 정보는 주기적으로 수집될 수 있다. 하지만 오직 미래지향적인 경영자만이 이 정보를 전략계획 과정에 사용할 수 있다.

경영진은 어떻게 각 환경분야를 진단할 것인가와 어떤 방법으로 진단할 것인지를 결정한 다음 소요되는 자원을 배분하여야 한다.

7. 분석과 종합과정

다양한 출처에서 수집된 정보를 해석하는데 두 가지 유용한 도구는 내용분석과 개념지도이다. 이 중 자료정리를 하기 위한 효과적인 방법은 내용분석이다. 내용분석은 탐색계획을 통하여 정보를 들여다보는 것이다. 분석단위로는 단어, 여러 단어의 혼합, 개념 혹은 주제 등이 있다. 탐색자는 모든 정보에서 분석단위가 나타나는 빈도를 파악한다. 해당 분석단위가 많이 보이면 보일수록 이 분석단위의 중요도가 증가되고 있다는 가정의 신뢰도가 증가된다.

1) 내용분석 과정

<그림 4.4>에 묘사된 환경요인의 개념지도는 내용분석 과정을 더욱 확장한 것이다. 일반적으로 내용분석과정은 단순히 출현빈도와 중요도를 바탕으로 주제를 분류하는 것이다. 주제에 대한 분류가 끝나면 다음 단계는 몇 개의 개념들로 구성되어 있는가를 파악하기 위해 주제들을 분석하는 것이다. 주제들이 파악되면 강도와 중요도를 판단하기 위해 빈도와 규모에 의해 평가되는데, 그림에 보이는 타원체의 크기에 의해 표현된다. 타원체가 클수록 지식체계에서 파악된 해당 주제들이 가장 빈도가 많은 것을 의미한다. 각 타원체는 탐색자가 수집된 엄청난 양의 정보를 분석하여 파악한 주제들의 종합을 상징한다.

또한 <그림 4.4>는 환경변화 요인이 어떻게 형상화되고 영향을 미치는 시점이 이해되는가를 기술하고 있다. 각 타원체에 속하는 하부 환경변화 요인들을 관찰함으로써 경영자는 오랫동안 다양한 인과관계의 결과에 의해 생성된 하부 환경변화 요인들의 발전과정을 파악하여 미래를 예측할 수 있다.

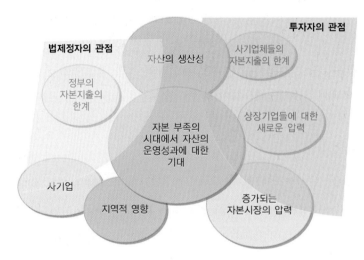

〈그림 4.4〉 환경요인의 개념지도

2) 매트릭스 분석(matrix analysis)

내용분석과 개념지도의 과정은 변화의 주도 요인들을 파악하는 데 효과적인 방법이며, 각 요인의 개발과정과 진화과정을 이해하는 데 도움이 되고 있다. 두 방법은 불확실성과 위험을 내포하며, 또한 기업과 기업환경 간에 발생하는 인과관계를 이해하는 데 도움을 준다. 그림은 요약 혹은 서술적인 매트릭스(matrix)이며, 이들은 다변량 매트릭스라 호칭되는 관계들을 이해하는데 도움이 된다. 기업에서는 기업에 영향을 미치는 논제에 대해 환경분석표를 작성해서 이를 분석한다.

환경분석표에는 예를 들면 정책자 환경에서 발생하는 환경변화 요인들에 관계된 기업과 경쟁사들의 포지션을 반영하는 환경분석표를 만들거나, 거시환경과 고객유형과의 관계를 분석하거나, 거시환경과 과업환경과의 관계를 나타내는 환경분석표를 작성해서 이를 분석한다.

8. 정보의 공유, 피드백 및 평가

진단과정의 마지막 단계는 적절한 시스템을 구축하여 전체 진단과정의 유효성을 공유하고, 피드백을 받고, 평가하는 것(information sharing, feedback, and evaluation)이다. 정보는 반드시 모든 수준에서 수집되고 교환되고 평가되어야 한다. 진단과정은 모든 구성원이 참가했을 때 가장 효과적이다. 그러므로 모든 조직단위에 적절한 수준의 진단과업에 대한 역할을 제공해야 한다. 진단과정에 구축된 훌륭한 경영정보시스템은 경영진에 의해 심사숙고되었던 인과관계에 대한 중요한 식견을 제공할 것이다. 정보의 공유, 피드백의 제공과 평가의 실행은 반드시 체계적으로 이루어져야 하며, 또한 모든 행위들은 구조화되고 경영회의의 주제가 되어야 한다.

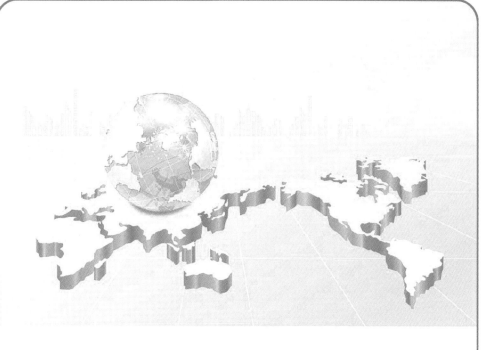

제5장 | 호텔·관광기업의 생산·운영관리

제1절 서비스 생산시스템과 운영관리

1. 서비스 생산시스템

서비스 생산시스템은 고객에게 보여지고, 고객에 의해서 경험되는 서비스 조직의 물리적인 환경부분이다. 서비스 생산시스템을 P. Eiglier와 E. Langeard는 servuction system이라고 명명하였는데 이는 service와 production의 결합어이다.

<그림 5.1>에서 보듯이 서비스 생산시스템은 고접촉 서비스(high-touch service)에서 고객경험을 형성하는 모든 상호작용을 나타낸다. 고객은 서비스를 대면하는 동안 서비스 환경, 서비스 직원, 심지어는 다른 고객과도 상호작용한다. 모든 상호작용은 가치를 창출시키기도 한다. 따라서 기업은 고객이 원하는 서비스를 경험하도록 모든 상호작용을 조화롭게 조정해야 한다.

서비스 생산시스템은 고객의 눈에 보이지 않은 기술적 핵심과 서비스 전달 시스템으로 구성되어 있다.

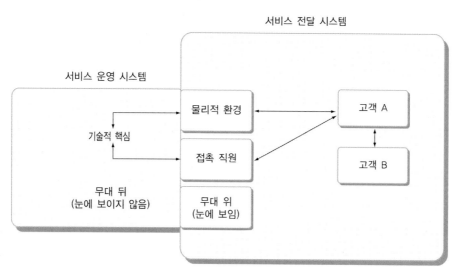

〈그림 5.1〉 서비스 생산시스템

1) 기술적 핵심(technical core)

이는 투입요소가 처리되고 서비스상품 요소가 창출되는 기술적 핵심을 의미한다. 이 기술적 핵심은 대체로 무대 뒤(후방, back stage)에 있으며 고객에게 보여주는 것은 아니다(예, 식당의 주방). 극장처럼 눈에 보이는 요소들은 무대 앞(전방, front stage) 또는 프런트 오피스로 불리고, 반면에 보이지 않은 요소들은 무대 뒤 또는 백오피스(back office)로 불린다. 고객은 대체로 무대 뒤에서 어떤 일이 일어나는지에 대해서 관심이 없다.

그러나 무대 뒤에서 일어나는 일이 무대 앞 활동의 질에 영향을 주는 경우 고객들은 알게 될 것이다. 예를 들어 주방에서 주문서를 잘못 읽게 되면 저녁식사 고객은 화가 날 것이다.

2) 서비스 전달 시스템(service delivery system)

서비스상품이 최종 조립되고 고객에게 전달되는 시스템이다. 이 하위시스템은 서비스 운영시스템의 가시적인 부분이다. 이에는 건물, 설비, 직원, 심지어 다른 고객들을 포함한다. 극장에 비유한다면 가시적인 프런트 오피스는 우리들의 고객들을 위해 서비스 경험을 무대에 올리는 라이브 극장과 같은 것이다.

2. 운영관리의 의의

운영관리는 투입물을 산출물로 바꾸는 변환과정이라고 정의되는데 즉 인적자원, 원자재, 기술 등을 결합시켜 사용 가능한 서비스와 제품으로 만드는 것이다. 그러나 실제적인 정의는 기업에서 어떤 사람이 운영관리 기능에 속하는가는 그가 실제로 제품을 만들거나 서비스를 창출해 내는가 이다. 이는 일종의 서비스의 생산관리라 할 수 있다. <그림 5.2>는 투입-변형-산출 관계를 나타낸 것이다.

운영관리 기능은 어떠한 다른 기능적 분야보다 더 많은 인원을 고용한다. 호텔·관광기업에서 50명의 마케팅부서와 5명의 재무부서가 필요한 반면에 1천명의 인원이 서비스 제공을 위해 필요할 수도 있다. 기업에서 운영관리 직책의 예를 들면, 항공기의 조종사들, 호텔의 캡틴이나 매니저 등 실제적으로 서비스를 수행하는 직책을 포함한다.

〈그림 5.2〉 투입–변형–산출 관계

　따라서 호텔·관광기업의 운영을 연구하는 매우 기초적인 첫 번째 이유는 그 규모 때문이다. 만약 서비스기업의 최고경영자가 되려면 그 기업의 직원들 중의 가장 큰 집단을 어떻게 관리하고 무엇을 기대할 것인지 아는 것이 필수이다.

　운영관리를 연구하는 두 번째 이유는 변환과정으로서 전통적인 정의와 관련이 있다. 즉 운영관리는 일을 완수하는 것으로 제품을 만들고 서비스를 수행하는 변환과정을 의미한다. 자기가 속한 기능적 분야와 관계없이 각 직원들은 작업수행의 과정에 개입되어야 한다. 마케터는 여러 부서와 기업에 걸쳐 인원과 자원을 조직하고 광고캠페인을 수행한다. 재무담당은 중개작업을 수행해야 한다. 회계담당은 매 월말에 장부를 정리하기 위해 며칠씩 걸리는 작업을 수행하기도 한다. 이러한 모든 일들이 서비스 과정을 포함하기 때문에 운영관리는 기능적 분야에 관계없이 모든 서비스 과정을 포함한다.

3. 운영관리의 범주

　서비스 운영관리는 고객에게 제공할 서비스를 창출할 서비스 프로세스의 설계와 운영에 관한 의사결정 영역이라 할 수 있다. 예를 들면 커피체인점을 운영한다면 수요예측, 구매관리, 재고관리, 품질관리, 창고관리, 고객서비스관리 등과 같은 매일매일의 문제에서부터 매장의 규모와 입지결정, 이를 위한 상권분석, 레이아웃의 결정, 협력업체의 선정 등 서비스시설의 인프라를 결정짓는 중요 의사결정 문제에 참여하는 경영층도 모두 운영관리를 담당하고 있다고 볼 수 있다.

　그러나 서비스기업이나 호텔·관광기업의 조직을 살펴보면 영업, 마케팅부서는 있어도 서비스운영관리 또는 운영관리라는 이름이 붙어 있는 부서는 찾아보기 힘들다. 그렇지만 운영관리에 속하는 의사결정 문제들을 감안한다면 마케팅이나 영업은 물론 기획·정보처리 부서에 속하는 사람들도 서비스 운영관리에 종사하고 있다고 볼 수 있다. 다만, 영업이나 마케팅은 익숙하지만 운영관리는 다소 생소한 느낌을 줄 뿐이다.

서비스운영부문에서의 전략적 의사결정 문제는 서비스 프로세스의 디자인에 관한 것으로 다음과 같은 문제들을 포함한다. 이들 의사결정 문제들은 기업의 원가, 품질, 신속함, 신축성과 같은 주요 목표에 상당히 큰 영향을 미친다.

① 서비스의 디자인
② 서비스 시설, 기술의 선택과 자동화
③ 서비스 시설의 규모 결정
④ 상권분석과 입지 결정
⑤ 서비스 창출 프로세스의 분석과 레이아웃의 결정

한편, 운영에 관한 일상적 의사결정 문제들은 다음과 같다.

① 서비스 품질의 통계적 관리
② 고객 대기시간 관리 및 고객 수요의 단기적 수용능력 관리
③ 서비스 패키지에 포함되는 상품의 주문 및 재고관리
④ 서비스 수요예측
⑤ 고객과의 접점관리

4. 핵심기능의 관리[2]

조직의 3대 기능인 마케팅, 생산·운영, 재무부문 가운데 생산·운영 부문에는 가장 많은 인원이 투입되고 자본투자가 많다. 또한 운영부문은 조직의 중심적 기능을 수행하며 제품과 서비스 생산을 위해 존재하지만 다른 부문은 운영부문을 지원하는 역할을 한다. 이를테면 운영부문은 마케팅부서와 상호작용하여 고객수요를 예측하고 문제에 대한 고객 피드백을 받는다. 재무부서와는 자본투자, 예산할당 등에 대한 공조가 필요하고, 인사부서는 운영부문의 직원훈련, 고용 및 해고를 담당하고, 구매부서는 생산에 필요한 원·부자재를 발주 및 수취한다. 이와 같이 운영부문은 외부의 환경이나 고객으로부터 분리되어 안정적 환경에서 효율성을 추구할 수 있는 완충장치를 가진다.

---

2) 본서에서는 전반에 걸쳐 생산·운영 시스템은 '운영시스템', 또한 생산·운영관리는 '운영관리'와 같은 뜻으로 혼용될 것임

〈표 5.1〉 서비스 운영부문과 마케팅부문 간의 갈등 유형

관심분야	운영부문	마케팅부문
생산성	직원 수 축소, 서비스 가짓수 축소 등을 통한 추진	대기시간이 길어지고 서비스 품질이 저하될 가능성에 대한 우려
원자재 구매나 시설 보수	아웃소싱을 통한 효율화	자체적으로 해결하기를 원함
표준화	서비스 표준화를 통한 원가절감, 품질 개선 도모	다양한 고객의 니즈 충족, 고객층의 다변화를 위한 품목 추가
서비스 제공시설의 레이아웃	효율성 제고에 초점	고객들의 동선, 분위기에 우선순위
가동률	서비스 제공시설의 가동률 극대화 전략 구축에 초점	서비스시설의 신축성을 극대화하여 고객들에 대한 대응성 제고에 노력
서비스 품질	미리 설정되어 있는 품질수준과 표준에 맞는 서비스 제공	고객들의 어떤 요구도 다 들어줄 태세를 갖추길 원함

* 김태웅(2010), 서비스운영관리, p.49.

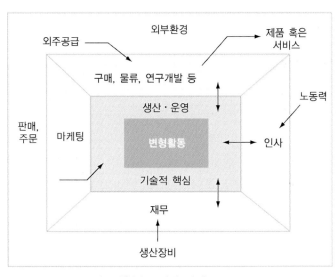

Chase, R, & N. Aquilano(1992), *Production and Operations Management: A Life Cycle Approach*, 6th ed., Irwin, p.7.

〈그림 5.3〉 생산·운영·기타 기능, 환경 간의 관계

운영부문과 마케팅부문 간의 갈등유형을 나타낸 것이 <표 5.1>이다. 생산성, 원자재 구매나 시설 보수, 표준화, 서비스 제공시설의 레이아웃, 가동률, 서비스품질 등에서 운영부문과 마케팅부문 간에 갈등이 나타난다. 이러한 갈등을 해소하기 위해서 서비스전략 구축과정에서 다양한 목표에 대한 우선순위 설정과 이에 대응하는 서비스 운영전략의 구축에 많은 관심을 가져야 한다.

운영부문과 다른 부분의 상호작용하는 관계를 나타낸 것이 <그림 5.3>이다. 그림에서 보듯이 생산·운영부문은 중추적 역할을 수행하므로 조직 내에 영향력이 매우 크다. 즉 운영부문 없이는 제품이나 서비스 생산이 불가능하고 판매도 불가능하다. 따라서 기업의 원활한 활동을 위해서 주요 기능부서는 반드시 조직 내 핵심기능인 운영부문을 이해해야 하고 운영관리의 핵심개념, 정책, 관행, 기법을 숙지하는 게 필요하다. 서비스 상황에서는 서비스제공 현장에 고객이 존재하므로 각 부문이 밀접하게 상호작용 및 의존해야 한다. 호텔·관광산업에서는 현장직원 관리는 운영부서가 그 책임과 권한을 가지며 인사, 기술, 설비를 통합해 서비스제공 시 고객과의 관계를 유지하는 역할을 담당한다. 그리고 운영관리자는 생산설비나 절차만을 관리하는 것이 아니라 소매업과 같이 고객이 이용하는 시설도 직접 관리한다. 특히 인력집약적인 호텔·관광산업에서는 운영관리자가 현장직원을 비롯한 인력을 관리하고 유통시스템을 운영하며 마케팅 역할을 수행하기도 한다. 그 결과 호텔·관광기업의 마케팅부서는 운영부서에서 관리하는 절차, 인력, 시설 등과 관계가 밀접하며 운영부서에 크게 의존하는 경향이 있다. 다음은 운영부서와 타부서와의 공조 필요성을 구체적으로 보여주고 있다.

- 운영부서와 가장 밀접한 마케팅부서는 고객 납기이행, 상품 고객화, 신상품 출시 등의 문제에서 운영부문과 협력해야 한다. 공조가 원활하지 않은 기업에서 종종 양자간 관계가 적대적으로 인식되기도 한다. 서비스생산에서 마케팅과 운영활동이 동시에 일어나므로 특히 중요하다.

- 인사부서는 직무설계와 인센티브 계획수립을 위해 직접 노동의 수준, 업무기능, 작업기준 등을 이해해야 한다. 결국 운영부서도 인간에 의해 운영되므로 직원의 자질과 역량이 중요하다. 직원의 기술훈련과 교육이 필수적이며 조직목표가 전 직원에 의해 인지되어야 한다.

- 재무부서는 재무분석에 재고와 생산능력 개념의 이해를 필요로 한다. 자본투자와

현금흐름을 예측·판단하고 구매 혹은 생산 여부 결정이나 매장이나 영업장 증설 투자에 생산정보가 반드시 투입되어야 한다.

- 회계부서에서는 재고관리, 생산능력 이용률, 작업기준 등을 알아야 원가산정, 회계감사, 실적보고서 작성이 가능하다.

- 경영정보(MIS)부서에서는 생산정보시스템 설계 및 생산현장 통제에 생산정보를 필요로 한다.

5. 운영관리의 변수

서비스 운영관리는 제조업의 생산관리와는 다른 환경을 가진다. 운영관리에 변수가 되는 것은 고객의 존재, 생산과 소비의 동시성, 인적 자원 비중이 매우 크다는 것이다.

1) 고객의 존재

호텔·관광산업에서는 고객이 서비스 생산에 참여하고 동시에 수혜자가 되므로 서비스 과정이 시스템 내 고객의 존재를 감안하여 설계되고 관리되어야 한다. 또 업무도 직원과 고객의 상호작용을 염두에 두고 설계되어야 하며 시설도 고객의 접근과 편리를 위해 고객 근처에 입지해야 한다. 고객을 서비스 과정에 생산적 투입요소로 유도하는 동시에 양질의 산출을 제공하여 만족시켜야 하는 것이다. 이렇게 고객의 존재는 서비스 제공에 있어 불확실성과 변동성을 가중시킨다. 고객의 과정 참여가 운영관리에 주는 시사점은 다음과 같다.

- 시스템 내 투입부문에서는 고객이 투입요소가 되므로 고객 요구사항과 특성, 직원의 특성 등이 불확실성을 증대시킨다.

- 수요와 공급의 불일치 문제는 저접촉(low contact) 서비스의 경우 자원 중심의 스케줄로 해결이 가능하다. 그러나 고접촉(high contact) 서비스의 경우는 서비스 제공능력의 조정이 문제가 된다.

- 서비스 인력의 역할은 대인관계에서 중요하고 서비스 제공 직원이 상품의 일부가 되어 고객의 서비스 인지에 영향을 준다. 직원태도, 서비스제공시스템의 분위기, 고객태도 등이 서비스의 질을 결정하는 것이다.

- 서비스에는 투입요소가 고객인 개인서비스가 많으며 이 경우 지나친 시간 지연은 용납되지 않는다.

2) 생산과 소비의 동시성

운영부문과 마케팅 부문이 동시에 서비스 생산 및 제공을 수행하고 고객이 서비스 과정에 참여하는 특성은 조직 내 각 부문 간의 연계를 중요하게 한다. 그러므로 서비스 운영관리에서는 부문 간의 통합이 긴요해진다. 즉 고객접촉 직원은 운영과 마케팅 기능을 동시에 수행하며, 마케팅은 인적자원의 질에 달려 있으므로 고객의 서비스품질 인지에 직원이 직접 영향을 준다. 따라서 운영관리, 마케팅관리 및 인적자원관리의 삼각 연계가 필수적이다. 호텔·관광기업의 운영기능이 제조업 공장같이 집중되지 않고 조직 전체에 분산된 이유는 해당 활동이 운영부문이 아닌 다른 부서 하에서 더욱 효과적으로 수행될 수 있기 때문이다.

3) 큰 인적자원 비중

서비스 작업은 정서적 노동이라고 하듯이 직원의 정서적 노동이 많은 곳은 직원의 감정이 업무상 하나의 요소가 되므로 인간으로서 심리적·감정적 반응이 업무결과에 반영된다. 단순한 물리적 노동을 반복하는 제조활동과는 달리 인간접촉은 물리적 그리고 정서적 노동을 동시에 수행하므로 노동강도가 생각보다 훨씬 더하다. 더욱이 고객접촉이 불규칙하게 수시로 이루어지는 관계로 직원의 직무태도 유지가 매우 중요해진다. 따라서 인간관계 기술의 교육과 훈련, 또 이에 못지않게 직원의 동기유발이나 보상 등을 통한 사기진작이 필요하다.

6. 운영전략의 목표

서비스 운영관리를 담당하는 부서의 중장기 목표는 대개 품질(quality), 시간(lead time), 원가(cost), 유연성(flexibility)의 네 가지로 요약해 볼 수 있다.

1) 품질

기본적으로 품질은 고객의 기대를 서비스에 반영한 정도를 의미한다. 고품질을 목표로 삼고자 하는 경우 그 수준은 경쟁기업의 서비스보다 현격히 높거나 또는 판매가격을 상대적으로 높게 유지하더라도 충분히 팔릴 수 있는 정도가 되어야 한다. 즉 유사서비스에 비해 상대적으로 월등한 품질의 서비스를 제공함으로써 경쟁에서 이겨나가는 경우를 말한다. 이때 운영부서의 최대 현안은 고객이 받게 되는 서비스의 내용을 고급화하고 서비스 프로세스가 이러한 디자인에 맞추어 서비스를 창출해 낼 수 있도록 운영 및 통제하는 데 있을 것이다.

2) 시간

운영부문의 목표의 하나로는 시간단축 또는 스피드이다. 이것은 서비스공급에 소용되는 시간의 단축과 새로운 서비스 개발시간의 단축이라는 두 측면이 있다. 전자의 경우 서비스제공 프로세스의 단순화, 병목공정의 제거, 낭비의 제거 등을 통해 전체적인 서비스의 창출속도를 높임으로써 가능하다. 새로운 서비스의 개발에 걸리는 시간을 단축하기 위해서는 디자인, 개발, 구매, 마케팅, 기술 분야 등 여러 부문의 전문가들이 한 팀을 이루어 병렬식으로 서비스개발에 참여해야 한다.

3) 원가

원가는 기본적으로 서비스 생산시설에 투입되는 설비투자비용과 이 시설을 운영하기 위해 필요한 물적·인적 자본의 비용을 포함한다. 원가의 최소화가 목표인 경우 가급적 고객이 선택할 수 있는 서비스의 종류를 제한하고 자동화시킬 수 있는 여지를 극대화함으로써 서비스 지원시설의 회전율을 높여 시간당 서비스 창출량을 극대화하는 것이다.

4) 유연성

유연성을 운영부문의 목표로 삼을 경우, 제공하는 서비스의 다양성과 신축성, 그리고 서비스 제공능력의 유연성을 들 수 있다. 서비스의 다양성은 고객이 선택할 수 있는 서비스의 종류를 의미한다. 마케팅 입장에서는 다양한 서비스를 통해 고객을 끌어들이고자 노력할 것이지만, 운영의 품질, 스피드, 원가목표에서 보면 다양성은 대개 이들 세 가지 목표와는 잘 어울리지 않는다. 어느 정도까지 타협할 것인가는 조직 전체의 전략적 측면에서 고려해야 한다. 서비스 제공능력의 유연성은 시간대에 따라 변화할 수 있는 서비스 수용에 맞춰 수용능력을 조정할 수 있는 정도로 평가된다.

제2절 수요 및 공급관리

1. 수요관리 전략

1) 수요관리의 본질

수요관리란 수요의 시간대와 수량에 영향을 주고 수요패턴의 바람직하지 않은 효과에 대응하는 과정이라고 정의된다. 수요관리는 장기적, 중기적, 단기적 목적으로 나눌 수 있다. 단기수요관리는 대상기간이 수개월 이내로서 상품믹스의 변화를 판단한다. 인력을 포함한 서비스 능력의 효율적 이용을 위해서도 단기적으로 수요가 관리될 필요가 있다. 중기수요관리는 서비스 능력관리와 관계되며 인력, 장비, 재고결정이 주로 대상이 된다. 대개 1년 이내를 말하지만 일부는 더욱 짧은 것이 보통이다. 장기수요관리는 빌딩이나 장비 등의 대규모 투자 그리고 신상품개발, 상품교체 및 신기술 도입 등 거시적 의사결정을 포함한다. 보통 중·장기적 수요관리 의사결정은 드물게 일어나는데 반하여 단기적 서비스 제공 관련 의사결정 활동은 매우 자주 일어난다. 일상의 주문처리와 주문수령 등이 바로 그것이다.

2) 수요관리 전략

수요가 과도하게 변동하는 것을 불가피한 것으로 받아들일 필요는 없다. 서비스 시스템은 능동적인 혹은 수동적인 방법들을 사용하여 수요를 고르게 할 수 있다. 수요를 고르게 하면 주기적인 수요변동이 감소하게 된다. 고객의 도착 간격이 무작위적인 성격을 가진다고 하더라도 시간의 흐름에 따른 평균적인 도착률은 보다 안정적인 특징이 있다. <그림 5.4>는 서비스 능력을 관리하기 위해 일반적으로 사용되는 전략들을 나타내고 있다.

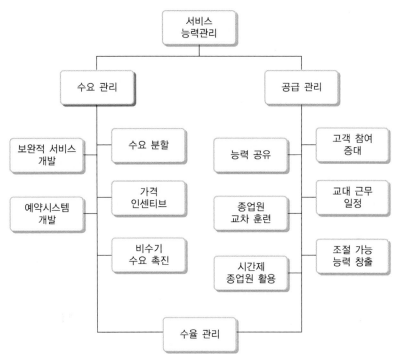

〈그림 5.4〉 서비스 수요와 공급의 일치화 전략

2-1) 수요분할(demand partitioning)

고객수요는 각각 다른 범주로 나눌 수 있는 경우가 많다. 서비스의 성격과 서비스 소요시간은 고객에 따라 크게 달라지기 때문이다. 수요분할이란 이렇게 수요의 다양한 범주를 이해하고 전략적으로 분리하여 서비스 수요가 보다 바람직하게 관리되도록 하는 것을 말한다. 세분화된 수요분할은 고객 니즈에 따른 서비스 제공과 아울러 서비스 능력의 효과적 이용을 가능하게 한다. 그런데 수요를 자세히 분석하면 일정한 유형이 존재하는 범주로 나눌 수 있는 것이다. 예를 들면 비즈니스 고객은 월요일부터 목요일까지 호텔에 숙박하며 주말 이용률은 떨어지지만 휴가객들은 주말 호텔 이용률이 높아진다.

수요분할의 기준으로는 주기의 존재, 주기적 변동의 요인, 그리고 무작위 변동의 요인을 들 수 있다.

〈표 5.2〉 수요분할의 기준

주기의 존재	주기의 성격은 무엇인가? 시간, 하루, 주, 월, 계절, 연중으로 변하는가? 여러 형태의 주기가 동시에 작용하는가?
주기적 변동의 요인	직원 스케줄, 대금청구/세금지급 주기, 임금/월급 지급일, 학교 수업시간과 휴가, 기후의 계절적 변화, 공식적/종교적 휴일
무작위 변동의 요인	기후변화, 돌발사태, 범죄사고 등의 요인은 무작위적 요소이며 예측불가 변수이다. 그러나 이것도 부분적으로 분석하면 예측가능한 수요패턴이 감추어진 경우가 많다.

2-2) 보완적 서비스 개발

보완적 서비스를 개발하는 것은 자연스러운 시장확대의 방법이다. 새로운 서비스가 기존의 수요와 상반되는 수요 주기를 가지고 있어서 보다 균일한 총괄수요를 창출하게 되면(새로운 수요가 높을 때 기존 서비스 수요가 낮아진다면) 더욱 바람직할 것이다. 음식점에서 바(bar)를 설치하는 보완적 서비스의 이점을 발견한 바 있다. 혼잡한 시간대에는 대기 중인 고객을 라운지로 안내함으로써 레스토랑의 수익성을 도모함과 동시에 아울러 시간에 쫓겨서 초조해 하는 고객의 비위를 맞춰주는 효과도 거둘 수 있다.

2-3) 가격 인센티브

가격차별화의 예는 많다. 항공운송이나 KTX의 주말과 주중 요금의 차이, 리조트 지역의 비수기 호텔요금, 영화관의 조조할인 등은 대표적인 예이다. 희소한 자원을 보다 유용하게 쓰도록 유도하기 위해 캐나다의 국립캠핑장의 경우에도 가격차별화 정책이 도입되기도 하였다. 이는 차별화된 가격정책이 성수기의 수요를 평준화시키기보다는 비수기의 수요를 메우어 주는 역할을 하고 있다. 그러나 사기업의 경우 고비용지불 고객을 저요율 서비스 일정 시기로 옮기게 하는 것을 원치는 않을 것이다. 항공사의 경우

승객이 요금할인을 받으려면 주말에 목적지에 머물러야 한다는 단서조항을 둠으로써 비즈니스 승객이 할인된 요금혜택을 받지 못하도록 하고 있다.

2-4) 예약시스템 개발

예약은 잠재적인 서비스를 미리 파는 행위이다. 예약이 이루어지면 추가 수요는 동일한 설비의 다른 시간대로 옮겨지거나 동일한 조직 내의 다른 설비로 옮겨지게 된다. 전국적 예약시스템을 가진 호텔체인에서는 통상 고객이 처음 원했던 호텔의 예약이 불가능하면 체인이 소유하고 있는 가까운 호텔에서 고객의 예약을 처리해 준다.

예약을 하면 고객의 입장에서도 대기하는 일이 줄어들고 서비스 제공을 약속받을 수 있는 이점이 있다. 그러나 고객이 예약을 지키지 않고 나타나지 않는 no show의 문제가 발생한다. 보통 고객은 예약을 지키지 않았더라도 재정적인 부담을 지지 않는다. 이러한 관행은 승객이 비행기를 예약할 때 만약을 대비하여 여러 개를 예약하는 등의 바람직하지 않은 행동을 유발시킬 수 있다. 이는 언제라도 떠날 채비가 되어 있어야 할 비즈니스 승객이 취하는 통상적인 관행이었다. 그러나 사전에 예약 취소를 하지 않은 한 지켜지지 않은 예약좌석은 모두 빈 채로 남게 된다. 할인요금 승객의 no show를 방지하기 위해 항공사에서는 요즘 환불이 안되는 티켓을 발행하고 있고 호텔에서는 손님의 신용카드 번호를 기록해 두고 있다.

no show 때문에 발생하는 빈 좌석 운항이나 객실에 대비해 항공사 및 호텔은 초과예약(overbooking) 전략을 채택하고 있다. 실제로 제공 가능한 좌석이나 객실보다 많은 예약을 받음으로써 상당수의 no show에 대비하고 있다. 그러나 너무 많은 좌석을 초과예약 받을 경우 예약한 승객을 거절해야 하는 위험이 있다. 초과예약의 남용을 막기 위해서 미국 연방항공국에서는 초과예약된 승객에 대해 요금 변제와 더불어 다음 비행기편에 좌석을 배정해 주도록 요구하는 규정을 시행하고 있다. 호텔에서도 초과 예약된 승객에 대해 무료로 근처에 있는 동급호텔에 방을 마련해 주고 있다. 바람직한 초과 예약 전략은 유휴 서비스 능력의 기회비용과 예약초과에 따른 비용을 최소화하는 것이다. 이 전략을 채택하려면 프런트 데스크 직원이나 접점직원이 예약한 서비스를 제공받지 못한 고객들을 정중하게 모시도록 훈련시켜야 한다. 최소한 의전 차량이라도 사용해서 고객을 비슷한 수준의 경쟁호텔에 객실을 마련해 안내해 주는 예의는 갖춰야 한다.

2-5) 비수기 수요촉진

비수기의 서비스 능력을 새롭게 사용한다는 것은 다른 수요의 원천을 찾아보는 것을 뜻한다. 비수기에 산악의 스키 리조트 지역을 여름 등산을 위한 집결지로 사용하는 것일 수 있고, 또는 리조트 호텔을 사업가나 전문가 그룹을 위한 연수지로 사용하는 예를 들 수 있다.

비수기의 수요촉진 전략은 다른 시기에 발생하는 초과 부하를 억제하기 위해서도 사용되기도 한다. 백화점에서 일찍 쇼핑하면 크리스마스의 혼잡을 피하실 수 있다고 호소하거나, 슈퍼마켓에서 주중에 더블쿠폰을 제공하는 것이 바로 이러한 예에 해당된다.

2. 공급관리 전략

대다수 서비스의 경우 수요를 효과적으로 고르게 할 수 없는 경우가 많다. 어떠한 유인책도 수요패턴을 실질적으로 변화시키지 못하는 경우가 있다. 그러므로 수요에 부합될 수 있도록 서비스 공급을 조절하는 통제 노력이 있어야 한다. 이러한 목적을 달성하기 위해 몇 가지 전략을 사용할 수 있다.

1) 하루 교대근무 일정

교대근무 일정 수립은 호텔, 병원, 은행, 경찰서 등과 같이 주기적인 수요 특성을 지닌 대다수 서비스 조직에서 중요한 인원배치 문제가 된다. 일반적인 접근은 시간별 수요예측으로부터 시작한다. 예측된 수요는 시간별 서비스 인원 배치 요구량으로 전환시키게 된다. 패스트푸드 음식점에서는 식사 시간대의 근무일정을 짜기 위해서 15분 간격의 시간 간격을 사용한다. 다음에는 인원배치 요구량을 가능한 충족시킬 수 있도록 순회 또는 교대일정을 개발하게 된다. 마지막으로 특정한 서비스 제공자를 각 순회 혹은 교대일정에 할당하게 된다.

2) 주별 교대근무 일정

호텔, 항공사, 레스토랑과 같은 호텔·관광기업뿐만 아니라 경찰서, 소방서, 응급진료소 등과 같은 공공기관의 서비스도 하루 24시간, 1주일 내내 제공되어야 한다. 이러한 기관에서는 근무자들이 통상 주당 5일 근무하고 토요일이나 일요일이 아니더라도 2일 연속해서 쉬게 된다. 관리자의 입장에서는 휴무 조건을 고려해서 근무일정의 수립과 더불어 최소한의 근무자들만으로 주중과 주말의 다양한 근무 요구 수준을 충족시키는 것에 관심을 두게 된다.

3) 조절 가능한 서비스 능력 창출

내부 설계에 의해 서비스 능력의 일부분을 변동하게 만들 수 있다. 항공사의 경우 좌석등급별 승객수의 비율변화에 대처해 주기적으로 일등석과 이등석 사이의 분리대를 이동시키고 있다. 일본 도쿄의 베니하나 레스토랑은 음식점 내의 공간을 각기 8명의 고객이 앉는 2개의 테이블 단위로 배열하여 요리사 한명씩을 배치하는 방식을 사용하고 있다. 각 요리사는 맡은 테이블에서 번쩍이는 칼과 극적인 몸동작으로 음식을 준비한다. 레스토랑에서는 근무에 필요한 요리사만으로 서비스 능력을 조절할 수 있는 것이다.

4) 고객 참여 증대

고객의 참여를 증대시키는 전략의 좋은 예로는 음식을 나르고 식탁을 치우는 종업원을 없애버린 패스트푸드 음식점이다. 고객은 공동생산자로서 주문하고 식사후 식탁을 치운다. 이러한 도움의 대가는 빠른 서비스와 저렴한 가격이다. 이것은 고객만 아니라 서비스업체도 이익을 보게 된다. 감독하고 임금을 지급할 종업원 수가 줄어든다. 그러나 보다 중요한 것은 고객이 공동생산자의 역할을 함으로써 서비스제공이 필요한 시점에 바로 필요한 서비스를 제공하게 된다는 점이다. 따라서 서비스 능력이 고정되기보다는 수요에 따라 직접적으로 변화하게 되는 것이다.

5) 서비스 능력의 공유

서비스 제공시스템은 장비와 설비에 많은 투자를 필요하게 되는 경우가 많다. 시설의 이용이 적을 때는 서비스 능력을 다른 용도로 활용하는 것이 가능할 수도 있다.

항공사들은 수년간 이러한 방식으로 서로 협력해 왔다. 소규모 공항인 경우 항공사들이 동일 승강구와 램프, 수하물 처리 장비, 육상근무자 등을 공동으로 사용한다. 비수기에는 다른 항공사에 비행기를 임대해 주기도 한다. 이 임대계약에는 필요한 항공사 표지를 페인팅하거나 내부인테리어를 바꾸는 것도 포함되어 있다.

6) 종업원 교차훈련

다수의 운영작업으로 이루어진 서비스 시스템은 어느 작업은 바쁜데 다른 작업은 한가한 상태인 경우가 있다. 이 때 여러 개의 운영작업 업무를 수행할 수 있도록 종업원을 교차훈련시키면 부분적으로 발생하는 피크 수요를 충족시키기 위한 신축성 있는 서비스능력을 창출할 수 있다.

종업원 교차훈련의 성과는 호텔이나 패스트푸드 음식점에서 신축성 있는 서비스 능력을 만들어 낼 수 있다. 손님이 적을 때에는 적은 수의 근무자만 업무를 수행하는 일시적 직무 확대를 하고, 바쁠 때에는 보다 세분화된 업무를 수행하는 분업이 이루어질 수 있다.

7) 시간제 직원의 활용

주말 극장이나 음식점에서 식사시간대와 같이 피크활동이 지속적이고 예측 가능한 경우는 시간제 직원들이 정규직원을 보충해 줄 수 있다. 만일 요구되는 기술이나 훈련의 정도가 단순한 경우는 학생들이나 부직에 관심 있는 사람들을 시간제 노동인력으로 바로 활용할 수 있다. 또다른 형태의 시간제 지원방식은 근무 대기 상태에 있는 비번 근무자들이다. 항공사나 병원에서는 약간의 명목상 수당을 주고 직원의 활동을 제한하여 두었다가 필요한 경우 바로 업무에 투입할 수 있도록 준비시키기도 한다.

3. 수율관리

1) 개요

수율관리(yield management)의 기법들의 목적은 올바른 고객에게 올바른 가격에 올바른 능력을 팔려는 것이다. 모든 기업이 이 기법을 사용하지는 않지만 많은 자본집약적 서비스기업들은 이를 매우 크게 활용하고 있다. 현재 수율관리 기법들을 충분히 활용하고 있는 산업들은 항공, 철도, 렌터카, 해운 등과 같은 운송 관련 산업, 여행사, 유람선 및 휴양지와 같은 휴가관련 산업, 호텔, 약국, 창고와 방송과 같은 능력 제약을 가진 산업들이다. 시장세분화 능력, 소멸성의 재고, 선불판매(advance sales), 변동하는 수요, 정확한 세부 정보시스템 등의 비즈니스 특성들은 수율관리를 보다 효과적이게 한다. 수율관리는 예약시스템, 초과예약, 수요분할 등을 통합하는 종합적인 시스템이다. 그래서 수율관리 시스템은 초과예약, 고객 그룹간 능력 배분, 서로 다른 고객 그룹별로 차별적인 가격결정 등 세 가지 기본요소로 구성되어 있다.

2) 초과예약

고객은 변덕스럽고 항상 모습을 나타내지는 않기 때문에 초과예약의 필요성은 분명하다. 초과예약을 하지 않는 기업보다 그것을 하는 기업이 많은 돈을 벌 수 있다. American Airlines는 그들이 초과예약 시스템이 연간 이익에서 1990년에 2억 2,500만 달러를 추가로 벌어들였다고 추정하였다.

항공사의 노쇼(no show)는 평균 15%, 레스토랑은 10%, 크리스마스 휴가 중에는 무려 40%정도 노쇼라고 한다. 플로리다에서의 렌터카 노쇼는 예약의 70%까지 달했다는 보고도 있었다.

초과예약을 대체하는 방법은 단순히 고객이 나타나든지 않던지 간에 고객에게 부담시키는 것이다. 그러나 이러한 접근은 레스토랑과 렌터카 산업에서 실패하였고 다른 사업에서도 당장에 폐기하였다.

고객의 저항도 높다. 교통 때문에 비행편이나 KTX를 놓쳤는데, 환불이 안되고 티켓이 무효라는 대답을 들었다고 상상해 보라. 따라서 많은 비즈니스에서 초과예약을 할 것이냐 말 것이냐가 아니라, 오히려 얼마나 초과예약을 할 것인가가 문제일 것이다.

3) 서비스 능력 배분

호텔·관광기업을 괴롭히는 어려운 문제는 고객 그룹들 간에 서비스 능력을 배분하는 것이다. 보다 큰 이익을 줄 고객이 후에 올 것이라는 희망으로 서비스 능력을 열어놓은 채 수익성 낮은 고객을 받을지 말지를 결정하는 게 문제이다. 예약활동의 <그림 5.5>에서 보는 바와 같이 항공사나 호텔에서는 높은 수익을 주는 고객들은 이벤트에 상당히 가까워서 예약을 하는 경향이 있고, 낮은 수익을 주는 고객들은 흔히 몇 달 앞서 예약한다. 항공산업에서 가격을 의식하는 휴가객들은 몇 달 앞서 예약을 하는 반면에, 돈 잘 쓰는 비즈니스 여행객들은 이벤트에 가까이 예약을 할 것이다. 호텔의 경우, 가격을 의식하는 그룹 비즈니스는 1년 앞서 예약을 할 것이고, 보다 고도의 수익성 있는 일과성 비즈니스는 바로 당일 문안으로 걸어들어 올 것이다.

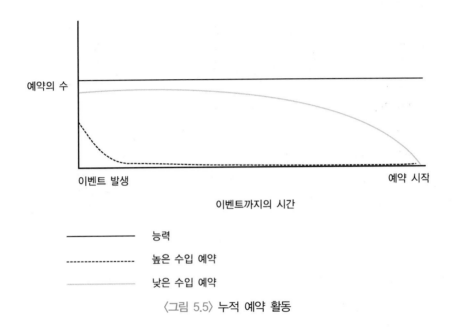

〈그림 5.5〉 누적 예약 활동

만약 그림에서처럼 모든 예약을 선입, 선서비스로 하면 상당한 부분의 가장 수익성 좋은 고객들에게 등을 돌리고, 보다 수익성 낮은 고객들로 채우게 할 수 있다. 또한 대부분의 기업들이 자사의 서비스 능력을 모두 고수익 비즈니스로만 채울 수는 없기 때문에, 저수익 비즈니스에 간단히 "노"라고 말할 수 없다. 결국 기업은 미리, 후일의 고수익 비즈니스 예약을 기대하여 어느 시점에서 낮은 수익 비즈니스를 차단할 것인가를 결정해야만 한다.

그러나 실제상황은 보다 복잡하다. 비즈니스호텔의 경우 목요일에는 고수익 고객으로 북적거리고 금요일에는 상대적으로 비게 될 것이다. 저수익 고객이 목요일과 금요일 이틀을 예약하는 경우에는 기업의 수익성은 달라질 것이다. 결과적으로 고수익 고객 클래스에 대한 목요일의 보호수준은 저수익 고객의 투숙기간의 길이에 따라 달라지게 된다.

그러한 예약을 수용할 것인가를 결정하는데 입찰가격(bid price) 전략이 사용된다. 즉 저수익 고객의 실제 가격은 제시된 투숙기간에 걸친 기대수익과 비교된다.

4) 차별적 가격 결정

우리는 지금까지 가격을 외생변수, 혹은 우리가 통제할 수 없는 외부의 문제로 가정하였다. 그러나 이는 물론 그렇지 않다.

<그림 5.6>은 비행기 좌석을 3개의 시장으로 나타낸 것을 보여준다. 고객 클래스1(일등석 탑승객)은 프리미엄 서비스와 유연성을 원하면서 비용은 덜 신경 쓴다. 고객 클래스 2(비즈니스 클래스)는 가격보다 마지막 순간에서의 변경의 유연성에 가치를 둔다. 고객 클래스 3(종종 휴가 가족들)은 미리 계획을 잘 만들고 가격에 고도로 민감하다. 각 그룹에서의 소비자 잉여는 시장가격(점선), 수요곡선, 그리고 점선에서부터 고객 클래스를 표시하는 굵은 선으로 연장되는 수직선으로 구성되는 삼각형의 면적이 된다. 여기에 두 가지 중요한 경제적 효과가 작용한다. 소비자 잉여의 상당한 부분은 공급자에게로 이동하고 통상적으로 서비스를 이용하지 않을 고객들을 끌어들임으로써 시장 자체를 확장시킨다.

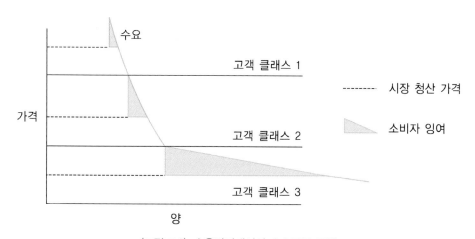

〈그림 5.6〉 수율관리에서의 수요공급 균형

시장세분화의 합법적이고 실행할 수 있는 방법을 결정하는 것은 마케팅부서의 상상에 달려 있다. 예를 들어 항공사들은 가격에 덜 민감한 비즈니스 고객들에게는 보다 높은 가격을, 가격에 민감한 휴가 가족들에게는 보다 낮은 가격을 부과하고 싶어한다. 그러나 이들 시장들은 얼마나 일찍 예약하는가에 따라 가격을 세분화함으로써 단지 간접적으로만 공격을 할 수 있다.

초과예약과 서비스 능력의 배분이라는 수율관리 이슈는 가격이 정해지면 저절로 수치분석이 잘 이루어지지만, 가격, 서비스 능력 배분, 그리고 초과예약들의 전체적인 최적 조합을 결정하는 것은 어렵다. 실무에서는 마케팅이 통상적으로 기업정책과 경쟁적 반응에 맞추어 가격을 정하고 운영분야에서 가격이 정해진 후의 서비스 능력 배분 숫자를 결정한다.

5) 수율관리 시스템의 현실적 문제

여러 산업에서 성공하고 있지만 수율관리 시스템은 몇 가지 현실적인 문제점을 가지고 있다.

5-1) 고객 분리

고객의 관점에서 보면 특정요금 클래스에 들어가게 되는 많은 규칙들은 어처구니없는 것들이다. 일반적인 대중은 비행기 좌석에 대해 어떤 사람이 다른 사람과 다른 요금을 낼 수 있다고 하는 생각을 받아들일지 모르나, 많은 사람들은 실제로 그렇게 되었음을 발견하였을 때는 매우 화가 나게 될 것이다. 동일한 클래스에 어떤 사람은 표준요금을 내고 어떤 사람은 많은 할인을 받는다고 할 때 사람들은 불공평하게 느낄 것이다. 그래서 많은 산업에서 이 문제에 대한 열쇠는 고객들로 하여금 다른 고객 클래스에 주어지는 요금을 모르게 하는 것이다.

5-2) 고객 클래스의 속임수

항공사 고객 클래스 규제의 복잡성은 고객 속임수(cheating)를 잘 파악하도록 주의를 요하고 있다. 일부 여행사들은 자신들의 고객들에게 부가적 서비스로서 항공규제를 피하기 위한 정교한 방법을 찾는다. 항공사들은 고객들로 하여금 규칙을 지키도록 하기 위해 정보시스템에 상당한 금액을 투자한다. 예를 들어 고객들은 토요일 밤에 도중하차

할 수 있는 두쌍의 서로 겹치는 왕복항공권을 사서 양 티켓의 한쪽씩을 버림으로써 주중의 비싼 왕복여행의 비용을 피할 수 있게 하는데 익숙해져 있다. 그러나 지금은 많은 항공사들이 이와 같이 포기된 티켓을 검출해내는 능력을 가지고 있어 고객들로 하여금 적절한 가격을 지급하든지, 해당 항공사를 이용하지 못하도록 요구한다.

이러한 문제에 대한 해답은 보통 종업원의 경각심과 소프트웨어에의 투자를 필요로 한다.

5-3) 종업원 권한 부여

기업은 종업원들이 의사결정을 하는데 얼마나 많은 권한을 부여할 것인가에 관련된 전략적 의사결정을 해야 한다. 만일 시스템이 종업원 재량을 줄이는 것으로 보이면, 종업원들은 이러한 모욕을 인지하는 대가로 흔히 시스템을 사보타지함으로써 보상을 얻는다. 예를 들어, 호텔산업에서 적절한 고객 클래스와 객실요금을 배정하는데 프런트 직원에게 상당한 정도의 책임이 있다.

만일 시스템이 구조적이지 못하면 사무직원이 자신들의 기분에 따라 고객들이 자신들의 실제 클래스보다 높거나 혹은 낮은 요금을 내게 될지를 변덕스럽게 결정할 수도 있다. 그러나 지나치게 구조적인 시스템은 사무직원의 협상력을 손상시키게 될 수 있어서 결과적으로 쓸데없이 객실이 비게 될 수 있다.

5-4) 비용과 설치 시간

대기업이 수율관리 시스템을 완벽하게 설치하는 것은 용이한 일이 아니다. 수율관리 문제를 다루기 위해 시중에서 판매되는 일반적인 소프트웨어를 그냥 구매할 수는 없다. 소프트웨어의 설치비용은 수 억 원에 달할 수 있으며 설치에도 몇 개월에서 몇 년의 시간이 걸릴 수 있다. 게다가 시스템이 가동되면 그에 맞는 직원 훈련과 시스템 업데이트에도 역시 비용이 든다.

대기행렬 관리

1. 대기행렬 형성의 이해

1) 대기행렬이란?

대기행렬(queue)이란 하나 혹은 그 이상의 서비스제공자(서버)에게 서비스를 요구하며 기다리는 고객의 줄이다. 대기행렬은 서비스에서 어디에나 있다. 고도의 고객접촉을 필요로 하는 서비스에서 흔해 빠진 것이다. 그러나 면대면 접촉을 하지 않는 서비스에서도 중요한 요인이다. 대기행렬 소프트웨어의 대규모 구매자는 콜센터산업이기도 하다. 또한 대학캠퍼스에 분산되어 있는 터미널 앞에 앉아있는 학생일 수도 있고 전화상담원과 통화를 위해 '대기'중인 사람일 수도 있다. 사람들이 서비스를 받으려고 줄에서 기다리는 대표적인 경우는 슈퍼마켓의 계산대나 테마파크 탑승물 입구, 또는 은행창구에서 찾아볼 수 있으나 실제 대기행렬 시스템은 여러 형태로 나타난다.

다음에서 여러 가지 대기행렬의 변형을 보기로 한다.

① 서버가 한 번에 한 고객만을 상대하도록 제한할 필요는 없다. 버스, 비행기, 승강기와 같은 운송시스템은 대량서비스(bulk service)이다.

② 고객이 언제나 서비스 설비를 찾아 돌아다닐 필요는 없다. 몇몇 시스템에서는 서버가 고객을 실제로 찾아간다. 예로서 구급차 서비스, 치안이나 소방 활동과 같은 공공서비스가 있다.

③ 서비스는 일련의 대기행렬 단계로 구성될 수도 있고 더욱 복잡한 대기행렬의 네트워크로 구성될 수도 있다. 디즈니랜드 같은 놀이동산의 유령의 집을 생각해보면 어떤 장소에서 기다리게 해서 방문객이 한꺼번에 몇 명씩 배치(batch)로 이동하게 하거나 기다리는 동안 즐길 수 있게 한다. 예를 들어 먼저 바깥쪽 걷기, 그 다음 대기실, 마침내 놀이기구 타기의 순서로 진행하며 몇 단계로 나누어 기다리게 한다.

대기행렬의 원리는 면대면 접촉, 화면에서의 정보, 책상위의 서류, 답장을 해야 할 전자우편들, 회답해야 할 전화들, 또는 박스 안에든 처리해야 할 과제들의 대기행렬에도 적용된다. 즉 어떤 형태의 일이 들어올지라도 그에 상관없이 고객들에게 "제 기분이 좋을 때, 당신을 뵐게요"라고 말할 수 없는 사람은 대기행렬의 이면의 원리를 이해함으로써 이득을 볼 수 있다.

2) 대기행렬 비용

대기시간과 유휴능력은 항상 서비스의 커다란 문제가 된다. 대기행렬의 이론은 1900년대 초반 전화국의 자동교환 시설의 대기행렬 문제를 연구하던 A. 얼랭에 의해 개발되었으며 다음과 같이 대기행렬의 기회비용과 능력비용 간의 균형을 취하기 위한 문제에 관심을 갖는다.

- 고객의 평균 대기시간은 얼마인가?
- 대기행렬에서 대기하는 평균고객 수는 얼마인가?
- 일정한 대기시간을 가정하면 시설규모는 어느 정도가 되어야 할까?
- 현재 서비스 시설의 이용률은 얼마나 될까?

2. 병목과정의 이해

1) 병목과정의 본질

병목과정(bottleneck process)은 어느 과정이든 작업의 흐름을 방해하는 대상을 지칭한다. 기업의 특정 업무부서, 업무담당자, 장비 등 어느 것이나 병목이 될 수 있다. 예를 들면 호텔 프런트, 항공사의 발권데스크나 탑승구, 정비업소나 병원에서는 특수 고가장비가 병목이 될 수 있다. 병목에서는 수요가 처리능력을 훨씬 초과한다. 그리고 아무리 작은 부분의 병목이라도 서비스과정 전체의 효율성을 저하시킨다. 병목은 이렇게 각 과정단계에 유휴능력을 발생시키고 전체 산출을 낮추는 결과를 초래한다.

2) 병목의 제거와 완화

2-1) 수요의 조절

병목에서의 수요를 분석하면 고객주문을 수익성이나 중요성, 그리고 시설이용률 기준으로 차별화가 가능하다. 이를 바탕으로 일부 주문을 지연시키거나 취소 또는 하청을 통해 병목수요를 분산시킬 수 있다. 근본적으로는 상품라인에서 병목을 야기하는 비인 기품목을 제거하고 저수익 상품의 주문을 받지 않거나 가격변경을 통해 수요를 조정하는 방법이 있다.

2-2) 여유 능력의 확보

병목은 불가피하게 존재할 수 있다. 그러나 병목은 불필요하게 과다능력 이용률을 달성하려는 경우에 발생하기 쉬우므로 불필요한 생산량 위주의 이용률 관행을 버려야 한다. 여유 있는 생산 스케줄과 비상에 대비한 여분의 장비 혹은 대기 인력은 병목의 완화에 도움이 된다.

2-3) 서비스 과정의 개선

교차훈련과 빠른 장비 준비 및 전환을 통해 능력 확대, 유연성 그리고 신속성을 얻는 것과 같이 서비스 능력의 효과적인 이용을 통해 병목의 완화가 가능하다. 서비스 과정의 비효율 때문에 발생하는 병목은 준비시간의 신속화나 작업단위를 소형화하면 풀어 나갈 수 있는 것이다. 그리고 지속적인 개선활동을 통해 설비고장, 결품, 재작업, 폐기 등으로 인한 능력손실을 방지해야 한다.

3. 기다림의 심리학

고객을 기다리게 하는 서비스는 기다리는 시간을 즐거운 경험으로 만드는 게 좋다는 충고를 받아들일 필요가 있다. 기다림을 적어도 견딜 만하게, 좋게는 즐겁고 생산적으로 만들기 위해서 다음의 대기심리학의 특성을 고려해야만 한다.

1) 공허한 감정 누그러뜨리기

사람들은 빈 시간을 싫어한다. 비어 있거나 또는 할 일이 없는 시간은 끔찍한 시간이다. 다른 생산적인 활동도 못하고 때로는 신체적으로 불편해서 무력감을 느끼게 하고 우리에게 관심이 없는 서버의 처분을 기다리고 심지어는 영원히 기다릴 것 같이 느끼게 한다. 여기서 서비스조직의 과제는 명백하다. 즉 긍정적인 방법으로 이 시간을 채우는 것이다.

가장 널리 알려진 전략은 승강기 근처에 거울을 놓는 것이다. 호텔에서는 승강기를 엄청 기다려도 거울이 있으면 불평이 별로 나오지 않는다. 거울은 옷차림을 점검하기도 하고 기다리는 다른 사람을 몰래 관찰할 수도 있다.

한편, 서비스는 대기시간을 즐거움으로 또는 생산적으로 변화시킬 수 있다. 전화 대기중인 고객에게 모차르트나 레이디 가가의 음악을 틀어주는 대신에 상업광고를 보낼 수도 있다. 하지만 일부 사람은 그런 것을 들으면 분개하는 경우도 있으므로 그런 시도는 위험할 수도 있다.

2) 서비스의 시작을 알리기

행복한 고객은 불행한 고객보다 대개 수익성이 높다. 일부 주의분산전략은 단지 시간을 채울 뿐이어서 기다림이 그렇게 길게 보이지 않게 하며, 또다른 전략은 서비스조직에 부수적인 이익을 제공한다.

기다림의 심리학을 쓴 D. Maister는 식사를 기다리는 고객에게 메뉴판을 주거나 기다리는 환자에게 진찰기록카드를 주는 등 서비스와 관련된 주의분산 자체가 서비스가 시작되었다는 생각을 갖게 한다고 한다. 서비스가 시작되면 일부 사람은 서비스가 시작되었다고 생각해 더 편안하게 더 오래 기다릴 수 있지만, 또다른 고객들은 서비스가 시작되고 나서의 기다림보다 그 이전의 기다림에 더 불만을 품게 된다고 한다.

3) 터널의 끝이 보임을 알리기

서비스가 시작 전에는 고객들은 많은 근심과 걱정을 한다. 내 순번을 잊은 건 아닐까? 주문은 잘 들어갔나? 왜 이 줄은 꼼짝 안할까? 화장실 가면 내 자리가 없어질까? 이러한 근심거리는 기다리는 고객에게 영향을 주는 가장 큰 요소일 것이다.

경영자는 이런 걱정거리를 잘 파악하고 그에 대한 전략을 만들어야 한다. 고객의 존재를 알았다는 표시나 고객에게 얼마나 기다려야 하는가 등 기다림의 끝을 알려줘 안도감을 줘야 한다. 낯선 곳을 찾는 사람은 표지판이 제 역할을 한다. 예약은 대기시간을 줄이는 전략이지만 예약이 언제나 의도대로 움직여주는 것은 아니다. 뜻하지 않은 사건으로 방해받거나 선약이 예상보다 많은 시간을 소비할 수도 있다. 이에 대한 대책 마련이 필요하다.

4) 자기 순서를 알려주기

불확실하며 설명이 없는 기다림은 고객에게 걱정과 분노를 준다. 이에 대해 먼저 오는 사람이 먼저 서비스 받는 (FCFS) 대기행렬 정책을 무난히 수행하는 전략은 번호표를 나눠주는 것이다. 이 방식의 부수적인 이득은 고객을 줄을 세우기보다는 매장을 이리저리 돌아다니게 하여 충동구매를 부추기는 것이다. 이 때 고객의 걱정이 말끔히 해소되는 것은 아니다. 고객은 신경쓰지 않으면 자칫 자기 차례를 잃을 위험이 있기 때문이다. 그러나 종종 이런 식으로 자신의 자리를 '보증 받은' 고객은 여유를 갖고 기다리는 다른 사람들과 즐거움을 누린다. 그밖에 특별한 고객에게는 차별적인 대우를 하는 경우가 있다. 호텔이나 항공사는 일반 서비스 라인과 구분된 곳에서 특급서비스를 제공하여 차별적인 이미지를 감출 수 있다.

5) 기다리는 고객에게 신경 쓰기

서비스 패키지의 가장 중요한 부분의 하나는 기다리는 고객의 요구에 주의를 기울이는 것이다. 기다리는 동안에 불필요한 걱정 또는 분노에 사로잡힌 고객은 요구가 많거나 다루기 어려운 고객이 되기 쉽다. 아니면 그 고객은 떠나버린다.

4. 기다림의 경제학

기다림의 경제적 비용은 여러 가지로 볼 수 있는데, 한편으로는 종업원(내부고객)을 기다리게 하는 비용 즉 비생산적 임금으로 측정될 수 있고, 다른 한편으로는 외부고객의 대기비용으로 그 시간에 할 수 있었던 다른 일의 가치로 계산할 수 있다. 이런 비용에 추가해서 지루함, 걱정과 다른 정신적 근심에 의해 비용이 발생한다.

1) 매출 감소나 증가

경쟁에서 지나친 기다림(또는 심지어 오래 기다릴 것 같은 느낌)은 매출을 감소시킬 수 있다. 주유소에 길게 늘어선 차를 보고 기름 넣기를 포기하는 경우가 있다. 판매감소를 피하는 한 가지 전략은 도착하는 고객에게 대기행렬이 안보이게 하는 것이다. 놀이동산은 안쪽의 기다리는 줄을 볼 수 없는 바깥쪽에서 표를 판매한다. 식당에서는 고객을 바(bar)로 분산시켜 이렇게 할 수 있고 이것은 종종 판매증가의 효과를 가져 오기도 한다. 라스베이거스 카지노의 나이트클럽 입장객은 슬롯머신 지역에서 기다리게 되어 있는데 이는 줄의 실제 길이를 감춰 주기도 하고 충동적인 도박을 부추기기도 한다.

2) 내부 비용 절감

고객은 서비스 프로세스에 참여할 수 있는 잠재력을 지닌 자원이다. 예를 들면 의사를 기다리는 환자는 진찰기록카드를 쓰도록 하고 의사의 시간(즉 서비스 생산능력)을 절약할 수 있다. 기다리는 시간에 건강관련 출판물이나 슬라이드를 사용하여 좋은 건강습관에 대한 교육을 할 수도 있다. 일부 레스토랑에서는 기다리는 동안 고객이 서비스에 일부 참여하게 하여 상당한 혁신을 이루었다. 즉 웨이터에게 주문하고 나서 요리가 준비될 동안 자신이 먹을 샐러드를 가져오게 한 것이다.

3) 제한된 생산능력 활용

고객을 기다리게 하는 것은 제한된 서비스 생산능력을 더 잘 활용하게 한다는 점에서 생산성 향상에 기여한다고 볼 수 있다. 서비스를 받기 위해 줄 서 기다리는 고객의 상황은 제조업에서의 재고와 같은 것이다. 서비스기업은 프로세스의 전반적인 효율을 높이기 위해 고객을 재고화하고 있다. 서비스 시스템에서 높은 설비활용은 고객 대기비용의 대가를 치른 결과이다. 긴 대기행렬로 높은 가동율을 거두는 병원이나 우체국 등과 같은 공공서비스는 대표적인 예이다. 점심시간에 오피스가의 테이크아웃 식당에서의 줄을 생각해 보라. 그밖에 많은 서비스가 있을 것이다.

구매관리

1. 구매관리의 의의

1) 전통적 구매관리

종래의 구매부서는 구매상품 단위별로 조직되었다. 각 구매업자가 한 개 이상의 상품을 담당하며 매 기간 주문신청이 처리되고 다수의 업자와 거래가 이루어진다. 업자평가에는 많은 시간이 소요되며 특히 신규업자 발견에 시간이 필요하다. 또 구매과정에서 구매품목의 품질미달, 품목오인, 납기지연, 수량오차가 다반사로 발생하며 납기일이나 수량변경, 급송편 마련, 긴급서류작업 등 비정상적인 업무가 구매업무 시간의 대부분을 차지한다. 이러한 구매 일상업무와 긴급처리 발생은 업자 능력파악 및 개발과 같은 구매의 핵심업무에 시간을 투입할 수 없게 한다.

2) 구매관리의 외부 용역화

최근 서비스기업 뿐만 아니라 제조업에서도 서비스 요소의 비중이 크게 증대함에 따라 기존의 구매관행에서 많은 부분을 외부로 대체할 정도로 확대되고 있다. 많은 기업은 외부 전문가 풀(pool)을 용역으로 이용하여 고임을 받는 내부전문가 집단을 해체하고 있으며 반복적 업무도 외부용역화하고 있다. 각 기업의 경리, 회계, 전산업무, 그리고 수표처리와 전표정리 업무도 이미 외부용역으로 해결하고 있는 곳이 많다.

<그림 5.7>에서 보듯이 이제 구매의 책임은 설계, 광고, 금융, 보험, 법률 그리고 교육/훈련서비스까지도 포함한다. 또한 건물보수, 경비, 청소, 데이터센터 운영, 정보시스템 개발, 보급수송이 일차적인 대상이지만, 그 밖에 상품설계와 과정설계 등을 포함하는 조직 내 모든 주요 기능이 그 대상이 되어가고 있다.

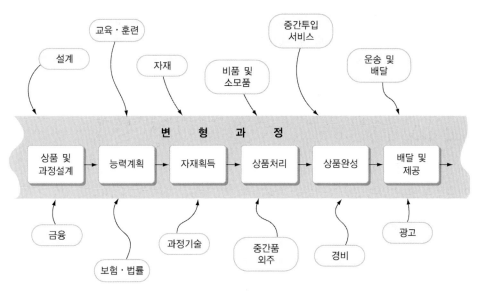

Schonberger, R.(2001), *Operations Management : Meeting Customer Demands*, McCGraw Hill, p.198.

〈그림 5.7〉 구매의 영역확대

2. 비즈니스 서비스 구매

전통적인 구매 프로세스 모형은 <그림 5.8>에 도식화 되어 있고 니즈 파악, 정보탐색, 공급자 선정과 수행평가의 과정으로 구성되어 있다. 그러나 서비스 구매를 재화의 구매 경우와 비교하면 구매자에게 다른 종류의 위험이 있는 좀더 복잡한 프로세스임을 알게 된다. 서비스 구매 프로세스는 많은 관련 인원을 만족시킬 필요성에 의해서 더욱 복잡 해진다. 여행예약, 청소서비스, 음식서비스와 같은 계약된 서비스는 모든 종업원들에게 개별적인 영향을 미치는 예로 들 수 있다. 이것들은 생산과정에서 사용되기 위해서 구 매된 재화들에 대해 생산을 위한 별개의 관점으로 보는 것과는 다른 것이다.

비즈니스 서비스의 경우 종종 조직의 니즈를 만족시키기 위해서 고객화가 될 필요가 있는데, 특히 제조 프로세스의 지원을 위한 서비스 경우 더욱 그렇다. 기업에 대한 비즈 니스 서비스 경우 조직의 니즈가 좀 더 복잡하기 때문에, 일반 소비자 서비스보다 본질 적으로 좀더 기술적으로 되는 경향이 있다.

또 구매할 서비스에 따라 의사결정 과정은 다를 수 있다. 예를 들면 호텔이나 여행사의 컴퓨터 소프트웨어의 구매 경우는 최종 사용자가 적극적으로 구매과정에 참여해야 하고 사용자에 대한 친절, 편리성과 같은 계량화하기 어려운 여러 속성에 근거하여 최종선택을 하게 된다.

그러나 쓰레기 처분 서비스의 구매 경우는 비용이 가장 중요한 기준인 일상적인 방법으로 처리될 수 있다. 쓰레기 처분과 관련된 법적 책임 때문에 해당 산업의 쓰레기와 관련된 지식과 경험이 있는 책임 있는 공급자의 선정이 중요하다, 이러한 이유 때문에 구매 프로세스를 지원하기 위한 서비스 분류작업을 개발해야 한다.

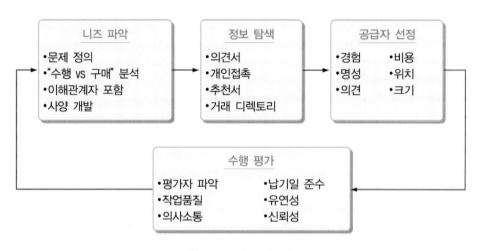

〈그림 5.8〉 구매 과정

3. 구매 네트워크의 구축

1) 구매 네트워크의 필요성

리엔지니어링(과정 재설계)은 기업의 활동을 공급업자, 내부처리과정, 고객이라는 수평사슬로 재편한다. 각 내부처리 과정도 다음 가치연쇄 내 과정인 연결고리를 자신의 고객으로 보고 그 니즈를 맞춘다. 이렇게 고객 - 공급자라는 연쇄가 만들어지면 각 활동의 실제비용과 부가가치 기여도를, 자의적으로 붙인 간접비가 아닌 시장가격으로 판단하여 경쟁력이 없는 사내활동을 쉽게 제거할 수 있다. 그러므로 앞으로 조직 내 각 기능이 양질의 활동을 제공하지 못한다면 이는 바로 외부용역화의 대상이 되는 반면, 경쟁력 있는 부서는 타회사의 업무까지도 수주할 수 있다. 이를 가치사슬의 분할이라고 부르며 이를 시행하는 사례로는 기업내 광고부서에서 전문기업화한 광고회사를 들 수 있다. 한편, 단기적 거래조건보다 거래업자의 장기적 공급능력을 중시하는 변화추세를 반영하여 많은 기업들이 기업간 상호 유리되고 적대적이었던 거래관계가 청산되면서 상호 이익을 위한 동업자 관계로서 구매 네트워크를 형성해 가고 있다.

2) 장기적 공급 네트워크

네트워크는 '느슨하고 수평적인 관계'로 정의할 수 있다. 즉 수직통합으로 계열화하는 것같이 강한 결속은 아니지만 한번 거래로만 연결되는 극히 일시적인 관계도 아니다.

〈표 5.3〉 구매 네트워크의 특징

	종래(적대적 관계)	최근(동업자 관계)
1. 거래기간	단기	장기
2. 계약유형	간헐적 구매주문	최소 1년 이상의 독점, 준독점계약
3. 거래업자 수	가격경쟁 유도와 비상대비로 품목 당 다수업체 확보	항목 혹은 품목 계열별로 소수업자와 거래
4. 거래량	특정업자와의 거래량 제한	거래량이 많고 업자의 능력 일부를 전용 가능
5. 가격/원가	평균적으로 높고 잦은 구매선 변경으로 업자가 불안정	보통 낮으며 거래량의 증가로 규모경제 추구와 개선에 투자가능
6. 품질	불안정하고 주로 검사에 의존	업자는 품질을 근본적으로 개선하고 TQC와 통계적 과정관리 채택
7. 설계	발주업체가 설계명세 개발·제시	업자의 전문 설계능력을 신뢰
8. 운송빈도/ 운송량	불규칙, 대단위 운송	필요하면 하루에도 몇 번씩, 소단위 적시운송
9. 주문수단	우편	장기 일괄계약 후 EDI,* 팩스, 전화 등 전자통신을 수시 이용
10. 대금지급	발송서류, 송장, 검사 및 수량 확인 후 지급	검사나 수량 확인이 불필요하며 기간별 일괄청구
11. 배달장소	창고나 물품 하역장	업자가 직접 사용 장소에 전달
12. 관계 개방성	폐쇄적	수시로 상호 의견교환, 방문, 업자 현장 감사

자료: Schonberger, R.(2001), *Operations Management: Meeting Customer Demands*, McCGraw Hill. p.191.
* EDI: Electronic Data Interchange(전자자료교환)

네트워크는 수평적 관계이고 결속이 강하지 않아 상대적으로 네트워크 내 진입이나 퇴출이 어렵지 않다. 그러나 적당한 정도의 참여의무를 가지므로 관계가 지속적으로 유지된다. 공급 네트워크는 자사의 구매에 포함되는 업자관계를 말한다. 이러한 관계는 상호호혜관계로 형성되며 장기적인 신뢰와 경영능력, 품질, 납기, 가격능력이 그 바탕이 된다. <표 5.3>은 새로운 네트워크 구매의 대표적 특징을 대비시킨 것이다.

3) 공급업자 개발

구매 네트워크 내의 공급업자는 경쟁우위를 차지하는데 중요한 역할을 한다. 네트워크의 잠재력은 업자가 새로운 프로젝트, 상품, 서비스 및 조직전략 개발의 초기에 참여할 때 극대화될 수 있다. 우수한 업자는 품질에서 양, 납기, 가격, 서비스에 이르기까지 계약의 조건을 충실히 만족시킨다. 또 발주기업의 장기목표나 전략을 이해하고 조화를 이루려고 한다. 그러므로 소수의 업자들과 높은 수준의 신뢰와 협력관계를 확립하는 게 필요하다. 최종적으로는 신상품 디자인, 사업계획, 장기전략을 서로 교환해야 하며 원가정보의 공유까지 가능할 정도로 신뢰를 쌓아나가야 하는 것이다.

공급업자의 개발에서 가장 중요한 사항은 가격경쟁력, 품질능력, 설계(디자인) 능력, 납기능력 등을 들 수가 있다.

4) 구매관리의 성과 측정

종래에 구매부서의 평가지표는 보유제고의 가치와 수준, 재고부족 횟수와 파급도, 연간 구매비용, 납기준수 주문의 빈도, 연간 운송비, 연간 창고관리비, 구매의뢰부서 불평 접수 빈도 등이었으나 이제는 기준이 대폭 바뀌고 있다. 새로운 구매부문 성과기준은 우량기업의 구매부문 평가에서 확연하게 드러나고 있다. 최근 가장 중시되는 구매의 효율성과 신속성이라는 측면에서 우량기업은 엄청난 성과 차이를 보여주고 있다. 구매부문 성과의 측정기준은 다음과 같다. 많아야 좋은 것은 거래업자의 수이지만, 적어야 좋은 것은 구매요원의 수, 구매비용 비율, 업자평가 소요시간, 주문발령 시간, 납기(배달) 지연 비율, 불량률, 품절 빈도 등이다.

제5절 재고관리(물품관리)

서비스에서 재고란 말이 되는가? 많은 서비스기업의 특징은 재고가 없다는 것이다. 서비스는 생산과 소비가 동시에 이루어지므로 재고는 저장되지 않는다. 서비스 정의의 핵심은 무형성이다. 그러나 매일 전형적인 고객들이 찾아오는 많은 서비스상품에서 서비스에 이용되는 보조재화는 재고를 가질 수 있으며 재고의 수량과 유형은 치명적인 전략적 의사결정이 된다. 많은 서비스기업들은 사실 경쟁우위의 원천으로서 재고방법을 사용한다.

호텔·관광산업에서 재고는 주 비용이다. 단지 비용을 넘어서 재고는 기본적인 전략적 균형상쇄(trade-off)를 필요로 하게 한다. 현장서비스는 공간이 한정되어 있어서 이를 잘하는 것이 특별히 가치가 있다. 특정 점포 크기가 주어지면 한 항목의 재고가 많다는 것은 다른 항목들에 대한 가용 공간이 그만큼 적어진다는 것이며 어떤 항목의 재고가 없다는 것은 제공할 수 있는 서비스상품의 판매상실이 발생한다는 것이다. 그리하여 전략적 선택은 소수 항목의 많은 재고이거나 많은 항목의 소량 재고로 귀착된다.

1. 재고의 의의와 역할

1) 재고관리의 의의

대부분 서비스기업은 서비스 제공에 필요한 물품과 용품의 재고를 완전히 없앨 수 없다. 호텔의 객실용품이나 레스토랑의 식자재, 피자헛의 경우는 치즈 및 그 외의 재료들을 여유 있게 갖고 있어야 한다. 이런 여유분이나 재고는 때때로 상당한 자금이 소요되기 때문에 이것들을 관리하는 효과적인 방법이 필요하다. 여러 가지의 소요 물품들의 현황을 계속 파악하여 현재 보유하고 있는 것, 주문해야 하는 것, 언제 주문해야 하는가 등을 결정하는 것은 관리자에게는 엄청난 부담이기 때문에 재고관리에 대한 이론과 지식이 필요하다.

2) 재고관리의 역할

재고는 서비스기업에서 여러 가지 기능을 제공한다. 유통 및 분배과정의 단계들 간의 완충 역할을 비롯해 심한 계절적 수요의 완화, 예상되는 가격 상승에 대비한 예방조치 등이다. 여기서는 유통 및 분배과정에서의 재고의 역할에 대해 간략히 보기로 한다.

2-1) 단계간의 완충작용

레스토랑에서 스파게티 수요가 발생하면 원재료는 진열대나 가게 창고로부터 인출될 것이다. 수요가 계속되면 레스토랑은 보충해야 할 것이고 도매상에 주문을 하게 된다. 주문한 후 실제 물품이 배달될 때까지 수요는 계속 발생하여 재고는 줄어들 것이다. 주문 이후 배달될 때까지의 시간 차이를 조달기간(replenishment lead time)이라고 한다. 여기서 재고의 완충기능을 볼 수 있다. 유통 및 분배시스템 안에는 소매상, 유통업자, 총판매상, 그리고 공장들이 각 단계에 해당되며, 이 단계에서 어느 정도 재고물량을 확보하고 있어야 하며, 각 단계에서의 품절은 다른 단계에 즉각적이고 중요한 결과를 가져올 수 있다. 그러나 재고는 이러한 단계에서의 활동을 어느 정도 각각 분리하고 품절에 의한 서비스 중단이라는 값비싼 대가를 피할 수 있게 한다. 이러한 재고를 완충재고(decoupling stock)라고 부른다.

2-2) 수요의 계절성에 대한 보완

어떤 서비스는 계절에 따라 수요가 심하게 차이가 난다. 방학, 연말 휴가, 캠핑장소 등 이러한 곳들은 특정기간 동안은 소비자들의 수요에 부응하기 위해 상당량의 재고를 가지고 있어야 한다. 이러한 재고를 비축재고라고 부른다.

2-3) 가격변동에 대비한 대비

서비스 제공에 필요한 물품 중에서 지금 가격보다 나중에 필요한 시점의 가격이 오를 것이 예상될 때는 현재가격으로 구매하여 많은 재고를 유지하는 것이 경제적일 수 있다. 이렇게 가격상승에 대비하여 필요 이상의 재고를 유지하는 것은 "forwarding buying"이라고 한다.

2-4) 순환적 재고

순환적 재고란 재고 수준의 통상적인 변화를 의미한다. 다시 말하면 재고 수준은 주문해서 물품을 받은 직후가 가장 높고, 역으로 주문하기 직전이 가장 낮다는 말이다.

2-5) 주문 중인 재고

주문 중인 재고란 현재 이동 중인 물품을 의미하는데, 주문을 하였지만 아직 물품은 도착하지 않은 경우이다.

2-6) 안전재고

서비스가 효과적으로 제공되기 위해서는 소요되는 물품을 수요에 대처할 수 있는 적정량을 보유해야 한다. 그러나 서비스는 조달기간이 불확실하고 수요도 불확실한 동태적인 환경 하에서 제공된다. 이런 예상치 못한 변화, 또는 변동에 대비하기 위해 많은 경우 필요한 수준보다 과도한 재고를 유지하게 되는데 이를 안전재고라 한다.

3) 재고의 역기능

최근의 기업환경 변화 때문에 재고를 필요악으로 파악하는 견해가 설득력을 얻고 있다. 가능한 재고를 최소화 하려는 노력은 무재고(zero inventory)라는 이상을 지향하는 많은 우량기업 사례에 비추어 알 수 있다. 그러므로 재고를 줄이려는 노력은 업종에 관계없이 모두에게 필요하다. 재고에는 대부분 많은 자본이 묶이기 때문이다. 그리고 재고는 품질, 인력문제, 업무과정 등의 조직문제를 은닉하는 역할을 한다.

공급업자의 문제나 과정설계, 생산통제문제도 역시 재고로 덮어질 수 있다. 이렇게 재고는 공급연쇄의 단절, 과정의 불안정, 저급 품질, 준비시간 과다 등의 중대한 문제를 은닉할 수 있는 것이다. 즉 재고는 시스템에 부정적인 영향을 줄 수 있다. <표 5.4>는 재고와 대기행렬을 대비시키고 있는데, 이것은 그 기능과 효과측면에서 유사한 점을 공유하고 있다.

〈표 5.4〉 재고와 대기행렬

특징	재고	대기행렬
비용	자본의 기회비용	고객대기 시간의 기회비용
저장공간	창고	대기장소
품질	불량의 은닉	부정적 서비스 인지
완충효과	과정단계 분리	전문화와 분업 가능
능력이용	중간재고로 가동률 유지	대기고객으로 이용률 유지
조정기능	세부적 일정계획 불필요	수요와 공급의 불일치 허용

2. 재고시스템의 특성과 비용

1) 재고시스템의 특성

재고시스템을 설계, 구축, 관리하기 위해서 보관되는 제품의 특성과 재고시스템과 관련된 특성 등을 고려해야 한다.

1-1) 고객의 수요 형태

수요 형태를 분석할 때, 우선 추세와 주기, 그리고 계절성을 따져야 한다. 수요의 다른 속성을 고려하는 것도 중요하다. 수요가 개수로 발생하기도 하고 일정 단위로 발생하기도 한다. 예를 들어 해안리조트에서 스쿠버들의 마스크는 낱개로 팔리지만, 물이나 기름 등은 일정 단위로 수요가 발생한다. 다른 경우는 한 품목의 수요가 다른 품목이나 제품의 수요와 연계된 경우다. 예를 들면 맥도널드에서의 토마토케첩 수요는 판매된 햄버거와 감자튀김의 수요에 비례할 것이다. 이런 형태의 제품을 종속수요 품목이라고 한다.

1-2) 재고의 시한적 조건

관리자는 특정 물품의 재고를 계속적으로 유지할 것인지 한시적으로 유지할 것인지를 생각해야 한다. 예를 들면 호텔에서는 항상 수건이나 린넨류를 필요로 하지만 스포츠 매장에서는 88올림픽 티셔츠를 더 이상 가지고 있을 필요가 없다.

1-3) 보충에 소요되는 시간

우리가 주문하고부터 물품이 배달될 때까지 오랜 시간이 걸린다면 조달기간이 짧을 때보다 많은 재고량을 갖추어 있어야 하는데, 특히 품목이 서비스 수준에 큰 영향을 주는 경우는 보충에 소요되는 시간이 재고수준에 확실히 영향을 준다. 만약 조달소요기간이 확률분포를 가진다면 이런 자료를 이용하여 조달기간 동안 재고수준을 결정하는데 활용할 수 있을 것이다.

1-4) 재고 관련 원가 및 제약조건

어떤 제약사항들은 직접적으로 재고원가에 영향을 미친다. 이를테면 사용 가능한 저장공간의 크기는 저장할 수 있는 상품의 총량을 결정하며, 상하거나 부패하기 쉬운 품목은 진열에 한정적이고 재고로도 제한될 것이다. 재고유지 비용 등과 같은 제약사항들은 좀더 복잡하며, 창고 및 냉장설비 등에 소요되는 자본과 같이 확실하게 나타나는 비용들도 있다. 또한 보관되는 제품 그 자체도 구입하는데 자금이 소요되며, 보관함에 따라 금융비용만큼의 기회비용이 발생하는 셈이다. 다른 비용들은 재고자산과 관련된 보험이나 세금은 물론이고 재고를 유지하는데 인력 및 관리비용들을 포함한다. 고려해야하는 또다른 비용은 창고나 냉장설비를 확장하는데 소요되는 비용처럼 현재의 제약사항을 줄이는데 필요한 비용이다.

2) 재고시스템의 관련 비용

재고관리 시스템의 효과성은 보통 연간 평균비용으로 측정한다. 성과측정에 고려되는 관련 비용에는 유지비용, 주문비용, 품절로 인한 손실, 제품 구매비용이 포함된다. <표 5.5>는 이러한 비용의 세부적인 목록을 정리한 것이다.

〈표 5.5〉 재고시스템에서 비용을 발생하는 원천

주문 비용
• 구매할 품목에 대한 명세서를 준비
• 잠재적 공급 가능업자를 찾아 입찰에 참여하도록 유도
• 입찰가를 사정하고 공급가를 선택
• 가격을 협상
• 구매주문서를 준비
• 외부 공급자에게 구매주문서를 발송
• 구매주문서를 공급자들이 받았는지를 확인
수령 및 검사 비용
• 수송, 선적 그리고 수령
• 수령증과 다른 문서작업의 기록을 준비 및 처리
• 외견상 손상이 없는지를 검사
• 물품의 포장을 해체
• 정확한 양의 물품이 배달되었는지를 확인하기 위해 품목의 개수를 확인하고 무게를 측정
• 샘플을 추출하여 검사 및 시험부서로 운송
• 구입명세서와 맞는지 확인하기 위해 품목을 조사하고 시험
• 품목을 저장장소로 운송

유지비용
• 재고 품목의 구입에 소요된 금액에 대한 금융비용
• 재고품목, 저장창고, 그리고 재고시스템의 다른 부분에 투하된 자본의 기회비용
• 세금과 보험료
• 저장창고에서 품목의 유출입, 그리고 유출입에 대한 기록의 보관
• 도난
• 재고를 보호하기 위한 보안시스템의 설치
• 파손, 손상, 그리고 변질
• 부분적 노화 그리고 유효기간이 지난 물품의 처분
• 감가상각
• 저장공간과 설비(크기는 대개 평균 재고량보다 최대용량을 기준)
• 온도, 습도, 먼지 등에 대한 적절한 대책
• 관리(창고 근무자에 대한 감독, 재고 실사, 기록에 관한 검증 및 수정 등)
품절비용
• 품절에 따른 판매기회 및 이익상실
• 소비자의 불만족과 좋지 않은 이미지; 고객상실
• 납기 지연과 납기를 지키지 못한데 대한 벌금
• 부족한 재고를 빨리 채우기 위한 촉진비용

3) 재고시스템의 구조

재고관리시스템의 설계는 기본적으로 다음 세 가지 문제로 귀착된다.

- 실사주기: 얼마나 자주 재고량을 파악해야 할 것인가?
- 주문시점: 언제 주문할 것인가?
- 주문량 : 주문량을 얼마나 할 것인가?

수요가 확정적인 경우에는 주기적으로 파악해야 하므로 그다지 걱정할 필요는 없다.

그러나 호텔·관광산업의 수요는 하루, 일주일, 월별, 계절별, 연간으로 불확실하다. 이러한 경우 이들 위의 주문량, 주문시기, 실사주기 등 세 요소에 관한 의사결정이 상당히 복잡해진다.

첫째, 재고실사에 시간과 비용이 전혀 소요되지 않는다면 가능한 지속적으로 재고를 파악하는 것이 바람직하지만, 그렇지 못한 경우 재고실사는 주기적으로 수행될 수밖에 없다. 그러나 실사주기는 길게 잡을수록 수요에 대한 불확실성이 높아져 필요 이상으로 재고를 많이 보유하게 될 우려가 크다.

둘째, 주문시점은 재고를 계속적으로 실사하느냐 또는 일정주기에 따라 실사하느냐에 따라 달라진다. 재고를 계속적으로 실사하는 경우 주문시점은 바로 조달기간 동안의 수요를 기초로 하여 결정한다. 조달기간 동안의 수요에 불확실성이 높을수록 품질에 대비한 안전재고를 많이 보유해야 한다. 한편, 재고를 주기적으로 실사하는 경우 주문시점은 곧 실사시점과 일치한다.

셋째, 주문량의 경우 재고실사주기의 길이에 따라 결정방법이 달라진다. 계속적인 실사를 채택하는 경우 주문량은 대개 결정되어 있지만, 주기적인 실사인 경우 다음 실사 때까지의 수요와 조달기간 동안의 수요를 모두 감안하여 결정하게 되나, 주문량과 실사주기의 상호연관성을 고려해야 하므로 이 역시 상당히 복잡해진다.

제6장 | 호텔·관광기업의 인적자원관리

제1절 인적자원관리의 개념

1. 인적자원관리의 의의

인적자원관리(Human Resource Management : HRM)는 구성원들로 하여금 자발적이고 적극적으로 조직의 목적달성에 기여하도록 하는 철학과 이를 실현시키는 제도 및 기술체계이다. 인적자원관리는 조직의 목적을 달성하기 위하여 기업의 인적자원을 활용하는 것이라 정의할 수 있다. 이는 사람과 직무를 유기적으로 결합시키는 조직적 관리활동이다. 따라서 모든 계층의 매니저들은 인적자원관리에 관심을 가지지 않으면 안된다.

한국적 인적자원관리의 궁극적 목표는 기업의 이윤 추구에 있지만 현실적 목적은 아름다운 기업을 이루는데 있다. 이를 구현하기 위한 인적자원관리의 목표는 기업의 생산성과 종업원의 생활성(인간성), 나아가 역량성을 함께 달성하는데 있다. 인적자원관리에서는 이러한 요소가 조화와 균형을 이룰 때 아름다운 기업이 이루어질 수 있다. 이와 같은 철학적 아름다움과 인적자원관리 목표와의 체계를 나타낸 것이 <그림 6.1>이다.

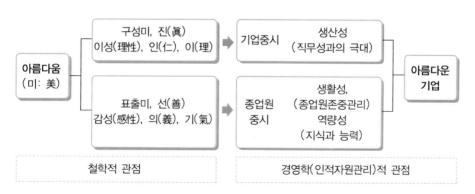

자료: 박성환(2007). 역량중심 인적자원관리. 한올출판사, p.9.

〈그림 6.1〉 철학적 아름다움과 인적자원관리의 목표와의 체계

2. 현대인적자원관리의 특징

현대 인적자원관리는 전략적 인적자원관리이다. 전략적 인적자원관리는 보편적 접

근, 상황적 접근, 형태적 접근의 특징을 가지고 있다. 전략적 인적자원관리는 보편적 접근을 기본으로 하면서, 상황적 접근과 형태적 접근이 중시되고 있다.

1) 보편적 접근(universalistic approach)

보편적 접근은 일반이론의 관점에서 어느 기업이나 동일하게 적용하여야 할 기본적 요소이다. 보편주의적 관점에 입각한다면 경영학의 이론 및 방법은 시간과 공간을 초월해서 모든 시대의 국가와 기업에 효과적으로 적용될 수 있다고 보고 있다. 따라서 어느 지역이나 역사와 문화와는 관계없이 일반적으로 적용될 수 있는 관리방식들이 존재한다는 것이다. 즉 모든 국가의 경제나 기업은 글로벌 스탠더드라고 불리는 경영방식 또는 제도가 있는데 이것만이 당면한 문제점들을 해결하고 성장·발전시킬 수 있는 유일한 표준이라는 것이다.

보편적 접근법은 1980년대 후반 이후 일본기업의 인적자원관리에 영향을 받아 미국 기업을 중심으로 퍼지기 시작한 혁신적인 인적자원관리기법(innovative HR practices) 또는 초우량 작업장(high performance work organizations) 개념과 밀접한 연관이 있다.

2) 상황적 접근(contingency approach)

상황적 접근이란 상황적합이론을 의미하는 것으로써, 좋은 제도라 할지라도 다른 나라의 문화, 기업의 전략이나 내부적 상황 등과 잘 조화를 이루지 못하면 좋은 경영성과를 낼 수 없다고 보는 관점이다. 상황적 접근은 기업마다 그 독특한 상황과 환경이 다르므로, 그 기업이 처한 독특한 실정과 환경에 맞는 개별적(case by case)인 제도나 시스템을 만들고 운영하여야 성과를 향상시킬 수 있다는 특수주의(particularism)를 신봉하고 있다. 즉 상황적 접근은 특수이론의 관점에서 내외적인 환경을 감안하여 전략을 선택하고 구성원은 이에 부합하는 행동을 한다. 수직적으로 기업의 문화나 전략이 특정 인사관리 시스템 또는 제도에 부합되어야 하고, 수평적으로 어떤 인사관리 체계를 변경하거나 새로 도입할 때, 그 제도가 기존의 다른 인사제도들과 서로 잘 부합되어야 한다는 것이다.

상황적 접근법에서 가장 많이 이용되고 있는 조직전략의 유형은 Porter의 경쟁전략모형(1980, 1985), Miles & Snow(1984)의 사업전략이 있다.

3) 형태적 접근법(configurational approach)

형태적 접근법은 중범위이론으로서 기업의 효율적인 인적자원관리 정책과 제도 및 시스템이 상호작용을 통해 일정한 논리를 가지고 내부적으로 적합한 인적자원관리의 한 조합으로서 형태를 이루고, 자원기반관점에서 종업원의 역량을 개발하고 향상시킴으로써 지속적인 경영우위를 창출할 수 있다는 관점이다. 이 접근법은 Lado & Wilson의 자원기반관점(resource- based view) 연구가 중심이 되고 있다. 자원기반관점에 의하면 기업은 여러 생산적 경영자원의 집합체로 구성되어 있다. 즉 자원기반관점은 기업의 자원이 가치 있고 희귀하며 모방하기 어렵고 대처하기 어려울 때, 지속적인 경쟁우위를 확보할 수 있다고 보고 있다. 즉 기업의 인적자원이 외부환경에 단순히 적응하는 차원을 넘어서 환경을 주도함으로써 기업의 경쟁력을 가져 올 수 있는 주체라는 것이다(Cappelli & Singh, 1992). 기업의 자원기반 인적자원관리시스템은 종업원의 역량 개발과 향상을 통한 경쟁우위를 만들어 낼 수 있는 가장 훌륭한 시스템이다.

이상의 전략적 인적자원관리를 그림으로 나타낸 것이 <그림 6.2>이다

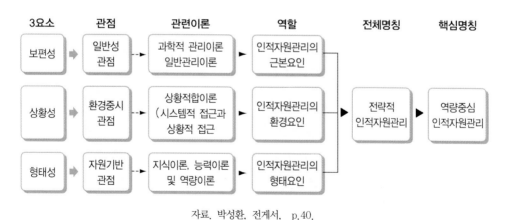

자료. 박성환, 전게서, p.40.

〈그림 6.2〉 현대 인적자원관리의 체계

3. 인적자원관리에서 인사담당자의 역할 변화

최근 인적자원관리 담당자의 업무가 급격하게 변화하고 있다. 이것은 종전의 HR기능이 쇠퇴한 것이 아니라, 각 기능을 담당하는 사람들이 이동하는 조직구조변화를 초래하였다. 일부 조직은 기업 내에 HR기능의 대부분을 계속 수행하고 있다. 그러나 기업 내부 운영이 재검토되면서 HR업무가 인사담당자 또는 외부 벤더(outside vender)에 의해 더 효율적으로 수행될 수 있지 않을까 하는 의문을 제기하기에 이르렀다. 명백한 사실은 HR을 포함해 조직 내의 모든 기능이 비용삭감 측면에서 철저히 조사되고 있다는 것이다. 경쟁적인 글로벌 환경에서 모든 조직들이 긴축예산에서 운영되고 있고 HR도 예외는 아니다.

인적자원기능을 수행하는 사람들의 배치전환 및 할당이 조정되게 됨에 따라, 많은 인적관리담당부서가 점차 축소되었고 다른 부서들이 인사담당의 일부 기능들을 수행하기에 이르렀다. 최근 인사관리담당자(전통적인 스태프)의 업무는 점차 SSC(Shared Service Centers), 아웃소싱, 라인 매니저(인사담당 직원)가 그 활동에 조력하게 되었고, 그에 따라 HR은 관리적인 이미지에서 벗어나 더욱 전략적이고 미션 지향적인 활동으로 전환되고 있다.

1) 인적자원 매니저(human resource manager)

전통적 인사관리에서 인사관리담당자(staff)가 관심을 갖고 '받들어야 할 대상'은 최고경영자나 기업가이었으나, 현대의 인적자원관리 담당자는 최고경영자층 뿐만 아니라 모든 종업원들을 포함하고 있다. 이들 인적자원 매니저는 인사업무에 관해 다른 매니저들과 함께 일하면서 자문역(advisory) 또는 스태프(staff)의 능력을 발휘하는 사람들이다. 역사적으로 보면 인적자원부서는 다음 2절의 <그림 6.3>에서의 5가지 기능을 수행한다.

인적자원 매니저는 조직의 목표달성을 위해 인적자원관리와 협력하는 것이 첫 번째 책임이다. 라인 매니저와 인적자원 담당자 간에는 공통의 책임이 있다.

오늘날 전통적으로 수행되어왔던 HR 매니저의 많은 업무가 삭감되거나 소멸되어왔고 현재 인적자원 조직구조와 서비스 전달비용은 약 30-40% 감소되었다고 한다.

2) SSC(Shared Service Centers)

SSC는 전문지식센터(a center of expertise)로 알려져 있다. SSC는 업무의 틀을 정형화하고 조직 전체에 흩어져 있는 거래기반활동을 한 곳으로 통합한다. 예를 들어 20개의 SBU(Strategic Business Unit: 전략적 사업단위)를 가진 기업이 있다면 이들을 모아 정형화된 HR 업무로 통합하고 한 장소에서 업무를 수행한다는 식이다. 증가된 업무량은 더욱 적합한 자동화 시스템으로 처리함으로써 인적자원 인원을 더 축소할 수 있다. SSC로 인해 기업의 HR 기능에는 여러 가지 이점이 있다. 이를테면 SSC를 활용하면 연금관리, 급료지급 명부, 재배치지원, 모집지원, 글로벌 훈련 및 개발, 승계계획, 재능 있는 인재 유지(타 기업에 뺏기지 않음) 등에 많은 이점을 가져올 수 있다.

3) 아웃소싱 기업(Outsourcing Firms)

아웃소싱이란 서비스 영역이나 기업의 목적에 대해 외부 제공자에게 책임을 맡기는 것을 말한다. 아웃소싱은 기업이 자원과 역량을 핵심부문에 집중함으로써 효율성을 높이고, 그 외 업무는 외부화나 외부조달로 외부전문분야의 도움을 얻음으로써 자신들의 경쟁력을 높이는 것이다. 따라서 이를 외부화, 외부조달이라고도 한다. 좀더 상세히 보면 기업이 보유하고 있거나 직접 처리하는 업무 중에서 전략적으로 중요한 핵심부문이나 가장 잘할 수 있는 핵심역량에 모든 자원을 집중시켜 생산이나 업무의 전문성을 확대하고, 부가가치가 낮은 단순업무들을 외부의 전문적인 우수기업 또는 인재에게 맡기거나 조달함으로써 인건비를 절감하고 조직을 축소하는 등 인력의 유연화로 생산성을 향상하는 것을 의미한다.

아웃소싱은 하청, 외주, 파견근로자, 컨설팅, 업무대행 등을 포괄하는 의미로 사용되고 있고, 비정규직의 대부분도 아웃소싱의 형태로 고용되고 있다. 미국에서는 1980년대 처음 정보시스템 부문을 외부에 위탁하였고 그 후 총무, 경리, 물류, 유통, 인사, 영업 등 전 분야로 확대되었다. 또한 외부에 주문생산을 하거나 해외출장 관련 업무를 아웃소싱하기도 하고, 기업의 차를 없애고 외부의 렌터카를 이용하거나 원자재나 부품을 해외에서 조달하는 글로벌소싱 등 여러 가지가 있다. 민간이나 정부를 막론하고 아웃소싱이 확대되고 있어 HR기능은 점차 축소되어 가는 추세이다.

4) 라인매니저(Line Manager)

라인매니저는 기업의 주목적을 직접 수행하는 인력을 말한다. HR매니저의 전통적인 업무가 축소됨에 따라 라인매니저가 승진해서 인적자원관리자가 행하던 업무를 담당하기에 이르렀다. 이를 테면 인터뷰와 같이 예전 HR에서 수행했던 수많은 스태프기능들을 담당한다. 고용된 인력의 질은 매니저를 훌륭하게 만들거나 망치게 하기도 한다. 모든 매니저는 자신의 업무가 계속 훈련받고 개발되어야 한다는 것을 이해해야 한다. 동기유발에는 보상과 혜택이 필요하다. 만약 노조가 만들어지면 라인매니저는 노조와 효율적으로 일할 수 있는 방법을 알아야 한다.

Ulrich(1997)에 의하면 인사관리 담당자의 업무분담과 책임에는 각 단계에 따라 다르다고 한다. <표 6.1>과 같이 종업원 변화관리에 대한 책임에 있어서 전체를 10으로 볼 때 인사변화가(임원)가 약 3할을 차지하고 라인관리자(부장)가 4할 정도 그리고 외부의 컨설턴트가 나머지 3할을 차지하고 있다. 이러한 사실을 보면 인사담당임원은 전략적 기능을 부장에게 빼앗기고 변화관리를 일선전략가에게 빼앗김으로써 자신의 경력경로의 위치가 불명확해지고 있다.

〈표 6.1〉 인사관리담당자의 분담과 공유된 책임

구분	인사 인프라관리	종업원 지원관리	전략적 인사관리	종업원 변화관리
책임	인사담당자 (본사스태프) 5 아웃소싱 3 정보기술 2	인사지원자 (스태프) 2 라인관리자 6 종업원 2	인사전략가 (스태프) 5 라인관리자 5	인사변화가 (스태프) 3 라인관리자 4 외부 컨설턴트 3

제2절 인적자원관리 기능

Mondy & Noe(2005)는 인적자원 관리 기능은 <그림 6.3>과 같이 스태핑(staffing), 인적자원개발(human resource development), 보상과 혜택(compensation and benefits), 안전과

건강(safety and health), 노사관계(employee and labor relations) 등 5가지로 구성된다고 한다.

자료. Mondy, R. W. & Noe, R. M.(2005), *Human Resource Management*, p.6.

〈그림 6.3〉 인적자원관리 기능

1. 스태핑(Staffing)

- 우리나라에서는 스태핑이라고 하면 열에 아홉은 인력파견업체가 하고 있는 임시직 인력파견으로 알고 있다. 이렇게 좁은 의미가 아닌 넓은 의미로 스태핑을 해석해야 인력관리가 체계적으로 이루어질 수 있다.

- 스태핑은 정해진 방법과 룰에 따라 '사람을 채용하거나 유지하고 퇴출시키는 일련의 활동'을 모두 포함하는 개념이다. 스태핑을 단순히 공석이 발생했을 때 신규 인력을 충원하는 절차나 외부채용과는 상반되는 의미의 '내부채용'으로 이해해서는 안 된다. 스태핑은 채용, 고용, 승진, 이동, 재배치, 해고, 이직 및 퇴직 등 인력의 운용에 관한 모든 것으로 이해해야 한다.

- 스태핑은 조직의 목표를 달성하기 위해 적절한 기술을 익힌 종업원들이 적절한 시기에 적절한 직무를 수행하도록 조직이 확실하게 하는 과정이라고 정의할 수 있다. 본서에서 기술하는 스태핑에는 직무분석, 인적자원계획, 모집, 선발 등이 포

함된다.

- 스태핑전략(Staffing Strategy)을 장기적인 인력관리의 지침으로 명확히 설정한 후에 연도별, 분기별, 월별 스태핑 활동을 구체화한 스태핑계획(Staffing Plan)을 수립하여 실행에 옮기는 일련의 프로세스를 정착시켜야 한다.

1) 직무분석(Job Analysis)

조직구성원은 모두 조직의 목표달성을 위해 맡은 직무를 수행하고 있다. 직무관리는 체계적인 직무분석을 바탕으로 직무를 설계하고 구성원들이 효율적으로 직무를 수행하도록 하며 직무를 평가함으로써 구성원들의 발전에 이바지하는 관리를 의미한다. 직무(job)란 조직구성원이 수행하여야 할 유사한 과업들이 모인 하나의 일의 범위이다. 즉 직무는 조직 내의 개인의 역할을 규정하는 기본적 단위이다.

직무분석이란 조직 내에서 직무의 내용과 직무를 수행하는데 필요한 직무수행자의 기술, 의무, 지식 등 직무수행을 하는데 필요한 것들을 분석·결정하는 체계적 과정이다. 기업은 직무분석을 성공적으로 수행하기 위해 직무분석 전략을 수립하여야 한다. 직무분석 전략은 주로 이와 관련하여 직무를 효율적으로 수행하거나 인적자원관리에 효율적으로 활용할 수 있도록 하는 방법이나 책략이다.

직무분석은 '특정직무의 내용' 및 '이를 수행하는데 필요한 직무수행자의 행동, 육체적 및 정신적 능력'을 체계적으로 밝혀야 한다. 전자는 직무와 관련된 정보를 획득하는 과정이므로 직무정보의 합목적적인 획득과 정리가 필요하고, 후자는 직무를 수행하는 사람의 직무수행 능력과 관련되는 광범위한 정보를 제공하기 위해 실시된다. 직무분석의 과정은 직무별 내용을 정리함으로써 직무기술서가 작성되고 담당자의 자격요건을 정리함으로써 직무명세서가 작성된다.

〈그림 6.4〉 직무분석의 과정

직무는 어떻게 구성되어 있는가? 직무, 즉 일의 요소는 과업, 직무, 직군, 직종 등으로 구성되어 있다. 직무분석의 내용은 <그림 6.5>와 같이 수행직무(작업분석)와 수행요건 (요건분석)으로 구성되어 있다.

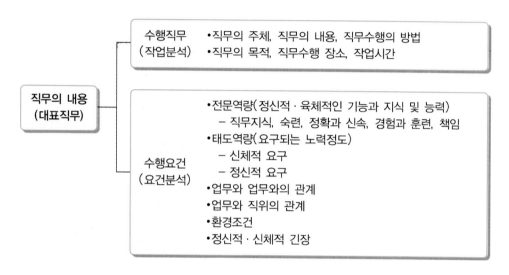

〈그림 6.5〉 직무분석의 내용

직무기술서(job description)는 직무분석의 결과로 얻어진 직무의 내용 및 성격 등에 관한 정보를 일정한 양식으로 기록·정리한 문서로서 직무해설서라고도 한다. 이것은 직무의 능률적인 수행을 위해 직무분석의 결과를 정리하여 작업자에게 정보를 제공할 수 있도록 요점을 기술한 것이다.

직무명세서(job specification)는 직무의 내용과 관련하여 그 직무담당자의 인적요건을 설명한 문서이다. 직무기술서는 분석결과에 의하여 직무내용 및 성격 등을 해설한 문서이고, 직무명세서는 직무의 내용과 관련하여 인적 요건(requirement)의 필요한 사항을 일정한 양식에 따라 정리한 문서이다.

〈표 6.2〉 직무기술서와 직무명세서에 포함되는 사항

구분	직무기술서	직무명세서
내용	• 직무명칭 • 직무의 소속직군, 직종 • 직무내용의 요약(개요, 목적, 근무시간, 작업장소, 작업자세) • 수행되는 과업 • 직무수행의 방법 • 직무수행의 절차 • 사용되는 원재료, 장비, 도구 • 관련되는 다른 직무와의 관계 • 작업조건(작업집단의 인원수, 상호작용의 정도 등)	• 직무명칭 • 직무의 소속직군, 직종 • 요구되는 교육수준 • 요구되는 기능·기술 수준 • 요구되는 지식 • 요구되는 정신적 특성(창의력, 판단력 등) • 요구되는 육체능력 • 요구되는 작업경험 • 책임의 정도

2) 인적자원 계획(Human Resource Planning : HRP)

인적자원계획은 인적자원의 자격요건을 검토하는 체계적인 과정이다. 인적자원관리는 경영자의 철학과 목표 및 방침을 바탕으로 인적자원관리의 계획을 수립한다. 기업은 인적자원관리의 목표가 설정되면 이에 따라 인사관리 각 기능의 목표가 정해진다. 또한 그 목표를 효율적으로 달성하기 위해 경영방침이 정해지고 이에 따라 인적자원관리 계획이 구체적으로 수립된다.

인적자원관리의 각 영역별 인사계획은 장래의 각 시점에서 기업이 필요로 하는 인적자원의 수준과 인원수를 사전에 예측하고, 기업 내외의 인력실태를 예측하는 것이다. 인사계획은 기업의 급속한 기술적·경제적 발전에 부응하여 구조적인 상황변화를 예측하고 이에 부합할 수 있도록 설정하여야 한다. 또한 인사계획은 물질적인 성과의 달성뿐만 아니라, 종업원의 관심을 끌 수 있는 동기유발이 필요하다.

인사계획은 다른 경영활동 영역과 많은 관련이 있다. 이것을 나타낸 것이 <그림 6.6>이다. 인사계획은 전반경영계획의 일환으로서 그 기업의 다른 부문계획, 즉 판매계획, 생산계획, 투자계획 및 구매계획 등과 상호작용 속에서 이루어져야 한다. 인사계획은 협의의 인사계획과 광의의 인사계획이 있다. 협의의 인사계획은 인력계획만을 의미하고, 광의의 인사계획은 인력계획·조직계획·제도계획을 의미한다. 조직계획과 제도계획은 인력계획을 수립하는데 보조적인 역할을 한다. 조직계획은 인력을 수용하는 권력의 구조와 직무의 구조를 파악하는 활동계획이고, 제도계획은 인력활용을 뒷받침해 주는 보수제도와 신분제도 및 평가제도를 확립하는 계획이다. 인력계획이 기능적 요소라면 조직계획, 제도계획은 구조적 요소이다.

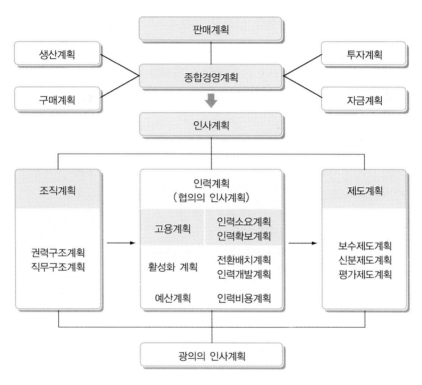

〈그림 6.6〉 경영계획의 일환으로서 인사계획

3) 모집(Recruitment)

모집은 기업이 인재를 선발하기 위하여 유능한 지원자를 내부 혹은 외부로부터 구하여 그들이 조직 내의 어떤 직위에 응시하도록 지극하여 확보하는 활동이다. 따라서 기업은 유능한 지원자를 구하는 모집을 순조롭게 수행하여야 수준 높은 인재를 선발할 수 있을 것이다.

기업에서 인적자원의 모집은 모집방침의 설정으로부터 시작된다. 모집방침의 설정은 직무명세서를 기초로 하여 인력모집에 대해 요구하는 것을 기술한 것이다.

인적자원을 모집하기 위해서는 기업의 내·외 채용여건을 분석하여야 한다. 인력의 모집에는 내부노동시장형과 외부노동시장형이 있다. 전자는 기업 내에서 종업원의 양성에 목표를 두고 모집하는 형태이고, 후자는 외부에서 양성된 인력 중 기업이 바라는 인력을 적기와 적시에 구하기 위해 모집하는 형태이다. 전통적으로 한국과 일본 등 동양권의 기업들은 내부노동시장형을 선호하고 있고 서구기업들은 외부노동시장형을 선호하고 있다. 이러한 노동시장의 특징은 <표 6.3>에 나타나 있다. 기업은 모집시기를 분석하고 지원자수를 예측한 후에 모집예산을 편성한다. 기업이 인력모집계획에 따라 모집 직종과 직종별 인원이 결정되면 본격적인 모집활동이 시작된다.

〈표 6.3〉 내부노동시장과 외부노동시장 채용

구분	내부노동시장 채용	외부노동시장 채용
특징	• 인재의 육성정책 • 신입사원 중심으로 우수인력 조기 채용 • 장기근속을 전제로 역량을 통한 탄력적이고 지속적인 훈련을 통한 기업 특수 기술과 숙련보유가 가능	• 인재의 구입 정책 • 전 직급에 걸친 경력사원 채용 • 고용을 통한 탄력성 유지 • 승진보다는 성과중심(보상)
장점 (이익)	• 안정적 고용보장과 내부승진으로 종업원의 동기부여 • 기업이 보유하고 있는 기능과 지식 및 능력에 대한 예측이 가능함 • 팀워크가 증진되고 조정과 통제가 수월함 • 기업에 필요한 인재양성 • 채용비용(거래비용)이 낮음	• 인력관리의 신축적 운영 가능(종업원의 수와 유형에 대한 재량권 증대) • 중요 자원을 핵심역량의 개발에만 사용할 수 있음 • 필요한 인력의 신속한 확보 가능 • 조직의 새로운 변화를 유도할 수 있고 변화에 빠른 대응 가능 • 훈련비용 절감 • 총액 인건비의 통제 용이
단점 (비용)	• 고용관계에서 관료제 현상으로 경직성 유발 • 장기근속으로 인한 기술의 노후화 • 시간이 지남에 따라 인건비의 수직 상승 • 새로운 환경변화에 대한 적응력이 떨어짐 • 높은 교육훈련 비용	• 종업원의 결속력 약화 • 불안정 고용으로 인한 사기저하 • 채용비용 높음 • 적절한 인재를 찾기가 쉽지 않음 • 외부인력을 아웃소싱함으로 인해, 기업의 기술과 핵심역량의 개발을 지연시킬 수 있음

4) 선발(Selection)

선발이란 모집된 사람 중에서 유능한 지원자를 선택하는 활동을 의미한다. 즉 지원자의 채용 여부를 결정하는 과정이다. 모집은 기업에 입사하려는 지원자를 모으는 과정인데 대하여, 선발은 이들 중에서 한 직무와 지원자 사이의 적합정도를 평가하여 직무를 가장 잘 수행할 수 있는 유능한 지원자를 선택하는 과정이다.

기업의 인력선발계획은 조직의 직무자격요건과 보상에 비추어 지원자의 지식과 능력 및 의욕을 평가하여 이에 합당한 인재를 선발할 수 있도록 미리 설계하는 것을 의미한다. 인적자원의 선발방식은 기업의 직무수행에 있어서 필요한 자격요건을 식별하기 위해 다양한 선발수단이 필요하다. 이에는 종합적 평가법, 단계적 제거법, 중요사항 제거법 등이 있다. 경영자는 이것들을 잘 이해하고 그 다음 기업에 가장 효율적인 방법이 어느 것인지를 분석한 후 채택하여야 할 것이다.

선발절차는 기업의 사정에 따라 차이가 있겠지만, 대체로, 서류전형, 예비면접, 선발시험, 선발면접, 경력조회, 신체검사, 선발결정, 채용 등의 순서로 이루어진다(그림 6.7 참조).

〈그림 6.7〉 종업원 선발절차

인력선발의 평가는 기업의 인력선발이 합리적으로 실시되었는가를 확인하기 위한 평가이다. 인력선발의 평가는 선발의 전 과정에서 신뢰성·타당성·효과성·합리성을 분석하는 것이 좋겠지만, 이것이 여의치 않을 경우 선발의 2대 핵심과정인 시험과 면접에서 이들 분석이 꼭 필요하다고 할 수 있다.

2. 인적자원 개발(Human Resource Development)

1) 교육훈련 및 개발

교육훈련(education & training)이란 조직의 목적을 달성할 수 있도록 직무를 수행하는

데 필요한 전문역량(기능, 지식, 능력, 기술) 그리고 근무의욕을 배양시키는 활동을 의미한다. 개발(development)은 종업원이 현재 직무에 필요한 능력(ability)뿐만 아니라 미래에 필요한 직무능력을 배양하는 것이다. 다시 말하면 교육과 훈련은 종업원들의 현재 부족한 직무에 초점을 두고 있으므로 매우 단기적이고 직접적인 효과가 있다. 그러나 개발은 개인, 집단, 조직 전체의 미래지향적인 노력에 초점을 두고 있으므로 장기적이고 간접적인 효과로 나타난다. 이것을 정리하면 <표 6.4>와 같다.

〈표 6.4〉 교육 · 훈련 · 개발의 기능

방법	교육	훈련	개발
초점	일반적인 직무지식(knowledge)과 태도(attitude)의 육성	특정 직무수행에 필요한 업무기능(skill)과 기술(technology)	현재와 미래의 직무수행 능력(ability)
대상	개별종업원(개인목표 강조)	개별종업원, 집단(조직목표 강조)	개인, 집단, 조직 전체
내용	개념 · 이론	실무 · 기능	이론 · 실무
시간	직접 · 장기간	직접 · 단기간	간접 · 장기간
특징	기초적인 직무지식 배양(전체적 · 객관적 · 체계적 과정)	현재업무기술의 결점보완 및 향상(개별적 · 실제적 · 구체적인 관점)	미래의 직무수행 능력 배양

교육훈련의 목적은 기업과 종업원의 입장에 따라 서로 다르게 나타난다. 기업의 입장에서는 전문가의 양성을 통한 기업의 발전에 있고, 종업원의 입장에서는 자기계발을 통한 개인의 발전에 있다. 교육훈련의 목적을 요약하면 <그림 6.8>로 나타낼 수 있다.

〈그림 6.8〉 교육훈련의 목표

교육훈련의 계획에는 인력개발의 필요성 분석(조직분석, 직무분석, 개인분석)을 통하여 교육훈련 목표설정, 대상자 선발, 내용 결정(전문적 지식과 능력개발, 근로의욕개발), 실시자 결정(직속상관교육훈련: OJT, 외부전문가교육훈련: off-JT, 자기개발 : SD), 기법 선정(신입사원·실무층·관리층·조직 교육훈련기법)이 있다.

교육훈련의 평가에는 교육훈련의 효과 평가(반응효과·학습효과·행동효과·결과효과)와 타당성 평가(훈련 타당성·전이학습·조직내 타당성·조직간 타당성·ROI)가 이루어져야 한다. 이 중에서 ROI(투자이익률) 평가는 교육훈련에서 효익을 얻은 화폐적 가치를 비용으로 소요된 화폐적 가치로 나눈 것이다.

2) 경력관리

경력관리(career management)는 한 개인이 입사로부터 퇴직에 이르기까지 경력경로를 개인과 조직이 함께 계획하고 실시하여 개인목표와 조직목표를 장기적 관점에서 달성해 가는 종합적 인적자원관리를 의미한다.

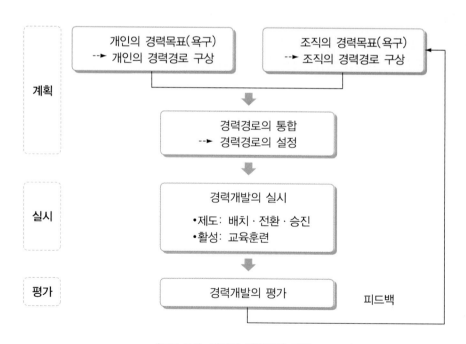

〈그림 6.9〉 기업의 경력관리 과정

경영자는 기업의 미래 인적자원 수요를 충족시키기 위하여 종업원들의 경력경로를 설정하고 현재와 미래에 필요한 직무역량을 개발하며 그 결과를 평가하여야 한다. 기업의 경력관리는 계획, 실시, 평가의 과정을 통해 이루어진다. 이것을 나타낸 것이 <그림 6.9>이다.

경력계획(career planning)은 개인이 기업의 경력목표(욕구)를 수용하면서 자신의 욕구와 목표를 반영한 통합목표를 수립하고 이에 따라 개인의 최적 경로를 선택하는 것이다. 경력계획은 경력 성공과 실패의 연속이 수반될 수밖에 없으므로 각 개인의 자아개념, 정체성, 그리고 만족감과 가깝게 연결시키는 것이 매우 중요하다.

기업이 경력관리에서 경력계획을 확정하는 것은 기업이 개인의 경력경로를 설정하는 것을 의미한다. 경력경로(career path)란 개인이 조직에서 차례로 담당할 수 있는 여러 종류의 직무들의 배열을 말한다.

조직의 경력관리의 실시는 경력개발(career development)을 의미한다. 이는 조직이 종업원의 경력을 개발하는 것을 말한다. 기업이 우수한 인재를 채용한 후, 그 인재의 개인목표를 바탕으로 기업의 협조를 얻어 경력경로를 설정하고 이동(배치, 전환, 승진)과 교육훈련을 통해 경력개발을 함으로써 전문가를 양성할 수 있는 제도이다. 그리고 이에 대한 평가와 피드백이 필요하다. 경력관리의 내용을 요약한 것이 <그림 6.10>이다.

〈그림 6.10〉 경력개발의 내용

3) 경력관리지원시스템

경력관리지원시스템은 기업에 따라 다양하지만 기본적으로 인사정보시스템, 경력정보시스템, 경력상담시스템, 평생학습시스템 등이 갖추어져야 한다. 인적자원부서는 인사정보시스템(personal information system)을 통해 인사정보를 체계화하고 종업원들에게 제공할 필요가 있다. 인사정보시스템은 기본적으로 개인의 비밀이 보장될 수 있도록 설계되어야 하며, 정보관리교육을 통해 인사담당자가 독자적으로 관리할 수 있도록 해야 한다. 또한 인사부서는 경력정보를 전담하여 제공할 경력정보시스템(career information system)을 구축하여야 한다. 또한 인적자원부서는 경력상담자로 하여금 기업의 경력목적과 종업원의 경력욕구에 대하여 상담하고 지원할 수 있는 경력상담제도를 설치할 필요가 있다. 경력상담시스템(career counselling system)은 인적자원부서가 조직구성원의 경력목표수립과 적절한 경력선택을 지원하기 위한 체계이다. 기업은 또한 종업원들의 경력관련 욕구를 충족시켜 주는 평생학습시스템을 구축하여 평생학습의 기회를 제공하여야 한다. 평생학습시스템은 기업의 종업원들이 평생 개인학습을 통해 조직학습을 구축하는 것이다. 조직학습은 개인차원에서 보유한 사전지식을 조직차원에서 그들 간의 지식변환을 위한 노력의 강도를 증가시켜 지식의 습득을 더 활발하고 빨라지게 만들 수 있다.

4) 평가관리

평가관리는 인적자원과 그가 소속된 집단의 자질, 역량, 기술, 업적 등을 평가하는 관리를 의미한다. 인적자원의 평가에는 개인고과인 인사고과와 집단고과인 집단평가가 있다. 여기서는 인사고과에 한정하기로 한다.

인사고과(personal rating)는 종업원 개인을 평가하는 것으로써 인사평가(human assessment)라고도 한다. 인사고과는 종업원이 어떤 지식, 능력(가시적, 잠재적), 업적 그리고 직무태도를 보유하고 있거나 이를 수단으로 하여 조직의 직무수행으로 성과를 향상시켰던 가치를 객관적이고 체계적으로 평가(evaluation)하는 것을 의미한다.

전통적 인사고과는 종업원의 과거 실적을 고과하여 상여금·승급·이동·해고 등 차별적인 대우, 즉 상벌의 기초자료로 활용하기 위한 관리의 목적으로 활용하였다. 그러나 현대적인 인사고과는 기업의 합리적인 인적자원관리를 위한 기초 자료로 활용함으로써 종업원들의 역량과 성과향상 및 동기유발, 그리고 기업의 조직개발을 목적으로 하고 있다. 또한 전통적 인사고과는 과거중심의 사정형 고과였으나, 현대적 인사고과는 미래중심의 역량개발형 고과로 발전되고 있다.

기업의 인사고과관리는 계획에서 인사고과의 목표를 수립하고, 실시에서 인사고과 구조로서 고과요소를 설정하고, 인사고과 기능으로써 고과자와 고과기법을 결정한다. 그리고 평가단계에서 고과결과의 평가를 실시한다. 이상을 나타낸 것이 <그림 6.11>이다.

기업은 종업원의 인사고과가 합리적으로 잘 수행되었는지를 평가하여야 한다. 또한 인사고과는 승진이나 이동배치를 위해 일과성으로 실시할 것이 아니라, 종업원들의 여러 가지 역량에 대한 변화추세 및 개인정보를 파악하여 활용하기 위해 여러 번 평가하여 그 결과를 축적하여야 할 것이다.

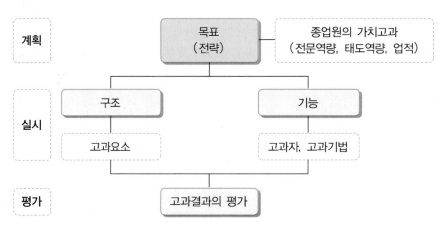

〈그림 6.11〉 인사고과관리의 과정

3. 보상과 혜택(Compensation and Benefits)

기업의 임금은 적정수준에서 이루어져야 기업의 생산성과 더불어 종업원의 생활성도 달성될 수 있다. 즉 임금은 기업의 가치창출과 종업원의 생활향상이라는 목적에 부합되도록 결정되어야 한다. 임금관리는 근로자의 맡은 일이나(직무) 실제로 보유하고 있거나(연공, 직능) 이루어 놓은 업적(성과)에 따라 사용자가 그의 지급능력과 근로자의 생계비를 감안하여 근로의 대가로 지급하는 모든 금품의 공정한 관리를 의미한다.

직접적 보상은 wages, salaries, commissions, bonuses를 말한다. 임금(wage)은 근로자가 조직에 대해 제공한 노동에 상응하는 대가로 받은 금품 일체를 의미한다. Mondy &

Noe(2005)에 의하면 보상(compensation)은 서비스를 제공한 대가로 종업원이 얻는 모든 보답(reward)을 의미하며, 보답에는 페이(pay), 혜택(benefits), 비금전적 보답(nonfinancial rewards) 가운데 하나 이상이 결합한 것이다. pay는 성취한 업무에 대해 개인이 받는 돈을 말한다. benefits는 유급휴가, 병가, 휴가, 의료보험 등 기본 봉급(base pay) 이외에 추가적인 금전적 보답이다. 비금전적 보답은 노동조건, 근무시간 조정, 비중 있는 업무 선택, 분위기, 멘토 시스템, 일하기 편한 기업문화 등을 말한다. 이 보상에 관한 예는 <그림 6.12>에 나타나 있다.

External Environment

Internal Environment

Compensation

Financial		Non-Financial	
Direct	**Indirect(Benefits)**	**The Job**	**Job Environment**
Wages Salaries Commissions Bonuses	Legally Required Benefits •Social Security •Unemployment Compensation •Workers' Compensation •Family & Medical Leave Voluntary Benefits •Payment for Time Not Worked •Health Care •Life Insurance •Retirement Plans •Employee Stock Option Plans •Benefits Employee Services •Premium Pay •Unique Benefits	Skill Variety Task Significance Autonomy Feedback	Sound policies Competent employees Co-worker Working conditions Workplace Flexibility Flextime Compressed workweek Job sharing Flexible compensation Part-time work Modified retirement

〈그림 6.12〉 Benefits in a Total Compensation Program

4. 안전과 건강(Safety and Health)

안전(safety)은 업무관련 사고에 의해 발생되는 부상으로부터 종업원을 보호하는 것을 의미한다. 건강(health)은 육체적 · 정신적인 병으로부터 종업원이 자유로운 상태를 의미한다. 안전한 환경에서 일하는 것은 매우 중요하며 심신이 건강하다는 것은 조직에 생산적이며 장기적 이익을 달성하는데 필요하다. 오늘날 정부는 기업들이 더욱 종업원의 안전과 건강에 유의하도록 법제화하고 있다. 3D와 같은 불안한 작업환경, 스트레스 및 소진 등으로 인해 많은 손실을 가져오기 때문에 경영자는 안전 프로그램을 적극적으로 지지하지 않으면 안된다. <표 6.5>는 안전프로그램에 대한 경영자가 지지하는 이유를 열거한 것이다.

〈표 6.5〉 안전 프로그램에 대한 경영자 지지 이유

1. 개인적 손실, 부상자의 금전적 손실
2. 생산성 하락
3. 보험료 상승
4. 벌금 및 감옥 가능성 증가
5. 사회적 책임

5. 노사관계(Employee and Labor Relations)

노사관계란 근로조건을 둘러싼 갈등을 해소하고 기업의 평화 유지와 노사협력, 나아가 노동개발을 통한 노사공존공영 목표를 달성함으로써 기업의 경쟁력 강화를 이루는데 있다. 노사관계의 당사자는 노동조합과 사용자(경영자)이다. 민간부문 노조가입원수는 미국에서 1958년 39%에서 오늘날 9%로 축소되었는데 이것은 1901년 이래 가장 낮은 수치이다.

노동조합은 임금근로자들의 근로조건을 개선하기 위한 단체이다. 노동조합은 노동권, 즉 단체조직권(단결권)·단체교섭권·단체행동권을 중시한다. 노동조합의 기능에는 기본적 기능, 복지적 기능, 정치적 기능이 있다. 그리고 그 역할에는 순기능으로 종업원의 만족도 제고, 형태적 분배공정성 제고, 기업경영의 합리화가 있고, 역기능으로서 기업의 효율성 저하, 내용적 분배공정성 저하, 정치적 행동 중시 등이 있다.

정부는 기업의 노사관계에 대해 규제와 지원을 하여야한다. 또한 정부는 양 당사자의 대화와 타협을 조정하는 중재자로서 역할이 필요하다.

제3절　인적자원관리의 환경

　기업의 인적자원 환경은 기업과 그 이해관계자들과의 원만한 관계를 유지하여야 하는 구성인자를 말한다. <그림 6.13>에서 기업이 접하는 내부환경(internal environment)의 5가지 기능은 이미 앞 절에서 논의한 바 있다. 그것을 둘러싼 외부환경(external environment)이 존재하는데 기업은 인적자원관리에 영향을 미치는 외부환경을 통제할 수가 거의 없다. 외부환경에는 노동력, 법적 고려사항, 사회, 노조, 주주, 경쟁, 고객, 기술, 경제 등이다. 각 요소들은 독립적으로 또는 결합해서 HRM 업무를 수행하는데 방해되거나 억제 세력이 되기도 한다.

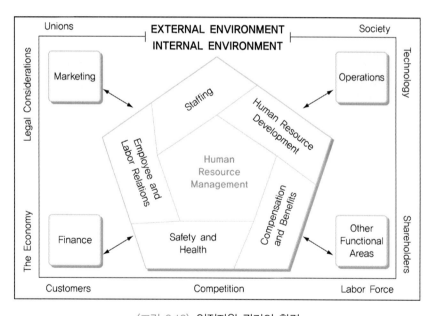

〈그림 6.13〉 인적자원 관리의 환경

1. 노동력

　우리나라는 1990년대부터 단순직종과 3D업종에서 노동력 부족현상이 나타나기 시작하였다. 기업은 이런 현상을 해결하기 위해 외국근로자를 활용하기 시작하였고 외국근로자가 증가하였다. 질 좋은 직업을 찾는 대졸 졸업자가 구직난에 허덕이고 청년실업자가 늘게 되었다. 반면에 여성 인력이 증가하였고 경제활동 참여의욕이 높아졌다. 한편, 국가 전체의 인구구조의 고령화 추세가 뚜렷하여 노동력의 고령화 현상을 초래하였다. 따라서 기업의 노동력 구성의 변화는 종업원의 가치와 기대의 변화로 직결되기 때문에 이에 대한 인적자원관리가 필요하다.

2. 법적 고려사항

HRM에 영향을 미치는 것으로서 중앙정부나 지방정부의 법률과 법원의 노동문제에 대한 재판결과이다. 더불어 기업의 CEO의 주문이 HRM에 영향을 미치기도 한다. 우리나라의 노동관련 법규는 직업안정이라는 국가목적을 달성하기 위해 여러 가지를 규정하고 있다. 주요 노사관계법인 노동조합 및 노동관계조정법에는 노동 3권 보장, 노동쟁의의 예방 및 노동관계의 조정절차 등이 있고, 노동위원회법에는 노동행정의 민주화에 대해 규정하였으며, 근로자 참여 및 협력증진에 관한 법에는 노사협의로 산업평화를 증진시키도록 하였다. 근로기준에 관한 법에는 근로기준법, 최저임금법이 있고 그 외 고용안정 및 복지에 관한 법률에는 고용정책기본법, 직업안정법, 장애인 고용촉진 및 직업재활법 등이 있다.

3. 사회

사회(society)는 HRM에 영향을 미친다. 대중은 기업의 행동에 의심 없이 수용하지는 않는다. Enron, WorldCom 등과 같은 대기업의 실패의 최전선에는 대중들의 강력한 힘이 작용하였다. 기업 운영에 윤리(ethics)가 적용되어 윤리경영이 강조되고 더불어 기업의 사회적 책임(social responsibility)에 대한 비판과 감시가 더욱 드세졌다.

4. 노동조합

노동조합(unions)은 기업의 HRM에 영향을 미치는 환경이 되고 있다. 노동조합은 종업원의 이익을 대표하는 단체로써 경제적·사회적 지위향상을 주목적으로 하고 있다. 종업원들은 노조의 단체교섭을 통하여 임금, 근로조건, 고용안전 등과 같은 분야에서 사용자들에게 영향력을 행사하고 있다. 이 때 노조는 노사가 합의에 도달하지 못할 경우 기업에 대해 조합원의 노동력 제공을 거부(파업)할 수 있다. 노조는 노사간의 관계에 따라 극도의 대립을 가져와 합리적인 HRM을 손상시키는 경우도 있다. 이럴 경우 HRM은 탄력성을 상실하고 형식화되어 조직이 경직화될 가능성이 있다.

5. 주주

주주(shareholders)는 회사의 오너이다. 주주는 회사에 돈을 투자했기 때문에, 종종 경영층이 조직의 이익이 된다고 여기는 프로그램에 도전적이기도 하다. 경영자는 전체적으로 사회에 이익이 되거나, 장래의 프로젝트, 코스트, 수익, 이익에 영향을 미치는 것을 고려하여 특정 프로그램의 이점을 정당화하지만, 주주들은 그에 대해 영향력을 행사하기도 한다. 주주의 관심이 Enron이나 WorldCom처럼 고수익 실패에서와 같이 기업을 방해하는 행동으로 끝날 수도 있다.

6. 경쟁

기업은 자사의 상품과 서비스는 물론이고 노동시장에서 심한 경쟁에 직면해 있다. 기업이 특정 시장에서 독점적인 위치에 있지 않다면 다른 기업이 유사한 상품이나 서비스를 생산할 것이다. 기업이 성장하고 성공하려면 능력 있는 종업원의 공급을 유지해야 한다. 그러나 다른 기업 또한 동일한 목적을 위해 노력하고 있는 것이다. 기업의 주목적은 여러 경력분야에서 능력 있는 충분한 수의 종업원을 획득하고 유지해서 효율적으로 타사와 경쟁하는데 있다. 따라서 일부 기업에서는 자격 있고 유능한 종업원을 모집하기 위한 HRM전략을 전개하기도 한다.

7. 고객

기업의 상품과 서비스를 실제로 구매하는 사람들은 외부환경의 일부분이다. 경영자는 판매가 기업생존에 중요하기 때문에 고객이 적개심을 느끼지 않도록 고용규정을 만들기도 한다. 고객은 계속적으로 고품질의 상품과 구매후 서비스를 요구한다. 따라서 기업의 노동력은 최고품질의 상품과 서비스를 제공하는 능력을 갖추어야 한다. 이러한 조건에 맞추는 것은 종업원의 기술, 능력, 동기와 직접 관련이 있다.

8. 기술

과거 1,000년 동안 보다 앞으로 다가올 50년 사이에 기술적 변화가 더 심해진다고 한다. 그리고 평균적인 성인은 일생동안 5개에서 7개의 경력변화(career changes)를 경험한다고 한다. 이러한 전개는 HRM을 포함해 사업의 모든 영역에 영향을 미치게 된다. 최근에는 인터넷 사원모집이 일반화되고 있다. 세계는 전례 없이 기술발전이 점점 빨라져서 이것이 기업의 HR기술에도 변화를 주고 있다. 새로운 기술혁신을 깨닫고 포용하는 HR전문가들은 성공 가능한 사람 가운데 들게 될 것이다.

9. 경제

경제환경의 변화는 기업의 모든 활동에 영향을 미친다. 경제환경이 호황이나 불황으로 말미암아 기업의 노동소요량과 질, 임금 및 복지후생 등이 변화하고 있다. 기업이 호황일 경우 양질의 인력확보에 보다 적극적인 노력이 필요하다. 시설확장에 대비하여 추가인력의 확보와 자사에 근무 중인 유능한 인력을 다른 회사에 빼앗기지 않도록 인력관리에 관심을 가져야 한다. 불황일 경우 기업의 주도하에 인력감축이 예상되므로 인사부서는 이에 대한 확고한 입장을 밝혀야 한다. 기업은 경제 환경의 변화함에 따라 해외로 이전·확장하거나 국내의 다른 기업이나 외국기업과 합작하게 될 수도 있다. 외국으로 이전할 경우 현지인을 고용해야 함으로 HRM의 전 분야에서 새로운 변화를 모색해야 한다.

제4절 기업규모에서 본 인적자원관리 기능

기업이 성장하고 더 복잡하게 됨에 따라 인적자원관리 기능은 더 복잡해지고 더 중요성을 띠게 된다. HRM의 기본적 목적은 동일하지만 목적을 달성하는데 사용하는 접근방법에는 차이가 있다.

1) 소기업의 인적자원 기능

소기업(소규모 기업)에서는 공식적인 인적자원 부서나 HRM 전문가는 없다. <그림 6.14>에서와 같이 다른 매니저가 인적자원 기능을 담당하고 있다. 그들 활동의 초점은 일반적으로 유능한 종업원을 고용하거나 유지하는 것이다. HR 기능이 대기업보다 소기업에서 실제로 더욱 중요하다.

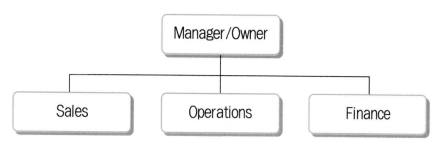

〈그림 6.14〉 소기업의 인적자원 기능

2) 중기업의 인적자원 기능

기업이 성장함에 따라 독립된 스태프기능이 HR 활동을 조정할 필요가 생기게 된다. 중기업(중형 규모의 기업)에서 이러한 역할에 맞게 선택된 사람들이 HR활동의 대부분을 처리하게 된다. <그림 6.15>에서 보는 바와 같이 이러한 기업에서는 거의 전문화되지는 않는다. HR 매니저가 근본적으로 HR 전체부서를 맡게 된다.

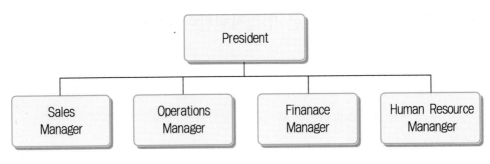

〈그림 6.15〉 중기업의 인적자원 기능

3) 대기업에서의 전통적 인적관리 기능

역사적으로 기업의 인적자원 기능이 한 사람이 담당하기에는 너무 복잡하게 됨에 따라 인적관리 임원을 두고 독립된 부서가 만들어졌다. 이러한 부서는 〈그림 6.16〉에서 보는 바와 같이 훈련 및 개발, 보상과 혜택, 채용, 안전과 건강, 노사문제 등 각각의 기능을 담당하기에 이르렀다. 각 인적관리 기능은 인적관리 임원에게 보고하는 매니저와 스태프가 맡게 된다. 인적관리 부사장이 회사정책 입안으로 최고경영자 측근에서 일하는 조직구조가 된다.

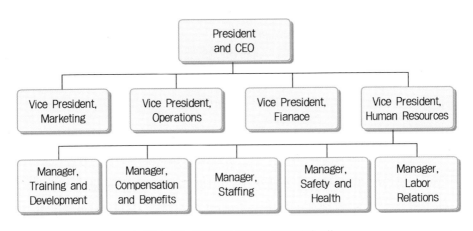

〈그림 6.16〉 대기업의 전통적 인적관리 기능

4) HR 조직의 발전

아웃소싱이 시작되면서 기업의 HR조직구조는 변화하게 되고 SSC를 이용하고 전통적인 인적자원 업무는 라인 매니저에게 이관된다. 그러나 조직이 재설계됨에도 불구하고 이전의 5가지 HR기능은 반드시 수행되어야 한다. HR조직의 발전한 형태는 <그림 6.17>에서 보는 바와 같다. 여기서 회사는 이전에 훈련부서가 담당했던 중견급 개발(executive development) 기능은 아웃소싱된다. 종업원 혜택기능은 SSC로 이관된다. 안전과 건강기능은 이 특정 기업에서 아주 중요하기 때문에 HR부서에서 옮겨져서 CEO에게 직접 보고된다. 여기서 다른 인적관리 기능들이 HR 부사장의 통제 하에 남아 있게 되지만, 라인 매니저가 종업원 선발과정에 더욱 개입하게 된다.

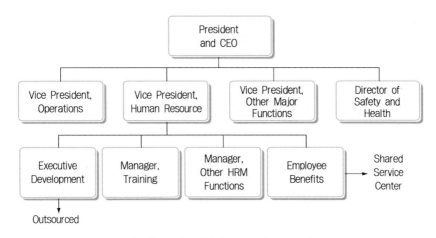

〈그림 6.17〉 대기업의 새로운 HR조직

제5절 e-HRM

1. e-HRM의 등장 배경

최근 인터넷과 웹 기술의 비약적인 발전에 따라 인적자원관리도 서류중심의 행정관리 위주인 p-HRM(paper human resource management)에서 서비스 대상인 종업원이 주도

하는 e-HRM(electronic human resource management)으로 급속히 전환되고 있다. 또한 기존의 단순한 인력채용과 급여 지급의 단편적인 업무가 아닌 기업의 전략(지식경영)과 맞물려 인적자원관리는 훨씬 광범위하고 중요한 의미를 내포하고 있다.

e-HRM은 기존의 인적자원관리와 달리 인적자원관리 서비스를 공급하는 주체와 종업원을 인터넷 기술을 사용하여 연결·통합하는 독자적인 비즈니스 형태를 갖추고 있다. 이를 B2C, B2B와 같은 e비즈니스 형태와 비교해 B2E(business to employee)라고도 부른다.

한편, e-HRM은 인적자원관리에 디지털 환경을 적극적으로 수용함으로써 만들어졌고, 전통적 인적자원관리의 본질적 역할과 기능에 대한 변화를 나타내는 개념이라고 할 수 있다. 전통적 HRM 방식과 e-HRM 방식을 비교분석한 결과는 <표 6.6>과 같다.

〈표 6.6〉 전통적 HRM 방식과 e-HRM 방식의 비교

구 분	전통적 HRM	e-HRM
관리형태	집단 차원의 관리	개별 차원의 관리
작업환경	paper 중심 작업환경 물리적 사업장 근무시간 제약	paperless 작업환경 가상작업 공간 등장 근무시간 유연화, 탄력화
필요 기술	사람 관리 스킬	정보관리 및 IT기술
주요인사 기능	데이터 관리 및 정보전달	전략적 인사관리
HR담당자 역할	관리/지원 역할	전문적인 자문 어드바이저 역할
정보수집방법	개인적 접촉 등 비과학적 방법	컴퓨터 기반의 과학적 통계 방법

자료. 김석훈·김수균·홍민(2010), p.411.

2. e-HRM의 활용영역[3)]

1) 온라인 채용(on-line recruitment)

신입사원 및 경력사원 등 외부 인적자원의 채용과 함께 내부 인력을 활용하고 재배

---

3) 김성국·김문주·서여주(2003), 육윤복(2004), 김석훈·김수균·홍민(2101) 등 참고.

치하는 내부공모 등을 위해 도입되고 있다. 이로서 혁신적인 비용절감을 가져왔고 내부 인적 자원의 효율적인 재배치가 가능하게 된다. 또한 글로벌 시대를 맞이하여 세계 각지에 흩어져 있는 다양한 인재들을 보다 용이하게 유인하고 확보하는데 결정적인 역할을 담당하게 된다.

2) 웹 기반 인사평가(web-based assessment)

직원 각자가 자신 및 타인에 대한 평가결과를 직접 입력하면 기업은 평가결과를 체계적으로 축적·관리하고 다양하게 활용할 수 있게 되었다. 단순반복적인 기존의 인사평가 작업 대신에 웹 기반 인사평가를 실시하면서 인사부서는 적극적인 홍보, 지원자의 입력사항 개발, 데이터베이스의 관리, 적격자 선발방식의 개발, 전체적인 관점에서 적재적소 실현방안 모색 등 창의성이 높은 지식집약적인 부서로 전환을 모색하게 되었다.

3) 웹기반 교육훈련(web-based training)

교육훈련은 종래의 시간적·공간적 제약을 극복해 e-learning으로 구현되면서 기존 강좌의 업데이트가 가능하게 되고 언제 어디서나 접속이 가능하고 개인역량에 맞는 교육이 실시되면서 인재개발의 효율성이 극대화되었다. 또한 개인적 교육사항 이력이 채용시스템의 업무 재배치 프로세스의 기반자료로 활용되면서 더욱 명확한 인사행정이 가능하게 된다.

4) 의사소통(e-communication)

조직원 간 의사소통은 e-communication과 e-manager support로 구현되고 있으며, 지식경영의 한 분야로, 인적자원관리를 구성하는 중요한 축이 되고 있다. 인터넷 정보기술의 발달로 인해 지식의 격차와 시간적·공간적 차이를 줄일 수 있게 되었고 지식공유를 통해 업무효율의 상승효과를 가져오고 새로운 조직문화의 형성에 기여하였다. 더불어 업무지식의 공유와 인사정보 및 지식 공유는 현장 운영을 위한 지식을 풍부하게 제공하여 관리 측면에서 현장중심의 인력운영을 가능하게 하였다.

3. e-HRM 구축시 고려사항

1) 단계적 추진

단순하고 일상적이고 서류가 많이 필요한 업무부터 추진대상으로 하고, 전체 종업원을 대상으로 하기보다는 일부 집단에서 선택적으로 적용해 장애요인을 규명하고 해결한다.

2) 개인정보 보호 철저

개인정보 유출은 시스템 성과가 아무리 크더라도 사용자의 신뢰도가 극도로 낮아진다. 따라서 네트워크, 서버, 직원 개인의 비밀번호 관리에 이르기까지 보안문제에 크게 신경 써야 한다.

3) 사용자에게 친근한 방식

전 직원이 직접 입력해야 하는 사항이 증가함에 따라, 숙련되지 않은 사용자를 전제로 하여 쉽고 친근하고 간편한 방법을 강구하는 것이 매우 중요하다. 조작실수를 피하고 온라인 도움말 활용, 사용방법 설명 책자나 파일을 배포하는 등 사용자가 접근이 용이하게 해야 한다.

4) 지속적인 개선

시간이 갈수록 보다 높은 차원의 서비스를 제공하기 위한 시스템 구축이 필요하다. 기술이 계속 발전하고 있고 직원들의 욕구도 계속 변하기 때문에 e-HRM도 지속적으로 개선되고 발전시켜 나가야 한다.

제7장 | 호텔·관광기업의 마케팅관리

제1절 호텔·관광마케팅 환경요인

호텔·관광기업이 매우 성실하게 마케팅과정을 계획하고 통제하려고 하더라도 어쩔수 없는 환경요인으로 인하여 업무의 진행에 영향을 받거나 방해를 받기도 한다. 이러한 일이 발생하면 호텔·관광기업은 그 상황에 대처해 나갈 만큼 충분히 유연성을 발휘해야 한다. 호텔·관광기업은 시장조사를 통하여 이러한 상황을 예상하고 그것에 대처할 수 있도록 해야 한다. 마케팅환경은 내적 환경요인과 외적 환경요인으로 구분되며후자는 업무환경과 비업무환경으로 세분되어진다.

1. 내적 환경요인

기업의 내적 환경요인이란 마케팅기능 이외의 관리기능 또는 부서로서 생산, 인사, 재무, 회계, 구매, 연구개발 등을 의미한다.

호텔·관광기업의 최고경영층은 사업부의 전반관리자, 집행위원회, 사장, 회장, 이사회 등으로 구성된다. 이러한 상위부문 경영층은 기업의 사명, 목표, 전사적 전략 및 방침 등을 수립한다. 마케팅부문 관리자는 반드시 최고경영층이 설정한 계획범위 내에서의사결정을 해야 할 뿐만 아니라 그들의 마케팅계획을 실행하기 전에 최고경영자의 승인을 받아야 한다.

마케팅관리자는 또한 타기능부문과 긴밀하게 협조해야 한다. 호텔·관광기업의 재무부문 관리자는 마케팅계획 수립을 위한 자금의 조달 가능성 및 운영에 관심이 높을 것이며, 연구개발부문 관리자들은 안전하고 매력적인 리조트를 설계하는 문제에 관심을집중한다. 구매부서에서는 예측된 고객수 만큼의 식사나 서비스를 제공하는 데 필요한원료 및 소재를 충분히 확보하는데 관심이 있으며, 고객서비스부문은 충분한 고객서비스능력과 노동력을 확보하고 상품제공목표를 달성하는 데 책임을 진다. 회계부서는 계속적으로 이익 및 비용을 측정하여 기업의 목표가 잘 성취되고 있는가를 마케팅부서가알 수 있도록 정보를 제공하는데 책임이 있다. 이와 같이 모든 부서들은 마케팅부서의계획과 활동에 직접·간접으로 영향을 미친다.

2. 외적 업무환경요인

고객, 여행업자, 광고대행사, 공급업자, 노동조합 그리고 주주 등은 외적 환경요인 중에서도 마케팅활동을 직접 제약하거나 돕는 요인들이다. 시장중심적인 경영에서 특별히 중요한 요인은 두말할 필요도 없이 고객, 즉 관광객이다. 이러한 요인들에 대해서는 다음 여러 장에서 상세하게 언급하기로 하고 여기서는 구체적인 설명은 피하고자 한다.

3. 외적 비업무환경요인

많은 외부요인들이 마케팅에 영향을 미치고 있다. 비업무환경요인으로는 사회·문화, 정치·법률, 생태, 경제, 기술, 경쟁 등이 있다.

외국의 정치적 불안은 그 나라로 여행하려는 사람들의 마음을 가로막을 것이다. 예를 들어 9·11테러나 프랑스 테러 등은 관광객들의 여행에 큰 장애가 되었다. 또한 법률적 제약은 외국으로 여행하려는 국민들의 의욕을 저하시키기도 할 것이다. 인플레이션, 환율, 비용 등과 같은 경제적 조건은 관광객의 소비액에 커다란 영향을 미칠 것이다. 항공 승객의 권리와 기타 개혁에 대한 요구를 명확히 주장하고 있는 소비자운동의 신장은 마케팅전략에 커다란 영향을 미치고 있다. 사실상 기술적·사회적 변화는 여행 그 자체의 본질과 호텔·관광상품이 거래되고 판매되는 모든 방법에 대해 영향을 미치고 있다.

비업무 환경요인은 비단 가장 변두리에 위치하여 마케팅에 간접적으로 영향을 미치긴 하지만 이들은 업무환경으로서의 고객과 함께 직접 경영에 위협과 기회를 제공하는 장본인이라는 점에서 이들이 지니는 전략적 중요성을 간과해서는 안될 것이다.

제2절　호텔·관광마케팅 믹스

호텔·관광마케팅을 위한 또 하나의 중요한 요소는 마케팅 믹스이다. 마케팅 믹스(marketing mixes)는 마케팅전략을 계획하고 실시하고 마케팅목표를 이행하는 데 있어서 기업이 통제 가능한 모든 변수를 말한다. 처방전에서의 재료와 같이 마케팅 변수는 성공하기 위해서 적정량을 사용해야 한다. 소비재 마케팅에서 전통적인 4개의 변수 (4P's)는 제품, 유통, 가격, 판매촉진이다.

일부 호텔·관광마케팅 전문가들은 4개의 마케팅 믹스를 추가한다. 즉 물리적 환경, 구매과정, 패키징, 참가 등이다. 그들은 이러한 부가적인 믹스요소가 호텔·관광서비스 마케팅에 포함되는 과정을 표현하는 데 필요하다는 것을 느끼고 있다. 이러한 부가적인 변수들을 합쳐서 8P's라고 부른다(표 7.1 참조). 마케팅 믹스는 액셀러레이터, 브레이크, 핸들 등 자동차의 통제장치에 비유된다. 그것들은 도로의 조건(시장)과 타운전사(경쟁자)의 행동을 고려하여 사용되어야 한다. 자동차의 통제장치와 같이 마케팅 믹스는 목적지나 목표에 도달하기 위해서 끊임없이 조정되어야 한다.

〈표 7.1〉 관광마케팅 믹스(8P's)

마케팅 믹스	믹스 요소의 정의	예
상품	기업이 고객에서 제공하는 것	유람선
유통	유통의 채널	여행사
가격	판매자가 어떤 요소를 기준으로 상품에 지급하는 돈의 양	99만원 왕복여행
촉진	상품에 흥미를 자극하는 활동	광고, PR 등
물리적 환경	판매가 발생하는 환경 또는 상품이 생산되고 소비되는 환경	여행사 또는 호텔 객실 등
구매과정	마케팅 & 정보탐색	상품 및 정보 선택
패키징	관광상품의 보완적 기능 추가	올 인클루시브 투어
참가	거래 또는 경험	구매자와 판매자

1. 상 품

상품(product)은 고객의 욕구를 만족시키기 위해 기업이 판매하고 제공하는 모든 것을 말한다. 상품 특성에 대한 의사결정은 유형적·무형적 측면의 확인과 잠재고객에의 소구를 기초하여 결정된다. 여기에는 서비스가 제품에 동반될 것이다. 물론 많은 사례에서와 같이 호텔·관광산업이 판매하는 것은 서비스이다. 예를 들면 어떠한 목적지에서 타목적지까지 승객을 운송하는 것에 의해 운송회사는 본질적으로 서비스를 판매하고 있는 것이다. 제품 또는 서비스에 대한 이미지를 개발하고 상품명을 선택하는 것은 대중에게 상품을 제시하는 데 있어서 매우 중요한 일이다.

이 상품의 또 하나의 역할은 제품과 서비스의 정확한 수와 범위를 선택하고 개발하는 데 있다. 대부분의 기업에서는 하나 이상의 제품을 제공한다. 여행사에서는 폭넓은 범위의 제품을 제공할 것인가, 또는 휴가여행과 같은 여행의 어떤 유형을 위한 전문화한 상품을 제공할 것인가를 결정해야 한다.

운송회사에서는 이용 가능한 노선 및 서비스의 수준(일등석, 이등석 사용)을 결정해야 하며, 투어 오퍼레이터는 유용한 투어의 수와 각 투어의 일정표를 결정해야 한다.

2. 유 통

유통(입지 또는 전달과정, place, location, process of delivery)은 고객에게로 서비스 또는 제품을 전달하는 과정에 수반되는 모든 활동을 말한다. 여기에는 유통장소와 유통채널 모두가 포함된다. 판매자는 제품이나 서비스를 판매할 방법과 장소를 결정해야 한다. 예를 들어 거대한 체인에 속해 있는 호텔 & 리조트는 몇 가지의 방법으로 고객에게 접근할 수 있다. 리조트의 마케팅부서가 설립한 유통채널을 통하여 여행객은 여러 방법으로 예약을 할 수 있다. 그 방법으로는 인터넷 예약, 여행사나 투어 오퍼레이터를 이용하는 것, 리조트의 예약데스크나 그룹 내의 다른 리조트에 전화예약을 하는 것, 항공예약시스템을 이용하는 것 등이 있다.

판매자는 고객을 유인할 가능성이 가장 큰 곳에 유통지점을 설치하려고 한다. 예를 들면 휴가관광을 전문적으로 담당하고 있는 여행사는 도심의 상용지역보다는 교외의 쇼핑센터에 지점을 위치시키면 좋다는 것을 깨달을 것이다. 물론 호텔·관광기업이 직접 운영 가능한 유통지점의 수는 제한될 수도 있다. 예를 들면 항공사에서 자사의 항공권 판매소를 통하는 것보다 여행대리점을 통해서 제품을 유통시키는 것이 더욱 비용이 절감된다고 판단한다면 자사대리점을 줄이는 대신에 거래여행사의 수를 증가시킬 것이다.

3. 가 격

가격(price)은 제품이나 서비스를 받기 위해 고객이 지급해야 하는 돈의 총액이다. 가격을 설정하는 데 있어서 기업은 많은 요인을 고려해야 한다. 제품이나 서비스의 생산과 유통을 위한 실제적 비용, 기업의 이익률, 제품에 대한 현재의 수요, 경쟁자가 제공하는 유사제품 및 서비스의 가격 등을 고려해야 한다. 그와 동시에 가격전략은 제품 또는 서비스가 의도하고 있는 각각의 세분시장에 소구해야 될 것이다. 이는 관광객이 지급할 금액에 상당하는 가치를 제공하는 제품이라고 인지해야만 하기 때문이다.

타산업의 제품처럼 호텔·관광상품은 통상적으로 표준적인 가격범위가 있다. 그러나 필요할 때 판매를 자극시키기 위해서 할인가격이나 선전가격을 제시하는 수가 있다. 할인가격은 위락여행을 위하여 비수기 계절에 빈번히 제시된다. 예를 들어 9월부터 5월까지 암트렉(미국의 철도회사의 하나)은 'All Aboard America' 요금계획을 실시하여 정규 승차가격에 대한 실질적인 할인가격을 제공하였다.

4. 촉 진

고객에게 촉진(promotion)은 아마도 마케팅 믹스에서 가장 가시적인 요소일 것이다. 촉진활동은 제품과 서비스에 대한 관심을 자극하고 사람들에게 정보를 제공하며 구매에 대한 인센티브를 제공하여 제품 및 서비스를 구매하도록 소비자를 설득하기도 한다.

기업이 제품 및 자사를 촉진하는 방법은 무수히 많다. 촉진에는 잡지, 신문, TV, 라디오, 광고판 등이 주로 사용된다. 또한 신문에서의 시사평, 고객인터뷰, 독자의 평, 신문발표를 통한 자유로운 홍보 등도 있다. 판매원이 고객을 다루는 데 사용하는 몇 가지의 테크닉은 판매촉진의 한 유형이다. 즉 특별한 선물과 기념품, 모형비행기, 브로슈어, 할인 쿠폰지, 인쇄문구(편지), 사업카드, 회보, 다이렉트 메일, 기타의 판매촉진상품은 관광제품과 서비스를 소비자에게 인식시키는 데 커다란 도움을 준다.

호텔·관광산업의 역사상 흥미있는 선전용 프로그램은 1981년 아메리칸 항공사에서 고안해낸 다빈도 탑승객 프로그램(frequent-flier program)이다. 그 이후로 다른 항공사, 호텔, 렌터카 대리점 등에서는 다빈도 사용고객의 유치를 위한 프로그램을 개발하였고 상표충성심(brand loyalty)을 심어나갔다. 그리고 호텔·관광기업은 명확한 기업이미지를 심어줄 수 있도록 광고슬로건을 사용하고 있다.

유나이티드 항공사(UA)의 "fly the friendly skies", 렌터카회사인 에이비스의 "We try harder", 유람선회사인 카니발 크루즈사의 "The fun ships", 그리고 투어리즘 캐나다의 "The world next door" 등의 광고 캠페인은 잘 알려진 것들이다.

5. 물리적 환경

물리적 환경(physical environment)은 관광산업에 있어 매우 중요하다. 물리적 환경믹스는 특히 두 가지 측면에서 중요하다. 첫째는 판매가 발생하는 환경으로서 중요하고, 둘째는 제품이 생산되고 소비되는 환경으로서 중요하다.

고객들은 즐겁고 안락한 환경 하에서 구매할 가능성이 더욱 크기 때문에 마케팅전략은 제품과 서비스를 판매하는 물리적 환경을 고려하는 데 주안점을 두어야 한다. TV나 안락의자와 같은 제품을 구입하는 데는 제품이 어떻게 보이고, 어떻게 느껴지고, 어떻게 작동하는가에 사람들은 많은 관심을 갖는다. 그들의 주의력은 주위환경보다 제품에 더 비중을 두게 된다. 그러나 호텔·관광상품을 구매할 때 고객들은 여행이 끝날 때까지 결과가 좋으리라고 확신할 수는 없다. 한편, 고객의 기대와 감정은 객실의 구조, 가구, 방음상태, 기온 그리고 심지어는 냄새와 같은 요인에 의해서도 영향을 받는다.

호텔·관광산업에 있어 물리적 환경은 사업의 반복적 안전성을 위해서 특히 중요하다. 한 예로서 별로 매력 없고 안락치 못한 디자인과 장식으로 꾸며진 객실에서 지낸 고객은 다시는 그곳에 숙박예약을 하지 않을 것이다. 리조트의 너저분한 해안이나 풀장, 형편없이 어질러진 스키 자국, 호텔 발코니로부터의 형편없는 전망은 물리적 환경이 여행을 망치는 또 하나의 예이다. 결론적으로 호텔·관광기업은 모든 가능한 방법을 동원하여 그들 제품의 물리적 환경을 향상시키는 데 심혈을 기울여야 한다.

6. 구매과정

구매과정(purchasing process)에는 호텔·관광상품 구매에 대한 사람들의 심리적 동기와 의사결정방법이 고려되어야 한다. 사람들이 보트, 별장, 가구 대신에 왜 호텔·관광상품에 그들의 돈을 소비하려고 하는가? 또 수백 가지나 되는 호텔·관광상품 중에서 특정 상품을 왜 선택하는가? 그리고 상용여행, 위락여행, 특별목적여행 등에서 언급한 것과 같이 사람들은 위신을 높이기 위해서, 모험을 하기 위해서, 다른 지역의 문화를 배우기 위해서 여행을 한다. 일부 사람들은 자신의 건강을 증진시키기 위해서, 조상의 뿌리를 찾기 위해서, 단순히 가족과 친구와 즐기기 위해 여행을 한다. 고객들의 욕구와 욕망, 개인적 특성, 사회적·경제적 지위는 그들의 동기를 형성하는 데 도움을 준다. 그러므로 구매자의 동기를 파악할 수 있는 기업은 그 동기에 알맞은 제품과 판매촉진을 조직화할 수가 있다.

잠재고객에게 적절한 정보를 제공하는 것은 구매과정에 있어 결정적으로 중요하다. 고객은 구매하기 전에 호텔·관광상품에 대한 정보의 근원, 그 정보에 접근할 수 있는 방법, 구매를 실행하는 방법 등을 알려고 한다. 호텔·관광마케터는 구매과정을 촉진하는 방법으로서 이러한 정보를 고객에게 공급하도록 노력해야 한다.

구매과정에서 제품에 대한 정보는 기업이 의도한 대로 항상 지각되고 해석되는 것이 아니다. 그러므로 때때로 제품에 대한 오보라든가 부정적인 관념을 극복하는 것이 필요하다. 예를 들어 1980년대에 유람선산업은 유람선이 돈 많은 백만장자나 졸부를 위한 것이 아니라는 것을 대중에게 확신시켜 줌으로써 그 이후에 유람선 판매가 급격히 증가하였다.

결국 마케터는 구매과정을 고려하는 데 있어서 고객은 구매하는 각각의 호텔·관광상품에 대해서 동일하게 생각하지 않는다는 것을 인식하였다. 렌터카나 호텔과 같은 호텔·관광상품은 편의점에서 물건을 구입하는 것처럼 그다지 깊이 생각하지 않고 쉽사리 선택되기도 한다. 그러나 휴가목적지와 유람선과 같은 호텔·관광상품을 선택하는 데는 많은 생각을 필요로 할 것이다. 이 구매과정 요소는 제품을 어떻게 시장에 내놓는가에 영향을 미친다.

7. 패키징

상용여행이나 위락여행을 막론하고 대부분의 여행상품은 각기 다른 공급자의 통제하에 있는 많은 상품으로 구성되어진다. 그리하여 보완성이라는 관광상품의 특성으로부터 패키징에 대한 필요성이 일찍이 논의되어왔다. 호텔·관광마케팅에서 패키징(packaging) 변수는 하나하나의 제품을 다발로 묶어 '여행패키지', '숙박패키지', '식사패키지' 등의 형태로 사용되고 있다.

패키징은 여행객의 욕구를 직접적으로 부응하도록 보완적 상품을 한데 묶음으로써 그들의 어떤 공통적 욕구에 대처할 수 있는 하나의 메커니즘을 여행사에 제공한다. 그러한 과정에서 개별 여행상품의 장점이 더욱 잘 소구되기도 한다.

올 인크루시브 패키지 투어(all-inclusive package tour)는 아마도 이러한 개념을 가장 잘 나타내는 예일 것이다. 이러한 투어는 수많은 개별적 관광상품을 하나의 포괄적이고 보완적인 패키지로 묶어준다. 적절하게 함께 묶었을 때 그 패키지는 편리성과 가치가 증가되고, 혼란과 경악의 가능성을 줄이면서 안전감과 안정감을 높이고 일련의 사람에게 관광의 사회적인 혜택을 제공할 수 있게 된다. 이러한 혜택은 결국 패키징이 보완적인 상품을 단일상품으로 묶음으로써 각 여행상품의 소구점을 높이도록 조정되어온 방법으로 인한 결과이다.

8. 참 가

참가(participation)는 판매거래에 수반되는 모든 사람들이 관여하는 것을 말한다. 참가에는 판매자, 구매자, 기타 고객들이 관여한다. 판매자와 구매자의 밀접한 상호작용과 구매자의 참가가 여행경험의 형성에 도움을 주기 때문에 이 '참가'요소는 호텔·관광산업에 있어서 매우 중요하다. 경험의 질(quality)은 여행을 하는 동안의 구매자의 행동과 행위에 따라 달라진다. 또한 판매거래에 대한 구매자의 인식은 때때로 제품과 서비스를 다시 구매할 것인가의 여부를 결정한다. 특히 호텔·관광사업에서는 반복적 구매가 이루어지기 때문에 참가는 마케팅 믹스에 지극히 중요한 부분이라 할 수 있다.

판매거래에 있어서 참가자의 태도와 행동은 고객의 경험을 향상시킬 수도 있고 파괴할 수도 있다. 승무원에게 무례한 대우를 받거나 냉담한 서비스를 받는 승객은 탑승이 즐겁지 못할 것이고, 아마도 그 항공사에 두 번 다시 예약하지 않을 것이다. 한편, 병이 나거나 낙심한 상태의 승객은 아무리 서비스가 우수하다 하더라도 그 여행은 즐겁지 못할 것이다.

비록 참가는 통제하기 어려운 변수이지만 기업은 종업원의 행동을 잘 관리하도록 노력해야 한다. 훈련프로그램을 완전히 수료하게 하는 것과 종업원에게 제복을 착용하도록 하는 것은 종업원을 관리하는 두 가지의 방법이다. 디즈니 대학으로 알려진 월트 디즈니의 훈련프로그램은 직원들을 공손하고 말쑥하고 행복하게 변화시킨 것으로 유명하다. 많은 기업에서는 그들의 업무를 잘 수행한 대가로 자유여행이나 상여금 등을 종업원에게 제공한다. 이러한 것은 내부마케팅(internal marketing)의 실제이다. 인센티브를 제공하는 목적은 종업원이 그 기업에 대하여 좋은 감정을 갖고서 업무를 더욱 잘 수행하는 데 있다.

관광에서는 매우 강렬하게 관광객의 선호, 기대, 행동 등이 그들의 관광경험을 형성한다. 관광객의 여행경험의 질에 영향을 미치는 요인 가운데는 여행객이 어디를 가기를 원하는가, 그들이 무엇을 하기를 원하는가, 어떠한 관광지를 좋아하는가 등이 있다. 따라서 구매자가 추구하려는 관광지 프로젝트의 이미지와 혜택이 이러한 과정에서 중요한 역할을 한다.

호텔·관광산업에서 마케팅 및 판매에 종사하는 사람은 특히 고객과 제품 사이의 이러한 상호작용을 인식하고 그것을 조화시킬 필요가 있다. 고객이 여행을 계획하고 여러 대안들 사이에서 선택하는 것을 도와야 하는 여행업자는 고객의 기대감을 충족시키기 위해 전문화된 기술을 개발해야 한다.

제3절 호텔·관광시장세분화

1. 시장세분화의 정의

호텔·관광시장은 전체국민 가운데 관광욕구를 가진 사람들이 이동하는 것을 전체시장으로 삼는다. 예를 들어 사업가가 판매회의에 참석하기 위해 서울에서 부산으로 항공여행을 하는 것, 신혼부부가 제주도 서귀포에서 허니문을 보내는 것, 할머니가 손자를 만나기 위해 두 시간 동안 버스여행을 하는 것 등으로 이루어진다. 남성, 여성, 아이들, 10대, 대학생, 독신, 신혼부부, 그리고 장년, 노년 등이 모여서 거대하고 다양한 관광시장을 구성한다.

이와 같이 관광시장은 효율적으로 접근하기에 규모가 너무 크고 어떠한 한 가지 방법으로 기업의 판매의사를 전달하기에는 너무 다양하다. 그래서 마케팅 전문가는 그것을 더 작고 관리가 더욱 용이한 부분시장으로 나누려 한다. 즉 그들은 이 거대한 시장을 어떤 공통적 특징으로 구분되는 더 작은 그룹으로 세분화하게 된다. 또한 그들은 공통적인 요소를 지니고 있는 특정그룹의 사람들을 위해 상품을 개발하려고 한다.

전체시장을 공통적 특징을 지닌 잠재고객 그룹으로 나누는 과정을 시장세분화(market segmentation)라 하고, 전체시장의 한 부분을 세분시장(market segment) 또는 부분시장(部分市場)이라 부른다.

마케터는 전체시장을 세분화함으로써 몇 개 유형의 구매자에게 그 노력을 집중할 수가 있다. 마케터가 그러한 그룹의 하나 혹은 몇 개에 대해 촉진(promotion) 메시지를 전달하려고 할 때 그 과정을 표적마케팅(target marketing)이라고 한다. 그리고 그들이 초점을 두고 있는 세분시장을 표적시장(target market)이라고 부른다.

엄밀히 말하면 각 개인은 독특한 특성과 특별한 욕구를 지닌 개별적 표적시장으로 간주될 수 있다. 그러나 수많은 독특한 개인들을 전부 관광시장으로 생각하는 것은 실용적이거나 경제적이지 못하다.

시장세분화는 공통된 특성을 공유하고 유사한 욕구와 욕망을 소유하는 사람들을 하나의 집단으로 분류한다. 일단 마케팅 전문가가 특정의 부분시장을 표적으로 한다면 그 세분시장의 대부분의 사람들에게 소구할 수 있는 방법으로 제품과 서비스를 개발하고 촉진한다.

예를 들어 남해안 여수로 여행하려고 하는 두 쌍의 부부를 생각해 보자. 한 쌍은 사십대로 남편과 아내 모두 높은 보수를 받는 전문직 직업인이다. 남편은 제약회사의 영업과장이고 아내는 컴퓨터 프로그래머이다. 그들에게는 자식이 없다.

둘째 부부의 경우, 남편은 공무원에서 은퇴하였고 아내는 가정주부로 남편의 공무원 퇴직연금이라는 고정수입 내에서 검소하게 살고 있다.

만약 렌터카회사에서 호화스럽고 고가의 여행용 차량을 렌터카로 임대하려고 한다면 어느 쪽이 훨씬 구매할 가능성이 높겠는가? 우리는 젊은 부부가 은퇴한 부부보다 값비싼 여행용 차량을 빌릴 가능성이 높다는 것을 알 수 있을 것이다. 따라서 은퇴하여 고정수입으로 살아가고 있는 노부부보다, 더 높은 수입을 가진 젊은 부부에게 접근하기 위해 마케팅 노력을 집중하려고 할 것이다.

2. 시장세분화의 이점

시장세분화는 다음과 같은 이점을 제공한다.

첫째, 시장기회를 보다 쉽게 발견할 수 있다. 각 세분시장의 욕구와 이들을 표적으로 하는 기존상품을 대응시켜 보면 세분시장의 욕구는 존재하지만 적절한 상품이 없는 경우를 발견할 수도 있다. 이것이 바로 시장기회(market opportunity)이다. 이때 그 세분시장의 욕구에 맞는 상품을 개발하면 비교적 손쉽게 시장을 장악할 수 있다.

둘째, 마케팅 믹스를 보다 효과적으로 조합할 수 있다. 예를 들어 세분시장의 욕구에 초점을 두고서 제품과 광고의 내용을 일관성 있게 조화시킬 수 있다. 이로써 고객이 상품을 분명하게 인식하고 경쟁사의 상품과 시장을 장악할 수 있다.

셋째, 시장수요의 변화에 보다 신속하게 대처할 수 있다. 고객의 욕구가 다양하게 섞여 있는 전체시장 대신에 욕구가 비교적 동질적인 부분시장에 주목함으로써 수요의 변화를 쉽게 파악하고 신속하게 대처할 수 있다.

3. 시장세분화를 위한 요건

시장세분화의 목적은 마케팅 믹스를 효과적으로 활용하는 데 있는 것인 만큼 이 목적을 달성하기 위해서는 가장 적절한 세분화 방법이 실시되어져야 한다. 시장세분화는 다음의 요건을 갖추어 실시되어야 한다.

1) 측정가능성

측정가능성(measurability)은 세분시장의 규모와 구매력을 측정할 수 있는 정도를 말한다. 호텔·관광기업은 우선 세분시장의 인구와 구매력 등의 세분화 변수를 측정할 수 있어야 한다. 또한 여러 구매자의 특성에 관하여 제2차 자료를 구해서라도 그 측정이 가능해야 한다.

2) 접근성

접근성(accessibility)은 세분시장에 접근할 수 있고 그 시장에서 활동할 수 있는 정도를 말한다. 호텔·관광기업은 세분시장에 접근할 수 있는 적절한 수단이 존재해야 한다. 만일 충분한 규모의 세분시장이 존재한다 해도 그 세분시장을 연결해 줄 매개체가 없으면 시장세분화가 성공할 수 없다. 예를 들어 도시와 도시 사이에 위락시설 및 대규모 호텔이 들어서 있고 두 도시간의 위락관광객을 끌어들이려고 노력하여도 교통시설의 편리성 및 접근의 용이성, 또는 여행사의 적극성 등이 부족하면 이 관광시장은 충분한 수요를 개발할 수 없게 된다.

3) 실질성

실질성(substantiality)은 세분시장의 규모가 충분히 크고 이익이 발생할 가능성이 큰 정도를 말한다. 하나의 부분시장은 이익을 낼 수 있을 만큼 규모가 있어야 한다. 어떤 세분시장을 표적시장으로 삼아서 이에 알맞은 마케팅 믹스를 제공하는 데에는 상당한 비용이 따르게 된다. 따라서 표적시장은 개별적인 마케팅 노력에 따른 비용을 보상하고서도 기업에 이윤을 제공할 수 있는 규모를 갖추어야 한다.

4. 관광시장세분화의 특징

시장세분화의 요건을 관광시장에 적용하여 관광시장세분화의 특징을 알아보기로 하자. 만약에 세분시장이 너무 작거나 전체시장이 세분화하기에 너무 크다면 의미 있는 시장세분화가 되었다고 생각할 수 있겠는가? 시장세분화가 유용한가의 여부를 알아내기 위해 관광마케터는 다음과 같은 4가지 질문을 던진다.

첫째, 세분시장이나 그룹은 마케팅 메시지에 유사하게 반응할 것인가? 또는 그 세분시장은 하나의 작은 시장으로서 충분히 좁게 정의되고 있는가?

놀이공원은 50㎞ 이내에 사는 30세 이하의 모든 사람들을 그들의 세분시장으로 정의할 수가 있다. 그러나 13세의 소년과 25세의 청년은 동일한 마케팅 메시지와 동일한 소구방법에 반응하지 않을 가능성이 크다. 그러므로 그 세분화는 의미가 있다고 보기에는 너무 광범위하다.

둘째, 그 세분시장은 다른 부분시장과 현저하게 다르다고 볼 수 있는가? 즉 한 그룹처럼 행동하는 모든 사람은 그 세분시장에 포함하여 정의되었는가?

만약 놀이공원이 메시지를 단지 모든 10세 아동에게만 겨냥하여 발신한다면 그 세분화는 너무 작을 것이다. 아마도 6세부터 11세까지의 아이들도 동일한 세분시장에 포함될 것이다. 왜냐하면 그들은 그 마케팅 메시지에 유사하게 응답할 것이기 때문이다.

셋째, 세분시장은 신문, 잡지, TV, 라디오와 같은 통신매체로 전달할 수 있는가? 세분시장의 하나의 중요한 측면은 마케팅 메시지를 특정한 성격을 지닌 그룹에게 전달하는 것이다. 궁술에서 표적을 맞추는 데 활과 화살이 없이는 불가능한 것과 마찬가지로 마케팅 커뮤니케이션을 통하여 그 표적시장에 효율적으로 도달할 수단이 없다면 그 시장은 무의미한 것이다.

넷째, 그 그룹의 시장잠재력은 그 세분시장에 도달하는 데 필요한 재정적 마케팅 자원을 투자할 가치가 충분히 있는가? 환언하면 그것은 재정적 환원이 충분한 상품이 될 것인가.

예를 들어 텐트 야영객들은 식량을 가져오기 때문에 유용한 세분시장이 될 수 없다. 즉 그들은 상업적 야영장에 충분한 이익을 창출할 수 있는 돈을 소비하지 않는다. 시장세분화는 특별한 제품 및 서비스를 구매하는 데 현저한 잠재력을 지닌 그룹에게 마케터가 효율적으로 전달할 수 있도록 고안되어진다. 만약 예상판매에 관련하여 너무 많은 돈이 소요된다면 그 세분시장은 추구할 가치가 그다지 없을 것이다.

제4절 관광시장세분화의 기준

호텔·관광마케팅 전문가들은 다양한 시장세분화 기준을 가지고 있다. 어떠한 단일적인 방법이 옳다거나 그른 것은 아니며 흔히 다양한 기술들이 혼합되어 사용되고 있다. 일반적으로 시장세분화에서는 지리적 변수, 인구통계적 변수, 심리분석적 변수, 행동분석적 변수 등 4가지로 대별되어 사용된다. 시장세분화 기준을 요약한 것이 <표 6.2>이다.

<표 6.2> 시장세분화 기준

분류	세분화 기준	변수
1	지리적 변수	지역, 인구밀도, 도시의 규모, 기후
2	인구통계적 변수	나이, 성별, 가족규모, 가족수명주기, 소득, 직업, 교육수준, 종교
3	심리분석적 변수	개인의 가치, 태도, 관심, 활동, 사회적 계층, 생활스타일, 개성
4	행동분석적 변수	추구하는 편익, 구매준비단계, 사용량, 상표충성도, 중요시하는 마케팅변수

1. 지리적 변수

지리학(Geograpics)은 시장세분화를 위한 중요한 도구이다. 사람들이 어디에 사는가 하는 것은 그들의 구매형태, 특히 한 장소에서 다른 장소로 이동하는 여행에 커다란 영향을 미친다. 사람들이 산 또는 해변, 서울 또는 대구 등 그들 주거지의 위치가 어디인가 하는 것은 그들의 관광에 대한 의사결정에 있어서 중요한 역할을 한다. 따라서 마케팅 전문가는 그 나라의 특정지역, 기후, 환경의 유형(도시인가, 시골인가)에 따라 주거하는 사람들의 집단을 마케팅의 표적으로 삼는다.

호텔 · 관광마케터는 지리적 변수(geographic variables)를 다양한 방법으로 이용한다. 시골의 리조트는 그 도시인구를 표적으로 지역적 세분화를 사용할 것이며, 따뜻한 기후의 관광지는 겨울에 몹시 추운 지역에서 따뜻한 지방으로 떠나는 잠재관광객을 표적으로 삼을 것이다. 또한 항공사는 새로운 노선을 개발할 때 그 나라의 특정지역에 초점을 둘 것이다. 애틀랜타, 뉴저지, 그리고 라스베이거스, 네바다 등에 있는 유사한 카지노호텔을 예로 들어보자. 그 호텔들은 관광객들에게 비록 도박, 유흥, 그리고 오락과 같은 쾌락행위를 제공해 주지만, 그 호텔들의 위치가 다른 도시에 비하여 이질적이라는 특성으로 인하여 다른 지역의 관광객을 흡인하는 것이다.

애틀랜타는 대서양 해안에 있고 온화한 기후이며 보스턴에서 워싱턴 사이의 도시 내에 사는 수백만의 사람이 쉽게 여행할 수 있는 거리에 있다.

한편, 라스베이거스는 덥고 태양이 비치는 내륙에 위치해 있고 네바다사막은 다른 주요 도시지역과 멀리 떨어져 있다. 라스베이거스의 카지노는 주로 도박을 위해 하루나 이틀 정도 체류하는 미국 서부 주요 도시의 잠재관광객에게 우선적으로 초점을 두는 것에 지리적인 표적시장을 설정할 수 있다. 또한 라스베이거스의 카지노는 서부지역을 방문하려는 휴가여정에 라스베이거스를 포함시키려는 교외지역 주민들과 같은 전국적인 시장에 초점을 둘 수 있다.

반면에 애틀랜타시의 카지노는 그러한 전국적 시장을 목표로 하는 대신에 반경 250마일 이내에 있는 주요 도시에 마케팅노력을 집중적으로 기울일 수 있다. 그러한 근접도시에는 자동차나 버스로 쉽게 애틀랜타로 이동할 수 있는 거대한 잠재고객 시장이 있다. 그 지리적 표적시장 내에 광고를 발신할 때 카지노는 여름의 더위와 습기를 피하기를 원하는 도시주민에게 해변과 해안산책길의 매력을 강조하는 소구행위를 펼쳐야 한다.

이상의 두 가지 경우에서 지리는 카지노가 잠재여행객의 주거지역과 관련하여 목적지의 위치를 바탕으로 해서 표적시장을 결정하는 데 중요한 역할을 한다. 두 도시의 지리적 차이는 두 카지노가 지리적 시장세분화 기술을 이용해 시장을 명확하게 구분하는 데 사용하도록 하는 기본적인 요인인 것이다.

2. 인구통계적 변수

인구통계학(Demographics)은 그 지역에 사는 사람들의 통계학적 연구이다. 인구통계적 세분화는 목표기준이나 측정 가능한 특성에 근거하여 사람들을 분류하는 방법이다. 일반적으로 가장 빈번히 쓰이는 인구통계적 변수(demographic variables)로는 연령, 소득, 직업, 가족수, 생활주기 그리고 교육을 들 수 있다.

1) 연령

마케팅 전문가들은 각기 다른 연령(age)의 사람들은 안락감, 경제력, 흥분, 안전 등에 대해 각기 다른 욕구를 가진다는 것을 알고 있다. 연령은 구매행동에 중요한 영향을 미친다. 마케팅 전문가들은 비슷한 구매행위를 하는 연령집단을 찾아내려고 한다.

연령에 따라 그들의 관광선택에 대한 우선순위가 변한다. 예를 들어 젊은이들이 여름에 유럽을 목적지로 배낭여행을 하는 것은 편리함이나 사치보다는 여행경비 등 경제적인 측면에 중점을 두기 때문이다. 반면에 장년·노년층의 유럽여행은 낮은 비용보다는 편안함과 편리함을 추구할 것이다.

연령범위는 주로 다음과 같이 나눈다.

① 6세 이하(미취학 아동)

② 6세~11세(초등학생)

③ 12~19세(10대)

④ 20~34세(청년)

⑤ 35~49세(중년)

⑥ 50~64세(장년)

⑦ 65세 이상(노년)

2) 소 득

사람들이 여행에서 얼마나 많은 돈을 소비하는가 하는 것은 일반적으로 그들의 소득(income)과 깊은 관련이 있다. 집세나 음식과 같이 필수품에 대한 지출에도 빠듯한 젊은 부부들은 특별한 이유가 없는 한 유람선여행에 수백만 원을 소비하려고 하지 않을 것이다.

일반적으로 가족수입이 많을수록 여행에서 더 많은 돈을 소비하는 경향이 있다. 더욱 많은 돈을 버는 사람이 여행을 할 여유가 있기 때문에 상위소득의 세분시장은 수많은 관광마케터, 특히 값비싼 상품판매를 촉진하는 사람들의 표적시장이 된다. 그러나 저소득층의 부분시장 역시 관광마케터의 표적시장이 된다. 미국의 염가모텔들은 저소득층 관광시장에 특별히 호소하기 위해 고안된 관광상품의 좋은 예이다. 그들의 촉진적인 메시지는 대개 경제적인 저렴한 요금을 강조하는데, 그러한 장소에 숙박하기를 원하는 개인 및 가족들에게 그 초점을 두고 있다.

개인 또는 가족의 연간소득 구분은 예를 들면 다음과 같은 범위로 분류된다.

① 1,000만원 이하

② 1,001~2,000만원

③ 2,001~3,000만원

④ 3,001~5,000만원

⑤ 5,001~1억원 미만

⑥ 1억원~3억원 미만

⑦ 3억원 이상

3) 직 업

비록 소득과 관련되기는 하지만 직업(occupation)은 하나의 별개의 세분화 변수이다. 전형적인 직업적 범주에는 전문가, 경영관리자, 기업소유주, 사원, 판매자, 학생, 주부, 은퇴자 등이 있다. 때때로 마케팅 목적을 위해서 더 작은 직업적 세분화가 이루어지는 경우도 있다. 예를 들어 의사, 변호사, 회계사, 교수 등은 더 큰 전문가 부분시장의 수많은 작은 하위범주가 될 것이다.

직업적 세분화는 마케터에게 소득, 생활스타일, 교육 등에 대한 통찰력을 준다. 그것은 역시 특정한 직업집단을 위한 전문화된 관광상품을 맞추는 데 사용된다. 예를 들어 투어 오퍼레이터는 고등학교 영어교사들을 표적시장으로 하여 세익스피어문학여행이나 그레이트 브리튼(Great Britain)의 문학여행을 패키지 상품화할 수 있다.

4) 가족수·생활주기

가족수·생활주기(family size/life cycle)에 따른 시장세분화 방법은 연령 및 결혼여부와 자녀의 수 및 자녀의 연령을 합쳐서 시장을 세분하는 방법이다. 예를 들어 다음과 같은 세분화를 고려해 보자. 젊은 독신자, 젊고 자녀 없는 기혼자, 젊고 취학 전의 아동을 가진 기혼자, 중년이고 십대의 자녀를 둔 기혼자, 중년이고 십대의 자녀를 둔 이혼자, 둘 만 사는 노인부부 등으로 나눌 수 있다.

가족의 규모와 생활주기에 따라 특정한 관광욕구를 지닌 수많은 부분시장이 있을 수 있다. 어린아이가 있는 가족이 여행할 때 그들은 호텔 객실에서 어린이 침대나 간이침대(extra bed)를 필요로 할 것이다. 그들은 어린이들에게 적합한 메뉴가 있는 식당에서 저녁을 들기를 원할 것이다. 이러한 욕구는 자녀 없이 여행하는 사람이나 신혼여행을 온 부부의 욕구와는 매우 다르다.

5) 교 육

일반적으로 교육(education)을 더 많이 받은 사람은 여행을 더 많이 할 가능성이 있다.

그들은 많은 것을 학습하고 또한 스스로 알려고 하는 노력을 많이 하기 때문이다. 그러므로 교육은 또한 시장세분화 요인으로서 유용하다.

교육수준도 역시 관광의 형태와 관계가 있다. 예를 들어 중요한 문화적 매력을 지닌 관광지는 비교적 잘 교육된 시장세분화 표적집단에 의해 선택되어질 수 있다. 교육의 범주는 일반적으로 최종교육의 가장 높은 수준에 의해 나누어진다.

① 중학교 졸업
② 고등학교 졸업
③ 전문대학 졸업
④ 대학졸업
⑤ 대학원 졸업
⑥ 그 이상의 학력

6) 기타 인구통계적 변수

모든 시장과 마찬가지로 관광시장은 앞에서 언급한 방법 이외의 인구통계적인 방법으로 세분화할 수 있다. 마케터는 사람들의 집단을 분리시키기 위해 인구통계적 요인 중에 성별(性別), 종교, 종족, 인종적 배경, 국적 그리고 사회적 등급 등을 사용한다. 그 각각은 잠재관광객의 그룹을 확인하고 그것을 유용하게 적용하기 위해 사용되어진다. 예를 들어 여성 비즈니스여행객의 특별한 욕구는 때로는 관광마케터의 관심의 초점이 된다. 인종적 배경과 국적은 관광기업이 출생한 '고국'으로의 여행을 촉진하고 패키지투어를 만들어 판매할 수 있는 시장세분화의 변수이다.

한편, 시장조사자들은 어떻게 인구통계적 변수를 사용하는가? 호텔·관광시장을 인구통계적 집단으로 분할하는 것에 의해 호텔·관광마케터는 시장에 접근하는 것이 한결 용이해진다. 예를 들어 대략 비슷한 연령층은 어떤 공통적인 측면을 지니고 있다. 유사한 직업이나 교육적 배경을 가진 사람들과 대략 엇비슷한 수입을 가진 사람들도 그러하다.

이러한 집단의 어느 하나에도 거기에는 물론 다양함이 있다. 예를 들어 같은 연령의 두 사람일지라도 누구도 정확히 같지는 않다.

그러나 마케팅 관점에서 보아 중요한 것은 이러한 집단의 사람들이 전체 인구의 사람들보다 더욱 공통점을 가졌다는 것이고 결과적으로 그들의 여행선호도와 구매성향에 있어서 어떤 동질성이 있을 가능성이 있다.

호텔·관광마케터는 흔히 그들의 표적시장을 명확히 구별하고 더욱 선명하게 초점을 맞추기 위하여 하나 이상의 인구통계적 요인을 사용하여 시장을 세분화한다. 예를 들어 유람선회사는 오직 60세 이상의 세분시장 또는 중류층의 세분시장만을 그 목표로 하는 것이 아니며 대신에 중류층에서도 60세 이상의 잠재고객에게 초점을 맞추는 것이 더욱 유리하다. 그리고 그 유람선회사는 계획적으로 이 특정 세분시장에 자사상품을 소구하도록 노력할 것이다. 왜냐하면 그것은 두 개의 분리된 인구통계적 변수에 의해 한정되기 때문이다.

이론적으로 표적시장을 정의하는 것에 의해 결합되어질 수 있는 시장세분화 변수의 수는 한정되어 있지는 않다. 그러나 실제적으로 말하면 만약 한 시장세분화를 위해 너무 많은 요인이 사용된다면 그 세분화는 궁극적으로 너무 좁게 정의되어 의미가 없어진다. 세분화의 목적은 충분히 추구할 가치가 있을 만큼 그 규모가 큰 특정 표적시장을 명확히 한정하기 위해서 그에 알맞은 변수를 사용하는 것이다.

그러나 다른 세분화 변수를 동시에 사용하는 경우에도 그 사용변수가 인구통계적인 변수에만 한정되는 것은 아니다. 호텔·관광마케터는 또한 지리적 변수, 심리분석적 변수 그리고 행동분석적 변수 등 세 가지 다른 중요한 방법과 배합하여 인구통계적 변수를 사용하고 있다.

3. 심리분석적 변수

심리분석적 변수(psychoanalysis variables)에 근거한 시장세분화는 비교적 최근에 응용된 마케팅 기술이다. 심리분석적 세분화는 개인의 가치, 태도, 라이프스타일(생활양식), 관심, 활동 그리고 성격 등 심리적 변수를 사용하여 사람들을 집단화한다. 시장세분화를 위한 계층의 하나는 심리적으로 잠재적인 고객을 그룹화 하는 방법으로서 라이프스타일을 이용한다.

1) 가치측정으로서의 라이프스타일

라이프스타일의 두 가지 중요한 요소는 사람들이 어떻게 그들의 시간을 소비하는가와 그들이 어떠한 것에 가치(value)와 관심(interest)을 두고 있는가 하는 것이다. 라이프스타일에 관한 논의에서는 '보수적인', '자유주의적', '모험적인', '가정적인', 그리고 '건강지향적인' 등의 용어가 때때로 사용되고 있다.

비록 표준적인 용어라고 단언할 수 없지만 SRI 인터내셔널(formerly Stanford Research Institute)의 조사자들은 다음과 같이 9가지 가치 및 라이프스타일의 범주를 결정하고 분류하였다.

① 생존자: 늙은, 매우 가난한
② 유지자: 가난한
③ 소속자: 조금 나이든, 전통적인, 안정된
④ 경쟁자: 젊은, 과시하는, 크게 만들려고 하는
⑤ 성취자: 중년의, 부유한, 자신만만한, 물질적인
⑥ 자아 주장자(I-Am-Me): 젊은, 추진력 있는, 개인적인, 독신인, 과도기인
⑦ 경험자: 젊은, 예술적인, 내부지향적인
⑧ 사회의식자: 성숙한, 성공한, 환경과 관계된
⑨ 통합자: 심적으로 성숙한, 이해심 있는, 세상을 보는 안목이 있는

이러한 집단 가운데 생존자들과 유지자들은 거의 관광에 대한 관심이 없는데, 왜냐하면 그들은 돈이 없으며 관광을 할 이유가 없기 때문이다. 성취자와 사회의식자 집단은 수많은 마케터들에 의해 상용과 쾌락을 위한 다빈도 관광객 세분시장으로 인식되고 있다.

2) 효과적인 심리분석적 세분화

여러분들은 왜 마케터들이 시장세분화를 위해 심리분석적인 요소를 이용하려고 하는지 이해할 수 있을 것이다. 사람의 개성 및 신념은 구매동기와 행위에 커다란 영향을 미친다. 그러나 개성은 연령과 같은 요인보다 다루기가 더욱 어렵다. 그러한 특성을 보는 방법의 수에는 제한은 없다.

그러나 심리분석적 세분화는 효과적으로 사용될 수 있다. 그것은 호텔·관광마케터가 호텔·관광상품을 특정의 성격유형에 소구하는 방법을 이해하고 특정한 심리학적 형태에 합당하게 소구할 수 있도록 메시지를 바꾸도록 하면 된다. 전체 관광시장을 더 작은 심리학적 표적시장으로 쪼개는 것은 상품과 서비스를 잠재고객의 요구에 잘 맞추도록 하는 데 매우 유용하게 이용할 수 있다.

스키는 특정한 성격유형에 호소할 수 있는 관광 관련 활동의 좋은 예이다. 어떤 사람들은 스키는 비싸고 추운데서 하는 스포츠로 위험한 것이라고 생각한다. 반면에 어떤 사람들은 스키는 유쾌하고 모험적이고 보람 있는 스포츠라고 생각한다.

가치 및 라이프스타일(VALS: Value + Life Style) 범주를 사용하여 내셔널 데모그라픽 사는 스키 타는 사람의 30%가 성취자의 범주에 속한다는 것을 알아내었다. 스키휴양지는 특히 이러한 특정의 심리학적 집단에 소구하는 촉진메시지를 만들어내는데, 이러한 세분화방법을 사용하고 있다.

4. 행동분석적 변수

마케팅 전문가들은 특정상품이나 그 유형에 관련하여 전략을 수립하는 데 실제고객과 잠재고객의 행동을 분석하여 시장세분화를 실시한다. 행동분석적 세분화는 시장을 특정한 구매습관, 선호도, 또는 목적이 있는 집단으로 나누는 것을 말한다. 주말 여행객, 재구매 고객 그리고 일등석 승객 등은 그들의 행동에 의해 정의된 표적집단의 한 예이다.

구매행위에 의한 세분화는 그들이 누구이며 어디에 살며 그들의 라이프스타일이 어떠한지 등에 관심을 두기보다는 사람들이 어떻게 행동하는가에 초점을 두기 때문에 대단히 강렬한 세분화 방법이다. 한 달에 다섯 차례 이상 호텔에 숙박하는 상용여행객의 표적집단은 인구통계학적으로 정의된 모든 상용고객을 대상으로 하는 표적집단보다 더 가망성이 큰 시장이라는 것을 암시해 준다.

마케터가 특정집단에 초점을 맞추는 데 행동분석적 변수(behavior-analysis variables)를 이용하는 것은 대단히 의미가 있지만, 그러한 집단에 도달하는 것은 인구통계학적이나 지리적으로 정의된 표적시장에 도달하는 것보다 훨씬 어렵다.

예를 들어 매년 여름에 설악산으로 여행하는 사람들에 대한 자택주소의 리스트를 구하는 것은 어려운 일이다. 그 반면에 해운대의 리조트업자가 고객을 최초로 끌어들이는 메시지를 만들고 고객의 재방문을 촉진시키기 위한 메커니즘을 개발하는 것에 의해서 매년 방문객에 초점을 맞추는 데 주소지를 활용하여 판매를 촉진할 수는 있을 것이다.

관광시장은 다음과 같이 관광습관과 선호도, 관광의 목적, 추구하는 편익 등 몇 가지 행동에 근거하여 세분화할 수 있다.

1) 습관과 선호도

모든 사람은 그들이 의식하건 안하건 간에 나름대로 어떠한 여행습관(travel habits)과 선호도(preferences)를 갖고 있다. 예를 들어 어떤 가족은 매년 여름휴가에 한 주일간을 같은 리조트에서 보낸다. 반면에 어떤 가족들은 한 해는 산으로, 다음 해는 해변으로 가는 등 매년 다른 장소로 여행을 떠난다.

호텔·관광마케터는 시장을 세분화하고 특정의 관광습관 및 선호도를 공유하는 집단을 표적시장으로 삼기 위하여 여행행동의 패턴을 사용하기도 한다. 하나의 집단은 특정의 호텔체인을 선호하는 사람들, 국가 공휴일에 습관적으로 여행을 떠나는 사람들, 항상 비행기의 일등석을 이용하는 사람들로 구성되어진다. 특정의 관광습관과 선호도는 전망이 있을 것 같은 곳에 초점을 맞추기 위하여 하나 이상의 도구를 관광마케터에게 제공한다.

습관과 선호도는 호텔·관광마케터에게는 친구이자 적이 된다. 만약 한 부부가 캘리포니아에서 겨울휴가를 보낸다면 호텔, 식당, 렌터카회사, 기타 시설들은 그들 부부의 습관으로부터 이익을 얻을 것이다. 동시에 캘리포니아에서 휴가를 갖는 그들의 습관은 그들의 패턴을 변화시켜서 애리조나나 플로리다로 그들을 가도록 할 가능성은 거의 없다.

이와 유사하게 어떤 특정한 항공회사에 선호도를 지닌 사람에 대하여는 다른 항공회사는 그 고객을 끌어들이는 데 매우 어려움을 겪게 될 것이다.

호텔·관광마케터는 시장을 세분화하기 위하여 여행습관과 선호도의 수를 관찰한다. 그것에는 관광시즌(성수기, 비수기), 지급방법(현금, 선불, 후불), 여행등급(1등급, 2등급, 3등급) 그리고 단체여행 또는 개인여행의 여부 등이 있다. 호텔·관광산업에 있어서 많은 회사들은 그들 상품의 다빈도이용자를 주요 표적시장의 하나로 설정한다.

예를 들어 다빈도 승객 프로그램(frequent flier programs)은 항공사가 정규적인 승객을 확인하고 그들 항공사를 선택하는 사람들에게 보답함으로써 상표충성도(brand royalty)를 구축하는 한 가지 방법이다.

그러나 다른 항공사들은 여행을 빈번히 하지 않는 사람들을 목표로 두기도 한다. 예를 들어 1980년대 초에 피플 익스프레스 항공사(People Express)나 레이커 항공사(Laker Airways)는 미국여행 및 대서양횡단비행을 고려하지 않는 일반인들을 목표로 하여 높은 할인요금을 제공하였다. 그들의 목적은 현존 시장에서 더욱 많은 시장점유율을 획득하기 위하여 타항공사와 경쟁하기보다는 오히려 비(非)탑승객을 유치함으로써 그들의 시장을 확장하려는 것이다.

2) 여행 목적

호텔·관광시장의 세분화 방법 중 행동분석적 변수로 가장 널리 사용되는 것은 친구나 친족을 방문하기 위한 여행, 유람여행, 상용 및 컨벤션, 기타 등이 있다. 가장 중요한 것은 호텔·관광마케터가 상용여행객과 위락여행객을 구별하는 일이다.

상용여행객은 위락여행객과는 다른 욕구를 가지고 있다. 예를 들어 상용여행객은 비용보다 편리함에 더 많은 관심을 갖는 경향이 있다. 호텔·관광마케터는 관광의 목적에 따라 그들 시장을 세분화할 때 이러한 차이점을 이용한다. 예를 들어 그들이 상용여행객을 목표로 할 때 그들은 편리함을 강조하여 상품과 서비스를 개발하고 광고를 한다.

항공회사, 렌터카회사, 호텔은 상용여행객이 더욱 편리하도록 특별한 서비스를 제공한다. 공항에 있는 항공회사 회원전용 라운지는 회원들이 서류사무를 보거나 전화 용무, 커피 또는 휴식을 위한 휴식장소로 제공되고 있다. 상용여행객들은 시간을 중요시하기 때문에 렌터카회사들은 업무처리에 속도를 내기 위하여 특별 고속의 체크인과 체크아웃제도를 개발하였다. 그리고 상용여행객을 표적시장으로 하고 있는 일부 호텔들은 사전 주문 룸서비스, 팩스서비스, 그리고 즉시 체크아웃 시스템을 등을 제공하고 있다.

상용여행에 비하여 위락 및 레저여행은 한 가지 이상의 목적을 가진다. 예를 들어 휴양과 유람은 레저여행의 두 가지 하위목적으로 이것들은 특별한 목적을 위해 여행하는 사람들의 관광욕구가 매우 다르다는 것을 말하여 준다. 호텔·관광마케터는 휴양관광을 하려는 사람들과 유람관광을 하려는 사람들이 서로 다른 행동패턴과 기대를 가진다는 것을 알고 있다.

원거리의 지방에 위치한 리조트는 이를테면 휴식을 원하는 여행객을 그 표적시장으로 삼을 것이다. 이러한 사람들은 일상적인 생활의 복잡함으로부터 멀리 떠나 잠시 머리를 식히기 위해서 머물 장소를 원한다. 한편, 버스관광 여행업자는 그 국가의 역사적 지역을 통과하면서 때때로 주요 문화적·역사적인 곳에서 잠시 머무는 안내여행을 제공하는 유람시장에 목표를 두기도 한다.

그것이 새로운 사람을 만나게 하는 것이든 혹은 새로운 유적지를 둘러보는 것이든 간에 아무튼 모든 휴양관광의 목적은 관광마케터에게 관광시장 세분화의 의미를 제공해 준다. 이와 같이 많은 사람들의 행동을 기준으로 한 생산적·기초적인 시장세분화의 방법으로는 주로 관광목적이 이용되고 있다.

3) 추구하는 편익

제품이나 서비스를 구입하는 사람은 누구나 어떠한 측면에서 돈을 소비함으로부터 편익(benefits)을 추구하고 있다. 편익(便益) 또는 혜택(惠澤)이란 욕구를 만족시키거나 또는 사람을 더욱 행복하게 만드는 정신적인 것이다. 여행을 함으로써 사람들이 만족하는 욕구와 사람들이 추구하는 편익을 기준으로 하여 잠재관광객을 구분하면 마케터는 관광행동의 다른 형태를 발견할 수 있다. 하나의 예를 들면 일등석은 인격적 서비스이다. 어떤 관광객들은 그 인격적 서비스에 신경을 많이 쓰고 기꺼이 그것에 대해 요금을 지급하려고 한다. 다른 사람들은 그 비용의 가치를 모르고 그것에 대해 어떤 중요한 혜택을 인식하지 못하거나 심지어 불편함을 느낀다.

서비스를 중심으로 하여 세분화하여 보면 호텔·관광마케터들은 비행기에 여분의 샴페인을 준비하는 것에서부터 호텔에 도어맨서비스나 리무진서비스를 제공하기도 한다. 비용(cost)은 이러한 시장에서는 그다지 중요한 요소가 아니다.

그러한 인격적 서비스로부터 혜택을 추구하지 않는 세분시장에서는 관광마케터들은 경쟁적인 저가격으로 기본적인 상품과 서비스를 제공하려고 한다. 그들은 역시 경쟁상의 우위를 얻기 위한 방법으로 다른 표적집단에 개별적 편익을 제공하려고 할 것이다.

관광마케터들은 관광이 제공하는 다양한 혜택과 욕구에 대하여 예리하게 관찰한다. 관광객들이 오락과 흥분을 추구하거나 또는 여흥과 휴식을 추구하는 것에 의해 그들이 만족시키려는 욕구는 그 행동에 따라 유용한 세분시장으로 나누어진다.

제5절 호텔·관광마케팅 사이클[1)

마케팅과정(marketing process)에 있는 각 단계는 하나의 원(circle)을 형성한다. 각 단계는 <그림 7.1>과 같이 하나씩 꼬리를 물고 이어져 원을 그리는 것과 같다. 마케팅과정은 신제품의 개발이나 기존제품의 개량단계, 시장조사의 실시단계, 마케팅목적의 수립단계, 마케팅전략의 수행단계, 평가 및 조정계획단계로 순환되며, 이것은 또한 처음의 단계로 환류(feedback)된다. 그러나 마케팅과정의 시작은 시장조사부터 우선적으로 실시되기도 한다.

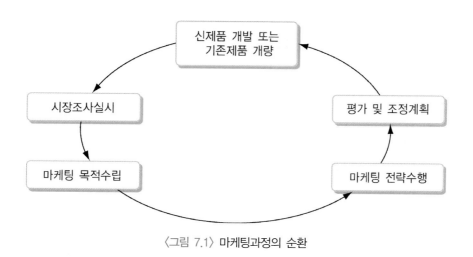

〈그림 7.1〉 마케팅과정의 순환

---

1) 김성혁(2004), 호텔관광서비스마케팅, 백산출판사, 6장 참조.

1. 신제품 개발과 기존제품 개량

마케팅 사이클은 기업이 제품이나 서비스에 대한 아이디어를 창출해낼 때, 또는 기존 제품을 개량하는 방법을 결정할 때 시작된다. 그 다음 시장조사는 제품에 대한 수요가 존재하는가, 제품개량이 판매를 증가시킬 것인가를 알아내기 위해 실시된다. 이런 절차는 순서가 뒤바뀌어 실시될 수도 있다. 시장조사에 의하여 기업은 고객의 불만족한 욕구를 확인하고 신제품 및 서비스에 대한 아이디어나 기존제품의 개량을 위한 방법을 강구해 낼 수 있다. 경쟁적인 체질강화와 판매를 증대시키기 위해 기업은 끊임없이 연구하여 신제품을 개발하고 있다. 신제품은 기업의 성장에 있어 필수적인 요소이다. 예를 들면 미국의 렌트카 업자들은 상용여행객 시장이 충분히 개발된 시점에서, 곧이어 후속단계로서 위락용 렌탈 수요를 확대시키기 위해 노력하였다. 한편, 단거리 위락여행객의 수요급증에 대응하기 위해 호텔은 다양한 주말휴가 패키지를 개발하고 있다.

2. 호텔·관광 시장조사의 실시

1986년 미국의 이스트 코스트(East Coast)에 있는 한 여행사가 시장조사를 통해 새로운 여행상품을 만들어 냈다. 그랜드여행이라 불리는 이 여행상품은 현대시장의 새로운 수요를 인식하여 만든 것이다. 오늘날 직장이 있는 많은 부모들은 자녀들을 긴 휴가 동안 돌볼 시간이 없다. 한편, 많은 할아버지나 할머니들은 여행할 수 있는 시간, 에너지, 경제력, 욕구 등을 갖고 있다. 이러한 경향에 편승하여 그랜드여행은 조부모와 손자·손녀가 함께 휴가를 즐길 수 있도록 특별히 기획하여 만든 것이다. 그랜드여행은 폭발적으로 성공하였다.

시장조사를 통하여 기업은 잠재고객이 누구이며 그들이 무엇을 원하는가를 발견한다. 설문지, 개인면담, 고객기록 등은 이러한 정보를 수집하기 위해 사용되는 도구이다. 또한 인구통계국의 연구보고서나 경제·사회에 관한 최신 논문들은 잠재시장을 파악하는 데 도움이 된다.

일단 정보가 수집되면 그것은 조심스럽게 분석되고 해석된다. 기업은 항상 최근에 시장에서 무슨 일이 일어나고 있는가를 알기 위하여 효율적인 정보수집체계를 필요로 한다. 기업은 모든 여행객의 욕구를 충족시키려는 것보다는 일반적으로 시장의 한 세그먼트, 즉 하나의 표적시장에 제품과 서비스를 직접적으로 제공하려고 한다. 표적시장(標的市場)은 동일한 제품과 서비스를 구매하리라고 예상되는 일련의 사람들로서 어느 정도 규모가 있고 통제가 가능하여야 한다. 표적시장(target market)은 여행목적(사업, 휴가, 친구나 친지의 방문), 연령 및 혼인여부(독신, 노년층, 자녀가 있는 부부), 경제적 상태(부유층, 중간층, 서민층), 흥미(모험, 예술, 음악, 건강) 등과 같은 여러 가지 요인을 기초로 하여 나누어진다. 표적마케팅은 <그림 7.2>에 표시된 것처럼 특정 표적시장에 소구하기 위하여 제품개발 및 촉진전략 등을 실시한다.

〈그림 7.2〉 호텔·관광시장에 있어서 표적시장 선정

3. 마케팅목적 수립

모든 마케팅계획의 기초가 되는 것이 마케팅목적이다. 마케팅목적은 기업이 일정 기간내에 달성하기를 원하는 목표이다. 마케팅의 목적을 수립해 두면 기업의 노력 및 성공을 측정하기가 용이해진다. 그 목표 달성기간은 장기(5년이나 10년) 또는 중기(1년이나 2년), 단기(3개월이나 6개월)가 될 것이다.

여행사의 장기간 목적은 예를 들면 다음 연도에 연간 총판매량의 3%에서 10%까지 렌터카 판매량을 증가시키는 것 등이 될 것이며, 단기간 목적은 예를 들면 9월 1일과 12월 31일 사이에 유람선을 단체운임으로 5,000석을 판매한다는 것 등이 될 것이다.

4. 마케팅전략 수행

마케팅에 있어서 중요한 개념의 하나로 상품포지셔닝이 있다. 상품포지셔닝(product

positioning)의 기초는 상품포지션(product position)이다. 상품포지션이란 고객이 일정한 속성을 기준으로 해서 여러 경쟁상품을 비교하는데 각 상품이 어떠한 위치를 차지하고 있는가를 나타내는 것을 말한다. 상품포지션은 때때로 제품포지션이라고 부르기도 한다.

상품포지션은 고객의 인상이나 경험, 정보를 통해서 형성되며 이것은 기업의 입장에서 보면 바람직할 수도 있고 그렇지 않을 수도 있는데, 고객의 마음 속에 자사의 상품을 원하는 위치로 부각시키려는 노력을 상품포지셔닝이라고 한다.

관광시장에서 성공을 위한 기회를 증대시키기 위해서 기업은 고객의 마음 속에 타상품보다 유리한 위치를 차지하도록 자사상품을 확실히 전달하여야 한다. 예를 들면 몇 개의 휴양지에서는 부유층을 위한 고급호텔로서, 또는 어떤 호텔은 가족휴가 휴양지로서 자사상품을 포지셔닝하려고 할 것이다.

시장포지션과 표적시장을 확립한 후에 그 다음으로 기업은 현존시장에서 더욱 많은 점유율을 차지하기 위한 전략을 개발하거나 미개척 시장을 침투하기 위한 전략을 개발해야 한다. 그러한 전략에는 제품디자인, 이미지, 유통, 가격 등에 대한 의사결정이 필요하다. 또한 상품을 어떻게 촉진(promotion)할 것인가에 대해서도 의사결정이 내려져야 한다. 이러한 의사결정은 기업의 모든 자원을 고려하여 결정되어야 한다.

5. 마케팅 평가와 조정계획

마케팅과정은 일단 판매가 형성되었다고 해서 끝나는 것은 아니다. 그 대신에 성공한 기업들은 그들의 마케팅목적이 어느 정도 효과적으로 작용하였는가를 평가한다. 그들은 이러한 점에서 시장조사를 행하여 제품이나 서비스에 대한 소비자의 인식을 조사한다. 예를 들면 호텔은 빈번히 고객에게 설문지를 내보이고 호텔운영에 대한 고객들의 인상을 기입하도록 부탁한다. 고객과 기업의 평가와 시장의 변화를 기초로 하여 기업은 그들의 제품 및 서비스를 평가・조정하는 것으로 마케팅 사이클은 한 바퀴 순환하게 되는 것이다. 그러나 여기서 끝난 것은 아니다. 이제까지의 사이클에서 획득한 정보를 이용하여 신제품 개발 및 기존제품의 개량작업이 추진되면서 마케팅 사이클은 재차 시작된다.

한편, 마케팅 사이클에 있어서 또 다른 측면은 현존하는 고객과의 양호한 관계를 유지하는 것이다. 모든 기업의 공통적인 과오는 새로운 고객을 창조하는 데 모든 노력을 바쳐버리고, 판매 후의 마케팅, 즉 이미 확보한 고객을 유지하는 데는 거의 주의를 쏟고 있지 못하다. 그 결과로서 많은 기업이 고객을 놓치고 망하고 있는 것이다. 사업을 계속 유지하기 위해서 성공한 관광업체들은 현존고객에게 가격할인이나 특별 클럽의 회원권 등을 제공하고 있다. 많은 기업들은 개인의 희망에 맞추어 판매하거나 적절한 제품과 서비스가 쓸 만한 가치가 있을 때 고객에게 알려주기 위해서 단골고객의 프로필을 만들어 보관하고 있다. 이러한 유형의 마케팅은 관계마케팅(relationship marketing)으로 활용되고 있다.

제6절 호텔·관광 상품수명주기

신상품을 발매하고 나면 호텔·관광경영자는 그 상품이 오랫동안 존속하면서 큰 성공을 거두기를 기대한다. 그러나 경영자가 정확한 형태와 단기별 계속기간을 예측하는 것은 어렵지만 상품의 수명주기가 있음을 잘 알고 있다[2].

전형적인 상품수명주기(PLC: Product Life Cycle)는 <그림 7.3>과 같이 매출액과 이익의 형태로 되어 있고 다음과 같이 5단계로 구분된다.

1. 상품개발기

신상품 아이디어를 발견하고 개발하는 단계로서 매출액은 영(0)이고 투자비용은 증가하는 단계이다.

2. 도입기

상품이 시장에 도입되면서 판매가 완만하게 증가하는 단계이다. 상품도입에 막대한

---

[2] 김성혁·황수영(2011), 신판 관광마케팅, 백산출판사, pp.111-114.

비용이 소요되므로 이익은 나지 않는다. 이 단계에서는 유통업자를 확보하여 상품을 시장에 공급하는 데 많은 자금이 소요된다. 그리고 잠재고객에게 신상품을 알리고 이용을 유도하는 데 높은 수준의 촉진활동이 요구되기 때문에 매출액 대비(對比) 촉진비용이 이 단계에서 가장 높다.

3. 성장기

시장수용 및 이익이 급속하게 증대되는 기간이다. 초기 수용자들이 계속 구매할 것이고 후기 수용자들도 이들을 따라서 구매하게 될 것이다. 특히 호의적 구전(口傳)에 접하는 경우 그 효과는 크다. 그리고 새로운 경쟁사들이 모방상품을 생산하고 이익의 기회를 잡기 위하여 시장에 진입할 것이다.

대단위 생산량에 의해 촉진비가 분산되고 단위당 제조원가가 떨어지게 됨에 따라 이익은 증대된다. 급속한 시장성장기를 가능한 장기간 지속시키기 위하여 여러 전략이 사용된다.

4. 성숙기

대다수 잠재구매자들이 그 상품을 구매하였으므로 판매성장이 둔화하는 기간이다. 이익은 정체되거나 하락된다. 왜냐하면 자사상품을 경쟁사로부터 보호하기 위하여 마케팅 경비의 지출이 증가하기 때문이다. 그리고 경쟁사들이 빈번하게 이익폭 축소와 가격할인을 단행한다. 또한 광고와 중간상 촉진 및 판매촉진도 증가시킨다. 그리고 보다 고급상품을 만들어 내기 위하여 연구계발예산을 증액한다. 이러한 조치로 인하여 이익은 하락한다. 일부의 취약한 경쟁사들이 떨어져 나가기 시작하고 결국 이 산업에는 경쟁우위의 확보가 가능한 경쟁사들만 남게 된다.

5. 쇠퇴기

판매와 이익이 급속하게 하락하는 기간이다. 쇠퇴기가 오는 이유는 기술변화, 고객기호의 변화, 국내외 경쟁의 격화 등 여러 가지가 있다. 판매량과 이익이 하락함에 따라 일부 기업들이 시장에서 철수한다. 잔존기업들도 우선 상품의 수를 축소하고, 소규모의 세분시장과 유통경로들을 축소하게 된다. 또한 촉진예산을 삭감하여 비용을 줄이고 고객을 끌기 위해서 가격을 계속 인하한다.

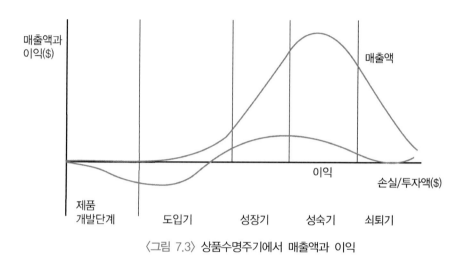

〈그림 7.3〉 상품수명주기에서 매출액과 이익

6. 상품수명주기의 한계

상품수명주기의 개념은 상품시장의 양상을 설명하는 데 유용한 개념적 틀이다. 그러나 상품성과를 예측하거나 또는 마케팅 전략수립의 도구로서 PLC개념을 활용하는 데는 몇 가지 문제가 있다. 예를 들어 특정상품이 현재 어느 단계에 있는가, 언제 다른 단계로 넘어갈 것인가, 단계 이행의 요인이 무엇인가 등을 알아내기가 어렵다. 따라서 각 단계별 판매량의 예측과 각 단계의 지속기간 및 상품수명주기 곡선의 형태를 실제로 예측하는 것은 매우 어렵다.

마케팅전략이 상품수명수기의 원인이자 동시에 결과이기 때문에 상품수명주기를 적용하여 마케팅전략을 수립하는 것이 어려운 경우가 많다. 수명주기 상에서 특정상품의 현재 위치를 파악하면 가장 효과적인 마케팅전략이 어떤 것인가를 알게 되며, 이렇게 결정된 마케팅전략이 그 이후의 단계에 있어서 상품성과에 영향을 미친다. 따라서 이러한 문제점이 있지만 상품수명주기 개념을 잘 적용하면 단계별 마케팅전략을 효과적으로 수립할 수 있는 유용한 틀이 된다.

제8장 | 호텔·관광기업의 서비스관리

제1절 서비스 개관

1. 서비스의 본질

오늘날의 호텔·관광경영자들은 경쟁사들이 모방하기 어렵고 지속적으로 고객들을 감탄케 할 수 있는 가치를 창출하는 경쟁수단들을 개발해야 한다. 품질 좋은 서비스도 그런 경쟁수단의 하나이다. 서비스의 품질은 적절한 교육, 실행, 품질관리는 물론이고 서비스 리더십을 수립하고 유지하는 데에 충분한 자원을 배분함으로써 달성될 수 있다.

경영자들은 서비스가 효과적으로 계획되고 실행되었을 때 장기적인 경쟁우위를 제공하면서 주당 현금흐름이란 형태로의 가치를 창출할 수 있는 도구임을 이해해야 한다. 서비스는 고객의 욕구를 충족해야 하는데 고객이 서비스를 구매하는 데 지불하는 비용보다 더욱 높은 가치를 제공해야 한다. 경영진들은 서비스거래(진실의 순간)가 기업에 의해 요구되는 수익률을 충족하고 고객들의 기대가 충족되는 수준에서 실행되고 있는가를 확인해야 하는데 다음과 같은 사항을 준수해야 한다.

1. 고객들은 어떻게 서비스에서 효용을 얻고 있는지를 이해한다.
2. 기업이 어떻게 효용을 생산하고 전달할 수 있는지를 이해한다.
3. 기업이 어떻게 가치를 창출하기 위해 관리되어야 하고 요구되는 수익률을 달성할 수 있는 지를 이해한다.
4. 기업은 고객과 소유주들의 목표를 공히 충족시킬 수 있어야 한다.

위의 사항을 달성하려면 지도자들은 아래와 같이 경영사고의 극적인 전환을 경험해야 한다.

1. 모든 관심을 비용통제(내부집중)에서 좋은 성과의 결과(외부집중)로 - 현금 흐름으로의 전환
2. 업무의 중점을 직원중심(구조)에서 직원과 고객중심(과정관리)으로 전환
3. 서비스의 전달에서 운영관리, 마케팅, 인사관리 등의 역할에 대한 총체적인 이해

이를 달성함에 있어 변화의 중점은 다음과 같다.

1. 상품 위주에서 고객의 총제적인 경험으로 전환
2. 고객, 직원, 공급자 간의 관계가 단기적 관계에서 장기적 관계로 전환
3. 핵심적인 최종 상품의 품질에서 고객과 직원 간의 전반적인 관계에 대한 품질

2. 가시적 서비스와 비가시적 서비스

서비스에 대해서는 두 개의 다른 형태, 즉 보이는 서비스와 보이지 않은 서비스로 나누어 생각해 볼 수가 있다. 예를 들면, 레스토랑과 같이 서비스가 잘 보이는 형태를 취할 때에는 잘 보이지 않는 경우와 비교하여 고객에 대하여 영향력이 달라진다. 또한 곰곰이 생각할 마음을 일으키지 않는 서비스도 있다. 가스회사나 전력회사가 제공하는 서비스는 보이지 않는 서비스의 예이다. 그 서비스는 우리들이 스위치를 누를 때마다 전기가 오거나 오지 않거나 하는 이유를 생각하거나 놀라거나 하는 일이 거의 없는 서비스이다.

서비스조직으로서의 공익기업에 대한 사람들의 이미지가 좋지 않은 것은 언론매체, 특히 신문이 빈번히 화제로 삼고 있기 때문이다. 어느 나라에서도 공익기업이 요금을 인상하려고 할 때에는 적어도 신문에서 여러 번 걸쳐 기사에 오르내린다. 첫번째는 요금인상이 정식으로 공익사업위원회에 신청될 경우이고, 두 번째는 요금인상 공청회를 열었을 때, 세 번째는 위원회가 요금인상을 인가하였을 때, 그리고 네 번째는 요금인상이 실시되었을 때이다.

그러나 우리나라가 선진국의 경우와 다른 점은 결정되기 이전에 신문지상에는 실리지 않는 경우가 많다는 것과 요금인상에 대하여 소비자측은 속수무책이라는 것이 다를 뿐이다.

고객은 전력의 공급측에 있는 '보이지 않은' 서비스에 대해서는 거의 고려하지 않지만 한편으로는 반드시 생각하지 않으면 안 되는 서비스도 있다. 예를 들면, 치과의사에게 가는 경우나 비행기를 이용하는 경우를 생각하여 보자. 고객은 항상 이것에 대해 생각하고 돈을 지급할 가치가 있는가를 판단하려고 한다.

치과의사에게 가는 것은 거의 모든 사람에게 있어서 무서운 느낌을 주는 전형적인 예로서 의사나 의원의 치료행위를 의심스런 눈으로 바라보는 사람이 많다. 반면에 항

공여행은 업무를 완성시키려고 뛰어다니는 비즈니스맨이 아니라면 기분이 고양되고 흥분되게 만드는 것이다. 항공여행은 꽤 비용이 드는 것이고 사람들은 충분한 서비스를 얻고 싶어한다. 이러한 기대가 만족되지 않으면 고객은 모든 것에 실망감을 품게 된다.

3. 서비스의 약점 보강을 위한 유형화 노력

하버드 비즈니스 스쿨의 레빗(T. Levitt) 교수는 무형의 것(서비스)을 파는 기업일수록 서비스의 유형화(tangibility)를 중시해야 한다고 말하고 있다. 서비스는 그것이 보이지 않는 만큼, 그리고 손에 입수하여 사전에 시험할 수 없는 것인 만큼 고객이 판단하기가 어렵다. 새로운 서비스업에서는 이러한 점이 두드러지게 나타난다. 따라서 좀처럼 소비자들이 이용하려 들지 않는다.

그러나 이것을 서비스사업의 숙명이라고 단정하여 단념할 필요까지는 없다. 우선 서비스에 포함되어 있는 유형부분의 질을 향상시키면 된다. 무형부분의 프로세스인 경우는 이것을 유형화할 수 있도록 확대하여야 한다. 이렇게 하면 고객의 이해 및 평가가 용이하고 이용이 증가하게 된다.

사회교육원의 호텔학교를 예로 들어 보자. 이러한 곳에서는 우선 우수한 교사와 훌륭히 잘 짜여진 교과목이 결정적으로 중요하고 이것이 확실하다면 사업의 질은 향상된다. 교실이 오래되고 설비가 불충분하더라도 그것은 나중의 일이라고 생각할 수 있다.

그러나 적어도 비즈니스로서 교육사업을 하는 경우에는 교실이나 실습실의 설비라고 하는 눈에 보이는 부분이 중요하다. 고객은 입학하기 전에는 학교의 좋고 나쁨을 알 수 없기 때문에 입학 여부를 검토할 때에 단서가 될 만한 것을 찾으려고 노력한다. 눈에 보이는 부분을 가지고 보이지 않은 부분까지 추정하려고 하는 것이다. 손질을 하지 않은 낡은 교실을 보고 고객은 그 속의 내용도 혼란스럽고 텅 빈 것으로 생각하기 십상이다.

그 밖에 교과서의 제본도 단지 읽을 수 있다면 좋은 것이 아니고, 디자인 및 색상, 하드 커버인가 소프트 커버인가가 문제가 될 것이고, 기타 다른 요소(이를테면 교수의 복장이 단정해야 함) 또한 중요할 것이다. 결국 서비스기업은 그 제공하는 내용물을 잘 알 수가 없는 만큼 포장부분이 중요한 것이다.

물론 포장만 훌륭하면 좋다는 의미는 아니고 그와 동시에 서비스의 내용도 좋지 않으면 안 된다.

이상적으로는 건물도 훌륭하고 교수도 일류이고 선배나 동료학생도 훌륭하지만 교육적인 내용물은 더욱 좋다고 생각되는 것이 바람직하다.

결국 내용물만이라도 좋다면 유형부분은 어떻든 괜찮다는 발상은 틀린 것이며, 우선 현재의 유형부분을 재점검하여 질을 높이고 순차적으로 무형부분 가운데 유형적인 부분을 늘리는 것에 의해 품질을 전체적으로 높일 여지를 검토할 필요가 있다.

4. 이미지관리

이미지라는 단어를 들었을 때 어떠한 것이 마음속에 연상되는가? 아마도 신뢰감, 성실함, 도덕성, 명성, 신용, 영속성, 일관성, 품질, 그리고 완벽함 등이 떠오를 것이다. 이것들은 기업이 지닐 수 있는 이미지이다. 그러나 이미지란 무엇일까?

사업전략이라는 관점에서 본 이미지의 실천적 정의는 '그 기업의 사업방법에 대하여 고객측에 주는 관리된 인식'이다. 어떻게 하여 고객에게 회사를 인식시킬 것인가? 업무방법을 통하여 어떠한 이미지를 심어 주려고 하고 있는가?

기업의 이미지가 어떻게 만들어지는가를 이해하는 것은 이미지를 쌓는 과정에서 매우 중요하다. 회사의 이미지는 회사와 거래할 때 고객이 느끼는 경험의 종합적인 결과로써 순간 순간에 좋아지다가 나빠지곤 한다. 기업은 결정적인 순간을 관리하는 것에 의하여 회사에 대한 고객의 이미지를 관리하는 것이다.

5. 서비스에 대한 이용체험과 구전의 중요성

서비스기업은 고객이 기업의 제공물에 대해 좋은 이용체험을 갖도록 하는 것이 최대의 판매활동이다. 즉 최강의 판매활동은 바로 좋은 서비스를 제공하는 것이다. 서비스기업에서는 한 사람의 고객에 대해 여러 담당자가 대처하게 되는데, 그 하나하나의 활동이 고객이 다시 방문할 것인가 아닌가를 결정짓는 성격을 갖고 있다.

또한 고객이 아직 그 기업의 서비스를 이용한 적이 없는 경우에는 타인의 이야기나 평판이 결정적으로 중요하다고 하는 것이다.

물론 광고나 선전 및 세일즈토크(이야기)도 서비스를 처음 이용하려는 고객에게 영향력을 발휘한다. 또한 극히 소액의 지출로 끝나는 서비스의 경우에는 그러한 것들이 효력을 발휘할지도 모른다.

그러나 일반적으로는 그렇지 않다. 사전에 시험해 보지 못한 고객, 더욱이 틀림없는 서비스를 기대하는 신규고객은 지금까지 그 서비스를 이용한 적이 있는 사람을 찾아 확인하는 절차를 거치게 마련이다.

즉 서비스기업의 경영활동 가운데 그 근본은 고객 한 사람 한 사람에 대하여 각각의 서비스를 철저하게 행하고 그 결과로 만족한 이용체험자를 늘리는 데 있다. 왜냐하면 만족한 이용체험자는 반복구매자가 되는 것뿐만 아니라 아직 이용한 적이 없는 사람에게 강력한 영향력을 행사하고 신규고객을 개척해 주기 때문이다. 만족한 고객 한 사람은 그 몇 배의 고객을 계속 증가시켜 준다.

이러한 것은 유형재(재화, 제품)산업에서도 동일하지 않는가 하고 생각할 수도 있겠지만 그렇지 않다. 유형재의 경우에는 이것을 만져보거나 사용하거나 시험해 볼 수 있는데 서비스는 보통 이러한 행위를 하기가 어렵다. 그리하여 "서비스제공이 잘못 되었구나"하고 생각할 때에 서비스거래가 끝나버리고 그 결과 고객을 잃게 된다는 특징이 유형재의 경우와 크게 다른 기업경영원리를 형성하고 있다고 할 수 있다.

이러한 특성으로부터 서비스기업에서는 광고나 선전 및 세일즈토크의 가치는 제조기업의 경우만큼 높지가 않다. 병원이나 학교 등이 광고나 선전을 그다지 적극적으로 활용하지 않던 것은 이와 같은 사정에 의해서이다. 또한 이것을 적극적으로 실행한다면 품질이 나쁘고 사람들이 모여들지 않기 때문에 광고나 선전을 하는 것은 아닌가 하고 역으로 생각할 가능성조차 생기게 된다.

실질적으로 서비스가 나쁜 곳은 결국 도태되게 되는데, 지금의 고객은 매우 영리하여 형편없는 서비스에 만족할 리가 만무하기 때문이다.

서비스기업의 상품

1. 서비스상품의 본질

　서비스는 특정의 분야에서 경쟁력을 발휘하는 힘이 된다. 사람들은 제품을 구매할 경우에 기대도 함께 산다. 기대의 내용 중 하나는 그것을 구입하면 판매자가 약속한 대로 득이 있을 것이라는 것이고, 또 하나는 그러한 득이 없다면 판매자가 반드시 약속을 이행해 줄 것이라는 기대이다.

　기업은 기대에 대한 고객의 구입논리를 이해하는 것이 중요하다. 그렇기 위해서는 고객이 무엇을 원하고, 무엇을 사고 싶어 하고, 무엇을 사고 싶어 하지 않은가를 알아둘 필요가 있다. 고객의 욕구는 만족감이 오래가지 못하는 불안정한 것이다. 유행은 나타났다가 없어지고 시대의 풍조는 높아졌다가 사그러들기도 하며, 새로운 생활양식이나 비즈니스방식이 차례로 나타난다. 세월이 지남에 따라 인구분포도 크게 변하므로 제품 및 서비스, 그리고 시장 전체에 대한 대책에 수정이 필요하게 된다.

　흔히 일반적으로 받아들여지고 있는 제품이라는 단어는 재고할 가치가 있는 용어이다. "당신이 하고 있는 일은 무엇인가?"하고 질문을 받았을 때 그 유명한 레브론 화장품 회사의 사장은 "공장에서는 화장품을 만들고 있지만 화장품 가게에서는 희망을 팔고 있다"고 대답하였다. 이는 제조업체가 무엇을 제조하는지가 문제가 아니고 고객이 무엇을 필요로 하는가를 중심으로 제품을 정의한 것이다. 맥도널드도 이와 동일한 이치를 실행에 옮겼다. 햄버거만 팔고 있는 것이 아니고 스피드, 청결함, 안심감, 즐거움, 품질의 균일함을 팔고 있는 것이다.

　서비스산업이라고 불리는 회사는 일반적으로 말하면 제품을 제조하는 것이 아니고 서비스를 제공하고 있다고 자인하고 있다. 그 때문에 서비스업은, 제조업과 같이 고객을 만족시키는 제품을 효율적이고 저비용으로 만들고 싶다는 노력을 폭넓은 시야에서 생각하거나 행동할 수가 없는 것이다. 이는 서비스업이니까 대강 서비스를 제공하면 된다는 안일한 발상으로 인한 것이다.

　한편, 제조업의 경우에도 일반적으로 고객서비스가 자사제품의 중심부분이라고 생각하지 않는다. 흔히들 고객서비스는 제조 후에 마케팅부나 영업부 또는 A/S(애프터서비스)부가 담당해야 할 것이라고 생각한다.

그렇게 되면 마케팅부문은 자신들의 일은 "서비스를 제공하는 것이다"라고 생각하게 될 것이다. 표면에는 드러내지 않지만 그 생각의 밑바탕에는 '할 수 없이 공짜로 무엇인가 제공한다'는 의미가 포함된다. 이러한 분위기가 자신이 일하는 기업에 암암리에 전달되면 결과는 누구나 예상할 수 있듯이 가볍게 마음이 내킬 때 하면 된다는 태도, 세세한 것까지 배려하지 않아도 좋다는 마음가짐, 그리고 인간의 순수한 노력을 대신하여 시스템과 사전계획을 세우는 가능성을 무시하는 자세가 될 것임에 틀림이 없다. 이러한 자세로는 설치나 수리 및 변경을 쉽사리 할 수 없는 제품이 설계되는 것이다.

2. 서비스상품의 유형부분과 무형부분

서비스상품을 자세히 보면 무형의 부분과 유형의 부분으로 구성되어 있는 것을 알 수 있다. 병원에서는 병을 고친다는 무형의 것을 얻으려고 입원하지만 동시에 약이라고 하는 유형의 부분이 있고 학교에서도 지식을 얻으려고 한다는 무형부분에 대하여 교과서라고 하는 유형부분이 포함된다. 레스토랑에서 구하려고 하는 것은 맛과 즐거운 분위기 등 무형의 것이 주(主)가 되지만, 거기에는 요리라고 하는 유형부분이 있고 그것을 제조하는 조리과정이 있다. 컨설팅서비스도 보고서라고 하는 유형부분이 존재한다.

제품을 파는 소매업과 도매업이 어떻게 서비스산업인가? 예를 들어 슈퍼마켓 등의 소매점을 생각하여 보자. 식품 및 의료, 잡화 등 그 총매출에 차지하는 물품의 금액부분은 확실히 크지만 여기서는 중요한 무형서비스부분이 존재하고 있다.

우선 고객이 구매할 것으로 예상되는 물건을 가게 측에서 선택하여 매입·진열하는 것은 눈에 보이지 않는 중요한 서비스이다. 이러한 경우 고객이 원하는 가격에 맞추기 위하여 생산업자나 납품업자인 거래처에 가격인하를 요구하거나 때로는 특별주문하여 상품과 가격을 고객의 구미에 맞춘다. 진열을 멋있게 하여 고객이 발견하기 쉽게 하고 예상되는 일회의 구입량을 생각하여 식품 등을 패키지한다.

일반적으로 소매점에는 배달 및 주문 서비스가 있고 또는 설명관련 서비스, 이를테면 비디오카메라를 구입했을 경우 점원에게 그 사용방법 및 주의사항을 듣는 것 등은 중요한 서비스이다. 전문점이 제품인 경우일수록 그 제품에 관련하는 소프트부분이 중요하게 된다.

소매점이 받는 마진은 이러한 각종의 무형서비스에 대한 것으로 유통업의 경우도 금액 가운데 비중은 적지만 역시 유형재와 무형재의 두 부분으로 구성되어 있다는 것이 명백하다.

이러한 측면에서 보면 그 명칭이 무엇이든 제품이나 서비스를 포함하여, 대부분의 상품은 유형재와 무형재 두 부분 모두를 포함하고 있고 무형부분의 비율이 큰 것에서부터 작은 것까지 여러 가지 상품이 존재하고 있다는 것을 알 수 있다.

3. 서비스기업의 상품구성

서비스에 관한 현저한 업적을 발표하고 있는 하버드대학의 레빗 교수는 서비스에 대한 사람들의 이해가 깊어감에 따라 서비스와 비(非)서비스의 구별은 점점 의미가 없어지고 있다고 주장하고 있다. "본래 서비스산업이란 것은 존재하지 않는다. 타산업과 비교하여 서비스의 존재가 큰 산업 또는 작은 산업이 존재할 뿐이다. 그 누구라도 서비스에 관련하고 있다"고 그는 말하고 있다. 시티은행에서는 5만 2천 명의 종업원 가운데 약 과반수가 은행의 뒤쪽 사무실에서 일을 하고 있고, 밖에서는 그 모습조차 볼 수 없으며 목소리도 들을 수 없다. 그들은 신용장을 개설한다든지 금고관리를 하거나 거래전표를 처리하거나 외근자가 행한 일의 내용을 조사하면서 근무시간을 보내고 있다. 이 시티은행 산하의 시티코프보다도 IBM이 서비스업에 가깝다고 말할 수 없을 것이다. 또한 IBM쪽이 서비스제공의 비율이 적다고도 말할 수 없을 것이다. 이제는 어느 사람의 일이건 모두 서비스인 것이다.

한편, 이론적인 연구를 보면 goods에 대해서는 재화, 재, 제품, 유형재, 물질재, 물재, 물건 등의 용어가 사용되고, services에 대해서는 용역, 서비스, 서비스재 등의 용어가 사용되고 있다. 그것들은 거의 동의어로서의 의미를 지니고 있다고 말할 수 있는데 여기서는 전자에 대해 제품을, 그리고 후자에 대해서는 서비스를 사용하기로 한다.

그런데 제조업에서 판매되는 상품도 제품과 서비스가 어떠한 특정비율로 결합된다. 물론 제품이 주요한 판매물이고 거기에 서비스가 부수된다. 반면 서비스업에서는 판매되는 상품으로서 서비스상품이 모종의 비율로 제품과 서비스가 결합된다. 여기에서는 서비스가 주요한 판매물이고 제품이 부수되는 셈이다. 그것을 정리한 것이 <표 8.1>이다.

〈표 8.1〉 상품의 구성

업종	종류	구성	크기
제조업	상품	제품 + 서비스	제품 > 서비스
서비스업	서비스상품	제품 + 서비스	제품 < 서비스

주) 여기서 +는 결합을 나타냄
　〉 및 〈는 상대적 중요성 및 비율을 나타냄

4. 서비스의 특징

제품과 서비스를 비교하여 서비스의 구체적인 특징을 살펴보면 다음과 같다.

① 서비스는 무형이다.

② 생산과 소비가 동시에 이루어진다. 즉 서비스는 생산과 소비가 직결되어 있어서 분리가 곤란한 경우가 대부분이다.

③ 노동집약적이다. 즉 서비스는 사람에 의존하는 부분이 많고 단품 생산적 요소가 강하며, 인건비의 비율이 크다. 또한 하이터치 부분이 중요한 의미를 갖는다.

④ 서비스의 공급과 재고를 조절하기가 곤란하다. 즉 서비스의 생산에는 재고와 저장이 불가능하므로 재고조절이 곤란하게 된다.

⑤ 서비스의 수급(需給)에는 시간적·공간적 조절이 중요한 요소가 된다. 교통기관 이용시 출퇴근시간, 휴일이나 연휴에 유원지의 혼잡 등은 흔한 예이다. 시차출근이나 예약제도는 그 대응책이다.

⑥ 서비스의 공급에는 소비자의 참가가 불가결한 경우가 많다. 이것은 생산과 소비의 동시성에 의한 것으로, 예를 들어 이발은 타인이 대신하여 이발 서비스를 제공받을 수가 없다.

⑦ 서비스의 수요는 궁극적으로 소비자의 만족을 목적으로 한다. 제품의 가격은 수요와 관계는 있지만 기본적으로는 생산비에 의해 결정된다.

이에 반하여 서비스의 가격은 구입자의 만족과 효용에 영향받는 것이 다반사이다.

그 만족을 얻기 위해서는 기꺼이 이 정도는 지급해야한다고 하는 생각이 전제가 되는 경우가 많다.

⑧ 제공되는 서비스의 개성화가 뚜렷하다. 그 효용은 수요자의 주관으로 평가되는 경우가 많다. 또한 서비스는 제공된 후에야 서비스의 질을 판정할 수 있으며 서비스 질의 균일화가 어렵다.

⑨ 소득의 증감에 따라 서비스수요에 대한 증감의 진폭이 심하다. 서비스는 경기동향에 크게 좌우되기 쉬운 측면을 갖고 있다. 일반적으로 말하면 소득의 증대에 따라 가계의 서비스지출은 증가하는 경향이 있고, 불경기나 소득의 감소에 따라 서비스지출이 감소하는 경향이 있다.

5. 서비스의 종류

서비스산업을 구성하는 서비스에는 어떠한 것이 있는가? 대별하여 그 종류를 보기로 한다.

1) 생산자와 수요자 간의 공간적 거리 단축 서비스

① 상업 및 운송업의 생산기능은 생산자와 소비자 간의 거리를 단축하는 데 있다.
② 도시가스나 수도의 생산기능 중 하나는 생산자와 소비자 간의 거리를 단축하는 것이다.
③ 동물원 및 미술관 등은 도시가스나 수도업과 마찬가지로 공동소비가 주요한 기능이지만 거리의 단축기능도 매우 크다.

2) 공급자와 수요자 간의 중개기능 서비스

여행사, 금융기관, 부동산업, 인재파견업

3) 임대·대여 서비스

결혼식장, 호텔·모텔 등 숙박, 의상대여, 비디오가게, 세탁소 등

4) 전문적 서비스

의사, 변호사, 교수, 음악가, 예술가, 소설가, 배우, 탤런트, 스포츠 선수 등

5) 레저산업의 오락·레크리에이션 등 광의의 서비스

노래방, 골프장, 스키장, 카지노, 영화관, 게임센터, 오락실 등

6) 정보 서비스

정보통신산업, 소프트웨어산업, 영상만화산업 등

6. 서비스의 4계통

일반적으로 흔히 말하는 서비스를 구분한다면 다음과 같이 4계통으로 나눌 수 있다. 현실적으로는 한 종류의 서비스(예를 들면, 백화점의 배달 서비스 또는 내구재 생산업체의 애프터서비스)가 다른 몇 계통의 서비스를 포함하여 하나의 세트로 제공되는 경우가 많으므로 그러한 의미에서 구체적인 서비스는 몇 개 요소의 혼합체나 집합체라 말할 수 있다.

1) 정신적 서비스

서비스를 생각하면 우선 봉사(奉仕)나 봉공(奉公)을 머리에 떠올리게 된다. 이것은 육체적 노역, 전문적 기술의 제공, 지식 및 지혜의 활용을 뜻하나, 그 배후에는 타인에게 유용함(국가에 보답하는, 사회에 기여하는, 타인에게 유익한)을 뜻하는 공헌(contribution) 의식이 깔려 있다.

자기이익을 생각하기 이전에 타인에게 공헌한다는 것을 중시하는 정신이야말로 서비스의 본질이라고 말할 수 있다. 타인에게 공헌의 결과 그 보수로서 이익이 발생한다

는 것이 서비스정신의 기본이다.

물론 보수는 생각하지 않고 공헌 그 자체의 만족을 추구하는 사회봉사활동이 있으며, 그 자체 숭고한 정신은 존경받을 만하지만 여기서 무보수 공헌만을 정신적 서비스로 한정하기는 곤란하다.

그렇게 한정한다면 이익이나 급여를 전제로 한 행동에는 서비스정신이 전혀 존재하지 않는다고 보아야 하므로 이는 논리에 맞지 않는다. 따라서 서비스는 타인에게 어떠한 공헌을 한 결과로서 반대급부, 즉 이익이 발생한다고 보아야 할 것이다.

한편, 이러한 정신적 서비스의 문제점으로는 첫째, 겉으로는 봉사의 정신을 제창하면서 실제로는 돈벌이에 급급한 경우를 종종 볼 수 있다는 것, 둘째, 봉사정신의 표방이 실제상의 지식·경험·기술을 동반하지 못함으로써 서비스내용이 충실하지 못하다는 점에 있다.

전자는 이른바 정신적 서비스의 악용으로 양의 탈을 쓴 늑대에 비유된다. 예를 들면, 백화점 및 대형 양판점의 광고에서 요란스럽게 떠드는 것을 볼 수 있는데 '평소의 애용에 보답하기 위한 출혈사은 대(大)서비스판매'가 이에 해당될 것이다. 간혹 사기세일의 시비를 일으켜 사회적인 물의를 빚은 경우가 있는데, 이는 소비자에게 배신감을 안겨주는 결과가 되고 만다. 봉사나 사은이라는 언어는 그렇게 주체측이 가볍게 말할 성질의 것이 아니다.

후자는 서비스정신에 대한 빈 성냥갑과 같은 공허한 메아리가 이에 비유된다. 예를 들면, 소매업이나 소비자 서비스업에서 종업원에게 빈번히 서비스 정신교육을 실시하는 것은 좋으나 상품지식 및 제공기술에 대한 교육훈련이 충분하지 못하여 고객의 입장에서는 쓸모 없는 판매원이 되는 경우가 있다.

이렇듯 정신적 서비스는 성립이 어려우며, 태도적 서비스, 그리고 업무적·기능적 서비스와 합치게 된다.

2) 태도적 서비스

태도적 서비스는 판매 및 접객에 종사하는 담당자의 표정(얼굴표정, 온화함, 밝음), 표현(언어사용, 목소리의 고저), 화장, 두발상태, 옷맵시, 동작(신체의 움직임, 걸음걸이, 자세)의 적합함 등 그 여하에 따라 동일한 제품 및 서비스를 구입할지라도 고객이 얻는 만족도가 크게 좌우되는 성질의 서비스이다. 물건의 구입자나 시설의 이용자에게 있어서 접촉하는 판매원은 구입 및 이용환경조건의 하나로 간주되기 때문이다.

레스토랑을 소비자가 이용하는 것은 즐거운 식사를 하리라는 기대감에서이다. 고객을 둘러싼 구매환경조건의 분위기로는 첫째로 점포설비, 진열장식, 조명, 냉방시설, 배경음악 등 시설환경요소이고, 또 하나는 종사원, 즉 인적 환경요소가 제공하는 태도적 서비스가 된다.

이러한 태도적 서비스를 제공하는 주체는 소매업 및 레스토랑의 종사원 및 판매원을 비롯하여 지하철의 개찰요원, 항공사의 승무원, 금융기관의 창구요원, 전화·전신·우편기관의 창구요원 및 교환원, 그리고 관공서의 민원실 등 광범위한 분야에 걸쳐 있다.

태도적 서비스는 물론 정신적 서비스의 존재를 뒷받침하는 실제적인 서비스가 되어야 하고 그 자체는 기술(art)인 것이다. 그것은 훈련, 경험, 본인의 노력 및 연구심에 의해 갈고 닦아야 하며 방치해 둔다면 쓸모없게 되는 특성을 갖고 있다.

최근에 일부기업 및 관공서에서 민원요원이나 판매원 및 민원실을 대상으로 하는 태도적 서비스 향상을 목적으로 한 기술적 교육이 중시되고 있다. 이러한 현상은 시대적인 조류에 따른 의식전환이 그 배경을 이루고 있다고 볼 수 있으나, 한편으로는 판매원이나 접객원 자신은 물론이고 기업 및 관공서 자체에 프로의식을 함양해야 된다고 볼 수 있다. 따라서 기업(조직)의 존재이유, 즉 누구를 위하여, 무엇 때문에 그 조직이 이 세상에 존재하는가에 대해 조직의 최고경영자는 다시한번 깊게 생각해 봐야 할 필요성이 있다.

3) 업무적(기능적) 서비스

업무적(기능적) 서비스는 그 자체가 하나의 비즈니스로서 성립하는 서비스이다. 예를 들면, 항공서비스는 그 자체로 하나의 업무를 형성하고 있고 그것은 하나의 경제적 가치로서 교환의 대상이 된다. 이러한 경우 여행객은 항공사에게 일정한 조건으로 이동을 의뢰하고 그에 대한 일정한 사례, 즉 요금을 지불하게 된다.

이러한 요금의 지불행위는 의복이나 전기제품, 즉 유형재의 가치에 대한 지불이 아니라 수송이라는 행위에 대한 지불로서, 그 행위가 종료하면 물적으로는 아무 것도 남지 않는 행동, 즉 무형재의 가치에 돈을 지불하는 것이다. 이와 같은 무형재를 업무적 서비스로 이해할 수 있다. 또한 업무적 서비스는 유형재의 제조 및 판매와 동등하게 분업을 기초로 한 전문화가 가능한 서비스이다.

업무적 서비스와 비교하여, 전술한 태도적 서비스는 그 자체만으로는 하나의 비즈니스로 성립하지 못한다. 동시에 태도적 서비스는 특정의 업종, 특정의 직종에서만 존재하는 것도 아니다. 소매업 및 도매업, 제조업의 판매부문, 음식점 및 호텔·여관, 이·미용실, 오락기관 등 이른바 서비스업, 그리고 교통·통신기관, 금융기관, 관공서, 병원 및 복지시설 등 모든 기관에서 제공이 가능하고 또한 필요로 한다.

이와 같은 의미에서 한마디로 서비스라고 부르면서도 업무적 서비스는 타서비스(정신적·태도적 서비스, 후술하는 희생적 서비스)와 비교하여 보다 기본적이고 또한 기능적이다. 따라서 업무적 서비스를 일명 기능적 서비스라고 부르기도 한다.

기능적 서비스의 종류는 대단히 많으며 유형재와 함께 막대한 양이 사회에 공급되고, 그것에 대하여 매년 막대한 지출이 개인, 기업, 기관(비영리조직), 관공서에서 지출되어 그것이 국민경제를 밑받침하고 있다. 이제는 서비스가 사회의 중요한 순환재 역할을 하고 있다고 말할 수 있을 것이다. 이 서비스에는 운송 서비스, 기술 서비스, 정보 서비스, 의료 서비스, 공공 서비스 등이 있다.

4) 희생적 서비스

많은 소비자가 서비스는 가격을 싸게 하는 것, 무료로 하는 것 등으로 생각하는 경향이 있다. 이는 소비자뿐만 아니라 제품이나 서비스를 제공하는 기업에서도 서비스란 값싸게 하는 것으로 생각하기도 한다. 값을 싸게 한다거나 무료로 하는 것은 말할 것도 없이 구매자에게 판매자가 양보하는 희생적인 행위이다. 그 지역에서 경쟁이 심하여 시장점유율의 획득 및 유지를 위하여, 또는 경기침체로 인한 기업존속을 위하여, 그리고 재고 과잉상태로 인한 자금압박 회피수단으로 기업이 채택하는 행위가 그것이다. 그러나 이러한 행위를 진실로 서비스라고 부를 수 있겠는가? 그것은 기업의 이익을 위한 상품전략의 일환으로 보아야 한다.

그러면 왜 싸게 하거나 무료로 하는가? 무리하게 매상을 올리려고 하기 때문이 아닌가? 타기업의 고객을 빼앗으려는 의도에서 그러한 행위를 감행하는 것은 아닌가? 또는 산적한 재고를 처분하기 위해서가 아닌가? 그러므로 영업정책의 일환에 포함되는 정책을 서비스로 불러서는 안 될 것이다.

기업이라는 것은 봉사의 정신을 반영하여 고객을 위하여 보다 좋은 일을 한다는 의식을 가질 수는 있으나, 통상의 가격을 내려서 고객을 기쁘게 하려고 노력하는 것은 결코 있을 수 없는 행위이다.

이러한 희생적 서비스는 당연히 서비스의 고려대상에서 제외되어야 할 것이다. 즉 출혈 서비스, 무료 서비스 명목의 서비스가격은 서비스의 대상에 포함시키지 말아야 한다.

제3절　서비스 경영관리

1. 서비스경영관리의 등장

수많은 기업이 훌륭한 서비스와 고객에의 대응이라는 점에서 좋은 평가를 얻고 있다. 특히 이러한 점에 있어서는 IBM의 이름이 떠오르게 된다. IBM의 모든 부서에 있는 관리자들은 고객과 친밀히 지내라는 말을 각 방면에서 듣고 있다. 또한 메리옷 호텔체인은 서비스가 좋다고 하는 이미지를 확립하기 위하여 거액의 투자를 하고 그러한 이미지를 거의 획득하고 있다. 그리고 외식체인인 맥도널드는 외식산업 전체에 있어서 비교의 기준이 되고 있는 품질(quality), 서비스(service, speed), 청결(cleanness), 가치(value)라는 QSCV를 구체화한 서비스를 실현하고 있다. 월트 디즈니는 테마파크를 만들어 낸 사람인데, 이상한 마법이 숨겨져 있지는 않는가 하고 전문가가 디즈니의 종업원 및 경영자훈련을 상세히 조사해 볼 정도로 매우 자연스레 보이는 고객서비스를 제공하는 조직을 만들어 냈다.

이러한 기업은 어느 것이고 적어도 하나의 공통점, 즉 서비스에 대한 명확한 모델을 지니고 있다. 어떠한 경우에도 그 지도자들은 탁월성이라고 하는 것에 대하여 누구라도 명확히 이해할 수 있는 정의에 도달하고 있다. 이것은 반드시 필요한 것이고 기본적으로 중요한 첫 번째 단계이다. 또한 어떠한 경우에도 각각의 조직은 그 서비스전략을 현실화하는 독자적이고 특별한 방법으로 착수하여 왔는데 그 모든 것이 원동력이 될 만한 명확한 전략을 갖고 있었다.

2. 역피라미드 구조

스웨덴, 덴마크, 노르웨이 3국 정부를 포함하여 오너 여섯이 운영하는 만신창이가 된 스칸디나비아 항공(SAS)의 사장에 얀 칼슨이 취임하였다. 칼슨이 이 회사의 계열회사 사장으로 두 개의 회사 재건에 성공해서, 그 적자해소 수완을 인정받고 스칸디나비아 항공사의 최악의 사태를 재건하도록 사장에 취임한 것은 1981년 6월이었다. 이 시기에 이 회사는 제2차 세계대전 후 순조롭게 성장하여 오다가 제1차 석유파동 후의 불황에 의하여 연간 2,000만 달러의 적자회사로 전락하고 있었다. 그는 취임한 지 겨우 1년만에 이 회사를 비즈니스 여행객으로부터 가장 선호하는 항공사로 만들었고 흑자경영의 항공사로 변모시켰다. 취임 1년째의 매상목표는 2,500만 달러였으나 실제의 실적은 8,000만 달러였다. 칼슨의 성공 포인트는 조직의 상하를 거꾸로 바꾸고 의사결정의 권한을 각각의 결정적인 진실의 순간(고객과의 접촉의 순간)을 맡고 있는 제일선의 종업원에게 이양했다는 것, 즉 조직의 피라미드구조를 뒤집어 놓은 것에 의한 것이다(그림 8.1 참조).

이 원칙은 이해하기 쉬운 것으로 고객이 어떠한 종류의 서비스를 원하는가 하는 것을 고객과 매일 접촉하고 있는 현장종업원에게 들어보고자 하는 것이다. 그렇다고 하여도 실제로 조직도를 정반대로 만들고 고객에게 서비스를 제공하고 있는 현장종업원에게 의사결정의 권한을 이양한다는 것은 실행이 매우 어려운 일로서 용기 있고 대담한 경영자만이 할 수 있는 일이다.

어떠한 조직에 있어서도 서비스를 제공하는 역(逆)피라미드방식은 돈이 드는 시장조사나 고객조사를 보완하는 방법이 될 수 있다. 그 방법이란 고객을 만족시키는 활동을 선택하는 권한을 현장에서 서비스를 직접 제공하는 사람들의 손에 이양하는 것이다. 고객과의 접촉에서 발생할 수 있는 상황에 대응하기 위하여 사전에 모든 순서를 상정하고 그것을 서비스제공 종업원에게 주입시키는 데 돈을 쓰는 것보다 종업원 자신이 기업의 서비스전략 내에서 생각하거나 판단하도록 종업원을 격려하는 편이 훨씬 바람직하다.

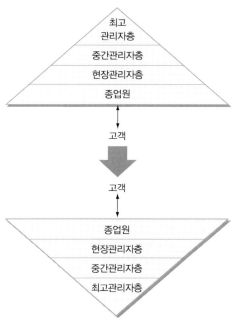

〈그림 8.1〉 역피라미드 구조

　업무감사 전담반의 생각과는 정반대로 SAS사를 비롯하여 많은 회사의 경험을 보면 그러한 자유가 주어진 종업원은 "회사를 버리지 않는다"는 것이 명백해졌다. 그뿐만 아니라 그들은 자신들이 신뢰를 받고 있다는 것을 자각하고 회사의 이익에 관하여 책임을 느끼게 되었던 것이다.

　스칸디나비아항공(SAS)에서는 이렇게 말하고 있다. "우리들은 조직의 피라미드를 뒤집어 놓을 때가 왔다고 생각한다. 경영진은 지원적 역할을 담당하기 위하여 피라미드의 최하위에 위치하지 않으면 안 된다. 이와 같이 조직을 바꾼다면 지원이나 간편함, 균형 등을 생각하게 될 것이다. 이것은 관리자에게 전혀 새로운 방법으로 자신의 책임에 대하여 생각하게 만드는 것이다."

　미래학자인 존 네이스비츠도 거의 동일한 것을 말하고 있다.

　"최근 몇 년간 우리들은 미국의 회사가 변화하기 시작한 자세를 볼 수가 있다. 이러한 이행은 예전에는 무엇이든지 대답하고 무엇을 해야 하는가를 지시할 수 있는 인물로 간주되었던 경영자가 인간적인 성장에 필요한 훌륭한 기업환경 구축에 노력하는 인물로 변하게 된 것이다. 앞으로의 경영자는 교사, 고문, 능력의 개발자로 생각되어질 것이다. 새로운 정보시대의 기업에 있어서의 과제는 노동자가 아니라 관리자의 재훈련에 있는 것이다."

3. 진실의 순간관리(MOT : Moment Of Truth)

진실의 순간이라는 비유는 서비스업에 종사하는 사람들이 시점을 바꾸어 고객관리에 대하여 생각할 때에 매우 강력한 기본적 사고가 된다. 여기에서는 "매일 5만 회의 진실의 순간이 있다"고 하는 스칸디나비아항공(SAS) 얀 칼슨사장의 주특기 문구는 실로 정통으로 표적을 꿰뚫은 말이다.

서비스의 관리는 가능한 수많은 진실의 순간을 좋은 결과로 종료시키는 것이다. 영국항공의 고객서비스 담당중역 도널드 포터는 다음과 같이 지적한다.

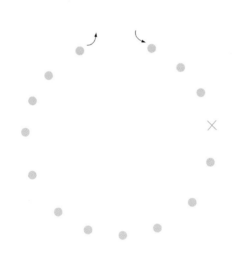

•항공사에 예약전화   •좌석 착석
•예약변경 또는 취소   •음료서비스
•예약완료   •음식서비스
•공항 발권카운터에서 좌석배정 •취침·휴식을 위한 서빙
•수하물 체크   •비행기에서 내릴 때 인사
•비행기에 탑승시 인사   •수하물 창구까지 이동서비스 등
•신문이나 잡지 배부

〈그림 8.2〉 진실의 순간관리 모형

"고객이 맛본 일련의 경험 가운데 하나라도 실패를 하면 고객이 그때까지 느꼈던 훌륭한 대우의 모든 것을 파산시켜 버리는 것이 된다. 그리고 하나도 실패를 하지 않는다면 고객이 그때까지 얻고 있던 나쁜 인상 모두를 소멸시킬 수가 있다. 이에 대한 결정적 순간의 열쇠를 쥐고 있는 것은 서비스담당자인 것이다."

우리들은 모두 각자의 인생경험에 있어서 결정적 순간에 대해 어느 정도 개인적인 추억이 있을 것이다. 인간과 시스템 또는 그 양쪽이 고의로 문제를 어렵게 한다거나 자신을 무용지물로 만들고 있는 듯이 보일 경우 우리들은 비참한 순간을 경험하는 것이다. 만일 타인으로부터 고맙다거나 걱정을 해주거나 가치를 인정받을 때에는 밝게 빛나는 훌륭한 순간을 경험한다.

고객 또는 서비스를 받는 사람의 관점에서 보면 진실의 순간이라는 것은 대단히 개인적인 것으로 체험된다. 누구나 '여기에 있는 것은 바로 나 자신이지 개성을 잃은 누군가는 아니다. 나는 한 사람의 인간이다. 나는 이 상황에 밀접하게 관련되어 있고 잘 대우받기를 원하고 있다'고 생각하고 있다. 거의 대부분의 사람들이 시스템이 매우 혼란스러워도 그 가운데 누군가가 우리들의 욕구를 인정하고 어떻게든 정상으로 돌리려고 노력해 준다면 그러한 시스템이라도 관대하게 보아줄 수 있을 것이다.

이와 같이 진실의 순간을 관리하고자 하는 생각이 서비스경영관리의 본질인 것이다.

4. 고객만족경영 개념

마케팅의 핵심은 얼마나 자사의 제품 및 서비스를 경쟁상대보다 고객의 눈에 잘 뜨이게 할 것인가, 즉 차별화를 꾀하는 것이다. 이러한 차별화는 기업구성원 각자의 의지 있는 노력이 있어야 결실을 맺게 된다.

고객만족경영(CSM; Customer Satisfaction Management)은 기업은 단순히 상품을 판매하는 게 아니라 고객의 욕구를 총체적으로 충족시키는 데 목적을 두어야 한다는 경영원리이다. 엄격히 말한다면 종래의 고객만족은 기업경영을 영위하기 위하여 겉으로 제창한 표어이고, 지금 표방하는 고객만족은 '경영의 궁극적 목적'이라고 할 수 있다. 즉 경영기법이 아니라 경영의 진리라고 할 수가 있다. 고객만족이라고 하는 것은 고객자신이 결정하는 것으로써 기업이 결정하거나 그것을 강요하는 것이 아니다. 풍요로운 시대의 도래와 함께 시장이 성숙하여 상품은 포화상태가 되고 경쟁은 더욱 치열해지고 있다. 이와 함께 지금까지 기업측에 있던 시장의 주도권이 구매자인 고객에게로 이행하고 고객이 판매자를 선택하는 시대가 되었다.

그렇기 때문에 기업이 제공하는 제품 및 서비스가 고객의 만족을 얻지 못하면 판매되지 못하게 되므로 최대의 관심사는 고객(customer)의 만족(satisfaction)이 되고 있는 것이다. 고객에게 만족을 줄 수 있는 제품 및 서비스를 제공하는 기업은 고객에게 선택되고 살아남을 수가 있다. 즉 고객에게 만족을 판매하는 것이 기업의 최고목적이 되고 21세기에 살아남을 수 있는 절대적인 조건이 되고 있는 것이다.

미국의 하얏트호텔체인의 프릿카사장은 벨 보이로 변장하여 그 호텔에 대한 고객의 반응을 알아보는 등의 행위로 자사평가의 행동을 취한다고 한다. 경영자가 스스로 고객에게 접촉하고 고객의 동향을 피부로 느끼고 그것을 고객만족경영에 활용하려고 하는 것이다. 이러한 것만을 보더라도 얼마나 호텔관광기업이 고객만족경영에 힘을 기울이고 있는가를 이해할 수가 있을 것이다.

5. 고객만족경영의 효과

고객만족경영을 통하여 기업이 얻을 수 있는 이익은 다양하다. 재무적으로 기업에게 주는 효과 이외에도 단기간에는 나타나지 않는 다양한 효과들이 많이 있는데 우선 대표적으로 재구매고객의 창출, 비용의 절감, 최대의 광고효과 등을 볼 수 있다.

1) 재구매 고객 창출

시장에 경쟁자가 포화상태인 상황에서 새로운 고객을 끌어들인다는 것은 그리 쉬운 일이 아니다. 가능하다고 하여도 이를 위하여 많은 비용을 들이게 된다. 우리가 알고 있듯이 일반적으로 전체 고객 중 20%인 단골고객이 전체 매출의 80%를 좌우한다는 말을 되새겨야 할 필요가 있는 것이다. 즉 기존 고객이 재구매하여 반복구매가 이루어져야 기업의 이익극대화가 가능하다는 것이다. 따라서 충성도 높은 고객을 형성하는 것은 영구적인 기업의 이윤을 보장하는 것이다. 그러므로 우리의 제품이나 서비스를 구매하는 고객들의 만족을 극대화함으로써 우리 기업의 영원한 팬(Fan)으로 만들 수 있다.

2) 비용의 절감

제품이나 서비스 구매 후 만족도가 높은 고객에게는 고객을 설득하기 위하여 초기만큼 많은 비용과 시간을 할애하지 않아도 된다. 설득을 위한 비용을 A/S와 같은 실질적인 서비스 비용으로 사용할 수 있게 된다. 기본 고객을 유지하기 위한 비용은 새로운 고객을 창출할 때 드는 비용의 1/5 정도면 충분하다. 또한 만족도가 높은 고객들은 단골고객으로서 기업에게 다양한 고객정보를 적극적으로 제시해 줌으로 고객 욕구와 기대를 확인하기 위한 활동의 비용이 절감된다.

3) 최대의 광고효과

만족도가 높은 고객은 충성고객으로서 걸어 다니는 광고판, 즉 자사의 세일즈맨이라 할 수 있다. 구전(Word of Mouth)효과는 어느 대중매체를 통하여 광고하는 것보다 막강한 효과를 창출한다. 신규 고객의 경우 기업의 광고를 통하여 제품과 서비스에 대한 정보를 많이 얻기는 하지만 실질적으로 그 정보에 대한 신뢰도는 높지 않다. 하지만 그 제품이나 서비스를 사용한 경험이 있는 주변 사람들의 좋은 평가는 신규 고객에게 중요한 평가기준이 된다. 따라서 충성도 높은 고객은 본인이 의도하지 않아도 그들의 평가를 통하여 기업이 새로운 고객을 창출하는 데 많은 도움을 준다.

6. 고객만족경영 성공요건

1) 종사원의 만족

기업의 광대한 목표가 최고의 고객만족 실현이라 할지라도 실제로 고객만족 목표달성을 위하여 업무를 추진하는 종사원이 고객만족을 위한 업무를 제대로 추진하지 못한다면 고객만족경영의 성공은 보장할 수가 없다. 기업은 수많은 종사원들의 노력에 의하여 소비자들로부터 얻은 신뢰를 불성실한 종사원 한두 명의 실수로 인하여 한순간에 잃을 수도 있다. 따라서 외부 구매 고객의 만족 이전에 내부고객인 종사원들의 만족이 선행되어야 하는 것이다. 다시 말해서 고객이 기업에게 소중한 만큼 고객에게 서비스를 제공하는 종사원 역시도 소중하다는 것이다.

고객만족의 중요한 요소인 서비스의 품질은 종사원의 손에 달려 있는 것이며, 종사원의 만족에서 시작된다. 아무리 표준화된 서비스를 제공한다고 하여도 서비스 제공자의 심리상태가 불안정하다면 고객이 진심으로 느끼는 서비스 가치를 실현할 수 없다는 것은 자명한 사실이다. 기업의 최고경영자부터 실무자까지 전 종사원이 현재 직무에 만족하지 못한다면 참된 서비스 제공은 불가능하며 고객만족을 이루어낼 수 없다.

2) 혁 신

혁신하면 일반적으로 제품의 기술적인 부분으로 한정하여 생각하는 경향이 있어 프로세스의 재구성을 통하여 적은 투자를 통한 생산성과 품질의 향상을 주로 얘기한다. 그러나 고객만족을 위한 혁신은 보다 포괄적으로 이루어져야 한다.

고객만족을 위해서는 상품, 프로세스, 인적자원 모두가 고객지향적으로 혁신되어야 하며, 단지 상품의 품질이 우수하다거나 종사원이 친절한 것만으로는 고객을 만족시킬 수 없다. 따라서 고객만족을 위해서는 기업이 생산·판매하는 제품은 고객 욕구가 충분히 반영되어 기대에 부응할 수 있도록 우수한 품질과 적절한 가격이 형성될 수 있어야 하며, 기업 전체 업무의 프로세스는 기업조직 중심이 아니라 고객가치 실현이 가능하도록 고객지향적으로 이루어져야 하며, 모든 종사원들의 마음가짐은 고객만족 실천 노력에 집중해야만 한다.

3) 고객욕구 파악

기업들은 기본적으로 고객들이 최고품질의 제품과 서비스를 원한다는 전제 하에 상품을 구상하게 된다. 그러나 언제, 어디서나 동일한 품질의 제품과 서비스를 원하는 것은 아니다. 고객들의 욕구는 여러 가지 요인으로 인하여 변화한다. 경제가 발전하여 생활수준이 향상되면서 고객들의 소비기준은 양에서 질로 변화하였다. 모든 면에 있어서 질적인 만족을 추구하는 고객들이 증가하고 보다 발전된 제품과 서비스를 경험한 고객들이 늘어나면서 고객들의 욕구수준은 점진적으로 높아지고 이를 당연히 여기게 되었다.

이를 위해서 기업은 최고의 상품을 개발하고 품질향상을 위해 많은 노력을 하고 있다. 그러나 이런 노력만으로는 고객욕구 수준에 도달할 수 없기 때문에 기업 내에 모든 프로세스는 고객만족을 위한 방향으로 향하고 있어야 하며, 이러한 노력 후에야 그 수준에 도달할 수 있게 된다.

고객의 욕구수준에 도달했거나 초과한 상품과 서비스는 다른 기업과 차별화된 경쟁력을 확보하게 됨으로써 고객만족을 가능케 한다. 따라서 기업은 변화하는 고객욕구를 늘 주시해야만 한다. 고객들이 원하는 것이 단순한 기술 향상이 아니라 제품과 서비스에 담겨진 가치를 원하는 것이기 때문에 과거처럼 품질 좋은 제품만으로는 불가능하다는 것을 인식해야 한다. 오늘날 변화하는 고객욕구에 대응하지 못하는 기업은 생존자체가 불가능해질 수 있다.

4) 접점을 통한 고객 감동

고객에게 만족감을 높여주기 위해서는 구매한 제품의 품질도 중요하지만 기업과 고객이 만나는 순간에 고객이 기업에 대하여 어떻게 느꼈는지가 중요하다고 할 수 있다. 고객이 기업과 만나는 순간에 영향을 주는 요인으로는 크게 하드웨어와 소프트웨어, 사람 세 가지로 말할 수 있다.

하드웨어적인 부분은 상품이나 시설로써 제품 그 자체와 어떤 공간을 제공하는지에 따라 고객의 접점의 순간에 고객만족은 달라지는데, 매장을 안락하고 쾌적하고 꾸미고 고객들이 이용하는 데 어려움이 없도록 하는 것들이다. 예를 들어, 고급백화점은 그 백화점을 이용하는 고객들 수준에 맞는 상품과 판매시설과 더불어 식당, 문화센터, 스포츠센터 등도 고급으로 구비하는 것이 이에 해당하는 것이다.

소프트웨어적인 부분은 서비스나 시설을 이용함에 있어 제공되는 속도와 정확성 등을 말한다. 아무리 훌륭한 시설에서 최고의 서비스를 제공한다고 하여도 그 서비스의 수준이 적절하지 못하고 게다가 마냥 기다려야 한다면 고객들은 불만을 갖게 될 것이다.

인간적인 요소는 고객과 지속적인 인간관계를 유지하는 것을 말한다. 하드웨어와 소프트웨어가 아무리 훌륭하다고 하여도 사람의 진실함에서 우러나오는 고객지향적 가치가 없다면 진정한 고객감동은 나올 수가 없다.

위의 세 가지는 하나 또는 두 개만으로는 고객과의 접점에서 큰 효과를 발휘할 수 없다. 이 세 가지가 총체적으로 고객욕구에 도달할 때 진정한 고객만족이 이루어진다고 할 수 있다.

제4절 서비스 플라워

1. 서비스 플라워 개념과 핵심상품

서비스 제공물의 개발은 핵심상품(core product)과 보조서비스(supplementary service)의 조합, 즉 서비스 컨셉(service concept)을 개발하는 것이다. 이것은 서비스 플라워(service flower) 개념이다. 서비스 플라워는 이렇게 두 가지로 구성되는데 핵심상품은 고객에게 제공하는 핵심적인 편익과 솔루션에 기초한다. 핵심상품은 서비스기업이 시장에 존재하는 이유를 말한다. 호텔은 숙박서비스를 제공하는 것이며 항공사는 운송서비스를 제공한다. 서비스기업은 복수의 핵심서비스를 제공할 수 있다. 이를테면 항공사는 장거리 운송과 근거리 운송서비스를 제공할 수 있다. 체인호텔들은 여러 브랜드로 다양한 욕구를 가진 고객들을 만족시킬 수 있다.

고객들은 핵심상품(핵심서비스)뿐만 아니라 다양한 보조적 서비스들도 추가적으로 제공받는데 핵심상품 주변에는 보조서비스라는 다양한 형태의 서비스 관련 프로그램이 둘러싸고 있다.

서비스 마케터는 핵심서비스(호텔의 숙박)의 이용을 원활하게 만드는 요소(호텔의 리셉션 데스크)인 촉진 보조서비스(facilitating supplementary service)와, 핵심서비스의 가치를 강화시켜주는(호텔과 공항을 오가는 셔틀버스) 가치증대 보조서비스(enhancing supplementary service)로 구분해 관리할 필요가 있다.

<그림 8.3>은 꽃의 중심부에 위치한 핵심서비스를 에워싸고 있는 8개의 꽃잎으로 묘사되어 있다. 꽃 모양의 서비스 제공물(flower of service)은 고객이 서비스를 접하는 순서에 따라 시계 방향으로 정리되어 있다. 그러나 이와 같은 서비스 순서가 항상 일정한 것은 아니다.

잘 설계되고 관리되는 호텔·관광기업의 경우, 꽃의 중심과 꽃잎이 싱싱하고 보기 좋게 형성되어 있다. 그러나 잘못 설계되거나 품질이 열악한 서비스의 경우에는 꽃잎이 빠지거나 꽃이 시들거나 색깔이 변색된 것과 같다. 심지어 핵심상품이 완벽하다 할지라도 꽃이 매력적이지 않게 보일 수도 있다.

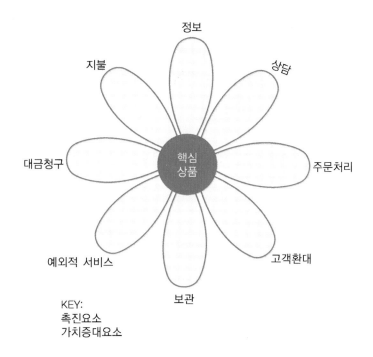

Wirtz, J., P. Chew, & C. Lovelock(2013), *Essential of Services Marketing*, 2nd ed. 김재욱외 역(2014), 서비스 마케팅, 시그마 프레스, p.98.

〈그림 8.3〉 서비스 플라워 : 보조서비스에 둘러싸여 있는 핵심상품

〈표 8.2〉 촉진 보조서비스와 가치증대 보조서비스

촉진 보조서비스	가치증대 보조서비스
• 정보(information) • 주문처리(order-taking) • 대금청구(billing) • 지불(payment)	• 상담(consultation) • 고객환대(hospitality) • 보관(safekeeping) • 예외적 서비스(exception)

2. 촉진 보조서비스

매니저는 고객들이 핵심서비스를 원활하게 이용할 수 있도록 종종 추가적인 서비스를 제공해야 할 필요가 있다. 호텔에서는 리셉션 서비스를 제공하고 항공사는 체크인 서비스를 제공하는 것이 그 예이다. 이들은 고객들이 핵심서비스를 원활하게 이용하는

데 도움을 주는 보조서비스, 즉 촉진 보조서비스를 말한다. 이 촉진 보조서비스 요소들이 적절히 제공되지 못하면 고객은 핵심서비스를 소비할 수 없다.

촉진 보조서비스는 정보, 주문, 청구, 지불 등 4개의 차원으로 재분류될 수 있다.

1) 정보

어떤 상품이나 서비스로부터 완전한 가치를 얻으려는 소비자는 관련 정보가 필요하다. 그 정보는 다음을 포함한다.

• 서비스장소에 대한 안내	• 판매/서비스 조건
• 일정/서비스 시간	• 변경안내
• 가격	• 예약확인
• 주의사항	• 월간 거래내역서
• 경고사항	• 영수증과 티켓

2) 주문처리

고객이 구매할 준비가 되면, 주요 보조 요소인 주문접수가 역할을 하게 된다. 주문접수는 다음과 같은 것을 포함한다.

신청	• 클럽이나 프로그램의 회원가입 • 편의시설 이용 계약 • 금융거래, 대학 입학 등의 자격 취득
주문접수	• 현장 주문 • 우편, 전화, 이메일, 온라인 주문
예약과 체크인	• 좌석, 테이블, 룸 • 장비 임대 • 전문가 이용(사회자, 예능인 등)

3) 대금청구

부정확하고, 법에 저촉되며, 완전하지 못한 대금청구는 그 동안의 서비스경험에 상당히 만족한 고객들을 실망시키게 만들 수 있다. 만약 서비스경험에 이미 불만족한 고객의 경우에는 대금청구 서비스의 실패는 고객의 분노를 증폭시킬 수 있다. 대금청구는 적시에 이루어져야 신속한 대금지불을 유도할 수 있다.

• 정기적 계좌 상태 확인	• 개인 거래 청구서
• 지불액 구두 전달	• 정산기에 지불액 표시

4) 지불

대부분의 경우 고객들은 대금청구서에 따라 대금을 지불해야 한다. 은행의 거래내역서는 그 예외인데, 이는 고객의 계좌에서 이미 차감된 대금의 내역을 보여준다. 고객이 지불하는 방법은 여러 가지가 있지만 모든 고객은 지불 과정이 더 쉽고 편리해지길 기대한다. 지불은 다음과 같은 것을 포함한다.

셀프서비스	• 기계에 카드, 현금, 토큰 주입 • 전자 금융 거래 • 전신환 거래 • 온라인으로 신용카드 번호 입력
수취인 또는 중개인에게 직접 지불	• 현금 결제 • 수표 결제 • 신용카드/직불카드 결제 • 쿠폰, 선불티켓
결제계좌에서 자동이체	• 자동화 시스템(예, 하이패스) • 후불 시스템(계좌에서 사용량만큼 자동으로 차감)

3. 가치증대 보조서비스

매니저는 가치증대 보조서비스 요소도 개발해야 하는데, 이것은 핵심서비스의 소비·이용을 활성화시키는 역할을 수행하는 것 대신에 핵심서비스의 가치를 증대시키거나 경쟁사의 서비스로부터 자사의 서비스를 차별화시키기 위해 제공되는 보조적 서비스를 말한다. 항공사가 항공운송 서비스 이외에 호텔 레스토랑, 공항라운지, 기내서비스 등을 제공하는 것은 가치증대 서비스의 예이다.

1) 상담

가장 기초적인 수준의 상담은 고객이 욕구에 대한 해결책을 물어볼 때 서비스 제공자가 제시하는 즉각적인 조언이다. 상담은 앞에서 언급한 촉진 보조서비스의 정보제공과 비교되는데, 정보제공은 고객의 질문에 단순히 응답하는 것(혹은 예상되는 고객 욕구에 맞추어 제공되는 인쇄된 정보)인 반면에, 상담(consultation)은 대화를 통해 고객이 요구하는 것을 파악하고 이에 맞는 해결책을 제안하는 것이다.

- 맞춤형 조언
- 제품이용에 대한 실습교육
- 개인적인 카운슬링
- 경영·기술 컨설팅

2) 고객환대

고객환대 서비스는 신규고객을 만나는 과정(encounter)에서, 그리고 재방문한 고객을 맞이하는 과정에서 즐거움을 제공하는 것이다. 잘 관리된 서비스기업은 어떤 경우에도 자사종업원들이 고객들을 초대손님처럼 대우하도록 한다. 예의 바름과 고객 욕구의 배려는 대면접점과 통화상의 상호작용에 적용되지만, 이러한 고객환대(hospitality)는 대면접점에서 가장 극명하게 표현된다.

- 인사
- 음식과 음료
- 화장실과 세면실
- 대기실과 편의시설
    - 라운지, 대기실, 의자
    - 날씨 관련 장비
    - 잡지, 오락, 신문
- 교통

3) 보관

서비스를 제공받는 동안, 고객은 소지품이 안전하게 보관되기를 원한다. 실제로 안전하고 편리한 주차서비스와 같은 보관서비스를 제공하지 않는 업체는 방문하지 않는 고객도 있다. 서비스 장소에서 제공되는 보관서비스는 다음과 같은 품목을 대상으로 한다.

• 유아·애완동물의 보호	• 주차장 제공, 주차 대행
• 외투보관	• 여행가방 운반
• 여행가방 보관	• 안전금고
• 보안요원	

4) 예외적 서비스

예외적 서비스는 정상적인 서비스 전달의 범위를 벗어난 보조서비스를 말한다. 좋은 서비스기업은 예외적인 상황을 예상하고 긴급계획과 지침을 사전에 개발한다. 그래서 고객의 특별한 지원요청에 종업원들이 당황하지 않도록 한다. 예외적 서비스에는 다음과 같은 것들이 포함된다.

서비스 제공 사전 특별요청	• 어린이 보호 • 식이요법 관련 요청 • 의료적 도움 • 종교적 의무사항 준수
특별한 커뮤니케이션 처리	• 불평 • 칭찬 • 제안
문제 해결	• 보증 • 상품 사용에 따른 어려움 해결 • 사고나 잘못된 서비스전달에 따른 어려움 해결 • 사고나 응급 치료가 필요한 고객 구호 • 지체
보상	• 하자 상품의 무료 수선 • 법적 처리 • 환불 • 무료서비스의 제공

4. 서비스 플라워의 관리적 시사점

서비스 플라워를 구성하는 8가지 보조서비스는 핵심상품의 품질을 향상시킬 수 있는 다수의 좋은 대안을 제공하고 있다. 어떤 보조서비스(정보와 예약)는 고객이 핵심상품을 잘 사용할 수 있도록 촉진시킨다. 어떤 보조서비스는 핵심상품의 가치를 증대시키거나 비금전적 비용을 감소시키는 역할(예를 들어 식사, 잡지, 오락 등은 시간보내기에 도움이 되는 환대 요소)을 한다. 서비스제공자에 의해 부과되는 대금청구나 지불과 같은 보조서비스는 소비자가 원하는 것들은 아니지만, 전반적인 서비스경험의 일부분을 형성한다. 잘 처리되지 못한 보조서비스는 고객의 서비스품질 지각에 부정적인 영향을 미칠 것이다.

한편, 정보통신 기술의 급격한 발달로 서비스 전달에 대한 새로운 방법들이 지속적으로 등장하고 있다. Swissôtel Hotel & Resorts는 주요한 사업출장 고객을 대상으로 온라인 예약을 장려하는 프로모션을 진행했는데, 그 후 개선된 웹사이트를 통해 7개월 동안 예약건수가 종전의 두 배에 이르렀다.

서비스 플라워의 8개 꽃잎 중에서 5개의 보조서비스는 정보기반이다. 정보, 주문처리, 상담, 대금청구, 지불(신용카드 이용) 등의 보조서비스는 인터넷으로 제공이 가능하다. 사실상 많은 기업들이 대부분의 고객들을 인터넷 채널로 인도하고 있다.

호텔, 항공사, 렌터카 같은 글로벌 서비스산업의 정보, 상담, 주문(혹은 예약이나 예매) 서비스는 매우 정교한 수준에 이르렀다. 예를 들어 St. Regis, W Hotel, Western, Le Méridian, Sheraton을 포함해 1,000여 개의 호텔을 운영하는 Starwood Hotel & Resort Worldwide는 전 세계에 기업 출장 전문 여행사, 도매상, 미팅 플래너, 그리고 주요 여행사 등의 고객에게 원스톱 솔루션을 제공하는 고객관계 관리 업무를 담당하도록 30개 이상의 해외영업소(GSO: global sales office)를 두고 있다. Starwood는 또한 모든 시각대와 주요 언어를 커버하도록 전략적으로 배치된 12개의 고객서비스센터(CSCs: customer servicing centers)를 통해 전 세계 호텔예약, 스타우드 멤버십 프로그램관리, 일반적인 고객서비스 등의 원스톱 고객서비스를 제공하고 있다. 스타우드의 어떤 호텔이라도 고객은 단지 무료 전화번호로 예약하거나 인터넷으로 예약하면 된다.

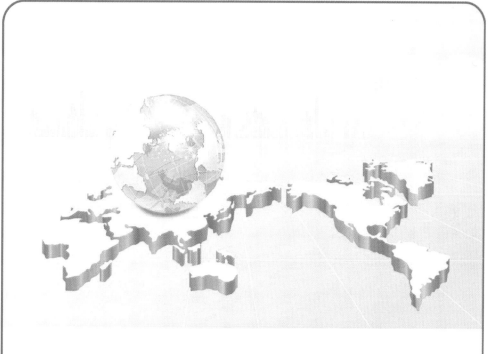

제9장 | 호텔·관광기업의 품질관리

제1절 품질관리 개관

1. 일반적인 품질 개념

품질에 대한 정의는 학자나 실무자들 사이에 일치된 합의를 얻지 못한 채 다양한 의미로 사용되고 있으며, 학문영역에 따라 품질에 대한 관점에 차이를 보이고 있다. 품질이란 단순한 양(quantity)으로 측정하기 어려운 혹은 불가능한 상품의 종합적인 내적 특성으로 정의할 수 있다. 품질에 대한 견해를 D. 가빈은 다음과 같이 요약하고 있다

1) 선험적 접근(transcendent approach)

품질은 정확하게 정의하기 어렵고 다분히 분석이 불가능한 특성이 있으며, 오직 경험을 통해서만 인식할 수 있다. 품질은 정신도 물질도 아닌 독립적인 제3의 실체로, 타고난 우월성을 의미한다. 이는 예술공연이나 시각예술에 적용될 수 있다. 인간은 계속적인 경험을 통해 품질을 인지할 수 있다는 것이다.

2) 상품 중심적 접근(product-based approach)

품질을 정확하고 측정가능한 변수로 파악한다. 품질의 차이는 상품의 내용물이나 속성의 차이 때문이라고 본다. 이는 객관적인 시각이므로 주관적인 취향, 욕구, 선호를 잘 설명하지 못하는 단점이 있다.

3) 사용자 중심적 접근(user-based approach)

품질은 고객의 관점에 달려 있다고 보며 품질은 고객만족과 동일시한다. 이러한 주관적이고 수요지향적인 정의는 고객은 각기 다른 욕구와 필요를 가진다는 것이다. 따라서 고객의 다양한 욕구를 충족시키기 위해 품질에서 의도적인 품질상의 차이를 반영한다. 결국 상품에서 성능, 크기, 특징 등 여러 품질특성에서 차이를 가질 수 있으며 이러한 특성은 설계시 반드시 고려되어야 한다.

4) 제조중심적 접근(manufacturing-based approach)

이는 공급자 지향적이고 주로 엔지니어링 관행과 밀접하다. 생산자는 생산과정과 필요한 명세의 일치 정도로 품질을 평가한다. 요구사항에 대한 일치성(conformance to requirement) 혹은 명세일치성(conformance to specs)이라고 품질을 정의하며 기준이나 목표로부터 편차의 최소화에 관심을 둔다. 이를 일치품질(quality of conformance)이라 하는데, 일치품질은 인력, 장비, 자재 등 과정의 여러 구성요소에 의해 결정된다.

5) 가치중심적 접근(value-based approach)

가치와 가격의 2가지 차원에서 품질을 정의한다. 이 견해는 최근 더욱 지지를 얻고 있으며 품질은 점차 가격에 대비해서 논의되고 있다. 이에 따르면 양질의 상품은 '만족스러운 가격에서 적합성을 제공한 상품'이라 할 수 있다.

이상의 품질에 관한 다양한 견해는 상호 배타적이 아니라 보완되는 것이 바람직하다. 각각 유용성이 있으며 서비스 연구에 중요한 시사점을 가지고 있다.

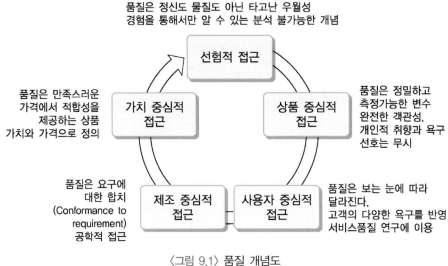

〈그림 9.1〉 품질 개념도

2. 서비스의 특성과 품질과의 관계

호텔 및 레스토랑, 은행 및 증권, 병원, 학교, 운수, 통신 등 서비스라고 하는 무형의 상품을 판매하는 기업의 경영에서는 상품이 무형인 것이므로 그 품질관리는 제조업의 경우보다도 훨씬 중요하고 어렵다.

서비스의 품질은 우선 눈에 보이지 않는다. 따라서 서비스는 유형재(제품, 재화)보다 불량품이나 좋은 품질을 선뜻 구별하기가 어렵다. 그리고 사람의 주관적인 차이로 같은 것을 놓고도 좋다거나 나쁘다고 말할 수 있다. 서비스품질이라는 것은 원래부터 애매한 것이다.

또한 서비스는 저장하기가 곤란하고 제조업의 논리로 말한다면 생산과 소비가 동시에 발생하므로 불량서비스는 그대로 공급되어 버리므로 이는 고객을 화나게 하고 다시는 이용하지 않겠다고 결심하도록 만들어 고객을 그 장소에서 잃게 되기가 쉽다. 또 제품과 같이 사전검사로 불량서비스를 제거하거나 수리나 반품을 할 수 없다. 그리고 거의 모든 서비스가 인간의 노동에 의존하는 바가 크므로 품질의 편차가 일어나기 쉽다. 서비스산업의 품질문제는 제조업과 비교하여 훨씬 심각한 것이다.

이렇게 중요한 서비스품질에 대하여 어떠한 논리나 정의에 대해서는 별로 납득할 만한 것이 없다. 그 중에서 MSI(미국 마케팅 사이언스 연구소)가 대규모의 조사를 실시하여 서비스품질이란 무엇인가를 규명하도록 노력한 일련의 연구결과가 있다. 이는 서비스산업을 대표하는 것으로 수리, 금융, 신용카드, 증권 등 4개의 업계를 선정하고 각각의 최고경영자와 고객에게 개별적인 면접조사를 실시하여 과연 서비스품질이란 무엇인가를 밝혀내려고 하였다.

우선 어떤 서비스를 이용하려고 생각하는 고객에게는 반드시 '이 정도는 해주겠지' 하는 암묵적인 기대가 존재한다. 이것을 사전기대라고 부른다. 그리고 고객이 그 서비스를 이용한 결과, 고객의 평가를 실적평가라고 한다.

사전기대와 실적평가 이 두 개의 관계로 서비스품질이 결정된다고 하는 것이 이 조사의 결론이다. 그 내용을 요약하면 다음과 같다.

① 실적평가가 사전평가보다 높으면 소문보다 좋다고 하는 높은 평가를 받고 재구매 고객이 되기 쉽다.

② 실적평가가 사전기대보다 낮으면 "뭐야, 이것은?" 하고 그 고객을 잃기 쉽다.

③ 실적평가가 사전기대와 차이가 없다면 보통의 서비스를 제공받았다고 하여 인상에 남기 어렵다.

이것을 단순화한다면 서비스품질이란 고객의 사전기대와 실적평가의 상대관계라고 말할 수 있다.

제2절 서비스품질의 이론적 배경과 품질모형

서비스품질에 대한 과학적 측면에서의 관심은 1980년대 후반부터 크게 증가하였지만(Lehtinen & Lehtinen, 1991), 1980년대 중반까지 서비스에 대한 연구는 국내외적으로 학계나 실무계 모두에서 큰 진전이 없었다(Cho, 1995). Grönroos(1984)는 기술적 품질과 기능적 품질로 서비스품질 개념을 설명한 바 있으며, 1985년 Parasuraman, Zeithaml, Berry(이하 PZB)가 서비스품질 척도로서 갭 이론(gap theory)을 이용한 SERVQUAL을 발표한 이래, 여러 학자들은 SERVQUAL의 타당성에 대한 문제점을 제기하면서 경쟁적 척도(e.g. SERVPERF(Cronin & Taylor, 1992), EP · NQ 모델(Teas, 1993))를 개발하였으며, 이에 대하여 어떠한 척도가 서비스품질을 가장 잘 측정할 수 있는지에 대해서는 최근까지 논쟁이 계속되고 있다. 이 중 서비스품질 척도로 가장 대표적인 척도인 SERVQUAL과 SERVPERF에 대하여 간략히 살펴보면 다음과 같다(김성혁 · 권상미, 2010).

1. Grönroos 품질모형

Grönroos(1984)는 2차원 품질모형을 개발하였다. 그는 서비스품질은 결과품질과 과정품질로 구성되었다고 가정하였다. 결과품질(outcome quality)은 기술적 품질(technical quality)로서 고객들이 서비스로부터 얻는 것의 품질, 즉 무엇(what)에 해당하는 품질이고, 고객이 기업과의 상호작용에서 무엇을 받느냐를 나타낸다. 즉 서비스 생산과정이나 구매자와 판매자의 상호작용이 끝난 뒤 고객에게 남은 것을 말하는데 보통 객관적으로 평가할 수 있는 차원이며 그 성격상 문제에 대한 기술적인 해결책인 경우가 많다.

과정품질(process quality)은 기능적 품질(functional quality)로서 고객들이 서비스 상품을 얻는 전달과정의 품질, 즉 어떻게(how)에 해당하는 품질이다. 고객이 서비스를 어떻게 받는가 또는 서비스 제공과정을 어떻게 경험하는가를 나타낸다. 이것은 구매자와 판매자 간의 상호작용에서 진실의 순간들이 어떻게 다루어지는가, 서비스 제공자가 어떻게 기능을 수행하는가 하는 그 과정들이 영향을 미치는 품질이다.

고객들은 접객종업원이나 기타직원을 만나게 되는데 이때 과정품질과 결과품질이 이미지 형성에 영향을 주게 된다. 고객이 서비스기업에 좋은 이미지를 갖고 있다면 사소한 실수는 용서가 될 수도 있다.

Grönroos의 품질모형에 기초하여 지각된 서비스 품질을 위한 6가지 기준이 <표 9.1>과 같이 제안되었다.

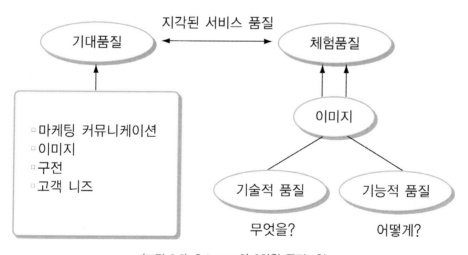

〈그림 9.2〉 Grönroos의 2차원 품질모형

〈표 9.1〉 Grönroos의 지각된 서비스 품질 향상을 위한 기준

기준	품질차원	개념
전문성과 기술	결과품질	고객의 문제를 전문적으로 해결하는 데 필요한 지식과 기술
태도와 행동	과정품질	친절하고 자발적으로 고객문제를 해결하려는 접점직원의 관심과 배려
접근성과 유연성	과정품질	입지, 운영시간, 운영시스템, 직원운용 등이 고객의 서비스 접근성을 높이도록 설계되고 융통성있게 운영되는 것
신뢰성	과정품질	서비스 제공자, 직원, 시스템이 고객과의 약속을 지키고 진심으로 고객을 위해 서비스를 수행한다는 믿음
서비스 회복	과정품질	서비스 실패 시 언제든 적극적이고 즉각적으로 수정해 주는 것
평판과 신용	이미지	사람들이 서비스 제공자의 경영에 대해 신뢰하며 우수한 성과와 가치를 대표한다고 믿음

2. Rust & Oliver의 3차원 품질모형

Grönroos의 2차원 모형에서 서비스품질은 결과품질과 과정품질로 구성되었다고 가정하였다. 이러한 서비스 품질 구성차원에 유사한 개념을 덧붙여 Rust & Oliver는 상품품질, 전달품질, 환경품질 등 3차원 품질모형을 주장하였다.

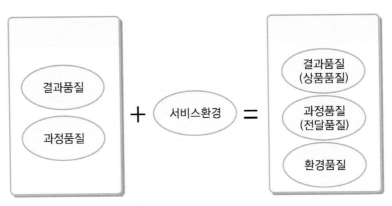

〈그림 9.3〉 Rust & Oliver의 3차원 품질모형

여기서 상품품질은 Grönroos의 결과품질에 해당되고, 전달품질은 과정품질과 유사한 개념이다. 그리고 환경품질은 서비스 전달의 배경이라고 할 수 있는데, 최근 서비스 품질 연구에서 그 중요성이 점차 부각되고 있다. 이러한 3차원 모형은 다면적 측면에서 서비스품질을 접근할 수 있어서 직관적으로 또한 실용적인 관점에서 논리적이고 포괄적인 모형으로 평가되고 있다. 이러한 점에서 이 3차원 모형을 사용한 후속 연구들이 속속 등장하고 있다.

3. SERVQUAL

PZB의 SERVQUAL척도는 현재 가장 많이 사용되고 있는 측정도구로서, Oliver(1980)가 만족을 개념화하기 위해 사용한 기대와 성과의 불일치 모델(expectation-performance disconfirmation model)에 그 개념적 기초를 둔다. 그들은 1985년 표적집단 인터뷰(focus group interview)를 통해 서비스품질의 결정요인으로 신뢰성(reliability), 대응성(responsiveness), 능력(competence), 접근성(access), 예의(courtesy), 커뮤니케이션(communication), 진실성(credibility), 안전(security), 고객이해(understanding/knowing the customers), 유형성(tangibles)의 10가지 차원을 제안하고 이러한 10가지 차원에 대한 개인의 기대된 서비스수준과 지각된 서비스수준의 차이가 서비스품질을 결정짓는다고 제안하였다(표 9.2 참조).

〈표 9.2〉 PZB의 서비스품질 10가지 차원

속성	내용
신뢰성 (reliability)	일관성 있는 성과와 확실성을 나타낸다. 처음부터 서비스를 올바르게 수행하는 것을 의미하며, 약속한 것을 존중하는 것을 나타낸다. 구체적으로는 대금청구에 정확성을 기하고, 고객기록을 정확하게 유지하며, 지정된 시간에 서비스를 수행하는 것 등을 포함하게 된다.
대응성 (responsiveness)	서비스를 제공하는 종업원이 가진 열의와 준비성을 말한다. 신속한 거래전표 우송, 빠른 서비스 제공, 신속한 예약시간 설정 등과 같은 서비스의 적시성을 나타낸다.
능력 (competence)	서비스 수행에 필요한 기술과 지식의 소유를 말한다. 고객접촉 및 지원을 담당하는 종업원의 지식과 기술, 조사능력 등을 포함한다.
접근성 (access)	접근성, 접촉의 용이성을 의미한다. 전화를 통한 서비스 접근의 용이성, 과도하지 않은 대기시간, 편리한 영업시간, 편리한 위치 등을 나타낸다.

속성	내용
예의 (courtesy)	안내원, 전화 상담원 등을 포함하는 고객접점 종업원의 공손함, 존경심, 배려, 친절성을 나타낸다. 고객의 특성에 대한 배려와 접점종업원의 청결성 및 말끔한 외모 등을 포함한다.
커뮤니케이션 (communication)	고객이 이해할 수 있는 언어로 정보를 제공하며, 고객에게 귀기울이는 것을 말한다. 고객에 따라서 적절하게 사용하는 언어를 조절하는 노력을 의미한다. 가령 교육수준이 높은 고객에게는 전문적인 용어의 수준을 높이고, 초보적인 고객에게는 단순하고 평범한 용어를 사용하는 것을 말한다. 서비스 자체, 비용수준, 서비스와 비용 간의 상반관계 등을 설명하는 것, 고객에게 문제가 처리될 수 있다는 확신감을 심어주는 것 등을 포함한다.
진실성 (credibility)	신뢰할 수 있는지, 믿을 수 있는지 혹은 정직한지를 나타낸다. 고객의 이익을 최우선시하는 마음가짐을 의미한다. 진실성에 영향을 미치는 요소로는 회사의 이름, 명성, 접점종업원의 개인적인 성격, 고객과의 접촉에서 보이는 끈질긴 설득노력 등을 들 수 있다.
안전 (security)	위험성, 의구심 등으로부터 자유로운 것을 말한다. 신체적인 안전성, 재정적인 안전성, 기밀유지성 등을 나타낸다.
이해 (understanding)	고객의 요구를 이해하려고 노력하는 것을 말한다. 고객의 구체적인 요구사항을 습득하고, 개별화된 관심을 기울이며, 단골손님을 인식하는 것 등을 포함한다.
유형성 (tangibles)	서비스가 지니고 있는 물리적 증거를 나타낸다. 시설, 종업원의 외모, 서비스 제공에 사용되는 도구 및 장비, 서비스에 대한 물적 표현, 서비스를 이용하는 다른 고객 등을 포함한다.

이후 PZB는 1988년 실증적 연구를 통하여 앞서 제시한 10가지(97개 항목) 차원으로 구성된 측정 도구 시안을 점차 개선시키고 변수들의 중복성을 제거한 후 22개 항목의 5가지 차원(신뢰성(realiability), 확신성(assurance), 유형성(tangibles), 공감성(empathy), 응답성(responsiveness)으로 발전시켰으며 이를 SERVQUAL로 명명하였다. PZB의 SERVQUAL은 크게 두 부분으로 이루어져 있는데 하나는 소비자의 기대를 평가하는 22개 항목들로 구성되고, 다른 하나는 서비스 기업에 대한 성과를 평가하는 22개 항목들로 구성된다.

그 후에도 PZB는 1991년 5개 서비스 기업에 대한 실증분석을 토대로 기존 SERVQUAL의 언어적 표현을 수정한 R-SERVQUAL(Ratio-based SERVQUAL)을 제시하였다. R-SERVQUAL

은 결과에 대한 보다 높은 설명력을 위해 성과-기대가 아닌 성과/기대의 형식으로 서비스품질을 측정해야 한다는 것이다. <표 9.3>에서 예시한 A, B, C, D의 결과를 살펴보면 SERVQUAL에서 gap의 차이는 1로써 동일하지만 R-SERVQUAL에서는 서비스품질이 A가 B, C, D의 경우에 비해 상대적으로 높음을 의미한다. 즉 소비자가 실제로 인지하는 서비스품질에 대한 느낌은 기대효용체감의 법칙에 따라 동일하지 않으며, SERVQUAL 보다 상대적으로 R-SERVQUAL이 현실적인 대안이라는 것이다.

〈표 9.3〉 SERVQUAL과 R-SERVQUAL의 결과 비교

구성	A	B	C	D
기대값(기대)	7	5	4	2
인지값(성과)	6	4	3	1
Gap-based SERVQUAL	(−)1	(−)1	(−)1	(−)1
Ratio-based SERVQUAL	0.86	0.8	0.75	0.5

〈그림 9.4〉 수정된 SERVQUAL 5가지 차원

4. SERVPERF

SERVPERF는 SERVQUAL에 대한 도전으로 1992년 Cronin & Taylor에 의해 개발된 서비스품질 측정도구이다. Cronin & Taylor는 서비스품질은 태도에 의해 개념화되고 또

추정되어야 한다고 주장하면서 SERVQUAL을 사용하여 서비스품질을 측정하는 것은 문제가 있다고 주장하였다. 그들은 서비스품질을 측정하는데 있어 기대를 측정하지 않고 단지 성과만을 측정하는 방법인 SERVPERF(performance only scale)를 개발하였고 실증적인 연구를 통해 SERVPERF가 SERVQUAL보다 우수하다고 주장하였다. 그들의 연구에서 SERVQUAL이 제안하는 22개 항목에 대한 지각수준(P), 기대수준(E)과 더불어 중요성(I) 측정항목을 추가하여 조사하였으며 측정방법의 효과성을 비교하기 위해 특정 (XYZ) 기업의 서비스에 대한 전반적인 품질수준을 7점척도 (1=매우 낮음, 7=매우 우수함)를 사용하여 별도로 측정하였다. 그들의 SERVQUAL과 SERVPERF를 비교하는 연구에서 SERVQUAL은 연구대상이 된 4가지 산업(은행, 해충퇴치, 세탁소, 패스트푸드) 중 2가지 산업(은행, 패스트푸드)에서만 모형적합도(fit)가 적합한 것으로 나타났으나 SERVPERF는 4가지 산업 모두에 적합하다는 것으로 나타났으며, 회귀분석에도 역시 SERVPERF의 설명력(R^2)이 SERVQUAL보다 높게 나타났다.

이러한 SERVPERF는 SERVQUAL에서 사용된 22개 항목의 5개차원의 성과치만으로 구성되었다. 아울러 이 연구에서는 서비스 품질수준이 서비스에 대한 고객만족도에 영향을 미치는 선행요소로 작용하며, 고객만족도는 서비스 구매의도에 중요한 영향을 미치게 되고 서비스품질보다는 고객만족도가 구매의도에 보다 큰 영향을 미친다는 분석 결과도 보고되고 있다.

Cronin & Taylor는 다음의 4가지 측정방법을 사용하여 정의한 서비스품질 측정치를 가지고 각각 전반적인 품질만족도에 대한 설명능력을 비교해 보았다.

〈표 9.4〉 SERVPERF 측정방법 수식

SERVQUAL 방법 : $Q = P - E$	(1)
SERVPERF 방법 : $Q = P$	(2)
가중치를 사용한 SERVQUAL방법 : $Q = I \times (P - E)$	(3)
가중치를 사용한 SERPERF 방법 : $Q = I \times P$	(4)

5. e-SERVICE QUALITY 개요

현재 우리나라 뿐 아니라 전 세계적으로 인터넷을 통한 상거래가 하나의 커다란 유형의 시장으로 각광을 받으면서 급성장하고 있다. 온라인 서비스는 오프라인 서비스와 달리 서비스품질의 지각에 영향을 미칠 수 있는 독특한 특성(서버문제, 보안문제, 연결문제 등)이 있다. 인터넷 환경에서 웹 사이트는 오프라인의 직원과 같은 역할, 즉 고객과 서비스 제공자를 연결해주는 매개역할을 하고 있다. 위에서 살펴본 SERVQUAL이나 SERVPERF 등과 같은 척도들은 오프라인 서비스 기업을 대상으로 개발된 척도로 온라인 서비스품질 측정에 적용하는 데는 많은 한계가 있다. 인터넷 서비스품질을 측정하기 위한 척도 또한 여러 학자들에 의해 개발되었다.

e-서비스품질과 관련하여 초기의 연구들은 고객과 웹사이트의 상호작용(interaction)에 초점을 맞췄다. Lociacono, Watson & Goodhue(2000)은 웹사이트 품질을 측정하기 위해 WebQUAL을 개발하였으며, WebQUAL은 기업의 웹사이트와 고객 사이의 상호작용을 향상시키기 위한 12개 차원(Information fit to task, Trust, Design, Visual appeal, Flow, Business process, Interaction, Response time, Intuitiveness, Innovativeness, Integrated Communication, Substitutability)에 포커스를 맞췄다. 또한 Yoo & Donthu(2001)은 온라인 서비스품질을 측정하기 위해 SITEQUAL을 개발하였으며, 사용의 용이(ease of use), 심미적인 디자인(aesthetic design), 프로세싱 속도(processing speed), 상호적인 응답성(interactive responsiveness) 등 4개의 차원으로 e-서비스품질을 측정하였다. 관련 연구를 요약한 것이 <표 9.5>이다.

한국에서도 "e-서비스품질"을 측정하기 위한 측정도구의 개발이 Lee(2002)에 의해 시도되었다. 그는 인터넷 쇼핑몰의 서비스품질 측정을 위해 Dabholkar, Thorpe, & Rentz(1996)에 의해 개발된 소매점 SERVQUAL(retail SERVQUAL)을 기반으로 e-SERVQUAL을 개발하였다. 그의 e-SERVQUAL은 정보(Information), 거래(Transaction), 디자인(Design), 의사소통(Communication), 안전성(Security) 등 5개 차원의 33항목으로 구성된다.

〈표 9.5〉 E-Service Quality의 차원

Studies	Dimensions of E-Service Quality	
WebQUAL (Lociacono, Watson & Goodhue, 2000)	Information fit to task	Interaction
	Trust	Response time
	Design	Intuitiveness
	Visual appeal	Innovativeness
	Flow	Integrated Communication
	Business process	Substitutability
SITEQUAL (Yoo & Donthu, 2001)	Ease of use	Aesthetic design
	Processing speed	Integrative responsiveness
eTailQ (Wolfinbarger & Gilly, 2002, 2003)	Web site design	Reliability
	Customer service	Privacy
e-SERVQUAL (Zeithaml, Parasuraman, & Malhotra, 2000, 2002); CORE-E-S-QUAL and Rec-E-S-QUAL (Parasuramanm Zeithaml, & Malhotra, 2005)	core e-SERVQUAL	Recovery e-SERVQUAL
	Efficiency	Responsiveness
	System availability	Compensation
	Fulfillment	Contact
	Privacy	
e-SERVQUAL (Lee, 2002)	Information	Transaction
	Design	Communication
	Security	

6. e-SERVICE QUALITY 측정의 새로운 접근

e-서비스품질은 단순히 웹사이트와의 상호작용(과정품질로 표현됨) 이상의 것을 포함하며 이는 성과품질, 회복품질 등으로 표현된다. 온라인 거래에 있어서 공급업체와 고객이 서로 떨어져 있기 때문에, 문제가 발생했을 때 이에 대한 고객의 질문, 우려와 불만 등을 얼마나 해당업체가 잘 처리하는지가 매우 중요하게 된다.

1) 과정품질

초기에 고객은 사유성(privacy), 디자인, 정보, 사용의 용이성, 기능성 등의 다섯 가지 과정품질차원에 대해 평가한다. 기능성은 빠른 페이지 전환, 접속의 지속성, 다양한 지불 선택사항의 존재, 고객 요구에 대한 정확한 실행, 장애인들과 다양한 언어 사용자들을 포함한 고객들의 사용 가능성 등으로 구성된다.

2) 성과품질

과정품질에 대한 고객평가는 성과품질에 대한 평가에도 중요한 영향을 미치며 성과품질은 주문실행의 적시성, 주문실행의 정확성, 주문실행의 상태 등으로 구성된다.

3) 회복품질

문제상황에서 고객은 상호작용적 공정성(문제파악 능력, 전화상담을 포함한 웹사이트에서의 기술적 지원), 과정 공정성(불만처리과정에서의 정책, 절차, 반응성), 성과 공정성 등의 회복 과정에 대해 평가한다. 해당 기업이 어떻게 대응하는지에 따라 해당고객의 만족수준과 향후 구매의도가 크게 차이날 수 있다.

제3절 연기로서의 서비스와 품질 향상

서비스를 연극연기와 동일하다고 볼 수는 없다. 그러나 서비스는 고객과 서비스 제공자가 복잡한 과정으로 서로 교류하는 장소에서의 연기이다. 연극연기란 현실적인 결과를 수반되지 않는 특수한 연기형태로 볼 수 있기 때문이다.

1. 의도적 연기

1) 연기의 비유

기본적으로 모든 서비스는 의도적으로 연출된다. 연출된 연기(staged performance)는 상대방에게 전혀 숨길 의도 없이 연출한다는 것이다. 계약에 의한 연기(contractual performance)는 다른 당사자와의 의무, 빚, 계약을 이행하기 위해 수행되는 행동이다. 이러한 점에서 연기는 상대방을 만족시킬 의도 없이 단순히 일어나는 사건과는 다르다. 판매되는 서비스의 대부분은 계약에 의한 연기이며 다소 노골적인 정도에서 차이가 날 수 있다. 이렇게 거래가 제공자의 연기를 포함하는 것에는 오락, 스포츠, 정치, 경영자문 및 법률 서비스 등이 있다.

2) 연기의 충족조건

고객은 서비스 제공자가 자신을 위해 연기를 한다고 생각할 수 있으며 이는 계약의 결과 발생하므로 고객의 판단을 피할 수 없는 것이다. 연기인지 아닌지는 고객이 판단할 권한을 갖는다. 연기의 충족조건은 세 가지이다. 첫째, 연기는 관객의 존재를 내포한다. 즉 지켜보는 누군가가 있다는 것이다. 둘째, 행동(action)은 일정한 의식과 같이 듣는 사람에게 친숙한 패턴으로 가정된다. 셋째, 행동은 일정한 표준이나 수월성의 기준에 맞추어진다. 이런 의미에서 레스토랑 직원은 의식적이든 무의식적이든 연출을 하고 있는 것이다.

2. 연기의 동기와 범주

1) 동기의 유형

연기를 연출하는 동기는 4가지가 있는데 <그림 9.5>에서 그 예를 들고 있다.
- 기능연기 : 자연스런 상황에서 수동적인 관람자를 위해 능력을 보여주는 연기로, 재판이나 경영자문 등이 해당된다.
- 전율연기 : 자연스런 활동에서 고객의 활발한 참여를 특징으로 하며 연출된다는 사실이 별로 거부반응을 일으키지 않는다. 급류타기나 사파리여행이 이에 속한다.
- 쇼연기 : 비현실적인 맥락을 받아들이는 수동적 관람자에게 오락을 제공하는 것으로 연극이나 영화가 이에 해당된다.
- 축제연기 : 의도적인 무대와 의상으로 활발한 고객참여를 필요로 하며 가장행렬이나 가면무도회가 이에 해당된다.

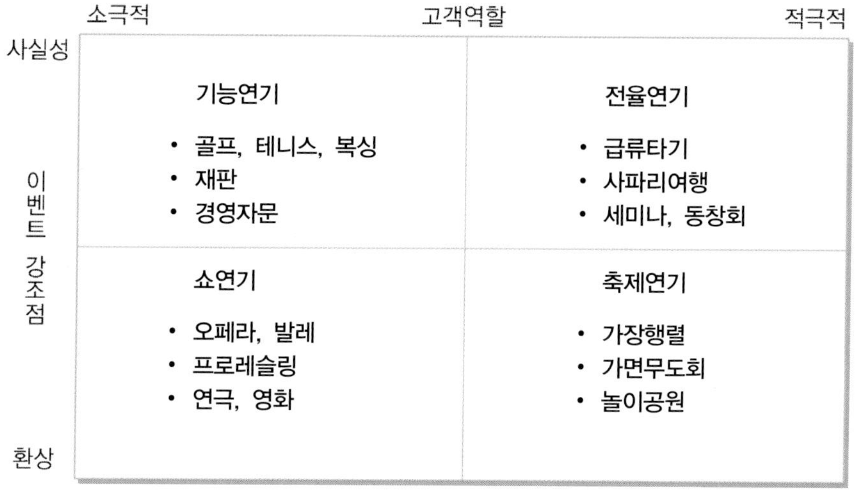

소극적	고객역할	적극적
기능연기 • 골프, 테니스, 복싱 • 재판 • 경영자문		**전율연기** • 급류타기 • 사파리여행 • 세미나, 동창회
쇼연기 • 오페라, 발레 • 프로레슬링 • 연극, 영화		**축제연기** • 가장행렬 • 가면무도회 • 놀이공원

사실성 / 환상 (이벤트 강조점)

〈그림 9.5〉 동기에 의한 연기분류

2) 연기의 범주

서비스는 기대하는 결과에 대해 서로 다른 비전을 가지고 있는 사람들을 포함하기 때문에 관리하기가 힘들다. 상품과 서비스의 거래에서 고객과 서비스 종사자의 개성과 거래가 발생하는 환경을 반영하는 행위의 범주가 포함되며, 서비스를 연기로 간주하면 두 가지 범주가 기술될 수 있다.

첫째는 담당하는 역할이다. 서비스 거래에서 각 참가자는 자기 역할을 담당하고 있다. 경영진은 영화감독과 유사한 역할로서 고객에 의해 제공된 단서를 파악하는 방법을 서비스 종사자에게 직접 실연하는 것이다. 경영진은 또한 고객들에게도 어떤 역할을 수행해야 하는지에 대한 단서를 제공해야 하며, 이것은 소비자들과의 대화를 통해 달성할 수 있다.

둘째는 전면무대와 후면무대이다. 고객과 접촉할 때 서비스 종사자들은 반드시 자신들이 무대 위에 서 있다는 사실을 인지해야 한다. 모든 종사자들의 행동, 언어, 제스처 등은 연기에 대한 고객들의 인식에 반영된다. 무대 뒷면에서 업무를 행하는 종사자들도 무대 위에서 연기를 하고 있는 종사자들을 지원하는 업무를 하고 있기 때문에 똑같이 중요하다고 할 수 있다.

3. 고객참여의 중요성

고객참여는 서비스에 대한 그들의 인식뿐만 아니라 다른 고객들의 인식에도 영향을 미친다. 경영진은 경쟁사와 비교해서 긍정적인 차별화를 달성할 수 있는 방법으로 교환과정을 관리할 수 있는 핵심역량의 개발에 집중해야 할 것이다. 교환과정은 전달과정에서 고객과의 교류에 의해 복잡해진다.

복잡한 메뉴체계는 고객이 메뉴를 선택할 때 애로사항이 발생하여 서비스의 흐름을 느리게 한다. 고객의 역할에 대한 계획도 생각해 두어야 한다. 또한 서비스시스템을 설계할 때 고객의 요구가 반드시 반영되어야 할 것이다. 고객이 신속한 서비스를 원한다면 메뉴선택은 반드시 제한적이어야 하며 신속한 체크인이 요구되면 절대적으로 필수적인 정보만을 물어야 할 것이다. 고객의 역할에 대해 제한적일 것인가 다양성을 내포할 것인가에 대해서도 계획적이어야 한다.

현재 다원적인 세계상황을 고려하여 진출할 시장의 호환성을 고려할 필요가 있다. 다른 세분시장은 다른 고객의 욕구를 가지고 있으며 한 기업이 이런 모든 욕구를 충족하기란 어려운 일이다. 상류층 고객은 단체관광객으로 인해 체류경험을 불쾌하게 생각할 수 있을 것이다.

4. 서비스 전달과 서비스 철학

서비스 전달은 상품의 전달과는 다르다는 것을 이해하는 것은 중요한 일이다. 서비스 거래의 교환과정에서 서비스의 본질 때문에 호텔·관광경영자들은 커다란 과제를 안고 있다. 이미 우리가 알고 있듯이 호텔·관광산업에서 서비스는 아래와 같은 특성으로 인하여 상품과 다르다. 즉 서비스는 유형적 물체가 아닌 성과이다. 즉 무형적이다. 생산과정에 고객이 참여한다. 서비스 전달과정에서 고객들은 언제 어디서나 잘 접대받기를 원한다. 그리고 품질관리가 힘들다.

리츠칼튼 호텔은 이런 것을 이해하여 직원들이 적절하게 사고하고 행동하는 것을 조장하기 위해 교육하고 있으며 이것은 그들의 서비스 철학이다.

〈표 9.6〉 Ritz-Carlton의 기본원리

1. 신조는 모든 종사자들에게 알려지고 소유되어 활성화되어야 한다.
2. 우리의 좌우명은 '우리는 신사숙녀를 접대하는 신사숙녀'이다. 긍정적인 업무환경을 창조하기 위해 팀워크와 부가서비스를 실행한다.
3. 서비스의 세 단계는 모든 종사자들에게 의해 실행되어져야 한다.
4. 모든 종사자들은 그들의 직무에서 리츠-칼튼의 표준을 올바르게 수행하기 위해 성공적으로 교육인증을 취득해야 한다.
5. 각 종사자는 자신의 업무분야와 각 전략적 계획에서 수립된 호텔의 목표를 이해해야 한다.
6. 모든 종사자들은 내부 및 외부고객들의 욕구를 파악함으로써 그들이 기대하는 상품과 서비스를 전달할 수 있을 것이다. 고객들의 구체적인 욕구를 기록하기 위해 고객선호 노트를 사용해라.
7. 각 종사자는 지속적으로 호텔의 결점을 파악해야 한다.
8. 고객의 불평을 접수한 직원은 불평을 소유하고 있다.
9. 즉시 고객을 편하게 하는 것은 모든 종사자들의 몫이다. 불평을 즉시 교정하기 위해 신속히 반응해라. 고객만족을 위해 불평사항이 해결되었는지 검증하기 위해 불평처리 20분 후에 전화로 확인한다.
10. 고객불편처리 양식을 이용하여 모든 고객의 불편사항을 기록하고 접수한다. 각 종사자들은 불평을 처리하고 재발방지를 위한 권한을 보유하고 있다.
11. 절대적인 수준의 청결은 모든 종사자들의 책임이다.
12. '미소-우리는 무대위에 있다' 항상 긍정적인 표정을 유지해라. 고객과 마주할 때 올바른 언어를 사용해라.
13. 업무장소의 안팎에서 호텔의 대사가 되어라. 항상 긍정적으로 대화하라. 부정적인 언급은 피해라.
14. 호텔내 어디서든지 고객에게 방향을 가리키지 말고 직접 안내하라.
15. 고객의 질문에 답하기 위해 호텔에 대한 정보를 숙지해라. 호텔 외부의 장소를 일러주기 전에 항상 호텔 내의 가게와 식음료업장들을 먼저 알려야 한다.
16. 올바른 전화예절을 지켜라. 벨이 세 번 울리기 전에 미소를 띠며 전화를 받아야 한다. 필요할 때는 전화를 건 당사자에게 '잠시만 기다려 주세요'라고 요청한다.
17. 복장은 항상 흠이 없어야 한다. 바르고 안전한 신발을 신고 정확한 명찰을 부착해라. 자신의 용모에 대해 자부심을 가지고 가꾸어라.
18. 모든 종사자들이 비상시에 그들의 역할을 숙지하고 화재나 생명안전을 위한 대처방안을 숙지하여야 한다.
19. 당신의 상관에게 위험상황, 부상, 필요한 도움 등을 즉시 보고한다.
20. 에너지절약을 실행하고 호텔의 시설과 장비들에 대한 올바른 유지보수 방법을 숙지한다.

5. 서비스품질 향상을 인도하는 원칙

L. L. Berry는 서비스 품질의 향상을 인도하는 데 이용될 수 있는 일곱 가지 원칙들을 제시하였다.

1. 품질은 고객들에 의해 정의된다. 품질은 고객의 기대에 대한 부응이다. 고객들은 무엇이 좋은 품질인지와 서비스 상품에서 무엇을 중요하게 고려하여야 하는지를 결정한다.

2. 품질은 여정이다. 품질은 반드시 지속적으로 추구되어야 하며 꾸준한 향상을 위한 여정이다. 고객들의 욕구와 기대는 그들이 새로운 경험에 노출되는 것과 같이 변하므로 지혜로운 경영자는 꾸준한 향상을 위해 노력한다.

3. 품질은 모든 구성원의 업무이다. 서비스품질에 대한 책임은 특정 개인이나 부서에게 위임될 수 없다. 호텔·관광서비스는 과정들의 집합이기 때문에 각 과정은 기업의 목표에 부응할 수 있도록 관리되어야 한다. 모든 서비스 종사자와 진실의 순간도 이에 해당한다.

4. 품질 리더십과 대화는 서로 분리될 수 없다. 우수한 서비스 경험을 생산하기 위해 종사자들은 반드시 경영진으로부터 지식 피드백과 지원을 확보해야한다.

5. 품질과 성실은 분리될 수 없다. 서비스품질은 성실을 강조하는 기업문화를 요구한다. 고객과 직원들에 대한 공정성은 반드시 모든 구성원에 의해 공유되는 핵심가치여야 한다.

6. 품질은 설계에 관련된 이슈이다. 서비스품질은 반드시 미리 설계되어야 한다. 기술의 활용, 인력, 고객참여는 반드시 미리 계획되어야 한다.

7. 품질은 서비스 약속을 보장하는 것이다. 종종 고객들의 기대는 기업에 의해 형성된다. 기업이 특정 수준의 서비스를 제공할 것을 약속하면 기업은 반드시 그 약속을 지켜야 할 것이다.

위의 원칙들이 자의적이지만 많은 사람들이 대부분의 호텔·관광기업에 의해서 실행되고 있지 않다는 것에 동조했다. 주장의 사실 여부를 떠나 위의 원칙들은 서비스에 대한 장기적인 경쟁우위를 달성하고자 할 때 필수사항을 이해하는 데 도움을 줄 수 있을 것이다.

6. 서비스품질의 개발단계

서비스에 있어서 품질의 편차는 제품의 경우보다 심각하다. 제품의 경우에는 제조설비에 의해 품질수준이 상당히 안정되지만 서비스는 사람이 주로 관련되므로 그냥 놓아두면 능력의 차이가 그대로 반영되어 고객을 잃게 된다. 이러한 상황을 미연에 방지하기 위하여 서비스의 품질전략이 필요하다.

서비스의 품질개발은 다음과 같이 대략 3단계로 이루어진다.

① 1단계 : 우선 마이너스 서비스를 제로로 하기 위해 노력하고 그것을 유지하도록 관리한다.

② 2단계 : 특징적 서비스를 설계하고, 교육하며 실행한다.

③ 3단계 : 특징적 서비스를 적당한 간격으로 개발하고 상품화한다. 특징적 서비스를 설계하는 데는 특별히 비용이 드는 것은 아니다.

고객의 사전기대를 포착하고 새로운 표준(standard)의 순서와 방법을 결정하여 매뉴얼화하고, 교육을 행하여 이것에 의해 그 회사직원이면 누구나 똑같은 특징적인 서비스를 제공할 수 있도록 하는 것이다.

품질문제의 특징으로 서비스의 경우에도 품질의 편차가 없고 누가 서비스를 제공하여도, 또한 언제라도 안정하게 공급되는가 하는 것과, 품질의 수준 그 자체가 타기업의 서비스보다 높은가 하는 두 가지의 과제가 있다는 점은 제조업의 경우와 마찬가지이다. 이것은 서비스기업의 생명선이므로 품질의 안정과 수준향상을 경영의 최우선 과제로 삼지 않으면 안 된다.

7. 고객과의 공동설계

제품을 생산하는 제조업과 무형의 서비스를 판매하는 서비스업에서는 경영상 주의를 필요로 하는 중요한 차이가 많다. 그 가운데 하나는 고객이 서비스의 품질을 좌우하는 존재라고 생각되는 업종이 상당히 많다고 하는 것이다.

서비스상품은 종업원과 고객이 공동으로 만드는 것으로 제품의 경우와는 근본적으로 문제가 다르다. 그리고 고객측(예를 들어 고기 굽는 정도)의 설명에 잘못이 있고 그 때문에 서비스제공측이 틀린 서비스상품을 설계하여 결과적으로 고객의 사전기대를 어긋나게 하였다면 역시 반복구매는 없게 되고 형편없다는 평판이 퍼지게 된다. 이러한 상황이 빈번히 일어나는 것이 호텔·관광산업의 하나의 특징이기도 하다.

제4절 품질 우수기업의 행동요소

우수한 기업은 보다 나은 고객가치에 도달하는 다섯 가지의 과정에 정통해 있다. 기본적인 총체적 품질서비스 모델이란 이러한 우수한 조직들을 관찰함으로써 알게 된 시장조사 및 고객조사, 전략 수립, 교육훈련·커뮤니케이션, 과정개선, 평가·측정·피드백 등 다섯 가지 행동요소를 통합한 것에 불과하다. 이러한 다섯 가지 행동요소는 각각 구체적인 방법과 실무적 관행을 갖고 있을 뿐만 아니라 품질 주도를 성공적으로 이끌 충분한 가능성을 갖고 있기 때문에 많은 주의와 연구를 할 가치가 있다.

총체적 품질서비스 모델은 고객지향적인 조직들의 철학, 리더십, 접근방법, 실무관행으로부터 도출된 것이므로 발명이라기보다는 발견에 해당한다. 그들은 모두 다섯 가지의 기본적인 행동요소를 공통으로 갖고 있으며, 이러한 요소들은 기업, 고객, 품질에 관한 새로운 관점을 형성한다. 구체적으로 보면 다섯 가지 기본적인 행동요소는 다음과 같다.

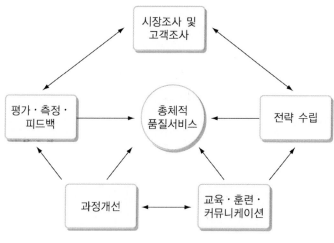

〈그림 9.6〉 총체적 품질서비스 모델

1. 시장조사 및 고객조사

우수한 서비스조직들은 고객의 기본적인 욕구, 본능, 생활환경, 문제, 구매동기를 제대로 이해하고 있으며, 고객들을 단순한 소비단위가 아니라 개인으로 간주한다. 그들은 어떠한 가치요소들이 자신의 사업을 번창시켜 줄 것인지에 대하여 잘 알고 있다.

고객을 제대로 이해하기 위해서는 두 가지 종류의 조사, 즉 시장에 관한 조사와 고객에 관한 조사가 필요하다. 시장에 관한 조사는 시장의 역동적 구조에 관한 조사인데, 시장을 확인하고 인구통계적 특성을 분석하며, 중요한 시장영역을 공략목표로 삼아 경쟁세력들을 분석하는 일을 말한다.

이에 비하여 고객의 인지도 조사는 적어도 종래의 시장조사보다는 발전된 형태로서 서비스상품과 서비스제공자에 대한 고객 개개인의 기대, 생각, 느낌을 이해하기 위한 것이다. 그것은 고객이 얻게 되는 전체적인 경험에서 중요한 요인들을 분별해 내어 고객가치모델(고객의 선택을 결정짓는 기준)을 설정하는 데 이용할 수 있게 한다.

많은 수의 대기업들은 시장조사는 잘하면서도 고객인지도에 관한 조사는 제대로 실시하지 못하고 있다. 특히 중소기업들은 대체로 조사를 거의 하지 않는다. 따라서 대부분의 기업들이 고객들의 가치지각(value perception)에 영향을 미치는 요인들이 무엇인지 충분히 이해하지 못하는 실정이다.

2. 전략 수립

우수한 조직들은 고객가치를 경영의 초점으로 삼고 있다. 그들은 가치를 제공함으로써 고객을 획득하고 유지하려는 접근방법을 개발하고 발전시켜 왔다. 그들은 자신의 사업이 무엇인지, 자신의 목표가 무엇인지, 자신의 핵심적 가치와 신념이 무엇인지, 고객가치를 통하여 성공하기 위해서는 어떠한 전략적 접근방법들을 취해야 하는지를 명확하게 알고 있다. 또한 그들은 고객가치를 개발하고 전달하기 위한 전략에 기술, 운용, 방법, 조직구조를 어떻게 적용시켜야 하는지를 충분히 이해하고 있다.

종종 고객지향적인 조직이 되기 위해서, 서비스품질을 개선하기 위해서는 조직 자체의 새로운 정비가 요구된다. 그러한 일은 경영진들로 하여금 경영전략의 여러 측면을 검토하고 기업의 비전, 기업의 목표, 핵심 가치, 기본방향을 다시 생각하도록 요구한다. 그들은 시장에 제공하는 종합고객가치를 기본적인 요소에 이르기까지 재검토해야 하며, 그러한 과정에서 고객관계에 관한 현재의 개념을 확인하거나 조정할 수 있다.

3. 교육훈련·커뮤니케이션

초우량 기업들은 자신들의 고객가치에 대한 의도를 조직 내 모든 사람에게 능숙하게 전달하고 있다. 그들은 최상의 고객가치를 제공하기 위해 요구되는 집단적인 지식, 능력, 참여를 개발하고 유지하는 데 필요한 투자의 중요성을 잘 인식하고 있다. 또한 건전한 정보문화, 즉 공유된 가치, 공유된 신념, 공유된 성과를 통하여 나오는 종합적인 노하우를 창출하고 유지하는 방법도 잘 알고 있다. 더욱이 그들을 실현하려는 서비스정신과 가치를 종업원들의 참여하에 계속 유지하는 방법을 습득하고 있다.

우수한 서비스조직들은 그들의 고객, 품질, 최상의 서비스를 창출하는 데 요구되는 종업원들의 역할에 대한 중요성을 깨달아 집중적이고 지속적이며, 그리고 헌신적인 교육프로그램을 도입하고 있다. 즉, 교육훈련, 커뮤니케이션 방법들은 모든 종업원들이 고객의 욕구와 기대, 조직의 비전과 목표 및 가치를 이해하게 하며, 고객을 획득하고 유지하기 위한 전략들을 이해하는 데 중요한 역할을 한다. 이러한 일은 총체적 품질서비스를 지향하도록 조직을 움직이는 데 필요하면서 중요한 과정이다.

4. 과정 개선

우수한 조직들은 변신에 능하다. 그들은 수많은 기업들을 파멸로 몰고 간 관료주의와 비합리성을 참지 못한다. 모든 단계에서 리더십을 발휘하여 지속적인 품질 개선에 전념하며 고객뿐만 아니라 종업원들을 위한 조직운영에도 부단히 능동적으로 대처한다.

필요하다면 끊임없이 모든 과정, 절차, 정책, 규칙, 업무수행방법을 검토하고 조정해 가는 것이다. 효과적인 서비스지향적 조직의 모든 시스템들은 외부고객이든 내부고객이든 간에 그들에게 고객가치를 제공하려는 궁극적인 목적 때문에 존재하는 것이다. 따라서 모든 시스템들은 항상 실험적이어야 하며 가치를 창출할 수 없을 때에는 조정되어야 한다.

5. 평가·측정·피드백

우수한 서비스제공자들은 정보가 사람들에게 능력을 준다는 사실을 인식하고 있으며, 종업원들로 하여금 고객이 무엇을 원하는가와 그것을 종업원 자신들이 얼마나 잘 충족시키고 있는지를 알 수 있도록 도와준다. 또한 그들은 고객가치에 대하여 종업원들이 기여한 결과를 인정하고 개인적 보상을 받을 수 있도록 내부보상체계를 개발하였다.

모든 조직에서 사람들을 총체적 품질서비스로 유도하기 위한 유일한 방법은 그들의 성과에 대하여 관심과 반응을 보이는 것이다. 모든 조직은 고객가치를 측정하기 위해 신중한 접근방법을 필요로 하며, 고객가치를 창출하는 조직 내의 중요한 과정, 그러한 정보를 사람들과 공유하기 위한 방법, 정보의 의미에 건설적으로 반응하기 위한 방법 등을 필요로 한다. 이것은 품질 개선의 문제에 있어서 많은 사람들에게 가장 혼돈스러운 측면이기는 하지만 모든 표준과 측정의 기준을 고객 중심으로 바꾸는 일은 측정 문제를 분명하게 하는 데 도움이 된다. 앞의 <그림 9.6>은 이러한 다섯 가지 행동분야를 수레바퀴 모델로 통합한 것인데, 총체적 품질서비스라는 목표가 중심이 된다.

이들 다섯 가지 각 부분은 품질 주도의 적절한 출발점이 될 수 있지만, 우수한 품질의 비밀은 이러한 행동요소들을 통합하여 작용시키는 데 있다. 이것은 바로 총체적 품질서비스를 변화관리 모델로 만든 것으로서, 총체적 품질서비스를 특징으로 하는 동적인 상태를 달성하고 유지하는 조직으로 만들기 위한 방법이다.

제10장 | 호텔·관광전략계획

제1절 전략적 계획

호텔·관광기업은 호텔·관광상품을 계획하고 시장에 내놓기 전에, 또한 비즈니스를 하기 전에 먼저 전략을 계획해야 한다. 기업이 바라는 비즈니스의 유형이나 회사가 추구하기를 희망하는 시장세분화 그리고 기업이 그들의 시장에서 개발하기 원하는 호텔·관광상품의 유형 등에 관한 모든 결정은 전략적 계획 하에 반드시 주의 깊게 계획되어야 한다.

호텔·관광기업은 각 수준에 따라 각각 다른 계획을 가지고 있다. 그들은 전사적 수준, 특정 기업 수준(그룹의 한 계열사) 또는 사업부 단위 수준 그리고 호텔·관광상품 수준에 맞게 계획을 짠다. 그들은 또한 일정 기간마다 계획을 세운다. 회사의 계획을 포함하는 타임프레임은 계획기간(planning horizon)으로 알려져 있다. 계획기간은 일반적으로 보통 1년에서 5년이다. 그러나 일본기업들은 그 계획기간을 10~25년 또는 그이상으로 설정하기도 한다.

1. 전략과 전술 간의 차이

3년 이상의 장기적인 계획은 본질적으로 기업의 일반적인 전략이다. 장기계획에서는 이윤폭, 시장점유율, 시장성장과 같은 기업의 장기적 목표가 거의 모두 유사하게 짜여진다. 계획기간이 길어질수록 이용 가능한 정보의 신뢰성은 점점 떨어진다. 소비행동연구가들에 의하면, 경험과 기술이 결합하는 향후 5년 안에 소비자 수요가 변화할지 모른다고 한다. 그래서 장기계획들이 자주 정확하게 들어맞지 않기 때문에, 기업이 희망하는 목표와 그들이 달성할 수준을 확인하기 위해 하나의 벤치마크로서 호텔·관광기업이 달성을 시도할 수 있는 표적시장을 제공한다. 그러나 많은 호텔·관광기업이 미래의 불확실한 측면을 최소화하기 위해 더 정확한 예측을 위한 시나리오 계획과 컴퓨터 시뮬레이션을 점점 많이 사용하고 있는 것에 주의해야 한다.

장기계획과 비교해 단기계획이나 연간계획은, 호텔·관광상품 판매를 위하고 호텔·관광기업의 마케팅 믹스에 더 초점을 맞추는 것과 같이 본질적으로 더 운영적이고 전술적이다. 또한 단기계획은 호텔·관광기업의 마케팅 정책과 예상되는 기업의 재무적 영향(예, 촉진비용, 예상되는 판매량 등)을 고려해야 한다.

장기적인 계획과 단기적인 계획의 차이를 확인함으로써, 우리는 호텔·관광기업의 전략과 마케팅 전술의 차이를 확인할 수 있다. 전략은 기업의 목표로부터 파생되며, 하나의 유연한 구조체제이고, 호텔·관광기업이 기업목표를 달성하기 위해 따라야 하는 지침서이다. 반면에 전술은 전략을 실행하는 방법에 관한 특정의 세부사항으로 구성된다. 예를 들면, 한 호텔·관광기업의 목표는 향후 3년 동안 A지역에서 5%의 시장점유율을 높이는 것이다. 그에 따라서 전략은 기업이 어떤 표적시장에서 우월한 시장점유율을 달성할 새로운 호텔·관광상품 라인을 개발하는 것이다. 반면에 전술은 특정한 표적상품을 개발하거나, 특정 여행소매점을 통해 상품을 판매하고, 특정 수준의 가격을 설정하며, TV 광고를 이용해 소비자에게 포지션하는 것들을 말한다. 여기서 전략과 좀더 상세한 전술을 소개한다. <표 10.1>은 전략계획과 전술계획을 설명하고 있다.

〈표 10.1〉 전략계획과 전술계획의 비교

	전략계획	전술계획
기간	장기(3년 이상)	단기(1년 이하)
실행자	선임 매니저; 최고 마케팅 경영자	마케팅과 제품 매니저; 중간관리자
필요한 정보	주로 외부정보	주로 기업내부정보
상세함의 정도	주관적인 평가에 기초	상세한 정보와 분석

2. 전략의 특성

호텔·관광기업이 잠재시장 또는 판매상황을 분석하는 경우, 시장의 접근에 관해 전략적 계획을 갖고 있어야 한다. 불행히도 많은 호텔·관광경영자들은 그들의 행동에 있어 장기적인 기간의 영향을 고려하는 것 없이 단기간에 행동하려고 한다. 여기서는 전략의 특성을 좀더 보기로 한다.

① 제한된 수

전술과 비교해, 호텔·관광기업은 한 번에 너무 많은 전략을 전개하면 기업의 자원이 너무 얇게 퍼질 수 있기 때문에 오직 한 개나 두서너 개의 전략만을 추구한다.

② 다양한 부서 개입

새로운 호텔·관광상품 라인을 도입하는 전략을 실행하기 위해, 마케팅부서만이 아닌 더 많은 부서가 개입될 것이다. 이처럼 전략은 기업 내의 폭넓은 지지와 장려를 항상 받아야 한다.

③ 자원의 배분

호텔·관광기업은 변화하는 환경에 뒤떨어지지 않게 끊임없이 변해야만 한다. 이것은 전략이 시간의 흐름에 따라 변화해야 함을 의미한다. 따라서 자원배분 또한 새로운 전략 요구사항에 부합하게 변해야만 한다.

④ 장기적인 전략의 효력

전략변화는 기업의 현재 위치에 변화를 나타내고, 사실상 변화는 기업의 가까운 미래를 예견한다. 요컨대, 전략적 변화는 10년 이상이 아니더라도 몇 년 동안 호텔·관광기업의 성과에 영향을 미칠지도 모른다. 따라서 기업은 세심한 주의와 함께 전략에 있어서의 잠재적인 변화를 조사하고 연구해야 한다. 호텔·관광기업은 또한 만약 상황적인 환경이 그 변화를 알려준다면 전략을 수정하거나 바꾸는 것에 대한 필요를 간과해서는 안 된다. 기업이 얼마 동안의 안정적인 생존에 필요한 知的이고 목적적인 사업결정을 위해 자료가 축적되어야 한다.

호텔·관광사업체는 그들만의 목표를 수립하고 표준과 운영의 방법을 가지고 있는 여러 부서로 이루어진 큰 조직이다. 그러나 비록 각 부서가 개개의 단위로 운영되지만 그들에게 자치권이 있는 것은 아니다. 부서는 유사한 기업목표를 위해 모두 노력하고 있는 단위의 결합이다. 각 부서는 기업의 요구를 고수해야만 하고, 그와 동시에 자기 부서의 특별한 니즈, 목표, 가능성에 대해 기업의 상위조직과 커뮤니케이션해야 한다. 따라서 비록 마케팅부서가 기업의 사업계획에 의해 제한받기도 하지만, 종종 자신들의 전략을 개발하고, 기업계획의 지침 내에서 자신의 전술적 결정을 하는 것이 가능하다.

운영상의 마케팅계획, 즉 실제로는 전술적 계획 또는 상품계획으로 알려져 있는 마케팅계획은 기업의 사업, 전략, 계획과 함께 보조를 맞춰야 한다. 마케팅계획은 전략적 계획에 기초하기 때문에, 마케팅계획은 이 전략적 계획을 시험하는 것에 유용할 것이다.

<그림 10.1>에 나타나는 것처럼, 호텔·관광기업과 그 주위의 환경을 연결하는 전략적 개발은 전사적 전략, 사업부전략, 마케팅전략 등 세 가지 수준(단계)에서 발생한다.

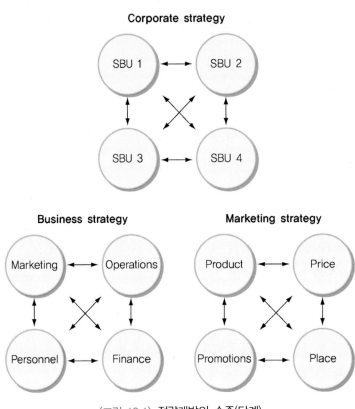

〈그림 10.1〉 전략개발의 수준(단계)

1) 전사적 전략(Corporate strategy)

전사적 전략은 호텔·관광기업의 전략적 사업단위(SBU: Strategy business units)의 전략에 관한 것이다. SBU는 큰 법인의 범위 안에서 조직상의 단위이다. 각 SBU는 특정한 사명, 여행객서비스, 경쟁자, 표적고객그룹을 갖는다. 각 SBU는 독립적으로 운영되고, 모기업의 공유된 소유권을 통하는 것을 제외하고는 다른 SBU와 접촉이나 연결이 거의 없다. SBU는 또한 개별적인 이익센터이며, 따라서 그들 자신의 이익이나 손해는 그들이 책임진다. SBU는 기업 내에서 다른 SBU와 유사한 산업에서 또는 완전히 별개의 산업에서 운영되기도 한다.

비록 조직체가 SBU들로 구성되어 있지만, 최고경영층의 전략가들은 특정 SBU를 위해서가 아니라, 전체 기업의 가치를 증대시키는 목표를 갖고 있다. 그들은 각 SBU가 운영되고 있는 그 산업을 둘러싼 경제적 환경을 이해하고 분석해야 한다. 먼저 미래의 성장 가능성과 시장점유의 가능성을 인식하고 있어야만 호텔·관광기업 전체에 이익이 되게 전략을 구상할 것이다. 따라서 그들의 전략은 각각 다른 SBU를 위한 투자 또는 성장목표의 수준에 있어서의 변화를 가져오기도 한다. SBU는 이러한 전사적 전략과 목표를 받아들어야 하고, 최고경영층의 총체적 지휘와 도전에 기초해서 자신들만의 전략을 발전시켜야 한다(Hitt et al., 1998).

2) 사업부 전략(Business strategy)

사업부 전략은 SBU 수준에서 그 다음 하위전략 단계에 관한 것이다. 각각의 SBU의 선임경영자들(senior manager)은 그들이 원했던 기업의 목표에 이르도록 그들의 자원(수용력, 인력, 재정상의 능력 등)을 능숙하게 다루어야 한다. 비록 그들이 다른 수준에서 전략을 개발하고 있지만, 그들이 전략을 개발하기 위해 따르는 과정은 전사적 단계의 계획자의 것과 유사하다. 첫 번째로, 그들은 그들의 개별적인 시장, 그들의 경쟁자, 그들의 산업에 영향을 미칠지도 모르는 외부요소와 신흥 소비자경향을 분석해야만 한다. 그다음으로 그들은 그들의 자원을 가장 잘 이용하고, 그들의 환경을 다루는 기업의 가이드라인을 근거로 하는 전략을 개발해야 한다. 이 전략은 그리고 나서 SBU를 구성하는 다양한 부서에 전달된다.

3) 마케팅전략(Marketing strategy)

마케팅전략은 SBU전략에서 나온다. 이 시점에서, 마케팅부서는 SBU에 의해 수립된 전략이 마케팅성과에 어떻게 영향을 미치는지 결정해야만 한다. 효과적으로 전략을 충족하기 위해 그들이 할 수 있는 최선의 것으로서 마케팅믹스(호텔·관광상품, 광고, 가격결정, 유통 및 물리적 환경 등)의 변수들을 이용할 것이다. 사실, 마케팅믹스의 각각의 요소들은 개별적 전략계획을 세우는데 정당한 근거가 된다. 따라서 호텔·관광마케팅매니저는 호텔·관광상품전략, 가격전략, 유통전략, 촉진전략 등의 개발에 대해 책임이 있다. 사업계획의 마케팅부분이 2개로 분리되는 것은 거의 의미가 없기 때문에, 이 전략들은 호텔·관광기업(SBU)의 총체적인 사업계획의 일부분이 된다. 대체적으로, 마케팅 특성이 포함된다면 운영상의 사업계획을 이해하는 것은 더 쉽다.

많은 호텔·관광기업은 서류상의 계획과 또다른 실제적인 계획을 가지고 있다. 사실, 일부 호텔·관광기업은 단지 지난해의 계획을 재검토하고 다음 해에 별생각 없이 전년도 정책을 계속적으로 사용하기도 한다. 안 좋은 것은, 일부 호텔·관광기업들이 정책의 방침과 방향에 대한 계획을 애초부터 가지고 있지 않고 있다는 것이다. 앞에서 언급한 것처럼 호텔·관광기업이 수립한 계획이 실패하거나 정확하게 계획하는데 실패하는 것은, 전혀 미래를 예견하지 못하고 현재에만 허둥거리고 있는 탓이다. 이러한 호텔·관광기업은 주체성이 없이 경쟁적이고 환경적인 힘에 대응하는데 세월을 보내는 경향이 있다. 미래에 대해 계획하는 것과 반대로, 현재에 충실한 계획은 종종 단명하게 되고 금물인 것이다.

3. 전략적 계획 모델(A strategic planning model)

전략적 의사결정은 조직의 장기적인 발전을 위한 근본적인 선택으로 이루어진다. 소비자의 수요가 더 많아짐에 따라, 경쟁자의 수가 많아지고 공격적이 됨에 따라, 환경적 조건이 더 악화됨에 따라 계획화의 가치는 증가한다. 지금 우리는 전략적 계획이 조직에 어떻게 영향을 미치는지 그리고 호텔·관광기업 내에 행해지고 있는 전략적 계획의 수준을 이해하기 위해 전략적 계획에 대해 더 정밀히 살펴보아야 한다. 그러면 전략적 계획이란 무엇인가? 전략적 계획은 조직사명(mission)의 영역 안에서 조직의 자원을 가장 잘 활용하기 위한 장기적인 계획의 개발이다. 전략적 계획의 과정은 경쟁자와 환경적 요인이 가져올지 모르는 호텔·관광조직의 기회와 위협의 신중한 분석으로 이루어진다.

전략적 의사결정은 호텔·관광기업이 판매하고 있는 호텔·관광상품과, 호텔·관광기업이 움직이는 시장을 중점으로 해서 만들어진다. 그것은 조직을 위한 방향을 제시하고 추진력을 일으킨다. 반면에 전술적 결정은 공식화되었던 전략을 실행하는 방법이다.

특정의 전략적 계획과정은 <그림 10.2>와 같이 1. 기업사명의 선언, 2. SWOT분석의 실시, 3. 특정 목표의 수립, 4. 전략적 선택안 정의, 5. 포트폴리오 분석 실시 등으로 구성되며, 주요 부분은 전략적 계획 과정을 분석하는데 힘을 쓰는 것이다. 전략적 계획과정은 계속적으로 연결되는 5단계로 구성된다.

각 단계가 완성되고 다음 단계로 넘어가기 전에 그 전략적 계획과정이 검토되어야한다. 그리고 계획자(planner)는 그 과정에서 호텔·관광기업의 총체적인 사명을 놓치지 않도록 확실히 해야만 한다. 이처럼 피드백 고리는 호텔·관광기업이 사명을 완수하는 것에 대해 그 과정을 점검하고 필요한 만큼 변화를 포함하도록 도움을 준다. 이하에서는 더욱 상세하게 이 과정을 보기로 한다.

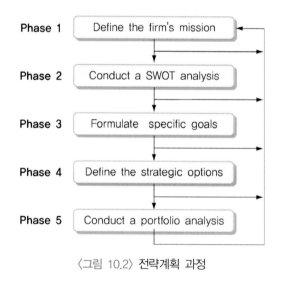

〈그림 10.2〉 전략계획 과정

4. 사명서의 공식화

모든 기업은 사명(mission)을 갖는다. 사명서(또한 사업정의로 알려져 있는)는 문서로 된 기술서이며 그것은 호텔·관광기업이 왜 존재하는지 요약해준다. 그것은 방향을 하나로 규정짓는 호텔·관광기업의 부서 그리고 여러 부서로 나눠진 종업원들을 고정시키는 기술서이다. 그것은 기업의 존재이유이다.

호텔·관광기업이 그들 자신에게 계속적으로 물어야만 하는 질문은 '우리는 어떤 사업에 있느냐? 이다. 대답은 처음에 단순한 것처럼 보일지도 모른다. 그러나 실제로 대부분의 경우 아주 복잡하다. 신제품 계열에 돈을 투자하거나, 표면상 관련분야의 다른 회사를 매입하려는 호텔·관광기업들은 첫 번째로 정의하고 있는 질문을 고려해야 한다.

1) 사명서의 경계와 방향성

사명서는 성장을 위한 경계와 방향성을 제공해야 한다. 그러므로 사명서는 너무 넓어서도 안 되고 좁아서도 안 된다. 만약 그것의 범위가 너무 넓으면, 호텔·관광기업은 그 초점에서 멀어진 너무 많은 주변의 활동범위에 투자하게 될지도 모른다. 반면에 호텔·관광기업이 너무 좁은 초점을 유지하게 되면 투자를 우회하는 경험을 하게 되어 중요한 기회를 놓치게 될지도 모른다. 이 현상은 마케팅 근시안(marketing myopia)으로 잘 알려져 있다.

사명서는 호텔·관광기업의 활동에 초점을 맞추어야만 하고, 동시에 확장의 기회를 제공해야만 한다. 사명서의 또 다른 위험은 그것이 너무 융통성 없이 고정될 수 있다는 것이다. 기업환경은 시간과 함께 변화한다. 소비자의 기호 변화, 기술 변화, 경쟁적 시장환경 등이 변화한다. 만약 호텔·관광기업이 완고하게 그들의 사명서의 정의를 고집하면 생존을 위한 적응이 필요할 때 어려움을 경험할지 모른다. 그것이 사명서를 개발하고 고수하고 유지하기가 어려운 이유이다.

2) 내부기능 대 외부기능

사명서는 호텔·관광기업을 인도하고 방향을 제시하는 기능 뿐 아니라, 외부사람들에게 호텔·관광기업의 모든 것을 이해하게 해준다. 많은 호텔·관광기업은 잠재적 투자자, 고객, 커뮤니티 멤버 및 다른 이해관계자가 그 기업과 기업철학을 이해하는 것을 돕기 위해 연차보고서 또는 다른 의사소통 도구에 사명서를 인쇄한다. 이러한 사명서는 외부사명서(external statement)로 알려져 있는데, 호텔·관광기업 안에서 사용되는 내부사명서(internal statement)와 다를 수도 있다. 거대 기업그룹은 외부사명서를 인쇄하는 반면에 여러 부서들과 자회사들은 다른 내부사명서를 사용할 것이다.

이 사명서를 개발하는 과정은 특정 문제에 대해 끊임없이 이야기하고 논의해서 최상의 해결책을 만들어 낸다는 점에서 기업에 이익이 된다. 호텔·관광기업의 관리자가 내부사명서에 관심을 갖고 그에 고집하는 동안에 외부사명서는 호텔·관광기업의 정책에 있어서 변화를 알리는 방법으로 사용될지도 모른다.

3) 사명서의 구조

사명서에 관련해 마지막으로 주목해야 할 사항은 그들의 수명에 관한 것이다. 호텔·관광기업은 비즈니스 세계를 통과하는 그들의 여행에서 하나의 등불로 활용하기 위해 사명서를 만들어낸다. 매년 그 사명서를 포기하고 다시 공식화한다는 것은 사명서의 목적에 맞지 않을 것이다. 그래서 호텔·관광기업은 개발하려는 호텔·관광상품보다, 그들이 만족하는 니즈에 의해 그들 자신을 정의하는 것이 더 낫다.

사명서는 어느 정도 변화하는 환경을 이겨낼 수 있도록 개발되어야 한다. 변화를 막을 수는 없기 때문에 사명서는 변화에 적응하고 변화를 수용할 정도로 탄력적이어야 한다. 대체적으로 사명서는 5~10년 또는 그 이상 기간 동안 사용되기도 한다.

제2절 SWOT 분석

호텔·관광기업의 성장은 독립적으로 발생하지는 않는다. 적절한 시기에 적절한 장소에서 포지셔닝 하는 호텔·관광기업은 극히 드물다. 흔히, 기업의 성장에는 이전에 수립된 목표와 목적을 위해 노력하는 끊임없는 헌신이 필요하다. 이 목표의 실현을 위해서 호텔·관광기업은 엄격히 계획에 전념해서 끊임없이 목표를 설정한다. 그 때 계획은 마케팅 부서가 그 목표를 향해 추구하는 엔진이다. 그러나 그 계획은 가정과 전제의 논리적인 설정에 바탕을 두지 않는 한 기능적이지 않다. 다시 말해, 기존의 경쟁적인 압력이나 환경적 상황 때문에 실현할 수 없는 계획을 개발하는 것은 합리적이지 못하다.

많은 호텔·관광기업이 계획과정(planning process)에서 처음으로 하는 일은 SWOT분석을 완성하는 것이다. SWOT은 강점(strength), 약점(weakness), 기회(opportunity), 위협

(threat)을 의미하며, 전략적 감사(strategic audit) 또는 상황분석(situational analysis)으로 알려져 있기도 하다. 그것은 기업의 내부적, 외부적 경영환경의 방법론적인 조사와 평가이다. 설득력 있는 SWOT분석은 호텔·관광기업에 영향을 미치는 요인에 대해 질문하는 것을 기본으로 해서 만들어진다. SWOT분석의 주요 초점은 <표 10.2>에 있는 질문으로 설명된다. 이 질문사항들은 결국 비즈니스전략을 위해 여러 요인이 지니고 있는 의미(또는 암시)를 확인하기 위해 사용될 것이다.

〈표 10.2〉 SWOT 분석(주요 질문 리스트)

internal analysis(내부 분석)	external analysis(외부 분석)
strengths(강점)	opportunities(기회)
차별화 가능성은?	잠재적 신시장 또는 진입 세그먼트는?
충분한 재정적 자원은?	관광상품 분류의 확장은?
적합한 경쟁적인 전략은?	관련 제품에의 다양화는?
고객들의 평판은?	수직 통합은?
알려진 시장지도자는?	더 좋은 전략적 그룹구성으로 이동할 가능성은?
각 기능 부서에서의 뛰어난 전략은?	경쟁자와의 교섭은?
규모의 이점은?	시장의 빠른 성장은?
강한 경쟁적인 압력으로부터의 보호는?	기타 기회는?
독특한 기술은?	
비용 이점은?	
경쟁적인 이점은?	
제품혁신의 능력은?	
증명되는 관리기술은?	
그 밖의 다른 강한 점은?	
weaknesses(약점)	threats(위협)
전략적 방침의 불명확성은?	새로운 경쟁자의 진입 가능성은?
악화하고 있는 경쟁적인 위치는?	시장성장률의 감소는?
오래된 시설이나 설비는?	부정적인 정부의 영향은?
충분치 못한 이익부분은?	성장하는 경쟁적 압력은?

관리 통찰과 경험의 부족은?	불황이나 다른 경제적 후퇴는?
특정 기술의 부족은?	고객과 공급자의 협상력의 강화는 ?
전략실행과 관련된 나쁜 경험은?	구매자의 변화하는 욕구와 욕망은?
내부 운영 문제에 있어 어려움은?	위협적인 인구 통계적인 변화는?
경쟁적인 압력에 취약한 것은?	기타 위협은?
시장에서 나쁜 이미지는?	
경쟁자와 비교되는 불리한 조건은?	
평균이하의 마케팅 기술은?	
전략 변화에 필요한 재정적인 위치는?	
기타 다른 약점은?	

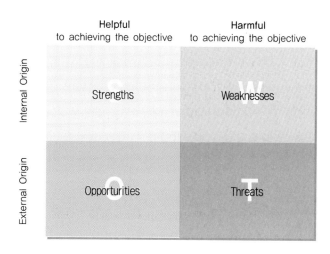

〈그림 10.3〉 SWOT 분석도

1. 내부분석

전략적 감사의 내부요인은 기업에 의해 가장 쉽게 영향을 받을 수 있는 요인들이다. 투자에 이용 가능한 자금, 능력, 기술, 직원의 지식과 능력, 호텔·관광상품 종류, 마케팅계획의 강점, 판매진의 능력과 기업의 평판은 호텔·관광기업이 통제할 수 있는 변수들이다. SWOT분석은 특히 현실적이어야 한다. 사람들은 듣기 원하는 것을 말하게 함으로써 자신들의 자아를 진정시킨다는 분석으로 접근하기가 쉽다. 사실, 지난해의 모든 노력이 성공했다고 합리화하는 것이 인간의 본성이다. 그러나 약점 부분을 덮는 것은 장기적으로 볼 때 호텔·관광기업을 곤란에 빠뜨린다. 강점과 약점, 기회와 위협을 정확하게 평가함으로써, 호텔·관광기업은 어디가 잠재적인 취약점이고 어떻게 필요한 자원을 할당할지를 가장 잘 결정할 수가 있다.

내부분석(internal analysis)은 호텔·관광기업의 개요를 형성하도록 만든다. 이 개요는 호텔·관광기업이 특정 시간대에 있는 상태를 나타내는 스냅사진이다. 그것은 호텔·관광기업의 내부 상황과 경쟁에 대항하는 방법에 대한 알기 쉬운 그래픽 표현이다. 이 것을 통해 사람들은 호텔·관광기업이 시장에서 잠재적으로 성공적인 방법을 빠르게 판단할 수 있다(Poon, 1993).

2. 외부분석

호텔·관광기업이 자사를 거울에 비춰본 이후에는, 반드시 바깥쪽 세계에 그 초점을 돌려야 한다. 이것은 호텔·관광기업의 마케팅전략과 계획이 경쟁적이고 규제적인 환경 속에서 기업목표를 달성해 나가야 하기 때문이다. 외부분석(external analysis)은 환경의 흐름을 파악하고 그것이 호텔·관광기업에 어떠한 영향을 주는가를 확인하는데 집중해야 한다. 시장의 동향이나 움직임을 파악함으로써 기업은 사전에 대응할 준비를 할 수가 있다.

예를 들면, 호텔·관광상품계열A에 관심이 있는 호텔·관광기업은 호텔·관광상품 A의 장기적인 수요에 영향을 미치는 소비자행동에 있어서의 어떤 변화라도 확실히 파악하고 있어야 한다. 소비자행동, 경쟁적인 움직임 그리고 규제조치 등의 동향을 면밀히 살펴봄으로써 호텔·관광기업은 우연히 관찰한다면 명확하지 않을지도 모르는 특정한 상황을 피하거나 이용할 수가 있으며, 그로 인해 호텔·관광기업은 경쟁적인 지위를 향상시키거나 잠재적인 문제에의 노출을 최소화할 수 있다.

만일 기업의 사명(mission)이 더 명확하게 정의된다면 기업사명은 좀더 좁게 분석할 영역에 초점을 맞출 수 있기 때문에 성공적인 SWOT분석에 필수적인 동향을 알아보는 것이 훨씬 용이하다. 환언하면 우리가 일반적인 사물을 찾으려고 할 때 그 사물에 대해 늘 언급해 왔다면 그것을 찾기가 더욱 쉬울 것이다. 게다가 그것은 호텔·관광기업이 중요하지 않은 지역을 고려하는데 많은 시간과 에너지를 낭비하고 궤도를 이탈하는 것으로부터 보호한다.

내부탐색이 호텔·관광기업의 특정 가능성과 개발과 같은 내면적인 것에 집중하는 반면에, 외부탐색은 존재할지 모르는 환경적 기회를 더 면밀하게 살필 것이다. 외부를 살핌으로써 호텔·관광기업은 다른 기업이 시장에서 찾아내지 못했던 틈새나 기회를 발견할 수가 있으며, 규제변화, 경쟁자의 행동 또는 사회경제적 동향 때문에 생기는 틈새를 찾아 낼 수가 있다. 예를 들면, 불황이 다가온다는 것을 감지할 수 있는 호텔·관광기업은 가치에 근거한 촉진활동과 호텔·관광상품에 경쟁자보다 재빨리 집중할 수 있다. 또한, 그것은 흥미롭게도 호텔·관광기업이 잠재적인 위협을 빠른 'proaction'(호텔·관광 제품수명주기가 단축되고 경쟁이 강렬하게 되면서 중요성이 증가될 기술)에 기초해 기회로 빠르게 전환시킬 수가 있을 것이다.

SWOT 분석이 완료되면, 호텔·관광기업은 경쟁자와 비교해 시장에서의 가능성과 취약영역에 대해 전체적인 그림을 그릴 수가 있고, 시장에서의 경쟁력을 비교하고 호텔·관광기업에 영향을 미치는 잠재적 동향과 기회를 나타낼 수 있다. 이러한 정보 하에서 마케팅 계획은 더 정확하게 공식화될 수 있다.

3. 목표의 공식화

호텔·관광기업이 강점과 약점의 평가를 기초로 시장의 위치를 결정했다면, 그들은 목표를 더 쉽게 설정할 수 있다. 호텔·관광기업의 목표는 기본적으로 그들이 특정한 지역에서 달성하고 싶어 하는 성취의 수준이다. 호텔·관광기업 자체가 목표를 가지고 있을 뿐만 아니라, 회사 내의 개별 부서들도 목표를 가지고 있다. 조직 속에 더 깊이 들어갈수록 목표는 전략적인 성격에서부터 전술적인 성격에 걸쳐서 더 확실하고 상세하게 된다. 예를 들면, 대형 관광지주회사(tourism holding company)가 다음 해에 12% 성장할 목표를 갖는다고 하자. 그러면 이것은 그들의 관광시장 안에서 12% 성장하기 위한 A부서의 목표로 바뀔지도 모른다. 그리고 결과로서 마케팅 부서의 목표는 특정 그룹의 소비자를 표적으로 특정 호텔·관광상품 계열에서 12% 성장하는 것이 될 것이다. 이 기업의 판매목표는 또한 총체적인 목표에 따라 결정될 수도 있다. 영업부는 뚜렷한 목표를 가지고 있어야 할 뿐 아니라, 각 판매시장과 판매원은 그 판매 영역 안에서 소비자를 위한 목표를 각각 가지고 있어야 한다.

목표는 오직 확실한 경우에만 효과적이다. 만약 목표가 정확하지 않게 공식화 되면 많은 목표가 성공에 이르지 못할 것이다. 효과적인 목표설정을 위해 몇 가지 사항에 유의해야 한다. <표 10.3>은 잘 공식화된 목표와, 좋지 않게 공식화된 목표의 예이다.

〈표 10.3〉 목표의 좋고 나쁜 예

examples of badly formulated goals 나쁘게 공식화된 목표의 예	examples of well-formulated goals 좋게 공식화된 목표의 예
long term(장기)	long term(장기)
우리의 목표는 관광산업에서 선도하는 관광상품 성장위치를 개발하는 것이다.	우리의 목표는 2018년과 2019년 사이에 적어도 총수익의 20% 증가를 위해 연구에 박차를 가하고, 2020년 말까지 시장에 5개의 새로운 관광상품을 소개하는 것이다.
short term(단기)	short term(단기)
우리의 목표는 2018년에 판매를 증가시키는 것이다.	우리의 목표는 22개의 신규 여행사를 오픈하고 광고예산을 15% 증가시켜, 2018년에 시장점유율을 21%~25%까지 넓히는 것이다.

① 목표는 목표 달성을 시도하는 직원들에게 그 의의와 방향을 알려주기 위해 충분히 세밀하게 측정되어야 한다.
② 목표는 성취 가능해야 한다. 합리적으로 달성할 수 없게 설정된 목표로는 아무런 이득도 얻을 수는 없다. 목표가 비합리적으로 높게 책정되거나 심지어 달성이 불가능하다면, 사람들은 목표달성 불가능성 때문에 때때로 목표를 달성하려고 노력조차 하지 않을 것이다.
③ 장기적인 목표와 단기적인 목표 모두가 개발되어야 한다. 비록 현재가 중요하기는 하지만 호텔·관광기업은 끊임없이 미래를 향해 어떤 경로로 가고 있는지 파악하고 있어야 하고, 현재의 목표와 행동을 확실히 세우고, 미래의 실현을 위해 노력해야 한다.

④ 목표는 호텔·관광기업의 우선순위에서 선두에 놓여야 한다. 만약 다른 부서가 매우 빗나간 목표를 추구하고 있으면, 그 결과 협력 부족으로 비능률을 경험하게 될 것이다. 이것은 한 부서(예를 들어 회계부서)가 자기 부서의 목표를 첫 째로 하고, 다른 부서(예컨대 마케팅 부서)의 요구를 무시하는 경우인데, 이것은 결국 호텔·관광기업의 총체적인 안녕에 해로움을 준다.

제3절 SBU 전략사업부

1. SBU의 특징

SBU(strategic business unit)는 규모와 영역에서 매우 다양할 수 있다. 그것은 그 기업이 단 한 개의 호텔·관광상품 또는 상품계열을 시장에 내 놓을 수도 있으며, 또는 다양한 표적에 다양한 호텔·관광상품 계열을 마케팅 할 수도 있다.

SBU의 몇 가지 특성을 보면 다음과 같다.

① SBU는 일반적으로 자체의 사명서와 사명을 갖는다.

② SBU는 내부지향성과는 반대로 시장지향적이다.

③ 일반적으로 SBU는 호텔·관광기업 내에 있는 다른 표적그룹들과는 다르게, 명확하게 정의된 표적그룹을 가지고 있다.

④ SBU는 항상 경험이 풍부하고 마케팅 지향적인 매니저에 의해 관리된다.

⑤ 대부분의 SBU는 그들 자신의 자원을 통제하는데 책임이 있다.

⑥ SBU는 그들 자신의 독립된 전략과 전략적 계획을 갖고 있다는 점에서 호텔·관광기업의 타부문과 명확하게 구별된다.

⑦ 대부분의 SBU는 그들 자신의 경쟁자를 가진다는 점에서 호텔·관광기업의 다른 부문과 독특하고 다르다.

⑧ 대부분의 SBU는 차별적인 이점을 갖고 있는데, 그것은 독립된 운영단위로써 그들 자신을 정당화하는 근거가 된다.

2. SBU 조직

SBU(전략적 사업부)은 여러 가지 방법으로 조직될 수 있으며, 어떤 특별한 방법이 우선하는 것은 아니다. SBU 조직계획은 SBU의 개별적 니즈를 가장 잘 대처하도록 호텔·관광기업(본사)에 의해 개발된다. 일부 호텔·관광기업은 그들의 시장을 나누기 위해 사용하는 변수인 세분화 변수에 의해 조직화된다. 그것은 호텔·관광기업이 예를 들면, 연령대를 표적으로 그들의 SBU를 조직할지도 모른다. 또는 젊은 소비자를 위한 호텔·관광상품과 중년의 소비자를 위한 호텔·관광상품으로 구분하여 SBU를 만들 수도 있다. 독립된 세그먼트는 동질적이어서 유사한 마케팅계획으로 더욱 쉽게 접근할 수가 있다.

SBU를 조직하는 또다른 방법은 지리적인 위치를 사용하는 것이다. 국제마케팅에 종사하고 있는 많은 기업들은 그들이 영업하는 세계의 지역이나 국가마다 다른 SBU를 가질지도 모른다. 만약 각 지역이 문화, 언어, 사업방식 등이 아주 다르면 이것은 더욱 유용할 것이다. 호텔·관광기업은 또한 다른 호텔·관광상품이나 상품계열 위주로 또는 고객의 욕구를 고려해 SBU를 만들 수도 있다. 표적시장의 고객 또는 유통채널도 SBU조직이 필요로 하는 동질성을 제공하기도 한다.

3. SBU의 개수

호텔·관광기업이 가지는 SBU의 수는 각 기업에 따라 다르다. 앞에서 언급한 몇몇 요인에 따라, 호텔·관광기업은 극소수 또는 다수의 SBU를 가질 수도 있다. 그러나 호텔·관광기업이 얼마나 많은 SBU를 갖던지, SBU는 조직의 규모와 호텔·관광기업(모기업)이 권한을 위임할 정도에 있어서 적절해야 한다.

호텔·관광기업들 사이에 이해상충관계는 존재한다. 즉 집중화된 통제의 수준이 더 편한 호텔·관광기업들이 있고, 의사결정을 내리는데 더 예리하게 집중할 수 있는 독립성을 선호하는 호텔·관광기업들이 있는데, 이러한 기업들 사이에는 이해상충관계가 존재한다. 그러나 대형 호텔·관광기업들, 즉 수백 개의 상품을 팔고 있는 기업들도 SBU의 수를 그다지 많지 않도록 제한하려고 노력한다. 최근의 어떤 연구에 의하면 일부 대기업에서도 30개 이하의 SBU를 가지는 경향이 나타났다고 한다. 물론 소규모의 호텔·관광기업은 소수의 SBU로 시작해야 하고, 불필요한 조직적 비용과 노력의 중복이 없다는 것이 증명될 때만 SBU를 추가해야 한다.

제4절 포트폴리오 분석

앞에서 시장점유율 증가는 호텔·관광업체로 하여금 여러 가지 방법으로 실현될 수 있는 특정 이득을 취할 수 있게 한다고 언급했다. 그러나 마케팅이 진공상태에서 이루어질 수는 없는 것이기 때문에, 호텔·관광기업은 시장의 나머지 부분에서 어떤 일이 생기는지를 반드시 주시해야 한다. 앞서 이야기 했듯이, 시장이 성장하면 호텔·관광업체의 상품은 시장점유율을 유지하기 위해 더 많은 자본과 투자를 필요로 한다. 호텔·관광기업은 더욱 효율적이 될 수도 있고 더욱더 투자할 수도 있지만, 급속하게 성장하는 호텔·관광상품 세그먼트라는 엔진에 연료를 공급하기 위해 더 많은 돈을 필요로 할 것이다. 그렇지 않다면 호텔·관광상품은 안정적일 수는 있으나 시장점유율은 떨어질 것이다. 분명하게도 호텔·관광기업은 시장에 대해 예측해야 할 뿐만 아니라, 그들만의 성공의 청사진에 기초해 자금을 어디에 투자할지 의사결정을 내려야 한다.

그러나 이 청사진은 호텔·관광업체들이 다수의 상품 혹은 상품계열을 가지고 있는 경우가 많고, 각각 다른 시장에 속해 있으며, 그 각각의 성장곡선이 상이하다는 것을 고려한다면 더 복잡해진다. 각각의 독립된 호텔·관광상품 혹은 상품계열이 얻는 금액의 양에 따라 호텔·관광업체가 상품에 대한 성장 혹은 정체에 대한 의사결정을 이러저리 바꾸기 때문에, 호텔·관광업체의 자원에 대한 적절한 계획과 할당을 확인하고 실행하는 것은 엄청나게 복잡한 업무가 될 수 있다.

1. 보스턴컨설팅그룹 매트릭스

"경쟁에서 오래 살아남으려는 기업들은 반드시 다른 기업과의 차별화를 통해 자기만의 독보적인 강점을 유지해야 한다. 그리고 이러한 차별점을 관리하는 것이야말로 장기적인 사업 전략의 핵심이다." 세계적인 경영컨설팅회사 보스턴컨설팅그룹(BCG)의 창업자 브루스 핸더슨(Bruce Henderson)은 1963년 최초로 전략의 개념을 창안하면서 이러한 말을 남겼다. 차별점 관리, 즉 경쟁우위 확보가 전략의 가장 근본임을 갈파한 것이다. 이후 반세기 세월이 지났다. 경영환경은 갈수록 불확실해지고 있으며, 수많은 전략이 나타났다 사라졌다 반복하고 있다.

보스턴컨설팅그룹(Boston Consulting Group, BCG)이 개발한 간단한 2차원 매트릭스는 투자 딜레마에 봉착한 업체들을 도와주기 위한 가이드라인으로 개발된 것이다. 상품 포트폴리오 매트릭스로도 알려진 이것은 다수의 상품그룹 혹은 상품들의 포트폴리오를 가진 기업에게 매우 효과적이다. <그림 10.4>에서 볼 수 있듯이, 이 매트릭스는 수평축과 수직축, 그리고 축에서 나온 그래프의 4분면으로 구성된다.

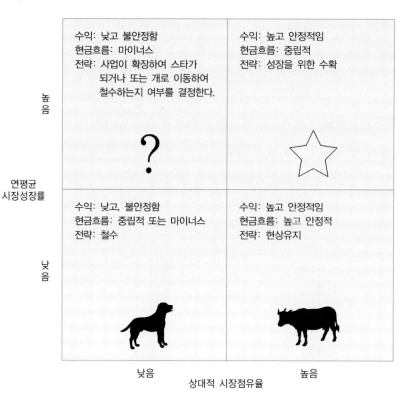

〈그림 10.4〉 BCG 매트릭스

수직축은 시장성장률이다. 시장성장률은 호텔·관광상품이 판매되고 있는 시장의 연간성장률이다. 시장성장률은 업계와 상품계열에 따라 매우 상이할 수 있으나, 여기서는 저성장률을 0%로, 적정성장률은 10%, 고성장률을 20%로 정의한다. 성장률이 높아질수록 호텔·관광상품은 지속적인 성장을 위해 더 많은 투자를 필요로 한다는 것을 기억해야 한다.

수평축은 전략그룹 내에서 가장 큰 세 경쟁자의 시장점유율로 나누어 계산한 상대적 시장점유율(relative market share)이다. 그러므로 만일 우리의 점유율이 20%이고, 경쟁자의 점유율이 25%라고 한다면, 우리의 상대적 시장점유율은 80%가 될 것이다. 우리가 시장리더인 경우, 우리의 상대적 시장점유율은 100% 이상이다. 시장점유율이 높아질수록, 호텔·관광업체가 더욱 큰 차별적 비용이득과 더 나은 성공의 기회를 갖게 된다는 것을 기억해야 한다.

이 두 축을 결합함으로써 거의 모든 시장상황을 찾아내고, 매트릭스 상에서 그 위치를 지정할 수 있다. 여기서 확인할 수 있듯이, 이 SBU들은 위의 4분면 중 한 분면에 속할 것이다. 그러므로 이 4분면을 다음과 같이 정리할 수 있다.

1) 별(Stars)

별은 높은 성장률을 경험하며 동시에 높은 시장점유율을 가진 호텔·관광상품을 말한다. 호텔·관광상품이 높은 시장점유율을 가질 경우 규모의 경제를 통한 경제적 이득이 실현되며, 이것이 잠재적으로 높은 마진과 현금흐름의 증가에 기여한다. 호텔·관광상품 또한 빠른 속도로 성장한다면 여분의 현금이 필요하게 될 것이다. 추가적인 광고, 프로모션, 그리고 이러한 성장속도를 유지하는데 필요한 기타 판매노력을 지원하기 위해 추가적인 자금조달이 필요하다. 스타 상품을 보유한다는 것은 호텔·관광업체에게 훌륭한 포지션을 제공하지만 이것은 오직 높은 시장점유율로 인한 것이다. 많은 스타상품들이 현금흐름 관리 문제를 완화하면서, 현금이 산출되고 필요로 하는 자금조달은 균형적인 위치에 도달한다. 또한 급속한 성장에 도달해버리면, 높은 시장점유율은 호텔·관광상품이 기업의 젖소(cash cow)가 될 수도 있다는 사실을 의미한다.

2) 젖소(Cash cows)

젖소는 높은 시장점유율 덕분에 엄청난 양의 현금을 생산하거나, 성장하지 않기 때문에 추가적 투자를 필요로 하지 않은 호텔·관광상품을 지칭한다. 전형적인 젖소는 정체되거나 이미 성숙된 시장에서 선도자인 호텔·관광상품이다. 높은 시장점유율은 경쟁자에 대해 규모의 경제가 이득이 된다는 사실을 보장하지만, 성장의 결핍은 그 호텔·관광상품에 쏟아 부을 자금이 필요하지 않다는 것을 의미한다. 호텔·관광업체들은 젖소가 흔히 교차지원(cross subsidization)이라고 말하는, 다른 호텔·관광상품계열이나 프로젝트에의 자금조달에 도움이 되기 때문에, 주변에 젖소를 두기를 좋아한다. 젖소는 영속적이지 않으며 결국에는 판매량과 시장점유율 모두 떨어지게 된다. 그러나 젖소가 많은 순현금 흐름을 생산해 내며 주변에 존재하는 동안에는 호텔·관광업체는 이것이 확실히 그들에게 이득이 되는 것이라고 생각한다.

3) 미지수(question mark or problem children)

미지수는 고성장을 경험하지만 성장에 자금조달하기에는 시장점유율이 낮은 호텔·관광상품을 가리킨다. 호텔·관광업체가 상품의 미래는 알 수 없기 때문에 미지수라고 이름을 붙인 것이다. 미지수는 신생 혹은 불확실한 시장에서 흔히 찾아볼 수 있다. 호텔·관광상품 카테고리가 앞으로 어떻게 될 것인지 알 수 없으므로, 호텔·관광업체는 실제의 그 상품을 그대로 내버려 둔다. 호텔·관광상품이 급속히 성장하게 되면 자금조달을 매우 필요로 하게 되지만, 시장점유율이 낮기 때문에 경쟁에 있어서 비용이득(cost advantage)을 획득하지 못한다. 그러므로 호텔·관광업체들은 반드시 장기적으로 이익이 적을지도 모르는 상품에 대한 투자기간을 정해야 한다. 많은 미지수는 젖소가 생산해 내는 여분의 현금으로부터 자금을 조달받는다.

4) 개(Dogs)

싸움에 진 개는 성장하지도 않으며 높은 시장점유율도 가지지 못한 호텔·관광상품이다. 일반적으로 개는 단순히 좋은 호텔·관광상품이거나 소비자에 대한 호소력을 상실한 호텔·관광상품 카테고리이다. 개(사양상품)는 경쟁자들에 비해서도 이득이 거의 없다. 비록 이런 유형의 호텔·관광 상품을 살려두는 이유가 몇 가지 있을 수 있으나, 예를 들어, 주요한 상품개량이 준비되거나 호텔·관광상품계열을 완성하기 위하여 상품명을 지속시키는 경우인데, 주요 의사결정은 이 호텔·관광상품을 어떻게 처분하는가, 혹은 상품계열에서 제외시킬 것인가에 도달하게 된다. 이것에 관해서는 다음 부분에서 더 자세히 다룰 것이다.

2. 마케팅계획의 적용

앞에서 호텔·관광상품에 관한 상황을 개별적인 관점에서 설명하였다. 물론 대부분의 호텔·관광업체들은 동일한 SBU 내에서도 다른 호텔·관광상품 카테고리에 적합한 다른 상품계열을 가지고 있다. 성장사업(별), 수익주종사업(젖소), 개발사업(미지수), 사양사업(개) 한두 개쯤 모두를 동일 호텔·관광상품 카테고리 내에 가지고 있는 것은 매우 흔한 일이다. 그리고 재무관리자들이 재정투자 도구의 균형 잡힌 포트폴리오를 통해 다각화하여 위험을 없애려고 노력하는 것과 마찬가지로, 호텔·관광마케팅 매니저들 또한 그들의 상품상황을 투자 포트폴리오처럼 관리하려고 노력한다. 호텔·관광업체들은 성장사업, 투자자금을 제공해주는 현금젖소, 업체의 다음 성장제품이 될 잠재성을 지닌 개발사업을 가지기를 바란다. 또한 앞에서 확인했듯이, 사양사업 조차도 호텔·관광마케팅 매니저들에게는 언제나 바로 눈에 보이지는 않지만 쓸모가 있다.

호텔·관광매니저들이 그들의 상품이 어디에 놓여 있으며, 상품 매트릭스 내에서 어디로 이동할 것인지에 대하여 확실한 통제권을 갖고 있다는 사실을 숙지하는 것은 중요하다. 호텔·관광매니저는 투자를 증가시킴으로써 상품의 성장을 조정할 수 있고, 또는 가격을 낮춤으로써 호텔·관광상품은 더 큰 시장점유율을 획득할 수도 있다. 호텔·관광매니저들은 그들 상품의 전체 포트폴리오를 주시할 것이며, 호텔·관광상품이 전체 SBU의 니즈를 가장 잘 지원해주기 위해 택해야 하는 진로를 계획할 것이다. 이 진로는 매니저가 목표를 달성하기 위하여 활용해야 하는 특정 전략을 결정한다(Beerel, 1998).

매니저가 이용 가능한 전략에는 다음의 네 가지가 있다.

1) 확대 또는 강화 전략(Build)

시장점유율의 확대는 시장점유율이 이익 마진보다 더 중요한 공격적인 성장전략을 의미한다. 추가적인 표적그룹 혹은 호텔·관광상품의 판로에 초점을 맞춤으로써 새로운 고객들을 끌어들일 것이다. 개발사업(미지수)은 확대전략의 지원을 필요로 하는 호텔·관광상품 유형의 훌륭한 예이다. 일부 위험이 있기 때문에 이 확대전략을 위한 자금조달방법을 찾기란 쉽지 않지만, 젖소가 자금의 제1출처가 된다.

2) 유지전략(Hold)

단순히 시장점유율을 지속적으로 유지하기만 하는 방어적 전략(defensive strategy)은 현금 젖소를 필요로 한다. 그 결과로 현금 젖소는 감소하며 이는 호텔·관광업체의 자금조달 프로젝트의 기반에 대한 감소를 가져온다. 시장점유율 획득을 시도하지 않으면서 현금 젖소를 뒷받침하기 위한 기업의 움직임이 일어나기도 한다.

3) 회수 또는 수확 전략(harvest)

이것은 호텔·관광업체들이 현금이 필요할 때 쓰는 매력적인 단기전략이다. 프로모션 지원의 중단과 호텔·관광상품 판매량의 감소 간에는 격차가 있다. 호텔·관광업체는 지속되는 판매(현금흐름)를 만끽하며, 상품에 대한 지원을 없앰으로써 과거 투자의 이익을 거둬들이기로 결정할 것이다. 이 전략은 사양사업, 개발사업, 심지어 미래가 불확실한 수익주종사업에서 많이 쓰는 전략이다. 그러나 호텔·관광상품은 결과적으로 프로모션 지원 감소에 영향을 받게 될 것이며, 호텔·관광업체들은 계속적으로 이 전략을 추구하는 데에는 그만한 대가를 지불해야 한다는 것을 잊어서는 아니된다.

4) 철수 또는 탈락 전략(divest)

호텔·관광업체의 재정적 자원을 다른 곳에서 더 잘 사용될 수 있을 때가 시장에서 발을 빼야 할 시점이다. 호텔·관광업체들은 대개 이 철수과정을 더욱 공격적인 전략처럼 빈틈없이 관리한다. 상품을 철수시켜야 할 시기를 아는 것이 어렵기 때문이다. 호텔·관광상품계열은 그 브랜드가 잊혀지거나 낮은 판매율로 손상되기 전에, 그 상품들을 다 팔기 적당할 만큼만 살려둔다. 일부 호텔·관광업체들은 상품명도 함께 탈락시키는 의사결정을 내릴 수도 있다.

3. 포트폴리오 분석의 평가

많은 호텔·관광업체들이 보스턴컨설팅그룹(BCG) 매트릭스와 이와 동반된 전략들에 찬성하지만 그렇지 않은 이들도 많다. 여기에서는 잠시 이 과정의 긍정적, 부정적 측면을 살펴보도록 한다.

1) 장점

호텔·관광매니저가 BCG 접근방법을 사용한다고 했을 때, 그는 시장점유율과 시장성장률 관점에서 호텔·관광상품 혹은 SBU를 평가할 수밖에 없다. 이는 호텔·관광상품의 장기적 생존능력을 확실하게 하며, 경영층이 SBU의 전반적 성공에 해가 될 수 있는 단기의사결정을 내리는 것을 막아준다. 또한 이 매트릭스는 호텔·관광매니저들이 상품의 니즈를 숙지할 수 있도록 해준다. SBU 내의 다른 호텔·관광상품들과 비교하지 않고, 독립적으로 호텔·관광상품을 분석함으로써 매니저는 그 속에 숨겨 있을지도 모르는 특정한 경향을 알아차린다. 이를테면 시장점유율은 여전히 높은 가운데 성장률이 감소한다는 것 등이다. 전술했다시피, 포트폴리오 접근방식에서는 포트폴리오 관리기술이 사용된다. 예를 들어, 호텔·관광마케팅 매니저는 필요한 투자자금조달(교차지원)로 서로를 지원하는데 사용될 수 있는 몇 개의 상품을 가지고 있다. SBU의 총 상품포트폴리오는 상당히 중요하기 때문에 한두 개의 상품보다 더 많은 대안을 수반할 것이다.

2) 단점

포트폴리오 접근방법은 훌륭한 반면에 이를 달성하기는 쉽지 않다. 첫째로, 전체 시장에 대한 포트폴리오 매트릭스를 구축하는데 필요한 정보는 얻기가 어려우며 적절히 유지하기가 매우 힘이 든다. 일부 호텔·관광매니저들은 필요한 정보를 얻는 것이 그것이 갖는 가치 이상의 많은 어려움이 있다는 것을 깨달을 것이다. 이는 대부분의 경우에 있어 근시안적 시각이다. 둘째로, 호텔·관광상품의 위치(position)와 묘사가 주관적이다. 호텔·관광상품이 수익주종사업 분면에 떨어진다고 할지라도, 그 속에 포함된 산업들은 현금 젖소가 거두어들여야 하는 이익을 지원할 만큼 강하지 못할 수도 있다. 즉 매트릭스가 오직 한 가지를 제시하기 때문에, 호텔·관광시장의 특이성은 다른 것을 제시할 수도 있다는 것이다. 셋째로, 최근 연구조사 결과, 이 매트릭스가 근간을 두고 있는 규모의 경제의 이득에 반드시 부합하지 않는 산업이 일부 있는 것으로 확인됐다. 많은 서비스산업에 있어서 유리한 위치와 결과적인 현금이익을 제공하기 위해, 서비스 생산비용은 제조업처럼 증가하는 생산량만큼 변화하지는 않는다. 그러므로 매트릭스의 사용은 SBU의 특정 산업과의 적합성에 대해 신중하게 평가되어야 한다(Aaker, 1999).

4. GE 매트릭스

최근 몇 년 동안, BCG 매트릭스의 단점을 보완해주는 제너럴 일렉트릭사 매트릭스(General Electric Matrix)가 많이 대중화되었다. BCG 매트릭스는 오직 2차원, 즉 성장률과 시장점유율로 대상을 단순화시키는 경향이 있다. 이것은 상당히 중요한 두 차원이다. 그러나 많은 사례에서 현금흐름 대신에 투자수익(return on investment) 혹은 이익을 평가할 필요도 있다. 이때 GE 매트릭스가 유용하다. GE 매트릭스는 매우 중요한 질적인 정보를 일부 사용한다. 우선 경쟁자와 비교했을 때 그 점포(unit)가 얼마나 강한가, 특정산업이 제공하는 투자기회가 얼마나 매력적인가 등이 그것이다.

GE 매트릭스는 산업매력도(Industry Attractiveness)/사업강점(Business Strength) 매트릭스라고도 알려져 있다. SBU의 강점 또는 호텔·관광업체를 특정시장이 제공하는 기회와 대입시키면, 이 매트릭스는 이 특정 상황을 어떻게 관리할 것인가에 대해 방안을 제시해 준다. 여기서 우리는 이 두 차원에 관하여 조금 더 살펴보기로 한다.

1) 산업매력도(Industry attractiveness)

산업의 매력도는 여러 가지를 의미할 수 있다. 호텔·관광업체가 투자 잠재성을 측정하기 위한 시도로 어떤 산업을 주시할 때, 그들은 산업의 성장률, 산업에서 경쟁하는 호텔·관광업체들이 경험하는 평균이익률(average profit margin), 경쟁자의 수, 개별 경쟁자들의 힘과 그들이 포함하지 못한 시장영역과 틈새 등을 고려할 것이다. 이것은 앞의 매트릭스에서 논의되었던 요소인 규모의 경제 또한 포함한다. 각각의 산업은 효율성을 획득할 수 있는 능력에 기여하는 독특한 원가구성요소(cost structure)를 가지고 있다. <표 10.4>는 잠재 투자의 매력도를 평가할 때 고려해야 하는 이 요소들의 일부에 대한 개요를 제공해 준다.

〈표 10.4〉 부문 매력도와 경쟁력 평가기준

부문의 매력도(attractiveness of sector)	경쟁력(Competitor power)
• 시장규모 • 시장성장률 백분율 • 공급자의 권력 지위 • 고객의 권력 지위 • 경쟁의 정도 • 평균이익률 • 잠재적 신규 기업의 위험 • 대체상품의 위협 • 주기적 경향 • 규모의 이익	• 관련 시장점유율 • 시장점유율 잠재성 • 제품의 품질 • 브랜드 이미지 • 관광기업의 입지 • 수익성 • 시장에 대한 통찰력 • 가격경쟁력 • 경영진과의 접촉 • 판매팀의 효율성

또한 <표 10.4>는 호텔·관광매니저들이 평가해야 하는 몇몇 일반적 특징을 제시한다. 그러나 모든 영역이 모든 의사결정에 있어서 중요한 것은 아니다. 한 가지 가능성은 매니저에게 가장 중요한 특징에 무게를 두는 것이다. 평가는 각각의 특징들을 1부터 5의 척도로 이루어지며, 요소를 평가하여 다 더한 값이 1이 된다. 부가된 가중치에 따른 요소의 점수를 곱한 후, 호텔·관광매니저는 총가치 가중치에 대한 결과로 합계를 낼 수 있다. 호텔·관광매니저는 투자의 관점에서 봤을 때 가장 매력적인 것이 무엇인지 결정하기 위한 고려 하에, 이 산업점수를 다른 산업과 비교할 수도 있다.

2) 경쟁력(Competitive strength)

수평축은 호텔·관광업체가 그들의 점포(unit)가 가지고 있다고 생각하는 사업강점의 위치를 가리킨다. 호텔·관광업체는 상대적 시장점유율, 품질, 브랜드 이미지와 이익성 등 자사의 SBU의 강점을 측정할 수 있다. 호텔·관광매니저는 시장매력도를 결정했던 그 방법과 똑같은 방식으로 그들의 SBU의 강점을 분석할 것이다. 적절한 요소에 가중치를 주고 그들을 더함으로써 근사치를 얻을 수 있다.

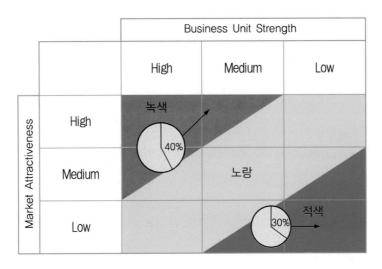

〈그림 10.5〉 제너럴 일렉트릭 시장 매력도 - 경쟁적 위치 모델

3) 포트폴리오 결정

다음으로 호텔·관광매니저는 SBU가 강점/산업매력도 척도(그림 10.5)에서 어디에 위치하는지 알기 위해 이 두 지표를 표 위에 표시하기를 원할 것이다. 매트릭스 안의 각각의 원은 호텔·관광업체의 SBU를 나타낸다. 원의 면적은 BCG 매트릭스에서처럼 SBU의 크기를 나타내는 것이 아니라, 산업의 크기를 나타낸다. 원 안의 줄무늬(band)는 시장점유율을 나타낸다.

매트릭스는 녹색, 노랑, 적색 부분으로 나누어져 있다. 이 색들은 신호등과 같은 것을 의미한다. 녹색영역은 아주 좋은 곳이다. 이 시장은 호텔·관광업체에게 매우 매력적이며 SBU의 상품 제공 또한 매우 강력하다. 비록 호텔·관광매니저가 이 문제를 철저하게 평가하겠지만, 이 매트릭스는 이 매치가 너무 좋기 때문에 놓칠 수 없으며, 따라서 업체는 미리 이 시장에 투자해야 한다. 노란영역은 호텔·관광회사의 강점과 산업매력도가 최적보다는 못하다는 것을 나타낸다. 따라서 업체는 많은 주의를 기울여야 한다.

마지막으로 적색영역은 호텔·관광산업과 SBU 상황이 투자하기에 적절치 않으며, 호텔·관광업체는 여기서 멈추어 더 이상 진행해서는 안 된다는 것을 나타낸다.

이러한 두 가지 매트릭스가 동시에 사용될 수 있을까? 그렇다. 일부 호텔·관광업체들은 자사의 SBU를 적절한 부분(divisions)으로 나누기 위하여 BCG 매트릭스를 우선 사용하고, 그 후 더욱 상세한 분석과 잠재적 전략의 평가를 위하여 GE 매트릭스를 사용한다. 이 두 가지를 함께 사용함으로써, 매트릭스는 목표에 대하여 상대적으로 완벽한 그림과 호텔·관광업체들이 직면하는 재정적 결론을 제공해 준다(Deegan & Dinnen, 1997).

제5절 성장전략

호텔·관광상품의 수명주기에서 아마도 가장 중요한 단계가 성장단계일 것이다. 성장하는 동안, 호텔·관광업체들은 시장침투에 필요한 촉진비용과 제품개발을 위해 방대한 투자회수를 시작한다. 성장단계 동안 많은 호텔·관광업체들이 그들의 첫 번째 실제 이익을 경험하기 시작한다. 성장단계는 호텔·관광상품이 미래로 내팽개쳐지는 단발적인 것이 될 수도 있다. 또는 호텔·관광업체가 현금과 성장, 브랜드 독자성(brand identity) 및 표적시장들을 훌륭히 관리했을 때, 장래의 성공이 더욱 확실해진다. 반대로, 성장단계를 제대로 관리하지 못하면, 호텔·관광상품이 잠재적 시장점유율을 절대로 도달하지 못한다. 이러한 이유로, 특정 시장상황에 근거하여 많은 호텔·관광업체들에 대중적이라고 증명된 몇몇 성장전략을 살펴보는 것이 유용하다.

1. 확장전략

호텔·관광업체들은 그들의 상품에 대한 성장방침을 채택했을 때, 그들이 취할 수 있는 몇 가지 방안이 있다. 호텔·관광업체는 기존의 호텔·관광시장에 더욱 깊숙이 침투하기 위한 방안, 시장을 개발하기 위한 방안, 혹은 상품개발 루트를 선택할 수도 있다. 또는 심지어 그들의 호텔·관광상품 혹은 상품계열을 어떤 방식으로 탈락시키는 방법을 취할 수도 있다. 호텔·관광업체가 취하는 성장방침을 결정하는 것이 무엇인지는 <그림 10.6>에 나타난 앤소프(Ansoff) 제품/시장 확장 매트릭스에서 확대되는 두 요소에 따른다.

	Existing Product	New Product
Existing Market	① Market Penetration 시장침투전략	③ Product Development (Related Diversification) 제품개발전략 (관련 다각화전략)
New Market	② Market Development (Expansion) 시장개발전략 (확장전략)	Unrelated Diversification 비관련 다각화전략

〈그림 10.6〉 앤소프의 매트릭스

1) 호텔·관광시장침투

호텔·관광업체가 이미 거래하고 있는 기존의 시장에 현재 제공하는 기존의 상품을 판매할 때, 업체는 시장침투전략을 추구한다. 판매증진을 위해 고안된 기술들은 결과적으로 더욱 시장을 깊게 침투할 수 있도록 해줄 것이다. 이는 시장점유율의 증가로 이어진다.

이것은 두 가지 방법 중 하나를 취함으로써 이루어질 수 있다.

첫째로 시장침투는 호텔·관광상품을 기존의 고객 기반에서 판매하는 것을 말한다. 이것은 고객이 구매하는 내용(양)의 크기를 늘리거나 이용률을 증가시키는 것으로 가능해진다. 둘째로 호텔·관광업체는 호텔·관광시장의 확장전략을 취할 수도 있다. 이것은 동일한 기존 호텔·관광시장 내의 더 많은 표적소비자들이 그 상품을 구매한다는 것을 의미한다. 신규고객들을 획득하기는 어려운데, 그것은 고객들이 평상시 구매하는 호텔·관광상품 브랜드로부터 전환을 해야 하기 때문이다. 그러므로 일반적으로 침투

전략(penetration breadth strategy)은 지속적으로 성장하고 있는 호텔·관광시장에서 더욱 성공적이다(Knowles, 1996).

물론 신규고객, 경쟁자의 고객 혹은 자사의 고객을 추구하던지 간에, 이것은 보통 마케팅믹스 전략의 수정을 필요로 한다. 호텔·관광상품의 프로모션은 광고 혹은 홍보의 증가, 더 나은 호텔·관광점포에서의 선반 진열, 판매노력의 집중 등을 통하여 바뀔 수 있다. 가격변화는 판매프로모션, 상품권 혹은 심지어 판매가 할인 등을 제공함으로써 판매를 촉진시킬 수 있다. 마지막으로 유통채널의 전환은 호텔·관광상품을 더욱 매력적으로 만들 수 있다. 호텔·관광업체는 다른 유형의 판매점에서 호텔·관광상품을 판매하거나 더욱 외진 지역의 상품을 개발할 수도 있다.

2) 호텔·관광시장개발

또다른 방법은 상품의 새로운 사용을 찾거나 새로운 표적 세그먼트에 상품을 판매함으로써 호텔·관광시장을 개발하는 것이다. 앤소프 매트릭스에서 이것은 동일한 호텔·관광상품을 신규고객에게 판매하는 것을 의미한다. 이것은 예전에 호텔·관광상품에 노출된 적이 없는 새로운 세그먼트를 찾는 것이 필요할 수도 있다. 호텔·관광상품은 전혀 바뀌지 않을 수 있지만, 많은 신규고객들은 자동적으로 잠재고객이 된다. 또한 호텔·관광업체들은 같은 국가 내의 다른 인구통계적 표적 세그먼트를 선택하거나, 예를 들어 신생기관 혹은 신산업 그룹에 상품을 판매하기를 원한다.

호텔·관광업체가 특정 지리적 또는 인구통계학적 지역에서 많은 경력과 경험을 가지고 있다면, 그들은 과거의 시장을 피할지도 모른다. 그래서 다수의 호텔·관광업체들은 이러한 잠재시장에 친숙한 중개전문가를 이용하기도 한다. 마케팅 커뮤니케이션 캠페인과 유통채널의 전환은 새로운 특수관심 호텔·관광객(special-interest tourists)에게 도달하는데 이용하는 가장 실용적인 두 개의 믹스 변수이다.

3) 호텔·관광상품개발

동일한 전체 표적시장에서 더욱 매력적이 되기 위해서 호텔·관광상품의 특징을 바꾸는 것을 호텔·관광상품 개발전략이라고 한다. 호텔·관광상품의 품질을 높이거나 가격을 불균형적으로 올리기 위하여 많은 상품을 공급함으로써, 호텔·관광업체들은 기존 고객들에게 자사 호텔·관광상품의 가치를 현격히 높일 수 있다. 더욱이 비사용자였거나 경쟁 브랜드를 구매했던 고객들은 이제 구매를 고려할 것이다. 전형적인 호텔·관광상품의 수정에는 고객 기반을 넓히기 위해 호텔·관광상품을 더욱 접근이 용이하게 만들거나 호텔·관광상품의 속성과 특징을 바꾸는 것이 포함된다(Laws, 1998).

2. 호텔·관광 다각화전략

호텔·관광업체는 더욱 극적인 변화를 선택할 수도 있다. 다각화를 통해 호텔·관광업체는 신규고객 표적그룹에 판매할 새로운 상품을 획득하려는 시도를 한다. 호텔·관광업체들은 단순히 자사의 판매량을 늘리기 위한 것 이상의 이유로 다각화를 한다. 공격적인 성장기회를 그들에게 제공해준다고 여겨지는 호텔·관광시장이 있을 것이다. 일반적으로 그 시장은 호텔·관광업체가 익숙하지 않기 때문에, 호텔·관광업체는 시장에서 경쟁하고 있는 기업체를 인수합병할 것이다. 이것은 새로운 호텔·관광시장으로의 진입로를 획득하는 방법인데, 그 호텔·관광업체는 구매한 자사의 브랜드에 충실한 고객들을 획득했으며 실제의 경쟁자나 잠재적 경쟁자를 제거하기도 하였다. 일부 호텔·관광업체들은 많은 여러 시장에서 그 업체의 위험을 분산시키기 위해 다각화를 선택하기도 한다. 우리는 다각화에 대해 좀더 살펴보기로 한다.

다각화는 호텔·관광업체가 신규고객 그룹 혹은 표적시장을 찾고 있다는 것을 암시하기 위해 일반적으로 사용하는 용어이다. 이를 위하여 호텔·관광기업은 신제품을 활용한다. 수직적 다각화, 수평적 다각화, 집중적 다각화, 그리고 복합적 다각화 등이 그것이다.

1) 수직적 다각화

수직적 다각화(vertical diversification) 혹은 수직적 통합(vertical integration)은 호텔·관광업체가 수직적 유통채널 내의 신규시장 혹은 상품그룹을 취하는 것을 말한다. 통합은 호텔·관광업체를 최종 사용자나 상품출처(product source)에 더욱 가깝게 옮겨가는 형태를 취할 수 있다. 호텔·관광업체가 그 업체와 소비자 사이의 기능을 통합할 때,

이것은 전방통합(forward integration)이라고 한다. 전방통합은 프랜차이즈로서 레스토랑을 운영하는 것과는 반대로, 맥도날드가 자사의 지역 레스토랑을 직접 운영하는 것과 같이, 거대 레스토랑 체인이 좋은 예이다. 호텔·관광업체가 그 업체와 원료 공급자들 사이의 기능을 통합하는 것은 후방통합(backward integration)이다. 호텔체인이 음식자재공장을 짓거나 인수한다거나 음식체인이 김치공장을 인수하거나 운영한다는 것 등이 좋은 예이다.

그러나 통합에 위험이 없을 수는 없다. 많은 호텔·관광업체들은 보기에는 그들이 통합한 산업과 어울려 보일지 몰라도, 실제로는 그렇지 않다. 하지만 일반적으로 호텔·관광업체들은 그들이 종종 업체의 순이익에 유리한 기여를 하는 채널기능에 대한 통제를 증가시킴으로써 전반적인 비용을 절감할 수 있다는 사실을 발견하였다. 그러므로 호텔·관광업체들은 전방통합 또는 후방통합을 시도하기 전에, 호텔·관광업체가 인수하거나 교체하는 유통채널의 기능에 착수하는 데는 기술과 필요조건들이 있다는 것을 확실히 알아두는 것이 필요하다.

2) 수평적 다각화

수평적 다각화(horizontal diversification)는 새로운 호텔·관광상품을 가지고 다각화하지만, 기존고객을 잠재고객으로 삼는다. 호텔·관광업체들은 종종 현존고객들에 대해 브랜드 충성도를 확립했다고 생각하거나, 그들에게 신제품을 도입할 수 있게 해주는 시장에 대한 지식을 쌓았다고 생각한다. 예를 들어 휴가여행을 주된 업무로 하는 여행사가 여행보험 판매회사를 인수함으로써 다각화를 한다고 하자. 그 여행사는 동일한 고객들에게 서비스하지만 그 방법은 새로운 것이다. 수평적 다각화는 그 호텔·관광업체에게 새로운 호텔·관광상품을 제공하는 것이므로 수직적 다각화와는 다르다(여행사가 경쟁여행사를 인수했다면, 그것은 수직적 통합의 예가 될 것이다).

수평적 다각화의 이익은 명확하다. 수평적 다각화를 통해 호텔·관광업체는 첫째, 현재의 고객 기반에 추가적 상품을 제공하므로, 신규고객 유치를 위해 그렇게 많은 노력을 기울일 필요가 없다. 둘째로, 호텔·관광업체가 기존고객의 구매습관에 대하여 중요한 지식을 이미 갖고 있거나 익숙해져 있다면, 고객에게 서비스를 행하는 방법에서 더욱 능률적일 것이다.

그러나 수평적 다각화의 큰 단점은 바로 앞에서 언급한 문제의 이면이다. 즉 호텔·관광업체는 대부분의 다각화 계획안에 있어서처럼 자사의 위험을 확산하지는 않는다. 사실상 호텔·관광업체들은 동일한 호텔·관광시장에 더 많은 투자를 함으로써 오히려 더 큰 위험에 스스로를 노출시키게 된다. 예를 들어, 여행산업에 심각한 경기침체기가 계속된다면, 다각화한 그 업체는 여행사 측에서는 물론 여행보험사 측에서도 손실로 고통을 경험할 것이다.

3) 집중적 다각화

　　집중적 다각화(concentric diversification)는 새롭지만 관련시장에의 새로운 호텔·관광상품의 도입을 말한다. 관련시장이란 호텔·관광시장이 반드시 업체의 기본시장과 마케팅 의미(고객층, 인구통계학, 욕구 등)나 운영적 의미에서 다소 유사해야 한다는 것을 의미한다.

4) 복합적 다각화

　　측면 다각화(lateral diversification)라고도 알려진 복합적 다각화(conglomerate diversification)는 업체에게 친숙하지 않은 호텔·관광상품을 정규 고객이 아닌 고객들에게 마케팅 하는 것이다. 대규모 호텔·관광 복합기업들이 아주 새로운 시장을 물색함으로써 SBU 포트폴리오의 위험을 다각화하는 것은 흔치 않은 일이기 때문에 이러한 이름이 붙게 되었다. 더욱이 대부분의 복합적 다각화는 이미 운영 중인 회사나 부서를 매입함으로써 이루어진다. 이 전략은 호텔·관광업체에게 새로운 상품계열과 새로운 고객집단을 주는 반면, 새 매니저가 신규고객 기반 또는 새로운 시장환경의 함축적 의미에 대해 거의 알지 못하기 때문에 매우 위험할 수 있다.

3. 성장전략의 선택

　　호텔·관광업체가 자사에 가장 적합한 시장성장전략을 선택할 수 있도록 해주는 특정한 일련의 규칙이나 가이드라인이 없다고 할지라고, 몇 가지 유용한 단서들은 있다. 전술한 SWOT 분석으로 시작해 보자. 이것은 호텔·관광업체의 강점, 사명, 그리고 목표를 확인하는 것을 도와준다. 다음으로 시장이 성장하고 쇠퇴하는지 호텔·관광시장의 강도를 도표로 나타내고, 경쟁자의 강도를 확인함으로써 호텔·관광업체는 자사의 행동을 결정할 수 있다(Tribe, 1997).

예를 들어, 호텔·관광업체가 강한 위치에 놓일 만큼 운이 좋고, 시장은 성장 중이며 경쟁업체들은 특별한 능력이 결핍되어 있다고 할 때, 업체는 흔히 확장을 통해 적극적으로 공격할 수 있다. 그들은 호텔·관광시장에서 우세한 위치를 얻기 위한 전략을 선택하여 약한 경쟁자들 중 하나 혹은 그 이상을 매입하고 수직적 통합을 통해 고객으로 향하는 더욱 완벽한 방법을 추구하려고 다각화한다. 다른 전략들 또한 다른 호텔·관광시장 상황에서 이용이 가능하다.

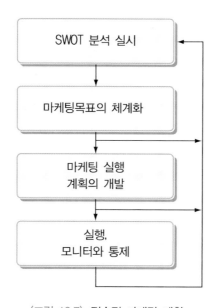

〈그림 10.7〉 전술적 마케팅 계획

4. 전술적 시장계획화

이미 논의했던 것처럼 전략적 계획은 호텔·관광업체가 향후 1년에서 5년간 (혹은 그 이상) 지향할 주요 방침을 구체화해주는 폭넓고 목표지향적인 진술들로 이루어져 있다. 그러나 목표가 어떻게 성취되는가를 알려주는 전략적 계획이나 전략적 진술은 거의 없다. 전략적 계획은 호텔·관광업체에 중장기의 가이드라인을 제공해 주지만, 이들 업체들은 하루하루의 단기 가이드라인을 제공해 주는 특정 전술이나 전술적 계획에도 반드시 의존해야 한다.

<그림 10.7>은 전술적 시장계획화의 4단계 모형을 보여준다. 알아두어야 할 주요 사항은 전술적 계획은 아무것도 없는 상태에서 개발되는 것이 아니라는 것이다. 이것은 전략적 계획과 결과적 목표의 논리적 연속이어야 한다. 통제는 전술적 계획, 각 단계의 마지막에서 그 계획이 여전히 올바른 궤도상에 있으며, 달리 필요한 수정사항은 없는지를 확인하기 위하여 피드백 루프(feedback loop)를 통하여 이루어진다.

1단계: SWOT 분석

호텔·관광업체가 취해야 할 첫 번째 단계는 우리가 앞에서 한 조직이나 SBU의 내부적, 외부적 분석이라고 배운 SWOT분석의 구축이다. 이것은 직면하는 기회나 위협뿐만이 아니라 호텔·관광업체의 강점과 약점을 보여주고 요약해주는 매트릭스의 형태를 취한다. 필요한 정보의 대부분은 내부적으로 이용 가능하거나 동료들과의 대화를 통해 얻을 수 있다.

SWOT분석에는 시장(호텔·관광시장의 규모와 성격, 업체의 시장 내 위치, 경향), 경쟁자의 위협, 가장 중요한 시장요인인 표적그룹에 대한 묘사와 표적그룹의 활용 유형이나 양(amount), 전년도의 사업결과, 유통구조와 그 업체의 활동(오퍼레이터, 프로모션 전략 등)이 포함된다.

2단계: 마케팅목표 체계화

마케팅계획 개발을 맡은 이들은 전술적 목표나 목적을 체계화하는 데 있어서 가능한 많은 세부사항을 포함해야 한다. 그렇지 않다면, 계획과정의 나머지 단계를 계속해 나갈 의미가 거의 없다. 호텔·관광업체가 '시장점유율을 높이겠다'고 하는 목표설정은 SIT(special interest tourism)분야의 조류관찰 세그먼트에서 시장점유율을 10%에서 15%로 높이겠다'와 같은 목표설정보다, 기업이 달성하는데 도전적이지 못하다. 조류관찰 세그먼트 15%와 같이 호텔·관광업체가 정확한 진술계획을 종이 위에 기술하게 되면,

이것은 실행계획을 고안할 준비가 되었다는 것이다.

3단계: 마케팅 실행계획의 개발

전술적 목표가 알려지게 되면 자산과 자원이 할당될 것이다. 호텔 · 관광마케팅 매니저들은 확립된 전술적 목표에 도달하기 위해 4P(가격, 상품, 촉진, 유통)를 어떻게 최적으로 조화시킬까에 대하여 의사결정을 내린다. 마케팅 실행계획은 마케팅부서가 4P를 활용하여 단계별로 목표를 달성하는가를 확인해 준다.

호텔 · 관광업체들이 효율적으로 그들의 목표를 달성하기 위하여 전반적 노력을 통합해야 하기 때문에 실행계획에서 사건의 연속은 유례없이 중요하다. 만일 호텔 · 관광업체가 구매자들로 하여금 자사의 상품을 찾도록 하는 공격적인 프로모션 캠페인을 개시한다면, 업체는 수요를 충족시키기 위해 호텔 · 관광판매점의 진열선반 혹은 유통업체에 제품을 충분히 깔아둬야 한다. 그렇지 못하면 거액의 홍보비용이 낭비될 것이고 고객들은 품절상황으로 인하여 불쾌해 할 것이며, 따라서 호텔 · 관광업체에 대해 비호의적인 태도를 갖게 될 것이다. 그러면 고객들은 아마도 즉각적인 욕구를 만족시키기 위하여 경쟁사의 제품을 구매할 것이다.

종업원들은 어디에서 이벤트가 진행되고 있고, 그 이벤트를 지원하기 위해 얼마만큼의 자금조달이 가능하고 이벤트가 어떻게 수행되는지에 대해 알 수 있게끔 마케팅 실행계획에서 정보는 충분히 구체적이어야 한다. 호텔 · 관광상품 출시, 프로모션 캠페인, 운영계획, 마케팅믹스에 영향을 줄 수 있는 다른 이벤트들에 따라 계획된 목표 기일이 정해져야 한다. 중요한 것은 예산과 계획된 현금흐름 예측의 형태로 마케팅 실행계획이 제공하는 재무적 결과이다.

정확한 판매예측을 제공하는 것(재무적 결과를 계산하는 기준)은 호텔 · 관광마케팅부서의 가장 중요하고 가장 어려운 기능 중의 하나이다. 고용, 해고, 투자, 탈락 등에 대한 의사결정은 모두 예상 매출액에 기반을 둔 것이다. 그러나 필요한 정보와 호텔 · 관광시장의 일반적 불확실성 때문에 정확히 예측하기는 어렵다. 호텔 · 관광업체들은 가장 가까운 경쟁자가 누가 될 것인지도 모를 뿐만 아니라, 경제적 동향 및 소비자행동 패턴을 평가해야만 하는데 이는 결코 쉬운 일이 아니다. 호텔 · 관광업체들은 현재의 데이터를 근거로 하여 예측을 할 뿐만 아니라, 시장의 어떤 갑작스런 일에도 대응할 수 있도록 다른 결과에 근거해 예측을 하기도 한다. 마지막으로 호텔·관광업체는 미래 결과를 어떻게 추적하고 측정하며, 목적이 달성되었는지의 여부를 어떻게 결정하는지를 명확히 할 필요가 있다.

4단계: 실행, 모니터링 그리고 통제

마케팅계획의 구성요소가 실행되려면, 주의 깊은 통제방법이 사전에 수립되어야 한다. 목표와 기대를 검토하고, 이것들을 달성된 결과와 비교함으로써 호텔·관광매니저들은 그 과정을 주시할 수 있다. 호텔·관광상품의 도입 또는 프로모션 캠페인이 예측에 근거한 결과를 이끌어내지 못한다면 매니저들은 즉각적으로 피드백 메커니즘을 통하여 문제점을 알아내야 한다. 여기서 통제도구로는 매출액, 시장점유율, 성장률, 판매수익, 고객인식, 호텔·관광상품 개발 및 고객의도 등 다양하다.

그러나 이러한 통제가 이루어졌다 할지라도, 호텔·관광업체가 시장변화에 준비가 되어 있고 적응할 의도가 있어야지만 이것은 유리하게 작용한다. 예측을 어렵게 만드는 수많은 예측 불가능한 환경 때문에 도입이 계획된 대로 정확히 이루어지는 경우는 거의 없다. 통제 메커니즘이 일이 궤도에서 벗어난다고 지적할 때, 호텔·관광업체는 반드시 어떠한 행동을 취할지 결정을 내려야만 한다. 마케팅믹스 요소의 급격한 재구성은 쉽지 않은 일이지만, 일반적으로 시장의 현실에 호텔·관광업체가 적응하는 것이 요구된다.

적응은 1-2주 광고 스케줄을 늘리는 것 또는 특정 지역에 안내책자의 재고를 더 많이 제공하는 것과 같이 세밀하다. 더욱이 적응은 (앞에서 이야기했던) 동일한 부족 자원의 재배치를 위하여 추가적인 계획을 필요로 한다. 또한 여기서 호텔·관광업체가 갑작스런 상황에 대비하여 미리 준비해둔 우발상황 계획(contingency plan)을 실행할 수 있으며 업체의 귀중한 시간을 절약해 준다. 이제 여러분도 알 수 있듯이, 계획이 한 번 실행되면 일은 이제 막 시작한 것이다.

5. 마케팅 플래닝 전략

호텔·관광업체들이 항목화할 수 있는 5가지 주요 전략요소가 있다. 마케팅목적은 호텔·관광기업이 그들의 마케팅프로그램을 통하여 획득하고자 하는 목적에 관한 것이다.

기본적으로 방어적 목적, 꾸준한 성장률 목적, 공격적인 판매성장 또는 시장지배 등 세 가지 유형이 있다. 더욱 공격적인 전략이 급속히 성장하는 호텔·관광시장에는 더욱 적절할 수 있다. 반면에 성숙하고 활기가 없는 시장은 더욱 방어적인 전략을 필요로 한다. 전략적 핵심은 호텔·관광기업이 자사의 목적을 달성하기 위해 시장에 적응할 것이라는 것이다. 가장 일반적인 전략적 핵심은 시장확장, 시장점유율의 증가, 생산성과 비용절감에의 집중 등이다. 또 전략적 핵심은 부분적으로 호텔·관광업체가 호텔·관광상품 혹은 호텔·관광산업의 수명주기의 어느 단계에 속하는지에 따라 달라진다. 시장목표설정(market targeting)은 호텔·관광업체가 그들의 핵심을 시행하기 위해 목표로 둔 호텔·관광시장의 일부를 말한다. 일부 호텔·관광업체들은 대중시장을 대상으로 하고, 다른 업체들은 특정단체(사회계층, 연령, 혹은 지리학적 특정지역 등)이나 심지어는 특정개인들을 표적으로 선정할 수도 있다. 품질포지셔닝(quality positioning)은 호텔·관광기업들이 경쟁사와 비교했을 때 상품의 품질에 관해 취하게 되는 경쟁적 입지이다. 호텔·관광기업은 경쟁자들과 비교해 고, 중, 저 품질의 제품을 선택할 수 있다. 마지막으로 가격포지셔닝(price positioning)은 호텔·관광기업을 상대적으로 경쟁사의 위, 아래 혹은 가까이에 위치시키는 또 다른 방법이다. 우리는 모든 조건들이 똑같다고 할 때, 대부분의 경우 낮은 가격이 더욱 성공적인 전략이 될 것이라고 예상한다. 하지만 실제 그런 경우는 거의 없다.

전략 구성요소에 따라 호텔·관광업체들을 분류하면, 5개의 시장전략을 확인할 수 있다. 각각에 대한 간단한 설명은 다음과 같다.

1. 침투자(aggressors)는 공격적인 판매 성장과 시장 지배를 통해 자사의 시장점유율을 높이고 확장시키려는 호텔·관광기업을 말한다. 이들은 흔히 전체호텔·관광시장을 그들의 고객기반으로 설정한다. 이 업체들은 경쟁자들보다 더 뛰어난 품질의 상품을 판매하려고 하지만, 여기에 더 높은 가격을 책정하지는 않는다. 그들은 신규 호텔·관광시장에서 경쟁하며, 급격히 변화하는 일련의 고객욕구에 반드시

대응해야 한다. 이들은 새로운 호텔·관광상품 개발의 선두주자이며 어떠한 경쟁자도 두려워하지 않는다. 이들 전략그룹은 모든 다른 그룹보다 업무성과가 뛰어나기 때문에 보통은 수익을 거둔다.

2. 프리미엄 포지션 분할자(Premium Position Segmenter)는 고급 호텔·관광상품(premium tourist product)을 판매하여 여기에 프리미엄 가격을 부과한다. 그들은 공격적인 새로운 호텔·관광제품 개발 프로그램을 통하여 고급 호텔·관광상품을 개발한다. 그들은 호텔·관광시장 전체가 고가의 가격을 지급할 의사가 없다는 것을 분명히 알고 있으므로, 그들의 판매대상이 될 시장의 부분을 분할한다. 그들은 시장점유율을 높이고 그들의 시장을 확장하기 위해 노력하지만, 유성과 같이 잠깐 빛나다가 사라지는 성장유형보다는 꾸준한 성장유형에 더욱 관심을 갖는다. 보통 이들의 시장은 시장 출구나 입구가 거의 없는, 매우 성숙하거나 안정된 시장이다. 이들은 대부분의 다른 업체들보다 업무실적이 뛰어나다.

3. 중도자(stuck in the middlers)는 더욱 평범한 성공실적을 가지고 있다. 그들은 지속적인 판매성장으로 특징지어지지만, 보통 경쟁자들과 비슷한 호텔·관광상품과 가격대를 가지고 경쟁한다. 이들은 성장이 힘든 매우 성숙하고 안정적인 시장에 속해 있는 경향이 있다. 이들은 호텔·관광 세그먼트에서 경쟁하며, 때때로 자사가 가치 없다고 판단하는 특정 세그먼트를 경쟁자가 취하도록 함으로써 경쟁을 회피하기도 한다.

4. 고가치 분할자(high-value Segmenters)는 고품질의 호텔·관광상품을 가지고 있으나, 고객들에게 더 나은 가치를 제공한다고 주장하면서, 일반적으로 여기에 높은 가격을 매기지는 않는다. 그들은 신규로 성장하는 호텔·관광시장에서 경쟁하며 꾸준한 성장률을 경험한다. 이들은 또한 자사의 시장을 확장하기 위해 노력하지만, 때때로 경쟁을 피하는 것처럼 보이기도 한다.

5. 방어자(defenders)들은 이중에서 업무성과가 가장 떨어진다. 이들은 자사의 시장점유율을 방어하는데 관심이 있으며, 시장점유율의 하락을 막기 위해서는 필요한 행동은 무엇이든 한다. 이들은 새로운 호텔·관광상품 개발에 우선권을 두지 않으며,

사실상 자신들의 생산성 향상을 위해 상품의 비용을 끌어내리는 데 더 관심이 있다. 이들은 보통 호텔·관광시장 세그먼트보다는 개별고객을 추구하며 안정적이며 성숙한 시장에서 경쟁한다.

이들 다섯 유형은 상호 모순적이거나 소모적이지 않으며, 이들의 구성형식 또한 고정된 것이 아니다. 호텔·관광기업들은 제품 수명주기나 마케팅목적과 전략이 바뀜에 따라, 유형들 사이를 이동할 수 있다. 위의 특정 유형 중 어디에도 들어맞지 않는 특정 호텔·관광기업들이 있으나 이 연구는 유럽의 기업들과 그들이 추구하는 마케팅전략을 살펴보기 위한 독특한 방법의 하나이다.

제11장 | 호텔·관광산업의 핵심역량

내부자원과 핵심역량

1. 내부자원의 종류

자원준거관점은 기업이 보유한 내부자원에 중점을 두어 기업을 특정시점에서 그 기업이 보유한 유형자원과 무형자원의 독특한 집합체로 파악한다. 특정시점에서 축적된 자원의 집합체로 기업을 설명할 수 있다는 것은 기업의 과거역사, 과거전략, 과거조직이 상호결합하여 기업이 현재 보유하고 있는 자원의 독특한 집합체를 창출하였다는 것을 의미한다. 이러한 자원에 인적 자원을 추가하여 기업의 경영자원이라고 말할 수 있다. <표 11.1>은 기업의 경영자원의 분류와 특성을 요약하고 있다.

〈표 11.1〉 기업의 경영자원의 분류와 특성

	경영자원	주요 특성	핵심지표
유형 자원	물적자원	• 공장과 설비의 규모와 위치, 기술의 정밀성과 유연성, 건물과 토지의 용도전환과 위치가 중요하다. • 원자재의 획득가능성이 기업의 생산가능성을 제한하며 비용 및 품질우위를 결정한다.	• 고정자산의 재판매가치 • 자본설비의 수명 • 공장의 규모 • 고정자산의 용도전환가능성
	금융자원	기업의 자금차입능력과 내부 자금의 운용 가능성이 기업의 투자능력을 결정한다.	• 부채/자본의 비율 • 자본지출에 대한 현금보유 비율 • 신용등급
무형 자원	기술자원 (know-how)	특허권, 저작권, 기업비밀 등의 독점 기술과 노하우 등 전문기술을 포함하는 기술자원, 기술혁신자원, 연구설비, 기술인력	• 특허권의 수와 중요성 • 독점 라이센스로부터 얻는 수익 • 전체종업원 중 연구개발인력의 비중
	브랜드	소비자들에게 널리 알려진 상표를 기업이 보유함으로써 소비자들과 좋은 관계를 만들어 갈 수 있으며, 기업이 만드는 제품에 대하여 소비자들에게 신뢰감을 줄 수 있다.	• 브랜드 인지도 • 경쟁브랜드에 대한 가격프리미엄 • 재구매비율 • 제품품질에 대한 객관적인 측정

| 무형
자원 | 인적자원 | • 종업원에 대한 훈련과 그들이 보유한 전문기술이 그 기업이 활용할 수 있는 기술수준을 결정한다.
• 종업원들의 유연성이 기업이 계획한 전략의 유연성을 결정한다.
• 종업원들의 충성과 헌신이 경쟁우위를 유지할 수 있는 기업의 능력을 결정한다. | • 종업원의 교육, 기술, 전문자격
• 산업평균대비 임금수준 |

* 장세진(2006), 글로벌 경쟁시대의 경영전략, p.153.

자원준거관점에 의하면 기업이 과거에 다른 의사결정을 내렸더라면 자산축적의 경로가 달라졌을 것이고 이에 따라 기업의 현재 모습도 달라져 있을 것이다. 이런 점에서 본다면 기업의 미래전략도 기업의 역사에 의해서 결정될 것이다. 전략이 현재의 자원수준에 의해서 제약을 받거나 영향을 받을 것이므로 기업의 미래경로도 현재의 자원수준에 의해서 결정될 것이기 때문이다. 자원준거관점에서 중시되는 자원으로는 핵심역량, 조직능력, 관리유산을 들 수 있다. 이것은 요약한 것이 <그림 11.1>이다.

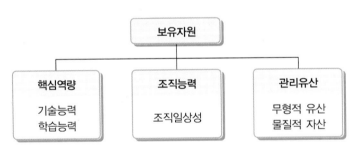

〈그림 11.1〉 기업의 보유자원

1) 핵심역량

핵심역량(core competence)은 경쟁기업에 비해 특별하게 뛰어난 자원이나 능력을 의미한다. 차별화된 기술적 능력, 뛰어난 학습능력, 보완적 자산 등이 그 예이다. 핵심역량은 기업이 사업영역에서 경쟁우위를 달성하기 위해 의존하는 기업 내의 모든 과정(process), 기술(skills) 및 자산(assets) 등으로 정의된다. 이 정의는 기업이 목표를 달성하기 위해 자원과 자산을 결합 또는 연계하는 방법으로 확장될 수 있다.

Prahalad와 Hamel은 물질적 자산의 중요성보다 무형적 자산의 중요성을 강조하여 핵심능력을 조직의 집단학습(collective learning), 특히 다양한 생산기량(production skills)을 어떻게 조정하고 복수의 기술흐름을 어떻게 통합할 것인가에 관한 학습이라고 정의하였다. 이들은 집단학습이 뛰어난 기업은 학습을 통해 조직 전체의 기술과 생산기업을 통합하여 개별사업단위가 변화하는 기회에 신속하게 적응할 수 있는 능력을 창출해 준다고 보았다. 따라서 핵심역량은 기업의 자산투자에 대한 요약표라고 할 수 있으며 종합적으로 기업의 전략적 지위를 결정하는 주요 결정요소라고 하였다.

2) 조직능력

조직능력(organizational capability)이란 조직이 습득한 동태적 일상성(dynamic routine)으로서의 무형자산을 의미한다. 구체적으로는 기업의 효율성과 효과성을 지속적으로 개선하고 증진시킬 수 있는 경영능력을 의미한다고 하겠다. 일반적으로 성공보다는 실패를 거듭하는 기업에서 발견되는 특징의 하나로 들 수 있는 것이 조직의 타성(inertia)이다. 타성은 환경변화에 원활하게 적응하지 못하고 그래서 결과적으로 비생산적인 행동방식이나 일상성을 조직 내에 고착시킨다. 이에 비해 성공기업의 특징은 지속적으로 기업을 개선시키는 방향으로 외부변화를 혁신하고 수용하는 집단적 능력을 보유하고 있다는 것이다.

조직능력을 보유하기 위해서 기업은 혁신을 촉진하고 집단적 학습을 조장하며 조직 간에 정보와 기술을 이전시키는 동태적 일상성을 창조하여야 한다. 이러한 세 가지 활동이 원활하게 이루어질 때, 새로운 접근법이 시도되는 환경이 조성되며 유익한 발전이 내부적으로 보전되며 의사결정권이 적절한 지식을 가진 사람에게 귀속될 수 있다.

3) 관리유산

앞의 두 가지 자산과는 달리 관리유산(administrative heritage)은 전략선택에 있어서 조직의 제약조건으로 주로 작용한다. 관리유산은 무형적 문화유산과 물질적 유산으로 나눌 수 있다.

무형적 문화유산은 설립자 또는 지배적 관리자의 카리스마적인 리더십 스타일과 비전, 조직의 전반적 문화, 역사적인 상징적 행동 등을 의미한다. 이러한 무형적 요소들이 누적됨으로써 전략적 의사결정이 이루어지는 과정에 직접적으로 영향을 주거나 개별기업의 문화를 다른 기업의 문화와 차별화시키기도 한다. 그리고 조직구조, 시스템, 절차, 과정 등도 무형적 문화유산에 속하는데, 이들은 기업이 환경변화에 적응하는 과정에서 좀처럼 변하지 않는다. 이에 따라 기업이 전략을 변화시키려는 기업의 의도적 노력에도 불구하고 문화유산은 전략변화의 속도와 방향을 제약하는 타성으로 작용한다.

물질적 유산에는 사무시설, 통신시스템, 기계장비, 공장의 입지 등이 포함되는데 이들 요소도 의사결정에 영향을 준다. 예컨대 신규투자에 대한 의사결정은 이로 인해 영향을 받는 당사자들의 기득권과 조직내 권력관계(문화유산)에 의해 영향을 받을 뿐 아니라, 현존하는 물질적 자산(유산)에 의해서 영향을 받는다. 또한 경영정보시스템을 새로 구축하려고 할 경우 기존의 전산시스템과 하드웨어의 종류, 본사와 자사간의 통신네트워크와 운영체제 등에 의해서 제약을 받을 것이다.

따라서 관리유산은 전략에 대한 기업특유의 제약조건으로 작용하는 누적자산의 일부라고 하겠다.

2. 핵심역량과 경쟁우위

1) 핵심역량의 중요성과 개념

Prahalad와 Hamel은 "핵심역량은 고객에게 가치를 높이거나 그 가치가 전달되는 과정을 더 효율적으로 할 수 있는 특정한 방법의 능력을 나타내며 또한 이러한 능력은 기업이 신규산업으로 진출할 수 있는 능력이 된다"고 정의하였다. 핵심역량이란 개념은 항상 경쟁기업에 비하여 그 기업이 더 잘할 수 있는 상대적인 경쟁능력을 말한다. 즉 A기업이 마케팅능력이 강하다고 하더라도 다른 경쟁기업도 이와 비슷한 수준의 강한 마케팅능력을 갖고 있다면 그러한 마케팅능력은 A기업의 핵심역량이 될 수 없다. 왜냐하면 다른 기업이 그 기업만큼 잘 한다는 것은 결국 그 기업에게 경쟁우위를 가져다 줄 수 없기 때문이다. 핵심역량이란 기업의 여러 가지 경영자원 중 경쟁기업에 비하여 훨씬 우월한 능력, 즉 경쟁우위를 가져다주는 기업의 능력이라고 이해되어야 한다. 경영자원, 핵심역량, 경쟁우위의 관계는 <그림 11.2>에 나타나 있다.

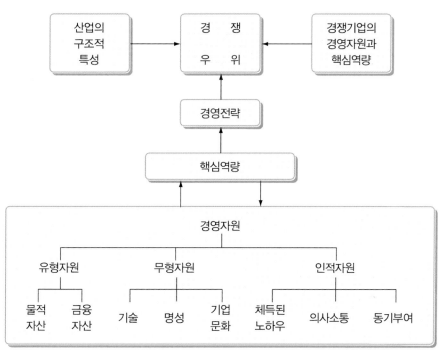

〈그림 11.2〉 경영자원, 핵심역량, 경쟁우위의 관계

핵심역량을 더 잘 이해하기 위해서는 핵심제품이라는 개념에 대한 이해가 필요하다. 핵심제품(core product)이란 기업의 탁월한 핵심역량을 물리적으로 체화하고 있는 것 (physical embodiment)이다. 시장에서 소비자를 대상으로 판매되는 제품이 최종제품(end product)이라고 한다면 핵심제품은 최종제품의 가치증대에 실질적으로 기여하는 서비스, 부품 또는 중간재를 의미한다.

핵심역량의 경쟁력 근원을 <그림 11.3>과 같이 나무에 비유할 수가 있다. 나무의 둥지와 큰 가지는 그 기업의 핵심제품에 비유할 수 있으며, 작은 가지들은 전략적 사업단위에, 잎과 꽃 그리고 열매는 최종제품에 비유할 수 있다. 그리고 이들에게 자양분을 공급해주고 나무를 지탱하며 안정성을 유지해주는 뿌리는 탁월한 핵심역량에 해당된다고 하겠다. 이렇게 본다면 기업을 분석할 때 최종제품에 중점을 두어 분석할 경우에는 잎이나 가지를 보고 나무 전체를 평가하는 것과 마찬가지로 경쟁기업의 진정한 경쟁력을 간과할 수 있다.

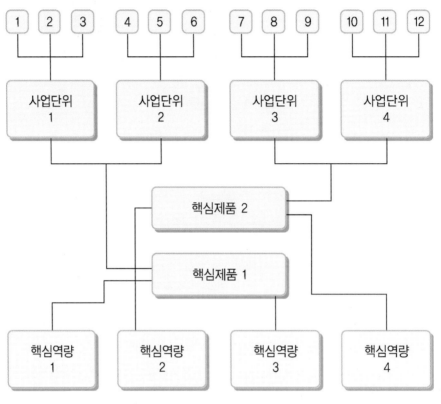

〈그림 11.3〉 핵심역량 : 경쟁력 근원

2) 전략적 사업단위와 핵심역량

일반적으로 다각화기업은 복수의 전략적 사업단위들로 구성된 집합체로 간주되고 있다. 그러나 핵심역량을 중시하는 관점에서 본다면 다각화기업은 핵심역량의 집합체로 보아야 한다. 이는 핵심역량을 개발하고 발전시키기 위해서 기업 전체의 자원을 동원하여 이를 적절하게 결합하고 통합하여야 하기 때문이다. Prahalad와 Hamel은 핵심역량을 개발하고 구축하는데 전략적 사업단위(SBU)에 의문을 제기하고 있다. 이는 전략적 사업단위를 중시하는 기존의 관리체제하에서는 핵심역량을 원활하게 관리할 수가 없기 때문이다. 이러한 두 가지 관점의 차이를 요약한 것이 <표 11.2>이다.

〈표 11.2〉 기업의 두 개념 : 전략적 사업단위와 핵심역량

	전략적 사업단위	핵심역량
경쟁의 근거	현재 제품의 경쟁력	경쟁역량을 구축하기 위한 기업간의 경쟁
조직구조	제품시장면에서 관련성을 가진 사업들의 포트폴리오	핵심역량, 핵심제품, 사업들의 포트폴리오
사업단위의 상태	자율성은 손상받을 수 없다; 전략적 사업단위는 현금 외의 모든 자원을 소유한다.	전략적 사업단위는 핵심역량의 잠재적 저장소이다.
자원배분	분리된 사업단위가 분석단위이다; 자본은 사업별로 배분된다.	사업과 핵심역량이 분석단위이다; 최고경영층은 자본과 재능을 배분한다.
최고경영층의 긍정적 역할	사업들간 자본배분의 상충관계를 통해 기업의 수익을 최적화한다.	미래를 보장하기 위해 전략적 구조를 명시하고 핵심역량을 구축한다.

* 자료: C. K. Prahalad and G. Hamel, "The core competence of the corporation," *Harvard Business Review*(May–June 1990), p.86.

SBU 간의 독립성을 중시하는 체제하에서는 각 사업단위가 자원의 보유와 활용에 있어서 독립적 조직단위가 된다. 이에 따라 최고경영자가 복수의 사업단위들간의 자원을 통합하여 핵심역량을 구축하기 위한 비전이나 관리수단을 가지지 못하는 경우가 많다. 따라서 핵심역량을 구축하는데 필요한 기술적 자원이 부족하지 않음에도 핵심역량을 개발하지 못하는 경우가 많다. 이는 사업단위들 간의 영역을 넘어서 자원을 결합하고 폴링하는데 제한을 받기 때문이다. 일반적으로 미국기업이 보유하고 있는 자원이 일본기업이 보유하고 있는 자원과 비교하여 규모와 질적인 면에서 뒤지지 않는다. 그러면서도 일본기업들이 핵심역량을 개발하고 축적하는데 더 뛰어난 것은 바로 이러한 전략적 사업단위들 간의 한계를 넘어서는 최고경영자의 통합능력 때문이라고 하겠다.

3. 핵심역량의 파악

과연 우리는 기업의 핵심역량을 어떻게 파악할 수 있을 것인가? 이를 위해 우리는

기업의 생산활동을 가치사슬을 사용하여 자세하게 볼 필요가 있다. 가치사슬이란 맥킨지 컨설팅사가 개발한 비즈니스 시스템을 Porter(1985)가 훨씬 정교한 분석틀로 발전시킨 것이다. Porter에 따르면 가치사슬기법은 기업의 전반적인 생산활동을 주활동부문(primary activities)과 보조활동부문(support activities)으로 나누어서 기업이 구매 및 재고관리부터 시작하여 물류, 생산과정, 판매, 애프터서비스 단계에 이르기까지 각각의 부문에서 비용이 얼마나 들고 소비자들에게 얼마나 부가가치를 창출하는지를 보다 정교하게 분석할 수 있게 해 준다. <그림 11.4>는 가치사슬을 나타낸다.

이와 같이 가치사슬을 사용해 기업들은 자신의 활동분야를 여러 단계로 나누어 본 다음에 각 단계별로 가장 뛰어난 경쟁자와 벤치마킹을 통해서 자신이 경쟁우위가 있는 부문과 열위가 있는 부문을 알 수 있고 이 결과를 종합적으로 분석함으로써 핵심역량이 어디에서 비롯되는지를 알 수 있다. 이와 같은 방법으로 분석해 본다면 Pepsi나 P&G와 같은 회사의 핵심역량은 브랜드를 개발하고 이를 잘 관리하는 마케팅능력으로 요약될 수 있다.

〈그림 11.4〉 Porter의 가치사슬

한편, 핵심역량의 분석에서 주의하여야 할 것은 핵심역량을 기업이 갖고 있는 단순한 기능별 능력(functional capability)으로 치부하기가 쉽다는 것이다. 그러나 많은 경우, 기업이 갖고 있는 핵심역량은 생산기술이나 마케팅능력처럼 각각의 기능별 능력에서 나온 역량뿐만 아니라 이러한 여러 가지 기능별 능력들을 종합하여 활용할 수 있는 조직상의 능력(organizational capability)이다. 즉 <그림 11.5>에서 제시하는 바와 같이 조직상의 능력은 기업조직 내에서 그 기업이 갖고 있는 여러 가지 기능별 부서의 능력을 종합하고 새로운 조합을 이루어서 활용할 수 있는 능력이다.

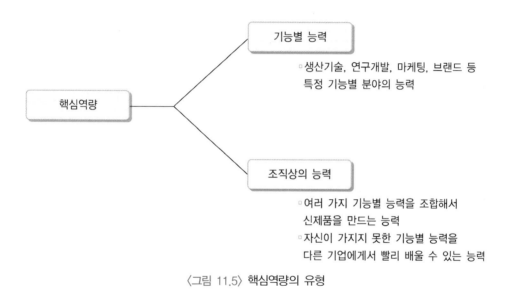

〈그림 11.5〉 핵심역량의 유형

4. 핵심역량 개발을 위한 기능분야

경영은 수행되어야 할 일련의 기능으로 볼 수 있다. 예를 들면, 경영대학원의 교과과정은 경영의 기능적 분야에 대한 학생들의 기술을 향상하는 데 집중되고 있다. 기능분야들은 대부분 <표 11.3>에 소개된 목록과 같이 분류된다. 이런 관점은 핵심역량을 바라보는 다른 측면을 제공하고 있으며, 또한 이 관점은 각 기능분야에서 어떤 직무가 필요한가와 그것을 수행하기 위해 필수적인 핵심역량은 무엇인가를 파악하면서 시작된다.

위와 같은 사항이 결정되면 다음 단계는 경쟁사보다 나은 수준으로 각 직무를 수행할 수 있는 능력을 보유한 종사자들을 고용하는 것이며, 기업들은 각 기능분야에서 능력 있는 종업원을 선발하고 유지하여야 하고 경우에 따라서는 각 기능분야의 전문지식을 전문상담가 혹은 다른 제공자로부터 제공받아야 한다.

종업원 선발이 끝나면 기업은 종사자들에게 동기부여를 하여 주어진 기회에 각 기능분야를 최대한 수행할 수 있도록 촉진하는 환경을 제공해야 한다. 기업들은 또한 경쟁에서 앞서기 위해 각 기능별로 경쟁적인 수준을 성취하는 데 필수적인 시스템과 자본을 포함하며, 적절한 기업문화 또한 필수적이다.

업무에 적합한 종업원을 고용하고 적절한 환경을 제공하는 것 외에, 경영진은 각 기능분야에서 개발된 가장 효과적인 업무(best practices)를 활용하는 것에 염두를 두어야 하는데, 이 의미는 경영진은 반드시 기능환경을 수시로 진단하여 각 기능별로 효과적인 업무개발이라는 면에서 경쟁사를 앞설 수 있어야 한다. 지속적인 과정개선(continuous process improvement) 개념은 이 행위와 가장 알맞게 조화될 수 있다. 만일 경영진이 핵심역량을 개발한다면 반드시 업무수행의 지속적인 개선에 집중해야 한다.

〈표 11.3〉 핵심역량 개발을 위한 기능분야

기능분야	핵심 구성요소
경영관리	강력한 리더십, 인수합병 관리능력, 전략적 통제 전문지식 회계·경영정보시스템, 전략적 계획, 법률, 위험/보험, 통신, 자원배분 및 관리
재무관리	재무관리시스템, 자산관리, 자본계획, 자본구조, 재무분석계획, 재무통제 및 계획
마케팅	상품개발, 판촉활동, 유통 및 물류, 가격, 내부마케팅, 외부마케팅, 커뮤니케이션, 홍보활동, 시장조사
인사관리	조직행동, 노사관계, 고용, 인력개발, 보상, 리더십, 교육
운영관리	비용관리시스템, 생산시스템, 생산관리, 품질관리, 과정개선
연구개발	새로운 사업기회, 경쟁적 지능, 상품검사, 타당성조사, 사업가치평가

제2절 호텔·관광산업의 핵심역량

1. 호텔·관광기업의 핵심역량 모형

호텔·관광기업이 복잡한 기업환경에서 생존할 기회가 많다고 할지라도 또는 경영자의 미래에 대한 비전이 중요하다고 해도 내부적인 자원과 능력이 이 비전을 수행하기 위해 효과적으로 배분되지 않으면 기업은 결코 성공할 수 없다. 여기서 기업의 자원과 능력을 핵심역량이라고 한다. 즉 핵심역량은 기업이 사업영역에서 경쟁우위를 달성하기 위해 의존하는 기업 내의 모든 과정, 기술 및 자산 등이다.

경쟁에서 생존하기 위해서는 기업은 반드시 지속적으로 핵심역량을 개발하고 갱신하여야 한다. 핵심역량에 대한 투자와 유지에는 경쟁수단에 대한 투자의 평가와 같은 수준의 세심한 주의가 필요하다. 이 분석에서 추가되는 중요한 요인은 호텔·관광기업의 의도된 전략이 실현되기 위해서 핵심역량은 반드시 경쟁수단과 조화를 이루어야 한다는 것이다.

1) 핵심역량 모형의 개요

호텔·관광기업의 핵심역량을 고려할 때 Olson 등(1998)이 주장한 환대산업의 역량모형이 유용하다. <그림 11.6>에 제시된 모형은 전략선택의 주요한 범주를 살피는데 유용한 틀을 제공하며, 집중된 세 가지 직사각형으로 볼 수 있다. 모형의 중심에는 고객과 접촉하는 종사자와 고객 사이에 발생하는 거래(transaction)가 위치한다. 이 거래는 기업에 의해 개발된 모든 상품과 서비스가 고객과 대면하는 종사자에 의해 고객에게 제공되는 교환과정(exchange process)이다.

이 과정을 성공적으로 수행하기 위해 기업은 모형의 두 번째 직사각형으로 표현된 핵심역량들을 개발해야 한다. 세 번째 직사각형은 완전한 교환과정을 달성하기 위해 필수적인 보조역량 혹은 주변역량을 반영하고 있다. 이것은 상품과 서비스를 전달하여 가치를 창출할 때 호텔·관광기업의 경영자가 직면하는 복잡성을 시사하고 있다. 이 목표를 달성하기 위해 이들은 탁월한 능력을 보유해야 할 뿐만 아니라 어떻게 교환과정, 핵심역량 및 보조역량을 통합할 것인가에 대해서도 관심을 집중해야 한다.

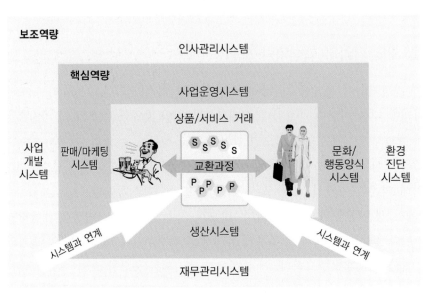

〈그림 11.6〉 호텔·관광기업의 핵심역량모형

2) 교환과정

대고객서비스 종사자와 고객 사이에 발생하는 거래는 복잡한 교환과정이다. 교환과정의 각 단계는 여러 하부시스템으로 구성되었기 때문에 거래는 더욱 복잡하다. 각 단계는 쉽게 어떤 구체적인 거래와 결합될 수 없는 자신의 고유한 투입, 과정 및 산출물을 가지고 있다. 거래에 더욱 많은 상품과 서비스가 포함될수록 더욱 많은 시스템이 존재하므로 기업은 더 많은 복잡성에 직면하게 된다. 이런 상황에서 기업은 각 상품과 서비스를 원하는 수준으로 완전하게 수행하기 위해서 어떤 역량이 필요한지를 결정하려면 반드시 교환과정의 전반적인 측면을 검토해야 한다.

서비스거래에서는 서비스의 무형적인 본질 때문에 경영자에게 더욱 힘든 과제를 안기고 있다. 그러므로 원하는 수준의 서비스를 생산하기 위해 이용되는 기술들은 반드시 제공되는 서비스의 무형적이고 일시적인 본질을 고려해야 한다. 서비스는 종종 경험으로 지각되는데 기술들은 부정확한 표준화 서비스를 제공받는 대상자마다 이질적인 본질을 반드시 반영할 수 있어야 한다. 또한 아주 짧은 판매경로(서비스는 생산과 소비가 동시에 이루어지기 때문에)는 각 거래에서 신뢰성 있고 일관된 서비스 표준이 필요한 품질관리 측면에서 심각한 과제를 던져주고 있다. 마지막으로, 많은 서비스는 종사자와 고객 간의 생생한 교환을 포함하기 때문에 기술들은 반드시 정보전송에 따른 불확실성과 각 거래에 수반되는 직무의 불확실성을 고려해야 한다.

<그림 11.6>에서 고객대면 종사자와 고객을 연결하는 두 개의 화살표가 기술하듯이 교환과정은 상품과 서비스의 제공뿐만 아니라 전체 거래에서 발생하는 실제적인 교환과정의 기능이기도 하다. 이 교환과정은 두 당사자의 개성을 반영한 행동범주이며 거래를 둘러싼 상황의 내용에 의해 영향을 받는다. 교환과정은 태도표명, 대화, 정보의 탐색과 분석, 역할의 형성과 수행, 신뢰 구축 및 규범과 표준의 고수 등을 포함한다. 교환과정은 또한 기업의 문화, 교육 및 개발 프로그램을 반영한다. 비록 교환과정의 각 요소들에 수반되는 역할들을 파악하는 것은 매우 힘들지만 경쟁우위를 성취하기 위해서는 필수적이다.

3) 핵심역량

기업은 각 거래에 수반되는 불확실성을 줄이기 위하여 반드시 핵심역량의 선택에 노력을 집중해야 한다. <그림 11.6>에 기술되었듯이 핵심역량들은 몇 개의 시스템에 집중되어 있다. 운영관리, 문화와 행동, 생산 및 판매와 마케팅 시스템들은 교환과정에서 상품과 서비스를 생산하는 데 수반되는 불확실성에 대해 완충역할을 한다. 경영진의 과제는 기업의 경쟁력에 중요한 상품과 서비스를 전달하기 위해 핵심역량의 직사각형 내에서 적절한 시스템을 개발 혹은 선택하는 것이다. 기업이 교환과정을 수행하는 재능 있는 종사자들을 확보하지 못하면 이런 실행노력은 효과를 거둘 수 없다.

운영관리 시스템은 기업이 활용하는 회계, 예산, 계획, 통제 및 협조 행위들로 구성되며, 또한 경영정보시스템, 위험관리(기업책임과 자연재해를 포함하는 보험에 수반되는 관리) 및 법적 행위들도 포함한다. 문화 및 행동 시스템은 기업에 의해 수립되어 모든 거래에 일관적으로 적용되는 신념과 가치체계의 구조로 여겨진다. 생산시스템은 원재료를 최종 상품으로 변환하는 데 수반되는 모든 기술들을 포함한다. 판매와 마케팅시스템은 고객들이 상품 선호도에 대한 기대와 메시지를 수집하는 데 수반되는 불확실성을 감소하고 또한 호텔·관광기업에서 발견되는 업무흐름에 대한 불확실성을 제거하는 데 도움을 주는 역할을 한다. 이런 역량들을 개발하는 것은 절대적으로 필수적인 것으로 여겨야 하며 이들은 기업의 경쟁수단을 구성하는 상품과 서비스의 포트폴리오의 효과적인 전달을 위해 반드시 통합되어야 한다.

4) 보조역량

보조역량은 지속적인 핵심역량의 개발과 유지를 지원하는 역할을 한다. 노동력이나 자본과 같은 필수적인 자원을 확보할 수 있는 능력은 호텔·관광산업의 현 상황에서 특히 중요하다고 할 수 있다. 또한 효과적인 환경진단시스템의 개발과 유지는 경쟁우위를 차지하기 위해 필수적인 사업개발활동들을 지원할 수 있다.

필수적인 연계 혹은 통합시스템의 구축 없이 핵심역량 및 보조역량의 개발만으로는 성공을 보장할 수 없다. 그림에서 보조역량에서 거래교환으로 향하는 두 화살표에 의해 상징되는 이런 시스템은 자원배분에 관한 의사결정 혹은 모든 조직단위 간의 효과적이고 효율적인 전략적 정보의 공유에 기여하는 경영정보시스템의 개발 등과 같은 조직구조에 대한 이슈들을 포함한다. 계획 활동, 경영성과의 평가와 그 성과에 대한 기업의 이해당사자들과의 대화, 보상시스템, 과정향상을 위한 노력 및 리더십 등은 경쟁우위를 차지하는 데 필수적인 중대한 연계시스템으로 구성된다. 핵심역량과 경쟁수단 간의 연계와 통합이 강하면 강할수록 더욱 경쟁사들에 의해 쉽게 모방될 수 없는 경쟁우위를 달성하게 될 확률이 높아진다.

5) 교환과정의 세부사항

<그림 11.7>은 <그림 11.6>에 소개된 상품과 서비스의 교환에서 세부사항을 제공하고 있다. 이 그림은 경쟁수단 A에 포함되는 상품과 서비스 전달의 성공적인 실행에 필수적인 몇몇 가능한 핵심역량들을 기술하고 있다. 이것은 각 경쟁수단을 실행할 때 원하는 수준의 질을 달성하기 위해 필요한 핵심역량에는 어떤 것이 있는가라는 관점과 그 성과에 대해 기업의 표준과 경쟁시장의 그것과 비교하여 평가해야 하는 경영진의 중요한 과제를 지적하고 있다. 이런 조화과정은 기업이 경쟁우위를 차지하기 위해서는 핵심적이다.

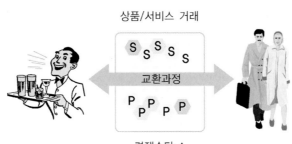

상품/서비스 거래

S S S S

교환과정

P P P P

경쟁수단 A

경쟁우위를 위한 핵심역량의 샘플리스트

탁월한 실행	품질관리
서비스행동기술	서비스 훈련프로그램
정보교환기술	거래비용의 효율성
거래의 속도	종사자의 능력
업무흐름의 불확실성 관리	경영능력

〈그림 11.7〉 호텔·관광기업의 자원 및 능력 모형

6) 핵심역량, 보조역량 및 경쟁수단 사이의 관계

<그림 11.8>은 상품 및 서비스와 핵심역량 간의 관계를 다른 측면에서 보는 방법을 제시하고 있다. 상품 축과 서비스 축의 교차점은 기업을 위해 가장 중요한 핵심역량들의 위치를 나타내고 있다. 내측의 원은 기업의 전략에서 가장 중요한 상품과 서비스를 생산하고 전달하는 데 필수적인 모든 핵심역량들의 경계이다. 외측에 위치한 원으로 표현되는 보조역량들은 원하는 결과를 달성하기 위해 필요하다.

그림에서 모든 상품과 서비스가 내측의 원에 포함되어 있지 않은데, 이것은 기업이 원하는 수준으로 전달하는 데 필수적인 역량들을 보유하지 못한 상품과 서비스를 뜻한다. 이런 상황은 누구도 바라지 않으며 내측 원에 존재하는 경쟁수단에 포함되는 상품과 서비스를 개발하기 위해 추가적인 자원을 배분할 것을 경영진은 고려해야 한다. 목표는 반드시 판매되는 상품과 서비스의 결합을 가능하면 모든 내측 원에 포함되도록 해야 한다. 그렇게 함으로써 기업은 핵심역량 간의 상승효과를 확보하고 또한 경쟁우위도 창출할 수 있을 것이다.

<그림 11.9>에서 보듯이 이런 상황이 되어서는 안 된다. 상품과 서비스가 핵심역량을 상징하는 내측 원에 집중되지 않았기 때문에 바라는 수준의 결과를 달성하기는 매우

어렵다. 이런 상황은 많은 상품과 서비스가 기업의 핵심역량과 무관하게 개발되었기 때문에 그 질은 획일적이지 못할 가능성이 농후하다.

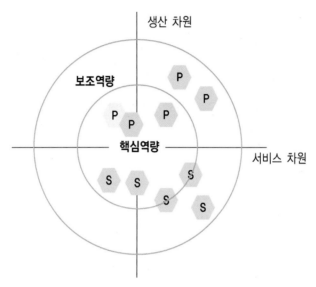

〈그림 11.8〉 핵심역량, 보조역량 및 경쟁수단 사이의 관계 1

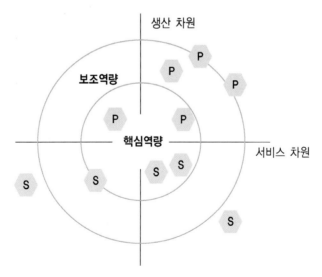

〈그림 11.9〉 핵심역량, 보조역량 및 경쟁수단 사이의 관계 2

2. 핵심역량과 효과적인 연계

기업은 반드시 가치를 창출할 수 있는 역량들에 투자하고 또 이러한 역량을 개발해야 한다. 서비스기업에서 이런 역량들은 다양하고 복잡하다.

연계는 핵심역량과 보조역량의 통합을 촉진하는 조직의 요소들이라고 정의할 수 있으며, 이 개념은 기업의 구조라고 말할 수 있다. 기업구조는 의사소통시스템, 경영정보시스템, 통제시스템 및 직무와 과정의 정의 등을 포함하는 유형적인 범주이다. 부가적인 시스템으로는 절차 혹은 규칙과 정책 등이 있다. 기업구조는 또한 기업의 문화와 행동양식 등과 같은 무형적인 범주도 포함하고 있다. 여기서 인지해야 할 중요한 사안은 이런 범주들은 계획적인 것이며 어떤 투자에서도 반드시 고려되어야 한다는 점이다. 메리옷 인터내셔널사는 저임금 근로자들로부터 한층 향상된 충성도를 달성하기 위해 인사관리 시스템과 그들의 문화 및 행동 시스템을 효과적으로 연계하였다.

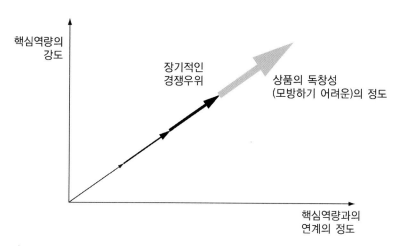

〈그림 11.10〉 핵심역량의 강도, 연계의 정도 및 장기적인 경쟁우위 간의 관계

핵심역량과 효과적인 연계는 <그림 11.10>에 제시되어 있다. 핵심역량들의 강도와 그들 사이의 연계가 향상되면, 그림에서 대각선의 굵기가 커져가는 것과 같이 장기적인 경쟁우위를 달성할 수 있는 기업의 능력도 향상되며, 이것의 모방도 더욱 힘들어진다. 대각선의 굵기가 증가하는 것은 경영자가 강한 연계를 통한 핵심역량 간의 관계를 효과적으로 연계할 때 달성되는 상승효과를 상징하고 있다. 역량간의 상호연관관계는 그

림의 내측 원에서 가장 강하다. 그러나 여기서 강조되어야 할 또 다른 점은 보조역량과 핵심역량의 상호연계도 똑 같은 수준의 강도를 보유해야 한다는 것이다. 이런 능력이 장기적인 경쟁우위의 확보를 가능케 한다. 장기적인 경쟁우위를 달성하기 위해 각 핵심 역량은 지속적으로 개발되어야 한다.

3. 상품과 서비스 포트폴리오의 핵심역량

호텔·관광기업에서 존재 가능한 핵심역량의 수는 아주 많다. 모든 가능성에 대한 전 반적인 시사점을 제공하기 위해 핵심역량의 여러 분류를 보기로 한다. 가능한 핵심역량 을 파악하기 위해 이용된 첫째 틀은 본서의 주된 상품과 서비스의 결합에 집중되었다.

1) 서비스생산 역량(Service Production Competencies)

서비스거래는 본질적으로 서비스 경험의 생산과 소비에서 고객서비스종사자와 고객 이 포함되는 복잡한 과정이다. 그래서 호텔·관광기업은 반드시 기업에 의해 제공되는 서비스거래의 형식에 맞춰 핵심역량을 구축하는 데 관심을 집중해야 한다. 각 서비스 분야는 기업에 의해 선택된 서비스 수준에 따라 다양한 핵심역량들을 요구한다. 성공적 인 서비스거래를 달성하기 위해 여러 범주의 특색으로 구성된 핵심역량을 필요로 한다.

① 종사자와 고객 간에 발생하는 접촉의 형식(범위: 셀프서비스에서 개인적 교류)
② 거래 동안에 교환되는 정보의 형식(범위: 단순에서 복잡)
③ 활용되는 대화 혹은 의사소통 과정
④ 규정되어야 하는 행동 범주
⑤ 고객과 종사자 간 접촉시간의 정도
⑥ 서비스 생산에서 고객이 참여하는 정도
⑦ 거래를 둘러싼 신뢰분위기와 고객의 애착
⑧ 성공적으로 거래를 종료하기 위해 종사자에 의해 사용되는 피드백시스템
⑨ 고객의 욕구를 충족하기 위한 종사자의 의사결정능력(권한 위임: empowerment)
⑩ 거래에 의해 요구되는 특화의 정도
⑪ 고객인지의 필요
⑫ 자본, 자산 및 노동력의 집약 정도

이 12가지 범주는 각각 경영진이 추구하는 경쟁우위를 달성하기 위해 자원의 투자를 필요로 한다. 역량은 각 거래에 비용 혹은 매출을 더하므로 각 역량은 기업의 현금흐름에 영향을 미친다. 서비스 거래는 비용과 매출분야에서 더욱 불확실하므로 각 교환에 따른 현금흐름의 변동의 폭은 매우 크다고 할 수 있다. 그러므로 서비스경험에 관한 세심한 핵심역량의 선택은 현금흐름의 변동의 폭을 많이 줄일 수 있다.

서비스거래 분야에서 핵심역량의 예들은 <표 11.4>에 소개되었는데, 서비스거래는 복잡성과 불확실성으로 온통 둘러싸여 있다. 기업이 핵심역량들을 고유한 방법으로 조화하여 경쟁사들이 모방하기 아주 어렵게 하지 않는 한, 개별적으로 고려했을 때 핵심역량들은 쉽게 모방될 수 있다. 기업들이 경쟁사보다 효과적으로 여러 역량들을 함께 통합할 수 있는 능력이 없으면, 서비스수준 및 구매가격에 대한 가치에 고객들의 기대가 점점 증가하는 시대에서 장기적인 경쟁우위를 창출하는 것은 모든 기업에게 매우 힘든 목표가 될 것이다.

〈표 11.4〉 서비스거래에 관련된 핵심역량의 예

거래비용의 효율성	직무자율성의 정도
거래의 속도	서비스표준의 명확성
행동에 대한 교육	거래당 당사자들의 밀도의 정도
의사소통기술에 대한 교육	거래당 자산의 집약도 정도
종사자에 대한 권한 위임의 정도	거래당 필요한 특별기술의 수
능력 있는 서비스인력의 확보	서비스전달과정에서 복잡성 감축 정도
서비스문화의 정도	거래당 직무 불확실성 감축 정도
종사자의 태도	거래당 업무흐름 불확실성 감축 정도
서비스마케팅의 유효성	종사자 충성도
서비스 성과의 일관성 혹은 신뢰성	내부마케팅의 효험
고객의 특별한 요구에 대한 감수성의 정도	고객의 욕구에 대한 반응성
서비스접근의 편리성	고객의 안전 및 보안에 대한 욕구 충족
고객충성도	서비스전달의 각 단계에서 적절한 서비스 능력
무형성의 정도	서비스거래에 대한 기술적 지원(정보기술, 전문가시스템, 인공지능 등)

여기서 핵심역량을 파악하는 데 이용되어야 하는 분석단위(unit of analysis)는 고객서비스 종사자와 고객 간의 거래이다. 이 역량들은 교육 및 개발에 대한 투자의 중대함을 말해주고 있다. 교육 및 개발은 고객이 원하는 수준의 서비스를 제공하는 데 수반되는 불확실성을 서비스종사자들이 관리할 수 있도록 도움을 제공하는 데에도 관심을 집중해야 한다. 그러므로 통신기술, 정보처리, 권한위임 및 품질관리 등이 서비스거래의 이질적인 본질을 이해하기 위해 학습되고 응용되어야 한다.

2) 상품생산 역량(Product Production Competencies)

무형적 서비스와는 달리 유형적인 상품은 포트폴리오의 유형적인 부분을 나타내고 있다. 투입, 변환(transformation) 및 산출물로 구성되는 전통적인 시스템 모형은 상품의 핵심역량을 이해하는 데 유용한 틀을 제공하고 있다. <그림 11.11>에 소개된 시스템 모형은 모형에서의 관계들에 대한 기술과 경쟁우위의 중요한 요소에 대한 핵심역량의 예들을 제공하고 있다.

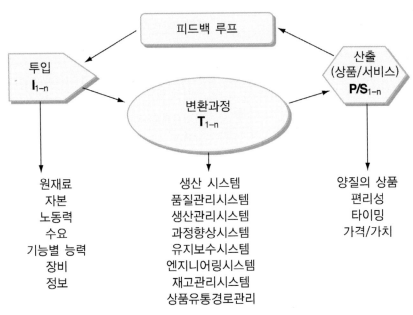

〈그림 11.11〉 상품역량의 시스템 모형

투입은 원하는 최종상품을 생산하는데 필수적인 원재료, 노동력 및 자본의 혼합을 뜻하며, 투입의 질은 각 투입요소별로 기업이 투자한 자원의 양에 의해 결정된다. 또한 기업은 투입요소들을 확보할 수 있는 능력을 반드시 개발해야 한다. 일반적으로 기업이 필요한 투입요소에 효과적으로 접근할 수 있는 능력이 있으면 경쟁우위를 더욱 쉽게 달성할 수 있고, 사업영역에 존재하는 수요와 공급의 관계에 영향을 미칠 수 있다.

변환과정은 투입을 산출로 전환하기 위한 세부적인 기술들을 필요로 한다. 상품생산 시스템, 품질관리시스템, 생산관리 및 에너지시스템, 비용관리시스템, 경영정보시스템 등은 투입을 원하는 결과로 전환하는 데 필수적인 과정들이다. 각 과정은 기업에 의해 판매되는 상품과 서비스를 생산하기 위해 구매되거나 설계된 세부적인 기술들을 활용한다.

시스템 모형의 산출물은 원하는 표준에 의해 생산된 상품과 서비스이며 이는 양질의 상품, 편리성, 타이밍, 소비자에게 가격이나 가치로 표현되는 것들이다. 여기서 표준은 경쟁시장에서 주도적 위치를 목적으로 기업이 미래의 기회를 포착하기 위해 수행된 환경진단활동에 의해 결정된다.

서비스산업에서는 원하는 실행과 표준을 달성하는 것은 결코 쉬운 일이 아니며, 수많은 핵심역량들이 조화를 이루어 존재한다. 그러므로 피드백시스템은 반드시 세심하게 설계되어 잘못이 발생하면 경영진에게 바로 전달되어야 한다. 이 사실은 피드백시스템 스스로가 중요한 핵심역량임을 말하고 있으며, 이들은 반드시 교환과정의 불확실성과 복잡성을 반영해야 한다.

제12장 | 호텔·관광경영전략의 실행과 통합

제1절 조직구조의 유형 및 운영원리

1. 기능별 조직구조

산업혁명 이후 통신 및 운송수단의 발달과 증기기관의 발명에 의한 대량생산시스템이 발달하였고 기업들은 그 후 급속도로 각 기능별로 조직구조를 분화하게 되었는데, 이에 따라서 그 각각의 기능을 책임지는 책임자들이 나타나게 되었다. 즉 생산부, 마케팅부, 재무부, 연구개발부 등과 같은 전문기능부서들이 나타나게 되었고, 이러한 기능부서들을 점차 최고경영자가 총괄하는 체제로 바뀌었다.

기능별 조직구조(functional structure)는 <그림 12.1>과 같다. 조직표를 보면 조직구조의 구성요소를 어느 정도 짐작할 수 있다. 예컨대 조직활동이 무엇인가(생산, 마케팅, 연구개발, 재무)를 알 수 있으며, 전문화 기준이 무엇인가(조직의 기능)를 알 수 있다. 또 조직표를 통해 종업원의 과업과 책임이 무엇이며(소속된 기능부서의 과업수행), 공식적인 보고체계가 어떻게 되는가(광고부문의 책임자는 마케팅부서의 장에게 보고하고 마케팅부서의 장은 최고경영자에게 보고함)를 알 수 있다. 그러나 조직활동이 어떻게 이루어지는가 하는 것은 조직표에 잘 나타나지 않는다. 기능별 조직구조의 장점과 단점을 요약하면 다음의 <표 12.1>과 같다.

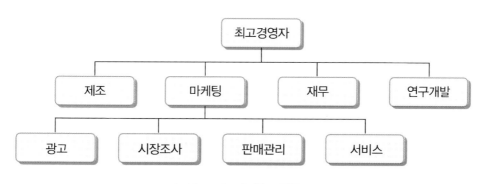

〈그림 12.1〉 기능별 조직구조

〈표 12.1〉 기능별 조직구조의 장점과 단점

장점	단점
• 전략결과에 대한 중앙집권적 통제가 가능함 • 단일사업의 조직구조로 적합함 • 핵심활동을 해당 기능부서에 배분함으로써 전략과 조직구조 간의 연계를 강화할 수 있음 • 기능별로 차별적 역량을 개발하는 데 적합한 조직구조임 • 기능별 전문화로 인해 경험곡선효과를 누리는 데 유리함 • 과업이 일상적이고 반복될수록 운영효율성이 높아짐	• 기능간의 조정문제가 발생함 • 기능부서간에 경쟁과 갈등이 야기됨 • 지나친 전문화를 조장하고, 경영자의 시각을 좁게 할 우려가 있음 • 기능부서 간에 상호교류가 되지 않을 경우 폭넓은 경험을 축적할 수 없음 • 이익에 관한 최종책임이 최고경영자에게 미루어짐 • 기능별 부서의 이익에 치중할 경우 기업 전체의 최적화가 저해됨 • 근시안적 시각이 창의적 기업가 정신, 변화에의 적응, 활동원가사슬의 재구성 노력 등에 방해가 됨

자료. A. A. Tompson and A. J. Strickland, *Strategic Management*: *Concepts and Cases*(Seventh Edition), Irwin, Homewood, IL(1993), p.225.

2. 사업부 조직구조

조직이 제품라인을 확장해 갈수록 기능별 조직구조는 최고경영층에 의한 조정활동이 한계에 달하게 된다. 1930년대부터 미국과 유럽기업들이 제품별 다각화나 지역별 다각화를 수행함에 따라 이런 대규모 기업들이 사용하는 조직구조는 사업부제 조직구조로 변하게 되었다.

다각화된 기업이 사업부 조직으로 바뀌면 최고경영자는 개별사업부장에게 개별사업부의 생산과 판매에 이르는 모든 권한을 위임하고, 각 사업부는 해당 사업부의 경영성과에 대해 책임을 진다. 사업부 조직구조에서 종업원은 기능별보다 제품계열별로 분류되며 예산과 계획에 있어서 독립적으로 운영되는 이익센터(profit center)가 된다.

최고경영자는 신규사업진출, 신시장 개척, 사업부들의 성과평가 등과 같은 보다 중요한 전략적 의사결정에만 전념할 수 있게 된다. 이와 같은 사업부 조직구조는 결국 관리기능의 전문화라고 볼 수 있다. <그림 12.2>는 구체적으로 제품별 사업부와 지역별 사업부가 어떻게 구성되어 있는지를 보여준다. <표 12.2>는 사업부 조직의 장정과 단점을 나타낸 것이다.

제품별 사업부

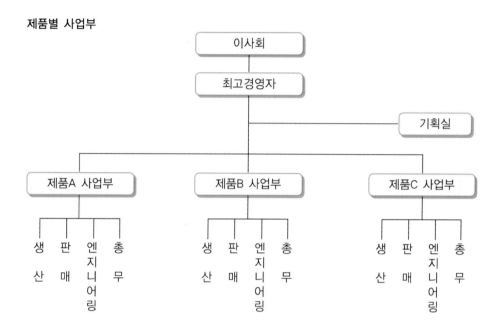

지역별 사업부

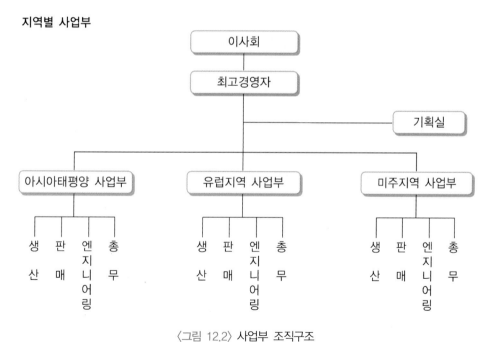

〈그림 12.2〉 사업부 조직구조

〈표 12.2〉 사업부 조직의 장점과 단점

장점	단점
• 다각화기업에 있어서 책임을 분산하고 권한을 위임하는 데 좋은 방법임 • 사업부의 독특한 환경에 맞는 사업전략을 개발할 수 있음 • 사업부의 핵심활동과 필요한 기능을 중심으로 조직화할 수 있음 • 최고경영자의 부담을 줄여 기업전략에 전념하게 함 • 이익과 손실에 대한 명백한 책임을 사업단위 관리자에게 부여함	• 기업과 사업단위 차원의 스탭기능이 중복되어 간접비 부담이 증가함 • 어떤 의사결정문제를 집권화하고 어떤 의사결정문제를 분권화할 것인가 하는 문제가 발생함 • 기업자원을 얻기 위해 사업부 간에 치열한 경쟁이 이루어짐 • 사업부의 자율성이 관련 사업단위들을 조정하는데 장애가 되어, 전략적 적합성의 이익을 얻는데 제약이 됨 • 기업경영이 사업단위 관리자들에게 상당히 의존함 • 기업경영자가 사업부의 상황에 대해 잘 모르게 되어 문제발생시 어떻게 대처해야 될지를 모름

자료. A. A. Tompson and A. J. Strickland(1993), *op cit*, p.229.

3. 매트릭스 조직구조

시장적응성과 운영효율성을 동시에 얻기 위한 노력이 또 다른 조직형태를 필요로 하게 되었다. 기업의 조직이 내수부분과 해외부분으로 분리되는 단점을 보완하기 위해서 미국과 유럽의 다국적기업들은 한때 매트릭스조직(matrix structure)으로 조직구조를 개편하였다. <그림 12.3>과 같이 매트릭스조직은 기업을 크게 제품차원과 지역차원으로 나누어서 조직에 속한 모든 사람들을 제품과 지역 양쪽 조직에 소속하게 만든 조직형태이다. 예를 들어 FIT와 그룹패키지로 제품별로 나누고 이를 다시 미주지역, 유럽지역, 아시아태평양지역 등과 같이 여러 지역으로 구분하였다. 이런 매트릭스조직에 있는 사람은 제품별, 지역별로 각각 한 명의 상사가 있다. 유럽지역이라면 제품별로 또 유럽지역담당으로 다른 두 명의 상사에게 보고하는 시스템인 것이다. 그렇게 함으로써 매트릭스조직은 한 사람이 지역적인 측면과 제품적인 측면을 동시에 같은 비중으로 관리할 수 있게 하는 조직구조이다. 그러나 이러한 조직을 취한 기업들은 얼마 가지 못하고 다시 지역별 또는 제품별 사업부조직으로 돌아가게 되었다. 실패하게 된 가장 큰 이유는 매트릭스조직이 상당히 혼란스러웠기 때문이다. 두 명의 상사에게 지시를 받아야 했고 그 제품별 상사와 지역별 상사의 의견이 서로 상충되는 경우 어느 의견을 따라야 할 것인가는 대단히 혼란스럽다. 매트릭스 조직구조의 장점과 단점은 <표 12.3>에 나타난 바와 같다.

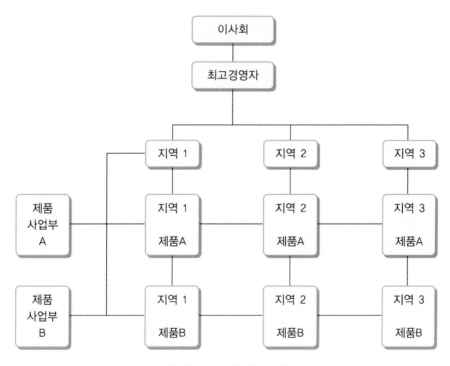

〈그림 12.3〉 매트릭스조직

<표 12.3> 매트릭스 조직구조의 장점과 단점

장점	단점
• 두 가지 차원(기능/제품)에 대해 동일한 전략적 우선순위를 부여함 • 대립되는 시각 간에 견제와 균형(checks and balances)을 조장함 • 기능면의 전략적 적합성을 달성하는 데 도움을 줌(두 차원이 기능/제품일 경우) • 조직 전체의 이익을 중시하는 의사결정이 이루어지게 함 • 협력, 의사합일, 갈등해소, 관련 활동간의 조정을 촉진시킴	• 관리하기에 매우 복잡함 • 두 권한계통 간의 균형을 유지하는 데 어려움이 있음 • 권한의 지나친 공유가 장애가 되어 의사소통에 많은 시간을 소비하게 함 • 신속한 행동과 과감한 의사결정에 어려움이 있음 • 조직의 관료주의를 조장하고, 창의적 기업가정신을 저해함

자료. A. A. Tompson and A. J. Strickland(1993), *op cit*, p.232.

제2절　전략의 실행

1. 전략실행의 정의

전략실행은 가장 높은 수준의 현금흐름을 창출하고 미래에도 같은 목표를 달성할 수 있는 상품과 서비스에 지속적으로 자원을 배분하는 과정이다. 이 배분과정은 기업의 강점 및 약점분석, 단기 및 장기 목표의 수립 및 평가과정 등을 통해 달성될 수 있으며, 이 과정은 앞쪽의 제3장 경영전략모형에서 표현되어 있다.

전략을 수립하는 것은 수많은 변수들이 경영진에 의해 통제될 수 없기 때문에 성공적으로 실행하기 아주 힘들다. 또한 외부환경을 통제하기 어렵고 내부과정들도 성공에 반하는 작용을 한다. 하지만 위와 같은 부정적 사고를 갖고 있다면 성공하기 어려울 것이다. 전략실행은 어려운 과제와 도전을 극복하기 위해 내부적인 불확실성에 대한 개념과 접근방법을 모색하는 과정이어야 한다.

2. 실행모형

경영진은 영향을 미치는 중요한 요소들의 관계를 이해하고 관리해야 한다. 또한 환경변수들 간의 관계는 동태적이며 지속적으로 변화하는 것을 이해해야 한다. <그림 12.4>는 실행과정에 영향을 미치는 변수들과 관계들을 기술하고 있다.

이 모형은 변수들이 상황지향적인 것과 과정지향적인 두 분야로 분류되고 중심에는 변수들이 과정변수이며 실행에 영향을 미치게 된다. 그 이유는 기업이 투입요소들을 산출물로 전환하는데 이용되는 과정을 구성하기 때문이다. 자원과 핵심역량의 확인과 투자와의 관계, 전략수행에 있어 그들의 역할은 경영진이 인지해야 하는 중요한 사항이다. 또한 실행과정에서 공헌하는 고유 결합노력은 경쟁사가 쉽게 모방할 수 없기 때문에 경쟁우위를 제공하는 핵심역량이다.

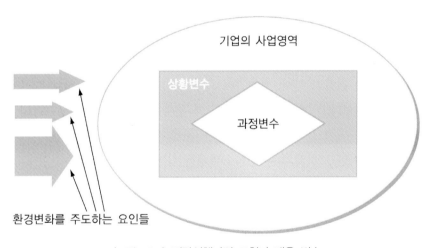

〈그림 12.4〉 전략실행과정 모형과 내용 변수

두 번째 분야의 변수는 상황변수인데 상황변수에 연관된 많은 경영진의 결정은 과정변수의 효과에 큰 영향을 미친다. <표 12.4>에서 보는 바와 같이 각 상황변수와 과정변수의 관계들은 명백하다. 이런 관계는 주요 및 부가적으로 분류되듯 순차적인 관계를 나타내며 실행과정에서 어떤 변수는 다른 변수보다 더 큰 영향력을 가지고 있다. 이런 관계는 어떤 조직에서도 기대되며 환경의 가변성과 기업의 리더십 형식에 의해 변화될 수 있다.

〈표 12.4〉 호텔·관광기업에서의 전략실행 변수

상황변수	과정변수
• 지각된 환경의 불확실성 • 전사적 전략 • 사업부전략 • 기업구조 • 규모 및 지역적 분포 • 기업문화 • 수명주기 단계	• 프로젝트 시발과 리더십 형식 • 자원배분시스템 • 경영정보시스템 • 계획 및 통제시스템 • 보상과 혜택 • 훈련, 개발 및 교육 • 운영시스템

자료. Olson et al., 전게 역서, p.217.

3. 상황변수

경영진은 환경이 안정적일 때에는 공식적인 구조를 택하고, 환경이 불안정할 때에는 제한된 조직구조를 취하려 한다. 경영진이 환경을 바라보는 관점을 토대로 가장 높은 가치를 창출할 수 있다고 예상되는 경쟁수단에 투자하게 되고 이 경쟁수단에 자원을 배분하고 실행하기 위해 조직구조를 창출한다. 조직구조는 직무, 각 개인, 공식적인 조직배치 및 비공식적인 조직배치 등의 상호관계를 상징하고 있기 때문에 실행과정에서 아주 중요하다. 또한 기업문화는 조직 내에서 행동을 지배하는 기업가치 체계를 상징하고 경영진이 생성한 구조 내에 존재하기 때문에 역시 중요하다. 기업문화는 기업의 모든 구성원들의 행동을 지배하고 규범 및 가치체계라고 정의할 수 있다. 위와 같은 상황변수들은 기업의 상황을 상징하고 기업문화의 핵심요소이다.

실행에 영향을 미치는 네 가지 주요한 상황변수는 지각된 환경의 불확실성, 전략내용, 기업구조 및 기업문화이며, 그들은 정의에서 뿐만 아니라 전략의 실행에 미치는 영향에서도 매우 복잡한 구조를 가지고 있다. 그들은 동태적이며 환경이 모든 사업조직에 변화할 것을 강요하고 매일 변화하고 있다. 경영진은 그들을 파악하고 이해하며 의도된 전략을 실현하는 데 어떤 영향을 미치고 있는지 지속적으로 평가해야 한다.

4. 과정변수

과정변수들은 모든 경쟁수단들이 효과적으로 수행되기 위한 실행과정의 요소들이며, 이들은 많은 면에서 인간의 순환시스템과 유사하다. 자원배분, 경영정보시스템, 계획·통제 및 평가시스템, 교육·개발 및 훈련 프로그램, 보상과 혜택, 운영관리 시스템, 강점 및 약점분석, 목표설정과 리더십 등이 과정변수에 속한다. 기업이 상호일치를 달성하려면 환경, 전략, 구조 간의 조화뿐만 아니라, 성공적인 전략실행을 달성하기 위하여 상황 및 과정변수들도 일치되어야 한다.

5. 과업의 계획 및 계획의 실행

기업이 수립한 의도를 달성했을 때 성공적으로 실행되었다고 판단할 수 있다. 하지만 많은 기업들은 외부적인 돌발 상황에 의해 100% 그들의 의도를 달성하진 못한다. 기업이 현재와 같은 경영환경에서 경쟁할 수 있으려면 전략적인 사고는 모든 구성원들의 주요 능력으로서 그 가치가 우선되어야 하며 <표 12.5>는 이런 관점을 기술하기 위해 대조적인 두 기업의 회의 주제 목록을 보여주고 있다. 전형적인 기업의 관심은 과거 혹은 단기적인 이슈에 집중되어 있으며 그에 비해 전략적 사고를 가진 기업의 의제는 전략 지향적이며 새로운 기회를 포착하고자 한다.

〈표 12.5〉 두 기업의 회의 주제의 비교

전형적인 회의 주제	전략적인 회의 주제
1. 전(前) 주의 문제점 2. 금주 사업의 예상 3. 중요한 통신 4. 예산계획 안건 5. 프로젝트의 진척 상황 6. 구사업 7. 신사업	1. 새로운 사업기회 2. 현 경쟁수단들의 성과 3. 가장 중요한 경쟁수단들과 관련된 강점 및 약점의 평가 4. 현 상황에서 목표의 적합성 5. 성공적인 실행을 달성하기 위해 필요한 자원

전략적 변화의 통합

미래의 경영자들은 반드시 비전을 가진 창의적인 변화의 주도자여야 한다. 서서히 끓어가는 물속에서 자신이 익혀지는 것도 모르고 주변의 변화에 둔감한 개구리의 비유와 같이, 현대사회의 변화가 어떻게 빨리 진행되어 해당 기업에 어떠한 영향을 미치는지를 경영자들이 주도면밀하게 파악하여야 하고 변화의 촉진제 역할을 할 필요가 있다. 기회를 동반하고 있는 변화의 주도요인을 파악하기 위해 사업영역의 환경을 진단하는 것이 매우 중요하며, 이런 기회들은 기업에게 가치를 제공하는 경쟁수단으로 전환되고 있음을 주시해야 한다. 모든 예측이 가능한 세계에서는 모두가 가치를 창출할 수 있는 비전을 가질 수도 있지만 현실세계에서의 변화는 기업과 사람 모두에게 많은 어려움을 주고 있다. 본 절에서는 개별기업(독립업체), 사업부, 전사적 수준에서 전략적 변화가 얼마나 경영진, 직원, 주주에게 심각한 과제인가를 지적하고, 변화를 관리해야 하는 경영자의 책임을 강조하고자 한다.

1. 개별기업의 변화관리

호텔·관광산업은 국가의 중앙정부, 지방자치단체, 컨벤션센터, 항공사, 여행사, 카지노, 관광지, 테마파크, 공원, 박물관, 수십 만여 개의 레스토랑, 호텔, 기타 사업체로 구성된 아주 잘게 쪼개진 구조를 가지고 있으며, 이들 업체들은 대부분 지자체, 개인 혹은 전문업체에 의해 운영되고 있다. 개별적인 기업 수준에서는 아주 미미한 공식성을 띤 채로 전략적 계획이 운용되고 있다.

개인기업 또는 독립업체, 독립호텔의 비전이 기업의 방향을 설정하는 역할을 담당하는 성향을 띠고 있으며, 경영자에 의해 행해지는 의사결정의 유형이 암묵적으로 전략적 계획의 역할을 하고 있다. 이런 전략은 전형적으로 운영 위주인 동시에 내부문제에 집중되는 접근방법을 취하고 있으며, 매우 비일관적이고 비규칙적이며 또한 아주 비공식적인 성향을 띠고 있다. 여기서 개별기업은 독립기업 또는 소규모 독립업체(개인사업체)를 말하며, 체인기업이나 공식적인 국가기업, 대기업은 제외된다.

공식적인 전략계획에 대한 노력은 위기상황에 접했을 때, 즉 개별기업의 판매 혹은 고객수가 감소할 때 전략계획을 고려하게 된다. 지속적인 판매실적의 감소는 기업에 어떤 행동을 취하게끔 한다.

개별기업들은 기술적 능력은 보유하고 있지만 전략적 계획과정에 필수적인 개념적 능력은 체인기업들에 비해 많이 뒤떨어져 있다. 개별기업은 일반적으로 공식적인 환경진단 과정에 친숙하지 못하거나 그 가치를 인식하지 못하고 있으며, 또한 경험해보지 않은 한 경영의 모든 기능분야에서의 더욱 합리적인 분석과 계획 활동들의 효과를 의심하기까지 한다.

개별기업들은 현재 관행을 통하여 사업을 영위해왔고 또한 성공도 경험했기 때문에 과거의 습관에 아주 익숙해 있다. 그들은 사업에서 부진함을 경험하기 전까지는 다르게 생각할 필요가 없었다. 비록 그들이 사고방식을 변화하기를 원한다고 해도 그들은 기업의 미래를 위한 전략적 시도를 전혀 경험하지 못했기 때문에 이런 변화는 힘든 과제이며 그래서 그들은 환경에서의 동향에 대해 불안해한다.

환경진단과정에서 수반되는 가장 힘든 과제는 환경내 요인들의 잠재력에 대한 확률을 정확하게 파악할 수 없는 어려움과 이 요인들이 기업에 직접적으로 미치는 파급효과를 예상하는 것이다. 또한 이러한 요인들이 실제 영향을 미치는 시점과 이들을 어떻게 계획과 실행과정에 반영할 것인가를 판단하는 데 어려움이 있다. 대부분의 개별기업들은 누군가에게 어떻게 계란프라이를 서빙할 것인가 하는 것이 사무실에서 아직 모호한 동향이 그들 기업에 영향을 미칠 것인가를 파악하고 대처방안을 강구하는 것보다 훨씬 쉽다. 이러한 상황은 가치를 창출할 수 있는 전략을 개발하는데 필수적인 조직과 리더십의 변화를 달성하는 데 가장 큰 문제점으로 파악되고 있다. 미래에 대한 불확실성은 종종 변화를 방해한다.

기업의 전략적 계획의 실행과 통합에 수반되는 어려움은 욕구의 결여가 아니고, 개별기업들의 개념적 능력의 한계이다. 이런 한계들은 개별기업들이 더욱 많은 개념적 기술을 학습하는데 제한된 기회들만을 가지고 있기 때문에 야기된 지식결여의 결과이다. 또한 이런 한계들은 이런 종류의 학습에 투하되는 시간이 절대 부족한 데서 오는 결과이다. <표 12.5>는 대부분의 개별기업들이 완전히 통합된 전략을 일상 사업행위들로 전환하는 데 제한적인 성공밖에 거두지 못하게 된 주요원인을 요약하였다.

<표 12.5> 개별기업들의 변화를 저해하는 원인

- 전략적 계획과정에 대한 경험 부족
- 환경진단에 대한 경험 부족
- 환경에 존재하는 인과관계를 정확하게 판단할 수 있는 능력의 부족
- 운영 및 내부지향적인 사고에서 전략적 사고로 전환하는 어려움
- 일반적으로 운영 위주의 사업을 영위한 데서 비롯된 기존 관습을 포기할 수 없는 어려움
- 새로운 경쟁수단의 실행을 촉진하기 위한 구조를 창출하는 데 필요한 경험의 부족
- 한때 성공적이었던 사고의 효용가치가 더 이상 없음을 인식하지 못하는 것
- 현 상황을 평가하여 새로운 기회를 창출할 수 있는 개념적 도구의 결여
- 새로운 기술을 학습하는 시간의 부족
- 변화에 수반되는 불확실성에 대한 공포

자료. Olson et al., 전게 역서, p.252.

2. 사업부의 변화관리

전략적 사업부는 단 한 개의 사업개념과 한 종류의 사업부문에서 결정하는 기업이라고 정의할 수 있다. 예로서는 외식산업의 맥도널드와 호텔산업의 힐튼호텔이 있다. 호텔·관광산업에서 전략적 사업부 개념은 한 기업이 많은 사업부들을 포함한 전략을 실행한다는 것을 암시하고 있으며, 워커힐호텔의 외식사업부 진출과 같이 호텔업체가 유사한 사업에 진출하는 것을 예로 들 수 있다. 또한 조직 내에 재무관리팀, 마케팅부, 인사팀 등과 같은 기능별 부서가 존재하고 있다는 것도 내포하고 있다. 변화를 창출하고 관리하는 과업은 위와 같은 복잡성이 실행과정에 부가됨으로써 더욱 힘들어졌다. 이런 상황에서 변화에 수반되는 어려움은 더욱 복잡한 양상을 띠게 되었다. 사업부의 변화과정에서의 이슈들을 보기로 한다.

1) 전략적 과정과 실행 노력

공식적인 전략적 과정과 실행노력이 어떻게 행해져야 하는 것이 첫째 이슈이다. 전략과정이 처음 관광기업들에 의해 도입이 고려되었을 때 많은 기업들은 이 문제에 대해 전략적 계획분야의 전문가를 고용하여 어떤 방법이 공식적이고 구조화된 노력인가를 파악하고자 했다. 현재 일부 기업들은 공식적인 전략계획 부서를 수립하기에 이르렀으

며, 이 부서들은 유연하지 못했으며 반복적인 과정이 되지 못하고 단조롭게 운영되었다.

2) 기능분야 관리자들이 계획 및 실행에 쏟는 노력의 정도

변화과정에서 중요한 또 다른 이슈는 각 기능분야 관리자들이 계획 및 실행에 쏟는 노력의 정도이다. 만일 이들이 변화를 창출하는데 참여하지 않으면 변화는 쉽게 행해질 수 없을 것이다. 환대산업에서 기업의 전략과 인사관리와의 연관관계를 조사한 연구에서 밝혀진 결과에 의하면 기업의 전반적인 전략은 인사관리부서의 기능적 계획과 잘 통합되지 않고 있었다(Ishak, 1990). 한 가정에 의하면 기업의 경영성과는 기업의 환경, 구조, 전략이 일치했을 때 향상될 수 있다고 했는데, 이 연구결과에 의하면 환대산업에서는 진정으로 변화가 달성되었다는 증거가 기능분야까지는 확산되지 못했으므로 변화하는 데 큰 성공을 거두지 못했다고 말할 수 있다.

3) 시점

시점은 기업 전체에 걸친 변화의 통합에 수반되는 세 번째 주요한 이슈이다. 위의 두 예에서 심각하게 떠오르는 문제점의 하나는 과거 경영체제(매우 구조화되고 집중된 권위)에서 고용된 관리자들이 분산되고 전략적인 새로운 경영체제에서 어떻게 효과적으로 변화할 수 있느냐는 것이다. 일반적으로 이런 변화는 매우 힘든 것이었다. 성공적인 실행의 주요한 구성요소의 하나는 적절한 기업문화이다. 일반적으로 패스트푸드업체의 기업문화에서 관리자는 그저 제공된 지시사항을 그대로 따르는 것이었는데, 이런 타입의 관리자를 점포지기(storekeeper)라고 말할 수 있다. 현재와 같은 치열한 경쟁 상황에서는 점포지기와 같은 경영타입이 더 이상 적절하지 못하다는 것을 인지했더라도 관리자들에게 기업가 혹은 전략가와 같은 행동을 요구하는 것은 쉽지 않은 일이다. 이와 같은 경영방식은 종전과 비교했을 때 유사하지도 않을뿐더러 종종 모순적이다.

그러므로 경영진은 반드시 실질적이어야 하며 전략실행의 변화는 하룻밤 사이에 이루어질 수 없다는 것을 인지해야 한다. 또한 변화된 상황에서 재교육되지 않은 관리자들은 대체되어야 한다는 사실을 받아들여야 한다. 최근 타 산업에서 가치를 창출했던 경력을 보유한 사람들이 호텔·관광기업의 최고 간부로 영입되고 있다. 이런 동향이 사실이라면 호텔·관광기업들은 미래의 도전에 충족할 수 있는 새로운 기술을 보유하고 전략적 사고방식을 지닌 경영자들을 개발할 필요가 있을 것이다. 그러므로 현재의 사고 방식이 위와 같은 새로운 사고방식으로 전환될 때까지 호텔·관광기업들은 타 산업에 서 재능이 있는 경영자를 계속 물색하게 될 것이다.

4) 강한 운영 및 마케팅 지향적인 사고방식

또 다른 이슈로 강한 운영 및 마케팅 지향적인 사고방식이 아직도 호텔·관광산업에 팽배하며 이런 사고방식은 변화의 속도를 무디게 하고 있다. 관례적으로 호텔·관광산 업에서는 성공에 이르는 지름길로서 운영관리 측면이 강조되었는데, 이는 많은 전략적 인 결정들이 대부분의 경영자들의 운영관리 위주의 사고방식에 의해 영향을 받아왔다 는 것을 말해주고 있다. 이런 사실은 높은 성장률이 지속적으로 유지되었던 1990년대 후반까지 특히 그러했다. 그러나 이제 호텔·관광산업은 성숙기에 이르렀고 기업들은 시장점유율을 유지하기 위해 전략계획과정에서 마케팅 측면을 한층 강조하게 되었다. 2010년대에 들어서 주주들과 투자자들의 가치창출에 관심을 집중하는 동향으로 인하여 대세는 재무관리 위주로 바뀌게 되었다.

사업부 변화의 통합과정에 수반되는 애로사항으로서 가장 흔히 발견할 수 있는 여섯 이슈가 <표 12.6>에 기술되어 있다. 이 여섯 가지 이슈들은 기업의 전략과 구조는 일치 해야 한다는 사실을 반영하고 있다. 각 이슈에는 조직구조의 구성요소들이 존재하고 있 다. 실행 전이든지 실행 후이든지 전략과 구조의 일치와 그것을 달성하기 위한 모든 시 도가 얼마나 중요한 것인가를 경영진은 반드시 숙지해야 할 것이다.

〈표 12.6〉 사업부의 변화를 저해하는 원인

1. 기업 내 전략계획과정의 공식화 정도
2. 계획과 실행과정에서 기능부서 관리자들의 참여 정도
3. 행위들의 시점, 특히 완전히 실행을 끝마칠 때까지의 기간
4. 기업 전체를 포함하는 실행을 위해 필수적인 경영진의 능력
5. 전략의 수립과 실행에서 운영 및 마케팅 위주의 사고방식
6. 인과관계 분석의 어려움

자료. Olson et al., 전게 역서, p.258.

3. 전사적 수준에서의 변화관리

전사적 수준에서의 전략수립에서 등장하는 변화관리의 이슈들도 다른 분야와 거의 마찬가지이다. 그러나 같은 이슈지만 그 영향은 훨씬 크다고 할 수 있다.

1) 수집된 정보의 분석 및 해석, 계획 및 실행과정에의 통합

첫 번째로 고려되어야 할 중점사항은 선택한 전략을 지원하기 위해 수집된 정보의 분석 및 해석이며 또한 이 정보가 어떻게 계획 및 실행과정에 통합되는가를 살피는 것이다.

본사의 임원들은 그들의 전략수립 노력을 지원하기 위해 충분한 정보를 수집하는 경향이 있는데 사업부의 투자 혹은 처분에 대한 고려를 할 때 특히 그러하다. 이런 정보는 변화 노력을 지원하는데 큰 가치를 제공할 수 있거나 아니면 반대로 큰 문제점을 야기할 수도 있다. 우선, 경영전략과정을 지원하기 위해 상당한 연구조사가 결행되어야 하며, 또한 연구조사 결과는 최고경영층의 모든 구성원과 전략적 계획과정에 포함되는 모든 구성원에 의해 객관적이고 엄밀하게 평가되어야 한다. 더군다나 이 정보는 반드시 계획과정에 통합되어 가능한 많은 출처의 정보와 조화되어야 한다. 최고경영책임자는 정보의 분석과 해석을 타인에게 맡기는 것은 위험천만한 일이다. 그러므로 최고경영진은 정보의 분석과 해석에 필요한 기술을 보유해야 하고 이 정보를 올바르게 변화의 과정과 통합해야 할 것이다. 결국 기업의 조직수준 및 변화과정의 모든 단계에서 통합노력이 중요하며, 또한 의사결정 과정에 이용되는 정보출처의 조화도 강조되어야 한다.

2) 성장률에 대한 과잉 기대

변화과정에서 두 번째 중요한 이슈는 성장률에 대한 기대와 관련된 것이다. Olson 등에 의해 수행된 거대한 성장기업의 연구조사는 적정한 이익의 창출을 요구하는 자본시장을 주제로 한 것이었다. 1960년대와 1970년대에 미국 환대산업은 좋은 성장기회를 누려왔기 때문에 이런 자본시장의 욕구를 충족할 수 있었다. 그러나 이런 성장에 수반된 문제는 기업의 내부구조에서 소화할 수 없을 정도로 너무 빨리 성장한 것이었다. 이런 문제는 인사관리부서에서 특히 심했는데, 이 부서는 성장에 소요되는 많은 직원들을 고용하기 위해 심지어는 자격조차 없는 사람들을 인터뷰해야 했다.

3) 타성

본사 경영자들이 직면하고 있는 세 번째 이슈는 타성이다. 성장이 기업의 유력한 전략일 때 호텔·관광기업들은 본사의 성장과 병행해서 점포의 수도 확대하였다. 기업구조가 점점 복잡해지자 기업 초장기에는 전혀 고려되지도 않았던 많은 업무가 전문가에 의해 수행되었다. 이들 전문가들은 전사적 정책과 전략 결정에 중요한 영향력을 행사하였으며, 이들은 환대산업에서의 경험은 없었지만 재무관리, 마케팅 등의 분야에는 전문적인 지식을 보유하고 있었다. 그들의 전문지식은 자본시장에서 기대하는 욕구를 충족하는데 필수적인 것으로 간주되었다. 결과적으로 주요전략의 결정에 이런 형태의 새로운 사고방식이 개발되고 제도화되었다. 이와 같은 총체적인 통합은 환대산업이 지속적으로 성장하는 시기에는 효과적이었으나 더욱 경쟁이 치열한 성숙기에 이르러서는 시장의 욕구를 충족하는 데 실패하였다. 1990년대에 들어서는 더욱 유연한 관리와 전략이 요구되었지만 과거의 경험에 의존하는 타성과 자본시장의 지속적인 성장욕구는 전략의 변화를 달성하는데 결정적인 장애가 되었다.

첫째, 모든 개별적인 점포들을 전략적 실행 노력에 포함하기란 여간 어려운 일이 아니다. 더욱 많은 점포를 보유하고, 더욱 넓은 지역에 걸쳐 분포되어 있으면, 변화의 목표를 달성하기는 더욱 어려워질 수 있다. 부가적으로 기업규모(점포의 수)는 경쟁적인 환경에서 생성되는 기회와 위협에 대해 기업이 대처방안을 신속히 강구하는 능력을 제한하는 타성을 창출한다. 전략을 통합하는 과정에 수반되는 이런 모순과 변화에 신속히 대처해야 하는 필요 등은 수명주기가 성숙기에 접어든 산업에서 직면하는 가장 난처한 문제점들이다. 기업규모는 시장진출과 장악력 등의 면에서 우위를 확보할 수도 있지만, 역으로 변화에 대해 신속히 대처해야 할 때 많은 문제점도 가지고 있다.

요약하면 전사적 수준에서 권력의 통합과정에 수반되는 가장 중요한 이슈들이 <표 12.7>에 기술되어 있다. 이슈 중에서 가장 중요한 것은 기업규모이다. 기업이 점포의 수를 확장해 감으로써 더욱 복잡해지고 공식화되어 거대한 유조선이 될 위험이 있는데, 이 유조선은 순간적인 통보에 쉽게 방향전환을 할 수 없을 뿐만 아니라 한번 방향을 바꾸는 데 몇 마일이 족히 필요할 것이다. 거대한 기업에서 변화는 보통 신속히 이루어지지 못하고 있는데, 그러므로 거대기업의 최고경영층은 현재 전략의 변경 필요를 예상하기 위해 보다 장기적인 미래를 예측할 수 있어야 한다. 이렇게 했을 때만이 적시에 기업의 본질과 구조에 대한 변화에 비로소 착수할 수 있을 것이다.

〈표 12.7〉 전사적 변화를 저해하는 원인

- 기업규모 및 구조적 변수들에 의한 타성
- 전략적 계획 및 실행과정에 대한 모든 기능부서장의 통합
- 모든 개별조직과 기능부서를 통한 효과적인 전략통합을 방해하게 되는 지나친 성장
- 기업규모가 전략의 통합과정에서 억제 역할을 한다는 것을 모르는 경영자의 무능력
- 일반적인 사실과는 반대로 기업구조가 기업전략에 영향을 미친다는 사실
- 전략의 계획과 실행에 사용되는 정보의 분석과 해석능력의 결여로 인한 적절치 못한 통합 능력

자료. Olson et al., 전게 역서, p.263.

4. 변화와 전략의 관리

기업이 모든 조직을 포함하는 전략통합을 달성하는 것은 중요한 목표이다. 기업이 전사적, 사업부 혹은 단위점포에서의 전략변화를 달성하려면 변화를 전략에 통합하는 과정은 성공적인 결과를 달성하기 위해 필수적이다. 여기서 성공은 기업의 의도한 전략과 기업의 구조간의 적절한 조화라고 정의할 수 있는데, 이런 조화는 기업의 오너들에게 궁극적인 가치를 제공하는 목표를 달성하기 위해 기업이 활동하고 있는 경영환경의 상황과 일치되어야 한다. 이런 목표의 달성 여부는 기업의 본질, 경영진과 목표달성을 지원하기 위해 수립된 프로그램들에 의해 좌우된다고 할 수 있다.

1) 공식적인 전략적 계획 개발

최근 호텔·관광기업의 경영자들은 관리자들 특히 각 기능부서 관리자들에게 전략적 사고를 조장하는 프로그램들을 권장하는 경향이 증가하고 있다. 전략적인 사고는 경쟁시장에서 기업의 포지션에 관한 전향적인 접근방법을 요구하고 있다. 최근에 많은 다국적 호텔기업들은 총지배인들에게 그들이 경영하는 호텔의 공식적인 전략적 계획을 개발할 것을 요구하고 있으며, 이 과정의 한 부분으로 그들은 환경에 존재하는 주요한

기회와 위협을 파악해야 하고 이들을 결정하는 데 이용된 가정들에 대한 질문을 효과적으로 대처할 수 있는 준비를 해야 할 것이다.

2) 개발과 학습에 시간 배정

이론적으로는 위와 같은 계획활동이 쉽게 행해질 수 있지만 그 실행은 쉬운 일이 아니다. 이런 과정을 개발하고 학습하는 데 상당한 시간이 소요된다. 총지배인들이 모든 과정을 위와 같은 과정으로 통합하고 계획이 환경에서의 모든 요인들을 반영하여 원하는 결과를 산출하기까지는 최대 3년이라는 시간이 소요된다. 전략적 사고를 촉진하기 위해 어떤 기업은 관리자들에게 모든 과정에 대한 지침을 제시하는 소프트웨어를 개발하여 제공하고 있다. 매년 호텔기업의 관리자들은 5월부터 10월 사이에 다음해의 계획을 수립하는 데 시간을 소비하고 있다. 이 계획은 최고경영층, 기능분야별 간부와 호텔 소유주들에게 제시되어 평가를 받는다. 이 계획이 통과되어 재무적인 목표를 달성하게 됨으로써 전년도에 포착된 기회들이 어떻게 다음 해에 성공적인 경쟁수단으로 전환되는 과정에 대한 모든 과정을 쉽게 파악할 수 있다. 또한 경쟁수단들은 더욱 효과적인 자원배분을 통하여 다음 연도에는 많이 향상될 수 있다. 이런 형식의 성공이 많은 경쟁수단을 통하여 달성되면 관리자들의 전략적 사고의 가치가 강화되어 이들이 더욱 강한 열정과 헌신을 가지고 상호일치의 원칙을 달성하게 될 것이다.

3) 개별(점포) 관리자의 전략적 사고 전환

각 단위별 호텔, 여행사 혹은 점포들의 관리자들이 전략적인 사고를 보유할 수 있도록 하는 과정에서 가장 난점은 이들이 보유하고 있는 운영관리와 전술위주의 사고방식을 보다 광범위한 전략적 사고로 전환하는 것이다. 이런 과정을 더욱 효과적으로 하기 위해 보상시스템은 반드시 관리자들의 전략적 사고능력을 반영해야 한다. 모든 단위 수준에서 운영에 집중하는 것도 필수적이지만 경영환경을 고려할 때 이런 사고방식이 대세를 좌우해서는 안 될 것이다. 또한 보상시스템은 단기 및 장기적인 가치창출의 목표를 소화할 수 있어야 하며, 계획과정이 더욱 전략적인 관점으로 추진되었을 때만이 건강한 경영이익이 산출될 수 있다는 사실을 반영해야 한다.

4) 기능부서 관리자의 전략적 사고 전환

기능부서의 관리자들이 전략적 사고로 무장하는 것도 필수적이다. 이들이 유용한 대인 및 비대인적인 정보에 접하고 있다는 사실과 그들의 전략적 사고방식은 기업의 모든 수준의 관리자들과 더욱 효과적으로 통합되어야 한다는 것이 중요하게 부각되고 있다. 이런 통합과정에 수반되는 문제점은 재무관리자들은 그들의 환경에 대해 너무나 좁은 시야를 가지고 있다는 것이다. 회계전문분야의 저널을 이용하는 것도 중요하지만 이 수준을 뛰어넘어 그들의 지식본체를 확장하는 것도 똑같이 중요하다고 할 수 있다.

한 국제적인 호텔기업에 의해 수립된 과정은 이런 문제를 부분적으로 해결하는 데 도움이 될 것이다. 모든 기능분야의 관리자들은 기업의 모든 단위 호텔의 전략적 계획을 검토하고 각 호텔의 관리자가 최고경영층에 계획을 설명할 때 그들의 의견을 개진한다. 이런 과정은 모든 관리자들이 공식적 혹은 비공식적으로 발생할 수 있는 문제점들에 대해 더욱 친숙하게 할 것이며, 또한 모든 관리자들의 사고의 범위를 확장케 할 것이다. 이런 경우에 최고경영층은 계획에 대한 논리를 청취할 수 있을 뿐만 아니라 모든 관리자들, 특히 기능분야의 책임에 관한 사고의 영역을 확대할 수 있을 것이다. 이런 접근방법은 운영관리자와 재무관리자 간의 적절한 조화를 달성하는 데 도움이 되며 환경에 의해 제공되는 기회와 위협에 대하여 모든 이들의 사고를 확장할 수 있을 것이다.

제4절 기업문화와 리더십

1. 기업문화

기업문화(corporate culture)란 조직의 구성원들이 공통적으로 갖고 있는 가치관과 업무를 수행하는 방법에 대한 가정들을 말한다. 기업문화는 기업이 종업원, 노동조합, 주주, 거래처, 지역사회와 어떠한 관계를 맺을 것인가를 결정한다. 기업문화의 주요 요소인 관행과 가치체계는 대체로 기업의 창시자 또는 최고경영자에 의해 만들어지고 유지·보수된다. 즉 조직구성원들은 공통적으로 가지고 있는 가치체계와 관행들을 유지하며 신규로 이 조직에 참여하는 사람들에게 이러한 기업문화를 주입시켜서 일부 구성원들이 이 조직을 떠나게 되더라도 기업문화가 존속하게 되는 특징이 있다.

기업이 전략을 성공적으로 수행하기 위해서는 그 기업이 선택한 전략과 그 기업의 문화가 서로 일치하여야 한다. Barney(2000)는 명시적으로 기업문화가 경쟁우위의 근본이 될 수 있다고 주장하였다.

기업문화는 직원들이 고객과 거래할 때 혹은 다른 사람들과 접촉할 때의 행동의 지표가 된다. 전략적 행동계획을 위한 기본을 제공하며 순조로운 실행을 위해 전략은 기업문화에 의해 수용되고 이해되어야 한다.

기업문화는 기업이 활동하는 외부환경과 기업내의 행위 모두를 반영하고 있다. 현재와 같이 급변하는 환경에서 기업문화는 성공적인 전략실행에서 중요한 역할을 하지만, 기업문화는 전략에서 변화를 해야 할 때 이에 반하는 역할을 하기도 한다. 만일 기업이 안정성을 위주로 한 문화를 구축하여 변화의 정도를 더디게 한다면, 현재와 같은 급변하는 환경에서 기존의 문화를 변경하기란 쉽지 않다는 것을 알게 될 것이다.

기업이 원하는 수준의 상품과 서비스를 달성하기 위해 잘 개발된 기업문화는 필수적이지만 기업을 변화하려는 노력을 연기하거나 파괴할 수도 있다.

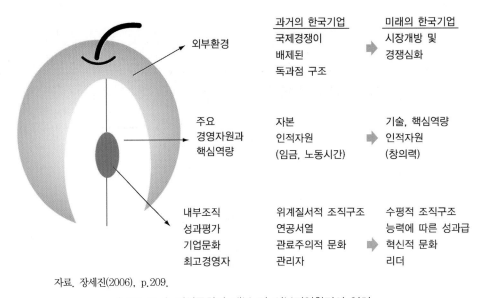

자료. 장세진(2006), p.209.

〈그림 12.5〉 기업문화와 내부 및 외부경영환경의 일치

<그림 12.5>는 기업을 마치 하나의 사과처럼 묘사하고 있다. 사과의 외부껍질은 기업의 외부환경과 접촉하고 있다고 볼 수 있다. 사과의 안쪽부분은 기업이 갖고 있는 경영자원과 내부조직구조라고 볼 수 있으며, 기업문화와 최고경영자는 마치 사과의 근본이되는 씨앗과 같은 역할을 하고 있다고 볼 수 있다. 즉 기업문화와 최고경영자의 리더십은 조직구조와 경영자원을 활용하여 어떻게 외부환경에 적응할 것인가의 방식을 결정한다.

기업이 추구하고 있는 경영전략이 성공적이려면 기업의 외부환경과 기업내부의 경영자원과 조직구조, 그리고 기업만이 갖고 있는 특유의 기업문화가 서로 일치하지 않으면 안된다.

2. 리더십

최고경영자의 리더십은 기업문화의 유지와 창출, 그리고 새로운 전략에 맞추어 기업문화를 변화시키는데 아주 중요한 역할을 한다. 경영전략의 수립과 실행에서 리더십이차지하는 중요한 역할을 보면 다음과 같다[1)]

첫째, 비전 제시 및 변화의 주역

최고경영자가 수행하는 중요한 역할 중의 하나는 대대적인 문화적 변혁을 주도해야한다는 것이다. 조직에게는 지금까지 수행해왔던 운영방법과 가치관을 계속적으로 유지하려는 관성이 존재한다. 이는 앞에서 본 조직의 타성과도 유사하다. 환경은 동태적이고 불확실하므로 환경은 모든 사업조직에 변화할 것을 강요하고 또한 매일 변화하고있다. 그런데도 조직구성원이 자발적으로 조직을 변화시키고 스스로 변화를 추구하기는 매우 어렵다. 이러한 변화를 추구할 수 있는 사람은 유일하게도 최고경영자밖에 없는 경우가 많다.

경영진은 그들을 파악하고 이해하며 의도된 전략을 실현하는 데 어떤 영향을 미치고있는지 지속적으로 평가해야 한다. 최고경영자는 조직구성원들로 하여금 동기유발을시켜주고 새로운 가치관을 정립시켜줄 수 있고 기업이 나가야할 비전을 제시하여 변화

---

1) 장세진(2006), 글로벌 경쟁시대의 경영전략 4판, 박영사, pp.211-213.

의 주도자의 역할을 할 수 있다.

둘째, 정치적 협상

최고경영자가 수행해야 할 또 다른 역할 중 하나는 내부정치(internal politics)를 수행하는 것이다. 최고경영자는 정치적인 감각이 있어야 하고 정치적으로 협상을 하고 타결점을 찾는데 능숙하여야 한다. 조직 내에는 학연, 지연, 혈연 등의 이해관계가 얽힌 여러 개의 그룹이 존재한다. 각 그룹은 자신들의 이익을 보호하기 위해 많은 정치적인 행동을 한다. 예를 들면, 노조는 노조대로, 중간경영층에서는 영업부나 현장부서에서 상호 견제하는 등 정치적인 담합이나 협상을 통해 기업의 의사결정에 큰 영향을 미친다. 최고경영자는 내부의 정치적인 역학관계를 충분히 고려해 조직구조를 짜고 부서장 임명에도 신경써야 한다. 또한 새로운 전략이나 조직개편에 저항하는 수구세력에 어떻게 효과적으로 대처하고 궁극적으로 협조를 받아내는가가 중요하다. 이와 같이 최고경영자는 기업조직 내의 정치적 갈등을 되도록이면 잠재우고 내부의 정치적 역학관계를 효과적으로 통제하여 경영전략의 수행에 장애가 되지 않도록 조정하는 일이다.

셋째, 기업윤리의 강조

높은 윤리적인 기준을 갖고 있는 조직은 대부분 최고경영자들이 공개적으로 윤리적인 행동이나 도덕적인 행동을 강조하는 경우가 많다. 이렇게 최고경영자가 수행해야할 중요한 업무 중의 하나는 기업윤리를 강조하는 것이다. 기업은 윤리적 기준을 유지하기 위해 윤리강령(code of conduct)을 제시하여 종업원에게 윤리적인 행동의 필요성을 강조할 필요가 있다. 거래처와의 선물이나 회식 금지 등이 최근 나타나는 기업의 윤리행동이다. 환경문제에 대한 대처로 공해방지를 위한 노력, 종업원 근로조건 개선, 지역주민 고용 등 기업 전체의 윤리도덕적 성격의 강화는 최고경영자의 명확한 기준이 있어야 효과적으로 수행할 수 있다.

제13장 | 호텔·관광 다국적기업경영

제1절   세계화와 국제화

1. 서비스 시장의 변화와 세계화

강력한 힘이 서비스 시장을 변화시키고 있다. 서비스의 급격한 성장에 영향을 주는 주요 원인은 무엇인가? 정부 시책, 사회변화, 비즈니스 트렌드의 변화, 정보기술의 발달, 그리고 글로벌화이다.

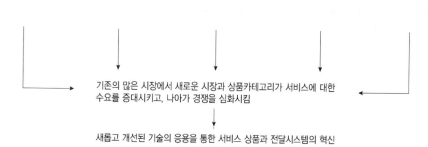

정부 정책	사회 변화	비즈니스 트렌드	정보기술의 발달	글로벌화
• 규제변화 • 민영화 • 고객, 종업원, 정부 보호를 위한 새로운 규제 • 서비스 거래의 새로운 협약	• 고객 기대의 상승 • 풍요로움 • 시간 부족 • 소유보다는 경험 구매 욕구 증가 • 컴퓨터, 스마트폰, 하이테크 제품의 소유 증가 • 정보에 대한 손쉬운 접근 • 이민 • 노년 인구의 증가	• 주주 가치 증대에 대한 압력 • 생산성과 원가 절감의 강조 • 제조업체의 서비스를 통한, 서비스 판매를 통한 부가가치의 창출 노력 • 전략적 제휴와 아웃소싱의 증가 • 품질과 고객 만족의 중요성 • 프랜차이즈 증가 • 비영리 기관의 마케팅 강조	• 인터넷 증가 • 증대된 전송 용량 • 모바일 기기의 소형화 • 무선 네트워킹 • 빠르고 강력한 소프트웨어 • 문자, 그래프, 오디오, 비디오의 디지털화	• 초국가 기업 증가 • 해외 여행 증가 • 국제 간 합병과 제휴 • 고객서비스의 역외화 • 해외 경쟁자의 국내 진입

기존의 많은 시장에서 새로운 시장과 상품카테고리가 서비스에 대한 수요를 증대시키고, 나아가 경쟁을 심화시킴

새롭고 개선된 기술의 응용을 통한 서비스 상품과 전달시스템의 혁신

고객이 더 많은 대안을 갖게 되고, 더 많은 힘을 행사

성공의 요체는 (1) 고객과 경쟁자에 대한 이해, (2) 유연한 비즈니스 모델, (3) 고객과 기업 모두에 이익이 되는 가치의 창조, (4) 서비스 마케팅과 서비스 경영에 대한 중요성 증대이다.

자료. Wirtz, Chew, Lovelock(2013), *Essentials of Service Marketing*, 2nd.
    김재욱 외, 전게 역서, p.9.

〈그림 13.1〉 서비스 시장과 세계화의 변화

글로벌화를 가속화하는데 하나의 예를 보자. 예를 들어 인터넷은 소비자 시장에서 힘을 공급자에서 고객으로 이동시킨다. 관광산업에서 여행자들은 그들의 여행상품을 손쉽게 확인하고 예약할 수 있다.

전자유통으로 전통적인 중간상들은 Expedia, Travelocity, Priceline과 같은 새로운 중간상으로 대체됨에 따라 공급자, 중간상, 고객들 간의 역할을 변화시키고 있다. 이러한 세계적인 기업뿐만 아니라, 우리나라에도 호텔관련 인터넷(온라인)기업들이 많이 있다.

여기서 글로벌화는 초국가 기업(이를 다국적기업이라고도 함)의 증가, 해외여행의 급격한 증가, 국제 간 합병과 제휴, 고객서비스의 역외화, 해외 경쟁자의 국내 진입 등의 요인들이 작용하는데 이러한 힘들은 서로 결합해서 경쟁구조와 고객의 서비스 구매와 사용방법에 영향을 준다.

2. 세계화와 서비스경제에 대한 영향

세계화 또는 글로벌화(globalization)에 대한 논의와 관점은 다양하다. 그러나 세계화는 기업이 국가단위로 각기 다른 전략을 취하는 것에서 벗어나 세계시장을 하나의 시장으로 보고 동일한 전략을 수행하는 것을 의미한다.

〈표 13.1〉 경제에 대한 글로벌화의 영향

글로벌화	사례	서비스 경제에 대한 영향
• 초국가 기업 증가	• 은행이나 4대 회계기업과 같은 다국적 기업들이 더 많은 지역에서 사업을 영위함	• 제공 가능한 서비스 범위가 확대. 지역시장에서 기술, 능력, 서비스 표준을 향상시키기 위한 직원의 훈련
• 해외여행 증가	• 더 많은 지역에서 더 많은 서비스를 제공	• 더 높은 수준의 경쟁을 유발할 수 있는 항공, 페리, 크루즈선박, 버스여행, 국경열차 등을 제공하는 서비스 증가
• 국제간 합병과 제휴	• 다른 국적 항공사(예, KLM과 Air Francee), 은행, 보험사 간의 합병	• 운영 효율과 마케팅 효과를 높이기 위한 기업합병이 증가하지만 이는 사람들에게 직업 기회를 잃을 수 있게 함
• 고객서비스의 역외화	• 영어가 가능한 인도, 필리핀 등의 국가에 국제콜센터가 재배치됨	• 기술과 인프라에 대한 투자는 지역경제를 활성화시키고 생활수준을 높여주며 관련 산업을 유치할 수 있게 해줌
• 해외 경쟁자의 국내 진입	• HSBC, ING와 같은 국제은행이 미국에서 사업을 영위	• 지역의 은행이나 호텔을 인수하여 지점망을 확대함. 새롭고 발전된 지점과 서비스 교역의 인터넷 전달에 더 많은 투자

자료. Wirtz, Chew, Lovelock, 전게 역서, p.12.

세계화는 국제화와 비교가 되는데 국제화(internationalization)는 종전의 국가단위로 구성되었던 경제상황에서 한 국가에 있는 기업이 다른 국가로 진출하는 것을 의미한다. 그런 의미에서 세계화는 국경에 따른 시장구분이 더 이상 의미가 없어졌다는 것을 뜻한다. 세계화된 산업에서는 자유무역의 환경 하에서 제품·서비스·기술이 각국으로 자유롭게 이동하며 인적자원과 자본의 흐름도 자유롭게 된다. 이러한 현상은 특히 각국에 자회사를 둔 다국적기업들에 의해 더욱 활발하게 이루어지고 있다.

제2절 다국적기업의 경영

1. 다국적기업의 유형

다국적기업(Multinational Corporation: MNC)과 동일한 의미의 용어로는 다국적기업(Multinational Enterprise: MNE), 초국적기업(Transnational Corporation: TNC), 글로벌 기업(Global Corporation) 등이 존재하고 있다.

다국적기업은 둘 이상의 국가에 현지법인을 갖고 있는 기업으로 정의된다. 펄머터(H. Perlmutter)는 다국적기업이 지향하는 목표, 통제방식, 의사소통, 자원배분, 전략, 구조 및 문화 등에 따라 다국적기업의 경영방식을 크게 다음 4가지로 구분하였으며, 이상적인 방식으로서 세계지향 방식을 제시하고 있다[1].

1) 본국중심주의(Ethnocentrism)

다국적기업의 출신국가에 있는 본사가 주요 의사결정권을 장악하고 본국의 가치관과 경영시스템을 해외자회사에게 강요하는 체제이다. 의사결정권은 본사에 집중되어 있으며 본국의 인사정책과 성과평가기준이 획일적으로 해외자회사에 적용된다. 또한 본국의 본사에서 파견 나온 직원이 의사결정권을 주도하며 이들이 주로 승진하게 된다.

---

[1] Chakravarthy, B. S. & Perlmutter, H. V.(1985), "Strategic Planning for A Global Business", *Columbia Journal of World Business*, Summer. pp.3-10.

그러나 본국중심적인 사업방식은 자회사의 자율성을 박탈함으로써 해외자회사의 핵심 역량의 창출과 유지가 불가능하다는 것이 단점이다.

2) 현지국중심주의(Polycentrism)

세계 각국의 문화와 경제환경이 서로 다르므로 현지를 가장 잘 아는 현지인이 현지에 맞는 방법으로 자회사를 운영해야 한다는 가정에서 비롯된다. 본사는 대부분의 의사결정을 현지의 경영자에게 위임하고 금융적인 통제만 가한다. 그 결과 본사는 큰 권한이 없고 본사와 자회사 간 또는 자회사끼리 의사소통 및 정보교환은 거의 일어나지 않는다.

현지중심주의의 단점은 자회사가 독립적으로 운영되므로 전세계적인 제품전략의 수립과 실행이 어렵다는 점이다. 또한 자회사별로 제품기획, 생산, 판매를 달리하므로 규모의 경제를 활용할 수 없고 궁극적으로 비용이 높아진다.

3) 지역별중심주의(Regiocentrism)

경제조건이나 경영환경이 유사한 국가들을 한 개의 지역으로 묶어서 지역중심으로 경영하는 방식이다. 앞의 국가단위의 현지지향 방식은 규모의 경제를 추구하는데 한계가 크기 때문에 환경이 유사한 국가들을 지역단위로 묶고 경영을 현지화 하는 방식이다. 이를 테면 아시아지역, 아프리카지역 등이 이에 해당한다. 이는 본사로부터 상당한 의사결정 권한을 이양 받은 지역본사가 지역 내의 현지자회사들을 통괄한다.

4) 세계중심주의(Geocentrism)

본사와 자회사 간의 쌍방향의 정보교환과 협력적인 의사결정이 빈번하고 상호의존적인 구조를 갖는 체제이다. 세계중심주의의 다국적기업에는 본사와 자회사라는 개념이 없어진다. 해외의 자회사가 특정사업분야에서 주도적인 입장을 취할 수 있으며 특정업무를 가장 잘 수행하는 사람은 국적을 불문하고 채용한다. 이러한 다국적기업은 세계를 하나의 단위로 파악하여 수립된 전략을 각국에서 수행하기 위해 각국의 환경에 맞는 현지화전략을 수립한다. 최근에는 이러한 세계중심주의 다국적기업을 초국적기업

(Transnational Enterprise)라 부른다. 과거 본국중심적인 사고를 가진 기업과 현지국 중심적인 사고를 가졌던 기업들은 현재 세계중심주의적 사고로 급격한 사고의 전환을 겪고 있다. 세계적인 핵심역량이 있으며 해외자회사들도 해당 사업 또는 기능에서 세계적인 주도권을 확보하고 리더십을 갖는다.

한국기업들은 매우 본국중심주의적 중앙집권적인 경영방식에 익숙해져 있고 해외자회사를 한국에서와 같은 방식으로 운영하려는 경향이 있다. 외국의 문화와 경영방식에도 익숙하지 않다. 성공적인 세계화를 위해서는 국제화를 추진하고 있는 한국기업들은 본국지향주의적 사고방식에서 탈피하는 것이 중요하다. 자회사에 충분한 자율권과 현지경영인 등용 및 현지기술인력의 융합을 통해 보다 효과적으로 글로벌화를 추진할 수 있을 것이다.

〈표 13-2〉 EPRG모델

지향성	본국중심주의	현지국중심주의	지역별중심주의	세계중심주의
사명	수익성(경제성)	현지국의 수용 (정당성)	수익성과 현지국의 수용(경제성과 정당성	수익성과 현지국의 수용(경제성과 정당성)
의사결정 방식	Top-down	Bottom-up (각 자회사는 현지의 목적에 근거해 결정)	지역 내 자회사 간의 상호적 결정	회사의 모든 수준에서 상호간에 협의해 결정
의사소통	대량의 명령·지령·공문이 본사에서 나옴. 계층적	본사·자회사 간의 커뮤니케이션은 대부분 없음	지역 내의 수평·수직의 커뮤니케이션	전사적인 수평·수직적 커뮤니케이션
자원배분	투자 기회를 본사에서 결정	자급적이고 자회사 간 배분이 없음	지역본부가 본사로부터의 가이드라인을 하부에 시달	세계규모의 프로젝트 (배분은 지역본부와 본사경영자에 의해 영향 받음)
전략	세계통합적	현지적응적	지역통합적이고 현지적응적	세계통합적이고 현지적응적
구조	계층적 제품사업 부제	자율적인 국별단위를 갖는 계층적 지역 사업부제	매트릭스를 통해 연결되는 제품·지역 매트릭스 조직	모든 조직의 네트워크(이해관계자와 경영기업을 포함)
문화	본국	현지국	지역별	글로벌

자료. 전용욱·김주헌·최창범(2012), 글로벌 경영, 문영사: 서울 p.46.

2. 다국적기업의 특징

다국적기업은 국경을 넘나들며 여러 나라에서 생산활동을 하는 기업이라는 점에서, 국경 내에 뿌리를 내리고 있는 국내기업이나 단순히 해외에 상품을 판매하는 수출기업과는 많은 차이가 있다. 일반적으로 기업규모, 기술력, 조직구조, 가치사슬, 행태(behaviour) 등을 기준으로 할 때 다국적기업은 다음과 같은 9가지 특징을 가진다[2].

1) 거대한 경제력

다국적기업의 가장 큰 특징은 거대한 경제력이다. 일부 학자들은 다국적기업의 정의 그 자체에 '대규모기업'이라는 표현을 쓰기도 한다. 일부 실증조사에 의하면 기업의 해외직접투자 활동과 그들의 규모 사이에는 절대적인 상관관계가 있다고 한다.

2) 거대한 기술력

오늘날과 같이 기술력이 각국의 산업특화(industrial specialization)나 국제경쟁력을 결정짓는 기술주도형 국제분업시대에 있어서는 기술력은 현지기업에 대한 다국적기업의 중요한 독점우위(monopolistic advantages)의 원천이 된다. 이 기술력을 바탕으로 한 독점우위는 현지소비자의 기호, 현지 상관행(상관습)과 제도, 환리스크, 정치사회적 위험부담 등에 기인하는 소위 '외국비용(cost of foreignness)의 불리함을 보전해 주는 중요한 역할을 한다. 또한 이 기술력은 해외직접투자와 함께 현지국으로 이전·확산되면서 기술이 낙후된 제3세계 현지국의 기술력 향상이나 산업화에 기여한다. 일반적으로 다국적기업이 지닌 거대한 기술력은 두 가지 원천에서 나오는데, 하나는 자체 기술개발에 의한 방법이고 다른 하나는 제3자가 개발한 기술의 사용권을 매입하는 방법이다.

3) 범세계적인 가치사슬

세계 여러 나라에 방대한 해외생산거점체제를 구축하고 있는 다국적기업은 국민경제지향적 가치사슬(national value-chain)을 지닌 현지기업과는 달리 범세계적 가치사슬

2) 신황호(2009), 다국적기업과 해외투자, 두남: 서울. pp.57-76.

(global value-chain)을 가진다. 이들에겐 범세계적 차원에서 ① 가장 값싸게 제품을 만들 수 있는 곳에서 생산을 하며, ② 가장 값싸게 자본을 차입할 수 있는 곳에서 조달하며, ③ 가장 적게 세금을 낼 수 있는 곳으로 소득을 이전시키며, ④ 가장 큰 환차익과 자본수익을 기대할 수 있는 방향으로 자금을 이동시킨다.

다국적기업의 이러한 범세계적 가치사슬을 지향하는 궁극적 목표는 범세계적 이윤의 극대화(maximization of global profit)에 있는데 이는 ① 해외자회사의 집합적 이윤극대화, ② 범세계적 조세부담의 극소화, ③ 범세계적 환리스크의 극소화, ④ 범세계적 재테크의 극대화라는 네 가지 요소에 의해 실현된다.

4) 피라미드형 계층조직

세계적으로 경영활동을 하는 다국적기업은 세계 여러 지역을 3단계로 계층화(hierarchization)시킨 독특한 내부조직을 가지고 있는데 이것은 다국적기업의 피라미드형 계층조직구조이다.

맨 위에는 본사(또는 모기업)의 전략본부(HQ strategic center)가 위치하고 중간에는 지역본부(regional center), 제일 밑에는 단순생산거점(예를 들면 affiliate 또는 subsidiary)이 자리잡고 있다. 국경을 초월한 재화, 노하우, 자본, 정보, 인력의 이동과 경영의사의 결정 및 전달 그리고 집행이 다국적기업 내부의 이 삼원적 피라미드 조직 속에서 이루어진다.

5) 집권화

집권화(centralization)란 다국적기업의 경영이나 행태에 중요한 영향을 미치는 전략적 기능이 피라미드의 제일 꼭지점에 위치한 본사의 전략본부에 집중되는 것을 말한다. 가장 큰 전략적 기능으로는 의사결정의 집권화, R&D의 집권화로 이분된다.

의사결정의 집권화는 중요한 의사결정은 전략본부에서 이루어지며 그것이 피라미드형 계층조직을 통해 2단계, 3단계의 지역본부와 해외생산기지에 상의하달식으로 전달되는 것을 말한다. 신제품이나 서비스, 새로운 기술 등을 개발하는 연구개발, 즉 R&D활동도 의사결정 못지않게 피라미드의 꼭지점인 전략본부에 집권화되어 있다. R&D활동은 주로 미국, 일본, 유럽 등 전략본부가 위치한 선진투자국에서 이루어지면 해외자회사가 위치한 개발도상국에서는 거의 이루어지지 않는다.

6) 내부화

다국적기업은 그들이 지닌 기업 특유의 우위를 내부화(internalization)하기 위해 제품과 노하우의 '기업내 거래'(intra-firm transaction)를 선호하는 경향이 있다.

겉으로 보기에는 A국에서 B국으로 제품이나 노하우를 이동하는 것처럼 보이지만 실제로는 A국에 있는 모기업에서 B국에 위치한 해외자회사로 이동하는 것에 불과한 경우가 많다. 이렇게 내부화하는 이유는 그들이 지니고 있는 독점기술(노하우)의 외부유출을 방지하고 규모의 경제를 구현하기 위한 것이다.

7) 무국적성 또는 초국적성

다국적기업의 또 다른 특징은 무국적성 또는 초국적성이다. 이는 다국적기업을 소유하는 자본의 국적과 그들이 만들어내는 상품의 국적을 구별하기가 힘들어진 것을 뜻한다. 오늘날과 같이 생산공정의 국제분업이 발달한 시대에 '생산지 기준'으로 다국적기업이 만든 상품의 국적을 판별하는 것은 어렵다. 'Made in USA'가 찍혀 있는 GE의 전자제품 속을 들춰 보면 중간재의 대부분은 동남아나 멕시코에서 하청 생산되어 미국에서는 단지 조립만 하는 것들도 많다고 한다.

8) 이동성

다국적기업의 또 다른 특징의 하나인 이동성(mobility)은 그 기업이 지닌 범세계적 가치사슬, 피라미드형 계층조직, 내부화 등과 밀접한 관계가 있는데, 이는 생산요소의 이동성과 해외생산거점의 이동성으로 이분될 수 있다. 일반적으로 대규모 고정투자가 필요한 분야에서 활동하는 다국적기업의 이동성은 그리 크지 않다. 그러나 가정용 전자, 신발, 의류 같은 소규모의 고정투자만 필요한 단순조립산업에서 다국적기업의 이동성은 상당히 높아 갑작스런 공장폐쇄, 철수에 따라 종종 현지국과 마찰을 빚기도 한다.

9) 귀속의 이중성

이는 다국적기업의 현지 자회사가 가진 특성이다. 현지 자회사는 그 나라 영토 내에서 경영활동을 하므로 그 나라에 '영토적 귀속성'을 가진다. 그러나 경영통제를 하는 모기업에 대해서는 '통제적 귀속성'을 가진다. 현지국 정부는 자기의 주권 하에 있는 영토에서 경영활동을 하는 모든 기업은 현지국의 가치사슬에 따르며 자기들의 통제에서 벗어나지 않기를 바란다. 이와는 대조적으로 모기업에서는 해외자회사는 자신들의 분신에 불과하므로 범세계적 이윤극대화를 추구하는 자신들의 가치사슬을 따르기를 원한다. 더욱이 투자국 정부도 해외자회사를 자신들의 외교나 통상정책을 성공적으로 이끌기 위한 수단으로 간주하고 자국내에 위치한 모기업을 통해 압력을 가하는 수가 있다.

3. 다국적기업 경영의 혜택(인센티브)

기업들이 다국적화하여 장기간 운영하게 되면 여러 가지 혜택(인센티브)을 얻을 수 있는데 이런 혜택을 마케팅, 생산, 재정 및 금융, 관리 등 네 가지 측면에서 보기로 한다[3].

1) 마케팅 측면의 혜택

기업이 다국적화 함으로써 마케팅 측면에서 얻을 수 있는 혜택은 다음과 같다.

① 다국적기업이 완전소유 또는 합작기업체 등 현지국 법인으로 설립된 경우, 관세나 쿼터 등에서 외국기업으로서의 제약을 받지 않는다.

② 물적 유통비(physical distribution cost)를 절감할 수 있다.

③ 현지에서 생산함으로써 장기간의 사전 계획 없이도 국내시장의 조건변화에 신속히 적응할 수 있어서 시장기회의 이익을 얻기가 쉽다.

④ 시장조사가 용이하다.

⑤ 광고활동의 계획과 시행이 용이하고 경비가 절감된다.

⑥ 국내기업체로 받아들여지므로 판매에 대한 저항이 감소된다.

---

3) 신황호(2009), 전게서, pp.112-118.

2) 생산 측면의 혜택

다국적기업이 얻게 되는 생산 측면의 혜택을 열거하면 다음과 같다.

① 저렴한 비용으로 공장을 건설할 수 있다.

② 부가급부(fringe benefit)를 포함한 노동비가 저렴하다.

③ 효과적인 품질관리가 가능하다.

④ 특수기술의 가용성(예, 디자인, 패션 등)이 높다.

⑤ 공학적 기준(engineering standard)을 만족시키기가 용이하다.

⑥ 시장수요에 맞추어 제품을 적응(adaptation)하기가 용이하다.

⑦ 원자재 및 부품 구입이 경제적이며 특수원자재의 가용성이 높다.

⑧ 물적 공급 및 물적 유통비가 절감된다.

3) 재정·금융 측면의 혜택

다국적기업이 얻게 되는 재정적·금융적 측면의 혜택을 열거하면 다음과 같다.

① 각종 관세 및 조세의 감면 또는 세금의 납부기간을 연기 받을 수 있다.

② 연구개발비를 자본비화 할 수 있다.

③ 가속상각(accelerated depreciation)[4]을 허용 받는다.

④ 자본의 이익금이나 차관의 원리금을 자유롭게 이전 혹은 상환할 수 있다.

⑤ 장기적인 유동자산을 활용하여 고율의 이자소득을 얻을 수 있다.

⑥ 현지국의 자본시장을 통한 자산자본, 차용자금의 용이한 조달과 수출융자 등의 혜택을 받을 수 있다.

4) 관리 측면의 혜택

다국적기업에게 주어지는 관리 측면의 혜택은 다음과 같다.

① 본국에서보다 더욱 전망이 좋은 새로운 분야로의 기업성장을 할 수 있는 기회가 주어진다.

---

4) 가속상각(加速償却)은 회계학에서 유형자산의 감가상각시 처음에 감가상각비를 많이 계상하고 차차 적게 계상하는 감가상각방법이다.

② 시장과 생산시설의 다양화, 지리적 분산을 통한 이익의 안정을 기할 수 있다.

③ 본국에서는 이미 노후화된 제품이나 아이디어, 기술, 노하우 등을 해외시장에서 재활용할 수 있다.

④ 거대 다국적기업의 이미지를 부각함으로써 국내 및 해외시장에서 유리한 경쟁위치를 확보할 수 있다.

⑤ 원자재 공급자, 유통기구, 고객 및 정부기관과의 긴밀한 관계를 갖기에 유리하다.

⑥ 저렴한 해외인력을 활용할 수 있다.

⑦ 외국의 새로운 기술혁신이나 연구개발의 성과, 제품·서비스의 아이디어 등을 활용할 수 있다.

제3절 글로벌 경영전략의 배경 이론

1. 규모의 경제

규모의 경제(economies of scale)란 생산량이 증가함에 따라 제품단위당 비용이나 어떤 활동이 줄어드는 것을 말한다. 간단히 정의하면 규모가 커짐으로 얻을 수 있는 경제적 이점을 말한다. 기업규모에서 오는 규모의 경제는 제조, 마케팅, 유통, 서비스 등의 사업부서에서 어느 정도까지 규모가 큰 기업은 규모가 작은 기업에 비해 생산량은 증가하고 단위당 비용은 내려가게 되어, 경쟁에서 유리하다. <그림 13.2>에서 보는 바와 같이 산출량은 최소효율규모(minimum efficient scale)까지 늘어날수록 산출량의 증가에 따라 단위당 평균비용은 감소한다. 이러한 규모의 경제는 기술적 특성, 투입요소의 비분활성, 전문화의 이득 등 세 가지 주요 원천에서 발생한다.

체인호텔경영에서 위탁경영서비스를 제공하는데 소요되는 실제 영업비용과 본사비용은 많지 않지만 핵심영업담당 경영진·본사·지원 직원들에 소요되는 비용을 충당하고 또한 요구되는 수준의 이익을 창출하려면 위탁경영계약은 규모의 경제를 창출할 수 있는 수준의 위탁경영호텔의 수를 확보해야 한다. 규모의 경제를 창출할 수 있는 호텔의 수는 호텔의 등급과 유형, 그리고 경영회사(management company 또는 hotel operator)가 제공하는 서비스의 성향에 따라 다르게 나타날 수 있다. 그리고 본사의 지원보다 광범위하게 요구되는 최고급 호텔은 저가호텔에 비해 규모의 경제효과를 볼 수 있는 수준이 더 높다고 한다.

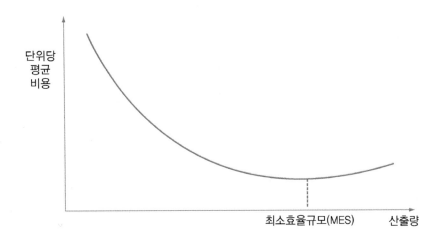

〈그림 13.2〉 규모의 경제와 최소효율규모

2. 범위의 경제

범위의 경제(economies of scope)는 한 기업이 두 가지 제품을 동시에 생산할 때 소요되는 비용이 별개의 두 기업이 각각 한 제품씩 개별적으로 생산할 때 소요되는 비용의 합보다 훨씬 작다는 것을 의미한다. 이러한 범위의 경제성을 '시너지'라는 이름으로 부르기도 한다. 범위의 경제성이 나타나는 이유는 두 제품의 생산과정에서 공통적으로 투입되는 생산 요소가 있기 때문이다.

<그림 13.3>은 사업A와 사업B가 가치사슬 상의 기술개발, 사업노하우, 물류, 구매, 마케팅 활동을 공유함으로써 범위의 경제를 추구하는 것을 보여주고 있다.

체인호텔은 특정 활동을 위한 특정 입지의 우위를 활용해 경영합리화를 도모할 수 있는 네트워크를 구축한다거나, 막대한 비용이 투자되어 구축된 특정한 장비 또는 시스템을 여러 시장에서 활용함으로써 범위의 경제를 극대화 할 수 있다.

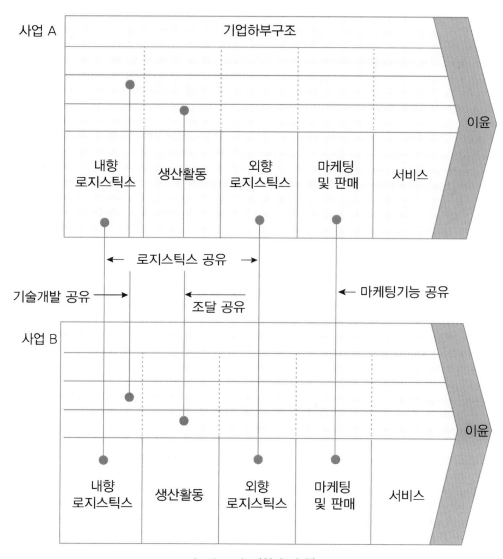

〈그림 13.3〉 범위의 경제[5]

---

5) 내향로지스틱(inbound logistics)은 제품생산에 필요한 원자재의 관리와 관련된 가치활동으로서, 공급업자로부터 원자재를 공급받아 이것을 제품생산부서에 넘겨주는 제반활동을 말한다.
　외향로지스틱(outbound logistics)은 완제품의 재고관리, 주문처리 및 구매자에 대한 인도 등 완제품의 물적유통과 관련된 가치창출 활동을 말한다.

3. 경험곡선

경험곡선효과(experience curve effect) 또는 학습곡선효과(learning curve effect)는 기업의 비용우위를 결정하는 아주 중요한 요인이다. 이는 누적생산량이 매번 2배로 증가함에 따라 평균비용은 일정한 비율로 떨어진다는 개념이다.

경험곡선효과는 생산공정에 있는 작업자들이 생산과정을 반복하면서 작업효율성을 높이는 방법을 고안하고, 낭비와 비효율을 없앰으로써 생산성을 높이기 때문에 발생한다. 또한 축적된 경험은 공정을 개선하거나 제품재설계를 통해 생산비용을 절감할 수 있게 해준다. 호텔이나 레스토랑에서 청사진(blueprint)을 만들어 서비스과정의 흐름을 개선해 생산성을 높이거나 고객만족을 향상시키는 것도 경험곡선효과의 좋은 예이다.

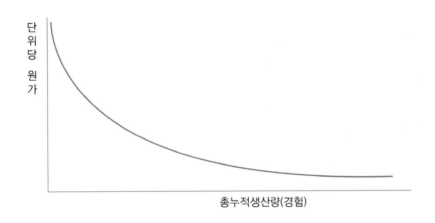

〈그림 13.4〉 전형적인 경험·학습곡선

4. 가치사슬

가치사슬(value chain) 또는 부가가치사슬은 기업의 전반적인 생산활동을 기본적 활동(primary activities)과 지원활동(support activities)으로 나누어서, 한 제품이 기업에 의해 생산되어 소비자에게 판매됨으로써 창출되는 부가가치의 구성과정을 해당제품의 연구개발, 원자재 구매 및 재고관리부터 시작해 물류, 생산과정, 마케팅 및 애프터서비스와 같은 기능들의 집합으로 보는 개념이다. 이로써 각 부문에서 비용이 얼마나 들고 소비자에게 얼마나 부가가치를 창출하는지를 보다 정교하게 분석할 수 있게 해준다.

<그림 13.5>에서 보듯이 기본적 활동은 내향로지스틱스, 생산활동, 외향로지스틱스, 마케팅 및 판매, 서비스 등 5가지 범주로 나누고, 지원활동은 기업하부구조, 인적자원관리, 기술개발, 조달 등 4가지로 구성되어 있다.

가치사슬이 지닌 전략적 시사점은 두 가지이다. 하나는 가치사슬을 구성하는 각 기능이 경제적 특성을 달리함으로써 학습효과, 규모의 경제, 범위의 경제에 대한 감응도(sensitivity)가 다르다는 것이다. 또 다른 하나는 각 기능의 경제적 특성에 따라 소비자와 밀착되어 수행되는 분야(downstream 기능)와 소비자와 떨어져서 행해질 수 있는 분야(upstream 기능)가 구별될 수 있다.

〈그림 13.5〉 가치사슬

제4절 다국적기업의 해외시장 진입방법

다국적기업이 해외시장을 진입하는 일반적 유형에는 제조업의 경우 3가지 방식이 있다. 첫째는 본국이든 제3국이든 목표 시장국 이외의 생산기지에서 제조된 완제품을 수출하는 방식이다. 또 하나는 기술, 자본, 노동, 경영활동 등의 생산요소를 목표시장으로 이전하여 현지 시장국가에서 완제품을 생산하도록 하는 것이다. 호텔, 놀이공원, 병원 등 서비스산업의 경우에는 수출방식이 원천적으로 불가능하다. 서비스상품은 소비자가 위치한 시장에서 직접 공급되어야 하기 때문이다. 따라서 서비스업종의 해외진출은 생산요소의 이전을 통하는 수밖에 없다.

생산요소를 이전하는 방법은 다시 2가지 유형으로 구분할 수 있는데 그렇게 하면 바로 수출을 포함하여 3가지 기본유형이 된다. 즉 기술이나 특허권 등의 무형자산, 경영활동 등을 그 자체로서 현지기업에게 대가를 받고 제공하는 방법과, 이들 생산요소를 현지에서 보합적으로 활용해 제품을 직접 생산하는 방법으로 구분되는 것이다.

〈표 13.3〉 해외시장 진입방법의 유형

유 형	구체적인 예
수출(export)	• 간접수출(indirect export) • 직접수출(direct export)
계약방식 (contractual mode)	• 라이센싱(licensing) • 프랜차이징(franchising) • 계약생산(contract manufacturing) 및 서비스 아웃소싱(services outsourcing) • 관리계약(management contract, 위탁경영계약) • 턴키계약(turnkey contract) • BOT방식(build, operate, transfer) • 기타
해외직접투자 (foreign direct investment)	• 단독투자(sole venture)와 합작투자(joint venture) • 신설(greenfield investment) • 인수·합병(M&A: merger & acquisition)

<표 13.3>은 해외시장 진입방법의 유형을 간추린 것이다. 수출(export)은 본국 혹은 제3국 생산후 완제품을 수출하는 것이다. 그 다음으로 생산요소 이전후 현지 생산하는 형태로써는 생산요소를 일부 이전하는 계약방식(contractual mode)이 있고, 또한 생산요소의 복합 이전을 하는 해외직접투자(foreign direct investment)가 있다. 해외시장 진입방법에는 각기 장단점은 <표 13.4>를 보도록 하고, 여기서는 우선 간략히 개념만을 보기로 한다.

〈표 13.4〉해외시장 진입방법의 장점과 단점

진입방법	장 점	단 점
수 출	입지경제[6]와 경험곡선효과 실현	높은 운송비용 무역장벽 현지 마케팅 대행업체와의 문제
턴키계약	해외직접투자가 제한된 국가에서 수익 획득 가능	미래의 경쟁자를 키울 우려 발생 장기적으로 시장에 머물 수 없음
라이센싱	투자비용과 위험이 적음	기술 보호의 어려움 입지경제와 경험곡선 효과 실현 곤란 글로벌 전략을 위한 조정이 어려움
프랜차이징	투자비용과 위험이 적음	품질관리의 어려움 글로벌 전략을 위한 조정이 어려움
합작회사	현지 파트너의 지식 활용 투자비용과 위험 공유 정치적 용인 가능성	기술 보호의 어려움 글로벌 전략을 위한 조정이 어려움 입지경제와 경험곡선효과 실현 곤란
완전소유 자회사	기술 보호 글로벌 전략을 위한 조정 용이 입지경제와 경험곡선효과 실현	높은 투자비용과 위험

자료. Hill, C. W. L.,(2011), *International Business*, 최순규·신형덕 공역, 국제경영, p.402.

1. 수출

수출(export)은 제조업자가 해외시장으로 진출하는 가장 기본적인 방법으로 시장 국가 외의 지역에서 생산된 제품을 시장국가로 이전하여 판매하는 방법이다. 이러한 수출은 거래처(수입상) 접촉, 통관, 선적, 보험 등의 수출관련 기능을 직접 수행하느냐, 아니면 외부기관을 통해 수행하느냐에 따라 직접수출(direct export)과 간접수출(indirect export)로 구분할 수 있다. 또한 자신의 고유상표를 사용하느냐, 또는 주문업체의 상표

---

6) 글로벌 시장에서 활동하는 기업은 무역장벽과 운송비용이 허용하는 범위 내에서 생산요소 조건이 가장 유리하고 경제적, 정치적, 문화적 환경이 호의적인 지역들에 가치창출활동들을 분산·배치함으로써 경쟁력을 높일 수 있다. 만일 어떤 제품을 위한 최고의 디자이너가 프랑스에 살고 있다면 디자인센터는 프랑스에 위치해야 하고, 가장 생산적인 노동력이 중국에 있다면 조립공장은 중국에 세워야 하고, 최고의 마케팅전문가가 영국에 있다면 마케팅전략은 영국에서 수립되어야 한다. 이렇듯 가장 적합한 지역에서 특정한 가치창출활동을 수행함으로써 기업이 얻는 이익을 입지경제(location economies)라고 한다.

를 사용하느냐에 따라 고유상표 수출과 주문자상표 부착(OEM: original equipment manufacturer's brand) 방식의 수출로 구분할 수 있다.

2. 라이센싱

국제 라이센싱(international licensing)은 특정기업(licensor)이 가지고 있는 특허, 노하우, 상표 등과 같은 무형의 산업재산권을 일정 기간 동안 외국에 있는 다른 기업(licensee)에게 그 사용권을 부여하고 그 대가로 로열티나 다른 형태의 보상을 받도록 체결하는 계약을 말한다. 대개의 경우 이러한 무형자산이나 재산권이 적절히 사용될 수 있도록 기술적 지원이 수반되기도 하지만, 후술하는 프랜차이징에 비해 그 후속적 지원의 범위는 좁은 편이며 라이센싱 계약의 핵심은 무형자산 자체의 사용권 이전과 그 대가 수수에 있다.

3. 프랜차이징

프랜차이징(franchising)은 넓은 의미의 라이센싱의 한 형태라 할 수 있다. 다만, 프랜차이징은 제공기업(franchiser)이 상호, 상표, 기술 등의 사용권을 특정기업이나 개인(franchisee)에게 허용할 뿐만 아니라 상대방에 대해 조직, 마케팅 및 일반관리 분야에서의 지원을 제공하며 원료를 공급하는 등 양자가 보다 지속적이며 포괄적인 관계를 유지한다는 점이 특징이다. 좁은 의미의 라이센싱이 주로 제조업과 관련된 생산기술이나 특허권 등을 대상으로 하는데 비해, 프랜차이징은 패스트푸드를 비롯한 식음료 산업과 호텔, 모텔, 렌터카 등의 서비스산업에서 활발히 이루어지고 있다.

다국적 체인호텔이 프랜차이즈를 사용하는 장점은 적은 자본투자, 신속한 성장과 확장, 부가적인 매출과 이익, 시장점유율 향상의 잠재력 등이다. 세계 경영환경의 변화에 적응하고 직접투자의 위험을 피하기 위해 많은 체인호텔들이 프랜차이즈를 주요한 해외시장 진출전략으로 이용하였다. 한편, 거대한 경제권역이나 국가에서 다국적 체인호텔들은 Master Franchising을 이용하였다. 일부 지역 또는 권역에서 현지국의 기업들과 Master Franchising 계약을 체결해 신속한 성장과 부가적인 이익을 올렸다. 일부는 성공하였지만 일부는 비즈니스 방식의 차이, 문화의 차이 등으로 충돌위험을 경험하기도 하였다.

438

4. 계약생산 및 서비스 아웃소싱

계약생산(contract manufacturing)은 라이센싱과 직접투자의 중간적 성격을 띠고 있지만 지분참여가 없다는 점에서 직접투자와 확실히 구분된다. 이 방식은 한 기업이 진출대상국 내에 있는 다른 별개의 기업에게 일정한 조건하에 제품을 생산하게 하고, 현지국이나 제3국에 대한 판매 및 마케팅은 자신이 직접 담당하는 것을 말한다. 대개의 경우 원하는 명세(specification)에 따른 제품을 얻기 위해 현지의 생산업체에게는 기술제공이나 기술적 지원이 이루어진다, 물론 이러한 기술이전은 별도의 공식적인 라이센싱 계약을 통해 이루어질 수도 있다.

기업이 자체적으로 수행하지 않고 계약을 통해 외국의 다른 기업에게 맡기는 외주(outsourcing)는 부품이나 완제품 생산 등 제조활동에 국한되지 않는다. 최근에는 IT(information technology) 및 업무처리(BPO: business process outsourcing)를 중심으로 하는 서비스부문에서도 해외 아웃소싱이 활발하게 이루어지고 있다. IT, 회계, 재무, 인사관리와 같이 경영활동 전반을 지원하는 업무나 고객서비스 활동 등을 외국에 있는 기업에 맡기는 것이다.

5. 관리계약

국제 관리계약(management contract, 위탁경영계약)은 계약에 의해 한 기업이 외국의 특정 기업의 일상적인 경영활동을 대신 수행해 주고 그 대가를 받는 형태의 시장진입 방법이다. 이는 신규사업이 아닌 기존의 영업활동에 국한되는 것이 일반적이다. 관리계약이 상당히 보편적인 형태의 해외시장 진입방식으로 통용되는 분야는 호텔산업이다. 관리계약은 지분참여방식(해외직접투자)을 제외하면 호텔산업에서 해외시장에 진출할 때 프랜차이징과 함께 흔히 사용되는 방법 중의 하나이다.

일반적으로 개발도상국에 진출할 때 프랜차이징에 비해 관리계약을 선호하며, 럭셔리호텔 등 고급호텔일수록 관리계약을 선호하는 경향이 있다. 브랜드에 걸맞은 서비스 수준과 이미지의 통일을 유지하기 위해서는 유능하고 경험 많은 파트너가 존재하거나 경영에 직접 참여하는 것이 바람직하기 때문이다. 관리계약을 선호하는 다국적호텔그룹의 대표적인 예로는 Hyatt, Hilton, Marriott, Accor, Shangri-la, Four Seasons 등과 같은 체인호텔이 있으며, 이에 비해 Best Western은 프랜차이징 방식을 선호한다. 그러나 이제는 일부라도 자기자본투자가 전혀 없는 위탁경영계약을 찾아보기가 쉽지 않다.

6. 턴키계약

턴키계약(turnkey contract)은 일반적인 진입방법이라기보다 진출대상국 정부 혹은 상대기업의 요청에 의해 특정 산업분야에서 활용되는 해외시장 진입방법이다. 중화학 공업이나 여타 설비를 건설해 주고 가동 직전의 단계까지 준비해 준 후 인도하는 방식으로 보통 플랜트(plant) 수출이라 일컫기도 한다. 한 걸음 더 나아가 발주자가 해당 프로젝트를 독자적으로 운영할 수 있도록 관리 및 기술상의 지원까지 제공하는 수가 있는데 이러한 형태의 계약을 턴키 플러스(turnkey plus)라 부른다.

7. BOT방식

BOT란 build, operate, transfer의 약자로서 공장이나 설비를 건설(build)한 후 일정기간 동안 직접 운영(operate)함으로써 투자비 및 이익을 회수하고 설비를 현지 정부나 기업에게 이양(transfer)하는 형태의 국제사업방식이다. BOT방식이 턴키계약과 다른 점은 턴키계약재원조달을 발주자가 하고 소유권도 발주자에 있으며 발주자의 대금지급이 투자자의 수입원이 되는데 비해서, BOT방식은 투자자가 재원조달을 하고 소유권은 투자자에서 발주자로 이양되며 투자회수는 설비의 운영수익으로부터 이루어진다는 점이다.

8. 단독투자와 합작투자

해외직접투자(FDI, foreign direct investment)는 목표시장 내의 제조 및 생산시설에 대한 지분 참여와 함께 직접 경영활동을 담당하는 형태의 시장진입 방법이다. 이러한 투자형태에는 모든 부품을 본국에서 수입하여 단순조립과정 만을 거치는 조립공장에서부터, 모든 생산과정을 전부 해결하는 업체에 이르기까지 다양한 형태가 있다.

해외직접투자는 투자기업의 지분 확보 비율에 따라 모기업이 100%의 지분을 가지고 전적인 경영권을 행사하는 단독투자(sole venture)와, 다른 기업(대개 현지기업)과 지분 및 경영권을 공유하는 합작투자(joint venture)로 구분할 수 있다. 또한 기업의 설립형태에 따라 새로이 기업을 설립하는 경우(new establishment)와 기존 기업에 대한 인수 및 합병(acquisition/merger)으로 구분할 수도 있다.

9. 신설과 인수·합병

신설(greenfield investment)과 인수·합병(M&A: merger & acquisition)은 투자대상 기업의 설립형태에 따른 구분인데, 신설이란 기업을 처음부터 새로 세우고 경영활동을 전개하는 것을 말하며 인수나 합병은 이미 존재하고 있는 현지대상국 내의 기존 기업경영권을 확보하는 형태의 해외직접투자이다. 신설은 greenfield investment, new establishment, start-up 등의 영어에 해당된다.

제14장 | 호텔·관광기업의 윤리경영

제1절 윤리경영의 중요성

1. 기업윤리의 시대 도래

21세기에 들어 기업경영에서 윤리가 중요한 문제로 등장하고 있는 이유는 다음과 같다.

첫째, 향후 미래사회는 고도의 기술과 정보통신산업이 주도하는 정보화사회, 지식기반사회로 나아갈 것으로 미래학자들은 예측한다. 여기서 고도의 기술(high technology)이 잘못 사용될 경우 인류에게 엄청난 재난을 가져올 것이므로 이 고도의 기술을 통제할 수단으로 기업윤리의 개념을 내세우고 있다. 또한 새로운 세계질서 구축을 위해 세계적으로 적용될 보편타당한 개념으로 범세계 윤리에 대해 논의하고 있다.

둘째, 선진국들은 그들의 경쟁력은 기업윤리에서 나온다고 인식하고 있으며 기업윤리를 국가의 기반시설로 인식하고 있다. 예를 들어 경제선진국에서는 국제상거래 뇌물방지 협상을 마무리 짓고 윤리 인프라에 대해 논의하고 있다.

세계화·국제화의 진전과 함께 기업의 현지화가 확대되고 있는 가운데 WTO와 OECD 등이 새로운 국제적 장벽과 규범을 내놓고 있어 우리 기업들은 생존을 위한 산업구조 및 기업구조조정에 내몰리고 있다. 새로운 국제적 장벽과 규범은 이를테면 환경문제를 무역과 연계시키는 GR(Green Round), 노동문제와 무역을 연계시키는 BR(Blue Round), 기술문제와 무역을 연계시키는 TR(Technology Round), 경제문제의 공정경쟁과 무역을 연계시키는 CR(Competition Round), 기업윤리와 무역을 연계시키는 ER(Ethics Round) 등이 있다[1]. 이제 세계경제 무대에서는 건전하고 공정한 경쟁시장이 펼쳐지는 것이다.

셋째, 21세기 세계흐름은 정부나 다국적기업보다는 점차 매머드급 자본을 소유한 企業파워, 그린피스를 중심으로 한 초국가적 市民파워, 세계적 미디어를 소유한 超政府파워, 세계적 문화레포츠를 구가하는 消費파워가 등장하여 세계를 주도하는 것으로 예측되고 있다. 이들 파워 집단들(power groups)이 세계를 주도할 것이며, 특히 기술, 지식, 정보, 자본을 소유한 기업파워가 인류에게 상당한 영향을 끼칠 것이다. 이러한 시대에 미래기업은 국가, 인종, 문화 등의 다양성을 포함하고 인류에게 지도력을 발휘할 수 있

---

1) 윤대혁(2005), 글로벌시대의 윤리경영, 무역경영사, pp.24-31.

어야 하며, 인류복지증진과 새로운 세계질서에 기여할 수 있는 기업철학과 기업윤리를 필수적으로 정립해야 한다.

이렇듯 시대적으로 기업윤리가 필수적이며 이 시대를 윤리의 시대라고 보는 것이다. 세계경제가 국제교역시장에서 '부패방지 라운드'를 활발하게 추진하는 상황에서 한국도 국가 구성조직이 조직윤리(organization ethics)와 실행시스템(compliance system)을 신속히 갖추어야 할 것이다.

2. 윤리경영과 기업이익

1) 기업윤리와 사회이익

경영자들은 흔히 기업윤리에 관한 의사결정을 할 때 자기이익모델(self-interest model)을 이용한다. 자기이익모델이란 기업이 이기적인 활동이 가장 많은 사람에게 가장 큰 혜택을 주므로, 기업활동의 목표는 이익극대화이고, 법규와 업계의 관행대로 행동하며, 능률적으로 해야 한다는 것이 기본개념이다.

그러나 현대사회에서 기업은 개인소유물이 아니고 사회적인 존재이므로 기업이 존속하고 성장하려면 사회이익모델(social-interest model)을 이용해야 한다. 즉 기업은 사회가 필요로 하는 서비스를 제공해야 하고, 그러기 위해 사회가 필요로 하는 가치를 창조하고 그것을 전달하는 것을 목표로 삼아야 하고, 그 대가로 수익을 얻으며, 사회와 오래 지속하는 관계를 유지하도록 해야 한다. 물론 기업은 경제적 조직이므로 적절하고 정당한 수익은 사회이익모델의 필수조건이다.

〈표 14.1〉 기업윤리의 자기이익모델과 사회이익모델

구 분	자기이익모델	사회이익모델
목 적	이익의 극대화	가치의 창조
시간영역	단기적	장기적
행동준칙	법규와 업계의 관행대로	봉사에 대한 적절한 보수 기대
기본가정	기업의 자기이익추구가 최대다수에게 최대이익	사회가 필요로 하는 가치의 제공
수 단	가급적 능률적 방법	지속되는 관계 유지

2) 기업윤리와 기업이익

일반적으로 조직의 윤리수준과 장기적 이익은 직접적인 관계에 있다고 한다. 기업의 윤리수준 향상은 그 기업의 장기적 이익에 공헌하는데, 이는 <그림 14.1>에 나타난 바와 같다.

기업이 윤리수준을 높이 유지하면 기업내부와 기업외부의 두 방면에 영향을 미친다. 윤리수준이 높은 회사의 이미지는 상표 이상으로 큰 재산적 가치를 가지며, 일반적으로 윤리수준이 높은 기업의 주가는 일반 주가평균보다도 훨씬 빠르게 상승한다는 것이 일반적인 견해이다. 그러나 윤리수준을 지키지 못해 기업이미지가 폭락해서 실패하는 기업은 많다.

오늘날 국제화 및 개방화 시대의 기업은 기업윤리수준도 국제적으로 통용될 수 있어야 한다. 윤리수준이 낮은 기업은 주가상승이 어렵고 자금조달이 더 어렵다. 또 자금을 빌려도 높은 이자를 지급해야 하고 국제거래에서도 불이익을 당한다. 그 반대로 윤리수준이 높은 기업은 그 자체로서 다른 기업과 차별화된다. 따라서 기업윤리 자체가 국제화·개방화 시대에 중요한 경쟁력이 되고 있다.

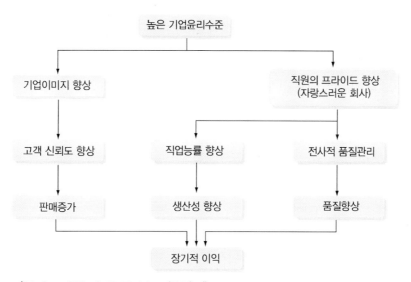

자료. Lee, C.Y., & H. Yoshihara(1997), "Business Ethnic of Korean and Japanese Managers", *Journal of Business Ethnics*, 16, Jan., p.15.

〈그림 14.1〉 기업윤리와 기업이익

3. 기업윤리의 성격

기업윤리는 나름대로 독특한 성격을 지니고 있는데, 요약하면 다음과 같다.

첫째, 가변성이다. 기업윤리는 시대와 상황에 따라 동태적으로 변화하며 그러한 변화는 사회가 기대하는 방향으로 점차 그 수준이 높아져 간다는 사실이다.

둘째, 기업윤리는 일반법규와 달리 강제적 구속력 내지 집행력이 없다는 점이다.

셋째, 기업윤리는 그 자체의 암시적 혹은 묵시적 성격으로 인해 구체적인 기준이나 지침을 제공하지 못하는 한계성을 지니고 있다는 점이다.

기업의 윤리문제는 대부분 기업구성원(경영자, 종업원)과 관련된 것이고, 그 나머지는 고객 및 사회공동체와 관계되는 것이다. 그리고 환경, 제품의 안정성, 종업원의 건강, 기업기록의 안전보장, 주주의 이익, 작업장의 안전 등의 문제가 특히 중요한 윤리적 이유로 등장하고 있다. 특히 기업구성원의 이기심과 이윤확보를 위한 치열한 경쟁, 그리고 기업목표와 개인 가치관의 상충 및 전통적 문화나 가치관의 상이함이 주로 윤리상의 문제를 야기하는 원인으로 제기되고 있다. 기업경영에서 윤리문제의 성격을 요약한 것이 <표 14.2>이다.

이상에서 기업윤리, 사회이익, 기업이익 간에 관계를 살펴보았는데, 이제는 윤리가 기업경영 정책결정에 핵심적인 역할을 해야 한다는 것을 알 수 있다. 여기서 '윤리경영'이란 "기업의 경영정책 결정에 윤리적 요소를 포함시켜서 기업의 지속가능한 발전을 위한 경영방법"이라고 정의를 내릴 수가 있을 것이다.

〈표 14.2〉 기업경영상의 윤리문제

발생 이유	윤리문제의 성격		지배적 사고 및 논리
기업구성원의 사리사욕	개인이익과 타인이익의 문제	자기이익중심 (이기주의)	개인적 이익에의 집착
사회 전반의 치열한 경쟁	사회이익과 타사 이익의 문제	손익계산주의 (실리주의)	경쟁자 제압에의 집념
기업목표와 개인가치관의 상충	경영자의 관심과 구성원의 가치관 문제	권위주의적 (전제주의)	명령과 복종의 논리
문화 및 가치관의 상이	기업이익과 상이한 전통·가치관 문제	민족중심적 (민족주의)	옳고 그름에 대한 독단

자료. 윤대혁, 전게서, p.46.

4. 기업윤리의 이해관계자

1) 이해관계자의 개념

기업은 그 목적을 달성하기 위하여 기업활동에 관련된 사람들을 기업의 이익을 올리기 위한 도구로 이용해서는 안되며 관련된 사람들을 만족시키는 것 그 자체가 기업활동의 목적이어야 한다. 만일 기업이 목적달성을 위해 사람을 이용한다면, 적어도 그 사람들이 기업의 의사결정에 영향을 미칠 의사표시를 하도록 허용되어야 한다. 기업재산에 대한 소유권이 있다고 하더라도 그 권리가 다른 사람의 중요한 권리를 침해하면 재산권은 절대적일 수가 없다.

여기서 관련된 사람들이란 이해관계자(stakeholders)를 가리키는데, 이해관계자란 "기업의 행동에 의해 이익을 보거나 손해를 보고 권리가 침해당하거나 손상당하는 개인이나 집단"을 말한다. 주주(stockholder)가 기업에 대해 특정 권리를 주장할 수 있듯이, 이해관계자도 그들대로의 권리를 주장할 수가 있다.

이해관계자가 얼마나 직접 관련되느냐에 따라 분류해 보면 제1차 이해관계자(기업주, 주주, 경영자, 종업원), 제2차 이해관계자(고객, 협력업자, 경쟁자, 노동조합), 제3차 이해관계자(지역주민, 소비자단체, 정부, 여론)로 나눌 수 있다.

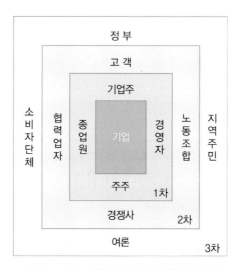

〈그림 14.2〉 기업과 이해관계자와의 관계

2) 이해관계자가 추구하는 가치이념과 문제

기업에 영향을 미치는 이해관계자는 다양한데 그들이 기업윤리에서 추구하는 가치이념과 문제는 각기 다르다. 이해관계자가 추구하는 가치이념을 중심으로 분류해보면 <표 14.3>과 같이 추구하는 가치이념과 문제들이 다양함을 알 수가 있다.

〈표 14.3〉 이해관계자가 기업윤리에서 추구하는 가치이념과 문제들

이해관계자	추구하는 가치이념	기업윤리에서 추구하는 가치이념과 문제들
1. 경쟁자	공정한 경쟁	불공정 경쟁(카르텔, 담합), 거래선 제한, 거래선 차별, 덤핑, 지적재산 침해, 기업비밀 침해, 뇌물 등
2. 고객	성실, 신의	유해상품, 결합상품, 허위·과대광고, 정보은폐, 가짜 상표, 허위·과대 효능·성분 표시 등
3. 투자자	공평, 형평	내부자거래, 인위적 시장조작, 시세조작, 이전거래, 분식결산, 기업지배행위 등
4. 종업원	인간존엄성	고용차별(국적, 인종, 성별, 장애자 등), 성차별, 프라이버시, 작업장의 안전, 단결권, 회사이익의 우선 등
5. 지역사회	기업시민	산업재해(화재, 유해물질 침출), 산업공해(소음, 매연, 전파), 산업폐기물 불법처리, 공장 폐쇄 등
6. 정부	엄정한 책무	탈세, 뇌물, 부정 정치헌금, 보고의무 위반, 허위보고, 검사방해 등
7. 외국정부, 기업	공정한 협조	탈세, 돈 세탁, 뇌물, 덤핑, 정치개입, 문화파괴, 법규 악용(유해물 수출, 공해방지시설 미비) 등
8. 지구환경	공생관계 모색	환경오염, 자연파괴, 산업폐기물 수출입, 지구환경관련 규정위반 등

제2절 기업활동과 윤리경영

1. 윤리적 마케팅관리

1) 마케팅윤리의 중요성

마케팅윤리(marketing ethics)란 기업이 환경변화에 능동적으로 적응하면서 최종소비자나 사용자의 욕구를 충족시킬 수 있는 제품이나 서비스를 가장 윤리적으로 제공하기 위해 상품, 가격, 유통경로, 광고 등의 경영활동을 효과적이고 윤리적으로 수행하려는 행동 또는 시스템을 의미한다. 마케팅 분야에서의 윤리적 문제는 소비자의 입장에서 볼 때 그 가시성이 매우 높기 때문에 소홀히 다루어서는 아니 된다.

마케팅 활동에 대한 윤리의식은 사회적 마케팅(social marketing) 개념과 함께 본격화되었다고 볼 수 있는데, 이 사회적 마케팅 개념은 기업의 사회적 책임(social responsibility)과 환경에 대한 책임(environmental responsibility)을 강조하는 개념으로, 기업이 사회적 책임을 다하는 일이 기업의 이미지를 제고하고 궁극적으로 기업의 목적을 달성하는 데 도움이 된다는 생각에 기초한다.

2) 제품·서비스관리의 윤리

기업은 소비자에게 안전한 제품·서비스를 제공해야 한다. 또한 제품·서비스 이용에 따른 모든 위험을 공시하여 소비자들이 구매하기 전에 그것을 알 수 있게 해야 하며, 제품·서비스의 원료, 성분, 내용 및 내용물 등이 명시되어 소비자들이 비교판단할 수 있도록 도와주어야 한다.

기업의 제품·서비스전략은 많은 윤리적 이슈를 내포하고 있다.

첫째, 제품안전의 문제이다. 예를 들면 장난감이나 테마파크, 항공기 등의 이용에서 제품 자체의 결함으로 안전사고가 발생하는 경우이다. 또한 오토바이나 자동차의 경우 제품 자체가 위험하게 만들어진 경우이다. 건강에 좋다는 식품 때문에 발생하는 위험도 있다. 허위·과장이나 건강에 치명적인 유해만을 가하는 식품인 경우도 있다.

둘째, 제조물책임 문제이다. 제조물책임(product liability: PL)이란 제품의 결함 또는 부족한 안전성으로 인하여 사용자가 인적·물적·정신적 피해를 당했을 경우, 그 제품의 공급자가 배상을 해야 하는 제도를 말한다. 이러한 제조물책임요건이 민법상 불법행위에 대한 책임요건과 다른 점은 민법상의 불법행위에 대한 책임은 제조업자의 고의나 과실이 입증되어야 하고, 그것과 손해발생 사이에 입증할 수 있는 인과관계가 존재해야 한다. 그러나 제조물책임의 경우에는 제조업자의 고의나 과실이 없어도 제조물 자체에 결함이 있고, 그 제조물의 결함과 손해발생 사이에 인과관계가 있으면 책임을 져야 한다. 우리나라는 2002년 7월 1일에 제품결함으로 인한 소비자의 피해보상을 보장하는 「제조물책임법」이 시행되었다.

제조물책임제도의 또 하나의 문제는 제품회수제도(product recall)인데, 이것은 애프터서비스(after service)에서 제품을 교환해 주는 것과는 다르다. <표 14.4>에서는 제조물책임제도와 제품회수제도의 차이점을 나타내고 있다. 법적으로 제품회수제도는 제품에 하자가 있을 경우 이를 제조·판매한 사업자가 스스로 하자 있는 제품을 수거·교환·수리·보상해 주거나 혹은 정부에서 그것을 명령할 수가 있다. 또한 애프터서비스는 사용자의 요구가 있을 경우에만 제품을 교환해 주는데 반해, 제품회수제도는 모든 사용자에게 제품을 수거·교환해 준다는 점에서 커다란 차이점이 있다.

〈표 14.4〉 제조물 책임제도와 제품회수제도의 차이점

구 분	제조물책임제도	제품회수제도
성 격	민사적 책임	행정적 책임
기 능	사후적 손해배상책임	사전적 제품회수
근거 법률	「제조물책임법」	「소비자기본법」, 「대기환경보전법」 「자동차관리법」, 「식품위생법」
요 건	1. 제조물의 결함이 있을 것 2. 손해가 발생했을 것 3. 결함과 손해의 인관관계가 있을 것	제조물의 결함으로 손해가 발생하였거나 손해가 발생할 위험이 있을 것

자료. 윤대혁(2005). 전게서, p.336.

셋째, 제품·서비스의 모조(모방)의 문제이다.

제품모조(product counterfeit)란 허가 없이 제품, 발명품 또는 상표나 서비스를 모방하거나, 제품의 원산지를 허위로 표시하거나 혹은 상표등록권을 침해하는 행위를 말한다. 제품모조행위에는 다른 회사의 제품 자체를 복사 또는 모방하거나, 아직 상품화되지 않은 다른 회사의 발명품을 복사 또는 모방하거나, 이미 시장에 나와 있는 다른 회사의 발명품을 복사 또는 모방하거나, 제품의 원산지를 허위로 표시하거나, 남의 상표를 도용하는 행위는 모두 해당되며, 이런 행위는 비윤리적 행위인 동시에 불법적이기도 하다.

넷째, 제품관리의 문제이다.

다음과 같은 제품들은 법적으로 규제는 하지 않지만 윤리적으로는 문제가 되고 있다. <표 14.5>에서 보는 바와 같이 사회적으로 가장 논란의 대상이 되는 제품은 술과 담배이다. 그리고 아무리 유용한 제품이라도 지구환경을 오염시키는 제품은 윤리적으로 문제가 된다. 교육적으로 문제가 있고 사회적 가치관에도 위배되는 폭력장난감이나 음란비디오, 무기 등과 같은 제품은 사회적 물의를 일으킨다. 그런데 어떤 것이 사회적 혐오제품이냐 하는 것은 견해가 다를 수가 있다.

〈표 14.5〉 윤리적 논란이 제기되고 있는 제품들

윤리적 논란의 문제	윤리적 논란의 대상이 되고 있는 제품
1. 사회적으로 해로운 제품	담배, 술, 무기 등
2. 공해를 유발하는 제품	• 에어로솔, 스프레이(오존층 파괴)소독약 • 과잉포장, 포장재(미분해 제품) • 화약제품, 세재 등 • 의료폐기물(병원) • 폭력장난감 • 음란비디오
3. 혐오제품	• 음란만화 • 무기모조품 • 음란광고

자료. 윤대혁(2005). 전게서, p.338.

3) 유통관리의 윤리

(1) 공정거래제도

상품유통과정에서 공정한 경쟁체제를 유지하고 이에 위반하는 불공정행위를 제재하기 위한 공정거래제도는 「독점규제 및 공정거래에 관한 법률」을 모법(母法)으로 한 3개의 파생법(하도급 관련, 약관규제 관련, 표시광고 관련)을 기본으로 하는 준법프로그램이다.

'공정거래법'에서 금지하는 주요한 불공정거래행위를 위반하였을 경우에는 그 정도에 따라서 경고, 시정권고, 시정명령, 과징금 부과, 고발, 과태료 부과 등의 조치가 취해진다. 이러한 위반행위를 사전에 예방하기 위해 기업차원에서 '공정거래 자율준수 프로그램'을 수립하여 운영하는 것이 필요하다. 이 프로그램은 기업 스스로가 공정경쟁을 지키는 기업문화를 조성하여 대외신용도를 높이고 위법행위의 결과로 생기는 막대한 손해도 사전에 예방할 수 있다.

(2) 생산자의 유통경로 관리의 윤리

자유시장 경제체제에서는 유통경로상의 힘의 역학관계에서 윤리문제가 발생한다. 유통과정에서 주도적인 지배역할을 하는 기관을 경로주장(channel captain)이라고 하는데 이것은 상품에 따라서 다르다. 우리나라에서는 공산품의 경우에는 제조업자가, 의류품의 경우에는 백화점이나 할인점 등 대규모 소매업자가, 농산품의 경우에는 중간상인이 '경로주장'의 역할을 하고 있다. 호텔·관광산업에서는 어떠한가? 소재공급업자인가 유통업(소매여행사)인가 도매여행업자(패키지상품생산자)인가?

유통과정에서 발생하는 윤리문제는 일반적으로 경로주장이 유통경로의 지배력을 남용하는 데서 나타난다. 이를테면 제조업자가 우월적 지위를 남용해 유통경로를 지배하는 행위는 비윤리적이다. 이러한 힘을 이용하여 대리점의 담보물제공과 대금지급에 관한 관행이 불공정하게 이루어진다면 경쟁을 제한하는 행위가 된다.

(3) 도매의 윤리

최근 유통 측면에서 도매상이 쇠퇴해 가고 있어 도매의 윤리는 크게 문제가 되지 않고 있다. 공산품의 경우에는 생산자의 직매점과 대리점이 전체 유통물량의 약 85%를 차지하고 있고 독립도매상은 불과 15% 정도이다. 그러나 관광산업에는 도매상(wholesaler)

이 패키지상품을 만들어 소매대리점에 판매하는데, 동시에 한편으로는 자사의 직영소매점을 이용해 패키지상품을 판매하면서 가격이나 혜택에서 자사 직영소매점에 유리하도록 불공정한 거래를 할 위험성이 있다.

한편, 최근 각종 체인점, 편의점, 프랜차이징의 발달에 따라 체인본부(또는 편의점본부)와 가맹소매점과의 관계에서 윤리적 문제가 발생한다. 이 때 체인본부는 경로주장이므로 자신의 힘을 이용해 생산자의 경우와 같이 윤리적 문제를 일으킬 수 있다.

체인본부나 편의점본부는 가맹점의 개점 시 입지선정, 점포개장, 경영지도, 상품선정 등에 협조를 해주고, 반면에 가맹점의 구입상품의 선정과 수량결정, 공급가격의 결정, 대금지급방법 등에 일방적인 영향을 미친다. 이 중에서 문제가 되는 것은 가맹점에 공급할 상품의 선정, 공급가격의 결정 및 공급자의 결정권을 체인본부가 가지고 있다는 점이다. 이러한 역학관계에서 다양한 비윤리적 문제가 발생할 수 있다.

(4) 소매의 원리

소매점의 규모가 증가함에 따라 유통에서 차지하는 영향력도 증가해 대규모 소매점(백화점, 대형마트, 할인점 등)이 경로주장이 되는 경우도 많아졌고 이제는 판매가격마저도 소매점이 결정하기에 이르렀다. 특히 의류나 중소기업 제품인 경우에는 더욱 그런 경향이 많은데, 호텔·관광산업에도 호텔예약이나 여행예약 관련 회사들이 난립하면서 그런 경향이 있다.

최근 성행하는 가격파괴는 소매점들이 판매가격을 결정하고 이 낮은 가격을 생산자에게 강요함으로써 상품·서비스의 가격결정권이 소매업자에게로 이동하고 있다. 이런 상황 속에서 대규모 소매업자, 예약사이트회사에 의한 비윤리적 행위가 나타난다. 첫째로, 상품을 선정하고 구입하기 위해 납품업자와 구매계약을 하는데 비윤리적 일이 생긴다. 예를 들면 직원들이 납품업자로부터 금전적 혜택을 받는다거나, 대금지급조건을 일방적으로 소매업자에게 유리하게 할 수도 있고, 팔고 남은 상품의 반품조건을 소매상에 유리하도록 납품업자에게 강요할 수도 있다. 둘째, 소매점의 세일가격 광고도 자주 윤리적 문제를 일으킨다. 세일가격 할인율의 기준이 불분명하며, 고의로 높은 할인율을 주장하기도 하며, 최근 상당기간 동안 판매한 가격 또는 변동된 최저가격보다, 실제로는 소비자 권장가격을 기준으로 할인율을 표시하거나, 고의로 높게 판매한 가격을 기준으로 할인율을 표시하는 경우도 있다2).

(5) 구매관리의 윤리

서비스업, 제조업, 비영리기관(병원 등)은 공급업자를 통해 필요한 비품(부품)이나 제품을 공급받는데 이 때 그 접촉부서가 구매부서다. 이러한 구매관리에서 비윤리적 행위가 발생할 수 있다.

첫째는 구매부 직원이 자기 개인의 이익을 조직의 이익보다 더 중요시할 경우에 각종 비리가 생긴다. 둘째는 구매회사가 우위적인 입장을 이용해 공급회사에 부당한 압력을 가하는 경우이다. 이러한 구매자와 공급자 간의 윤리적 문제를 방지하기 위해서는 기업의 방침이 정해져야 하고, 윤리적 가치를 강조하고, 구매행위 표준을 채택해 시행하여야 한다.

4) 광고·촉진관리의 윤리

광고·촉진의 윤리문제가 복잡한 것은 다음과 같이 네 가지 다른 부문이 있기 때문이다. 첫째로, 광고 그 자체인데, 광고를 통해 기업이나 조직이 커뮤니케이션 하고 싶은 메시지와 그 메시지를 전하는 방법이 문제가 된다. 상품이나 서비스를 알리거나 소비자를 설득하는 과정에서 과도하게 공격적이 될 수 있고 과장도 생길 수가 있다. 광고의 사회적 영향력이 커짐에 따라 그에 대한 비판의 소리도 높아지고 또 이것을 옹호하는 견해가 나타나기도 한다.

둘째로, 광고주의 문제인데, 기업의 마케팅 팀장, 영업이사 등이 광고비 지출을 승인하고 광고의 목적을 정하는 과정에서 문제가 생긴다. 일반 성인들은 대체적으로 광고를 보고 합리적으로 판단할 능력이 있다고 보지만, 어린이, 노년층, 시장을 잘 모르는 사람들을 목표로 하는 광고는 그 윤리성이 문제가 되고 있다.

셋째로, 광고대행사는 광고주의 희망에 따라서 광고주의 마음에 드는 광고를 기획해야 하는데 이 과정에서 윤리적 문제가 생긴다. 광고대행사는 광고주를 위해 광고를 기획하고 제작하여 매체에 실어서 시청자에게 전달되도록 하는 기관이므로 광고의 윤리문제가 나오면 광고대행사가 가장 먼저 논란이 되게 된다,

---

2) 윤대혁, 전게서, p.346; 이종영(2007). 기업윤리-윤리경영의 이론과 실제, 삼영사, p.386f.

넷째로, 광고매체는 아무 광고라도 다 전달해 줄 것인지 또는 윤리적으로 문제가 되는 광고는 거절해야 할 것인지도 문제가 된다. 이렇게 광고에는 여러 관계자가 관련되어 있으므로 문제가 더욱 복잡해진다.

5) 가격관리의 윤리

가격은 윤리적 평가가 가장 어려운 문제이다. 그 이유는 가격결정에는 일정한 교과서적인 원칙이 없고 경영자가 그 때의 상황에 따라서 결정하는 것이 대부분이기 때문이다. 그러나 기업의 가격정책은 다른 마케팅믹스 분야에 비해 가장 강한 법적 규제를 받고 있다. 기본적으로 기업 간에 공정한 경쟁을 저해하는 가격전략은 법적으로나 윤리적으로 허용될 수 없다

경쟁업체와 수평적 가격담합(horizontal price fixing)을 한다든지, 생산업자(제조업자)가 중간상(도매나 소매)과 수직적 가격담합(vertical price fixing)을 한다든지 하는 경우이다. 또한 경쟁업체를 시장에서 몰아내기 위해 가격을 내리는 약탈적 가격전략(predatory pricing)을 사용하는 것도 문제가 된다.

광고와 마찬가지로 소비자를 기만하는 가격전술은 비윤리적이다. 어떤 제품이나 서비스이든 설치, 배달 등을 포함한 전체가격을 공시해야 함은 물론이다. 특별한 원가 차이도 없이 동일제품을 소비자들에게 상이한 가격으로 판매하는 행위나, 고객을 저가로 유인한 뒤 고가품을 구매하게 하려는 행위 역시 윤리기준에 위배된다.

6) 판매원 · 영업사원 · 접객종사원의 윤리

판매원 · 영업사원 · 접객종사원은 최종소비자와 접촉(encounter)하기 때문에 윤리문제는 더욱 중요하다. 예컨대 10월 31일에, 오늘이 세일하는 마지막 날입니까? 라고 묻는 소비자에게 10일 후에 더 큰 세일이 시작된다고 말해야 하는지? 딜럭스 룸과 가격 차이가 얼마 나지 않은데도 스탠다드 룸이 많이 남아 있어, 그 가격 차이를 말하지 않고 스탠다드 룸을 팔아야 할지? 이러한 경우 직원의 행동과 소비자의 눈에 비친 직원의 이미지는 바로 회사의 이미지와 직결된다. 그들은 현장에 있는 그 회사의 대표가 되는 것이다.

그러면 판매에서 윤리적으로 문제가 발생하기 쉬운 것은 어떤 부문일까?

첫째는 공금의 사적 이용이다. 판매원(특히 영업사원, 영업소 직원)은 회사를 떠나서 고객을 찾아다니면서 많은 비용을 쓰게 되는데 이 중에 판매를 위해 쓴 '공적 비용'과, 판매와는 관계없이 개인적으로 쓴 '사적 비용'의 구별이 잘 되지 않는 경우가 많다. 회사의 휴대전화를 이용해 친구나 가정에 장시간 통화하기도 하고, 회사 자동차를 이용해 가족 나들이를 하기도 한다.

둘째는 고객관계에 보다 심각한 윤리적 문제가 발생할 수 있다. ① 판매할당량을 달성하기 위해 거래처에게 재고량이 현재 있는 것밖에 없으니 사두라고 권유하는 경우, ② 필요 이상의 기능을 가진 상품이나 또는 고가품을 권유하는 경우, ③ 납품기일을 지키지 못할 줄 알면서도 납품약속을 하는 경우, ④ 제품·서비스의 기능만 과장해 말하고 결점을 숨기는 경우, ⑤ 거래처 회사구매 관계자에게 뇌물을 주는 경우 등이다.

셋째, 간접적으로 경쟁사와 윤리문제가 발생할 수 있다. ① 경쟁사의 상품과 직접비교는 가급적 피하고 객관적, 과학적 자료 등을 제시하여 비교해야 한다. ② 경쟁사 제품에 고의로 흠을 내 놓고서는 그 제품이 나쁘다고 말하거나 인식시키는 것은 비윤리적이다. ③ 비윤리적인 방법으로 경쟁사의 제품·서비스에 관한 정보를 획득하는 경우이다. 벤치마킹이라도 정보 수집에 비윤리적 방법은 피해야 한다.

2. 윤리적 인적자원관리

1) 인적관리 윤리의 중요성

최근 기업을 비롯한 조직경영에서는 지식사회로의 변화와 유연성이 높은 신축적 조직으로의 변화, 개인근로자의 태도변화 등과 같은 새로운 기업환경이 조성됨에 따라 인적자원관리의 새로운 패러다임이 요구되고 있다.

산업혁명 이후 대량생산시대에서 우주시대로, 인터넷을 통한 정보화시대로 발전하였다. 오늘날에는 과거의 지식과 현대의 지식을 결합해 새로운 지식으로 변화시킬 수 있는 사람이 절실히 요구된다. 탈자본주의사회에서는 지식이 생산수단이 되고 이윤창출의 원동력이 되며 사회발전의 중심축이 되고 있다. 특히 반도체, 인공위성, 컴퓨터, 인터넷 그리고 각종 서비스업 등의 출현은 바로 지식사회로의 변화와 지식근로자의 필요성을 말해준다. 지식사회의 도래와 함께 지식근로자의 출현은 기업경영의 프로세스 자체를 재검토하게 만들고 있으며, 새로운 인적자원관리의 필요성이 한층 요구된다.

인사관리의 환경도 급격히 변화하고 있다. 국민소득의 증가로 사람들의 직업관이 변화하고 교육수준의 고학력화, 사회 위계질서의 변화(팀제, 네트워크 방식 등), 인화적 인사관리의 한계(개인주의, 자기실현 등), 연공서열제의 변화(능력주의, 연봉제 등), 여성취업의 증대, 기업활동의 국제화(세계에 통용되는 보편적 윤리), 종업원 역할의 변화(계약사원화, 부하에서 이해관계자로) 등은 기존의 인사관리체제로부터 탈피하여 더 높은 윤리의식 수준과 단계를 한층 요구하기에 이르렀고 새로운 윤리적 인사관리 정책 수립이 더욱 중요하게 되었다.

2) 종업원의 권리

윤리적 인사관리의 입장에서 보면 회사와 종업원의 관계는 평등한 사회계약이라고 보고, 종업원의 당연한 권리를 이해하고 인정하고 한 걸음 더 나아가 종업원의 권리를 찾아서 보호해주는 새로운 개념이 필요하다.

일반적으로 종업원은 여러 권리를 가지고 있는데, ① 일할 권리, ② 정당한 보상을 받을 권리, ③ 사생활을 보호받을 권리, ④ 안전한 작업장을 요구할 권리, ⑤ 근로생활의 질 향상에 대한 권리, ⑥ 외부활동을 자유롭게 할 수 있는 권리, ⑦ 단체행동을 할 수 있는 권리 등이 있다[3].

이것을 <그림 14.3>과 같이 기업윤리의 영역에는 도덕적 권리와 법적 권리가 포함된다. 법적 권리는 개인의 투표권과 같이 법률의 공식성을 전제로 하고, 도덕적 권리는 진실을 알고 거짓말로부터 보호받는 권리 등 법적인 규정을 요구하지 않는 사회규범이나 사회윤리 관점에서의 권리들이다. 기업구성원들은 기업체의 업무를 수행하는 과정에서 법률상의 권리를 보장받는 것은 물론 나아가서는 도덕적 권리도 보장받을 것을 기대하고 있고, 따라서 바로 이 도덕적 권리에서 윤리적 문제가 많이 대두된다.

---

3) 이종영, 전게서, pp.323-330; 윤대혁, 전게서, pp.294-301.

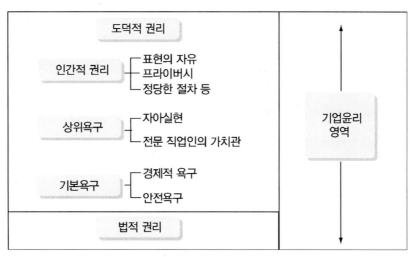

자료: 박헌준 편저(2002), 한국의 기업윤리-이론과 현실, 박영사, p.263.

〈그림 14.3〉 구성원의 권리와 기업윤리

3) 종업원의 의무

기업구성원들은 고용 당시부터 기업체와의 관계에 있어서 상호간에 이해된 업무와 역할을 수행할 책임과 의무가 있고, 또 그 이외에도 사회가 기업체의 정당성을 인정하는 상황에서 기업의 정당한 목적을 달성하는데 그 과정에서 기여할 책임과 의무가 있다.

종업원의 의무는 종업원 복무규정이나 윤리강령 또는 종업원행동지침에 명확하게 명시하여 종업원들 각자가 그 내용을 숙지하고 스스로 지킬 수 있도록 하여야 한다.

종업원의 의무로는 크게 ① 상사의 명령에 복종할 의무, ② 회사에 충성해야 할 의무, ③ 회사의 영업비밀을 보호할 의무, ④ 회사의 이익을 해치지 않을 의무, ⑤ 직장을 떠나는 경우의 예의 등이다.

〈표 14.6〉 종업원이 준수해야 하는 영업비밀

1. 특별히 보완조치를 하고 있는 정보
2. 상당한 비용과 시간과 노력을 투입하여 개발한 정보
3. 자사의 경쟁적 지위에 영향을 미칠 수 있는 정보

〈표 14.7〉 한국기업에서 바라는 이직 예의

1. 적어도 1개월 전에 사직할 뜻을 회사에 알려라.
2. 진행 중인 일은 마치던지 또는 정확히 인계하라.
3. 전 회사의 업무상의 기밀은 이직 후에도 지켜라.
4. 상사, 동료들과의 갈등관계는 풀고, 이직 후에도 관계를 유지하라.
5. 마지막 날까지 업무에 충실하라.
6. 휴가 등 자기 몫을 너무 철저히 챙기는 것을 삼가라.
7. 가급적이면 직접 경쟁회사로의 전직은 피하라.
8. 이직 후에도 전 회사에 대한 험담은 하지 마라.

4) 내부자신고(공익신고제)

내부자신고(whistle blowing)[4] 또는 공익신고제란 조직활동이 비윤리적이거나 사회적으로 유해하다고 판단될 때, 조직 내의 현직 종업원이 직속상사를 뛰어 넘어 윗사람에게 그 내용을 보고하든지(내부고발), 또는 대외적으로 매스컴이나 정부의 관련기관에 그 정보를 알리는 행위(외부고발) 또는 대리신고를 말한다.

내부자신고(공익신고제)는 윤리적인가 비윤리적인가, 조직에 반역행위인가 충성행위인가, 고발할 윤리적 의무가 있는가 없는가, 어떤 경우에는 공익신고를 해야 하고 어떤 경우에는 해서는 안 되는가 등에 관한 논의가 많다.

3. 윤리적 운영관리

1) 윤리적 운영관리의 의의

호텔·관광기업은 주로 서비스상품을 동시에 생산하고 판매한다. 서비스거래에는 주로 전달(delivery)이 이루어지며 생산과 동시에 소비된다는 서비스상품의 특성에 따라 운영 측면이 매우 중요하다. 그럼에도 불구하고 운영관리에 대한 이론적 바탕이 확고하게 확립되어 있는 것은 아니다. 본서에서는 기존의 생산관리의 윤리를 참고로 하고, 거

---

4) whistle blowing은 축구경기 도중에 반칙을 하면 호각(whistle)을 불어서(blow) 위반사실을 공개한다는 의미에서 유래한 단어이다. 내부자고발이라는 부정적인 의미를 퇴색시키기 위해 최근에는 공익신고제라는 용어를 사용하고 있다.

기에 서비스운영 측면에서 윤리적 운영관리를 더하기로 한다.

우선 생산관리란 고객이 요구하는 질 좋은 제품과 서비스를 필요시 필요한 양을 적절한 가격으로 생산·공급하는 목표를 달성하기 위해 생산시스템을 설계하고 이를 관리하는 것이다. 운영관리는 이러한 생산·공급을 위해 서비스제공프로세스를 원활히 운영하는 것을 말한다. 조금 더 엄밀히 말하면 제조업의 생산관리에서 서비스 측면이 강조되면서 생산·운영관리라 부르는 편이 더 나을 것이다. 이에 관한 내용은 제5장에서 언급한 호텔·관광기업의 생산·운영관리의 장(章)을 참고하면 더 이해가 빠를 것이다.

생산·운영관리의 윤리문제는 주로 다음 분야에서 발생한다.[5]

첫째, 경영자 또는 관리자(매니저)의 생산운영활동 관련 의사결정에서 윤리문제가 발생하는데, 기술개발, 부품조달, 생산운영활동, 근로자관리, 작업장관리, 지역사회의 보호 등에서 대두된다.

둘째, 근로자의 생산운영활동과 관련된 윤리문제이다. 전문적 직업인으로서의 장인정신, 작업의 생산성 향상, 생산품의 품질관리 등에서 윤리문제가 발생한다.

셋째로, 생산물(제조물) 및 제공물의 결함에 관한 윤리문제이다. 생산물이 결함 없이 설계·제조·제공되어야 하고, 불량품이나 잘못 제공된 서비스상품은 신속히 회수(recall)·회복(recovery)되어야 하며, 그 결함이나 실수에 대해서는 적절한 책임을 지고, 그러한 결함이나 실수가 생기지 않도록 관리하는 문제가 생긴다.

넷째로, 자재나 부품 또는 원자재를 공급하는 협력사(또는 소재공급업자)와의 정보공유, 원활한 공급체계, 공생을 위한 협력체계 등에서 윤리문제가 생길 수 있다.

2) 경영자와 근로자의 운영윤리

(1) 경영자의 운영윤리

경영자의 윤리적 운영관리에는 기술개발, 자재부품, 근로생활의 질 향상, 지역사회 등 윤리적 문제를 인식해야 한다.

첫째, 생산운영활동의 시작은 새로운 기술개발이므로 이 과정에서 여러 가지 윤리적 문제가 생긴다. 기업에서 기술을 습득하는 방법은 도용, 모방, 개량, 라이센싱, 창조 등

---

5) 윤대혁, 전게서, 12장; 이종영, 전게서, 10장 참조.

5가지 방법이 있는데, 이 중에서 도용과 모방이 윤리적 문제를 일으킨다. 특히 서비스업에서는 다른 기업의 기술이나 노하우를 과도히 모방하여 윤리적으로 자주 문제가 되고 심하게 모방하면 범죄행위로까지 규정된다. 산업스파이를 시켜 비밀을 알아내어 모방한다든지, 신상품 개발에 종사했던 중심인물을 스카웃 해오는 경우도 있다. 그러나 이런 행위는 윤리차원을 넘어서 범죄행위에 속한다.

둘째, 상품생산에 이용하는 자재와 부품, 원재료 등에 윤리적 문제가 있는 경우가 많다. 원가절감을 위해 질이 떨어지지만 법적으로 문제가 없는 자재 또는 부품을 쓰고, 그렇다는 사실을 광고 또는 제품에 표시하는 경우에는 윤리적인 문제가 되지 않는다. 그러나 값싼 자재나 부품이 이용되었다는 것을 소비자에게 알리지 않으면 이것은 문제가 된다. 식품첨가제의 경우, 국내에서는 불법인데 개도국에서는 아직 그런 규정이 없는 나라에 수출하는 것도 윤리적으로는 옳지 못하다. 따라서 소비자가 알아야 할 정보는 소비자가 묻지 않더라도 공개하여야 한다. 한편, 법에서 인정되지 않은 원자재를 사용하였을 경우에는 윤리문제의 범위를 벗어나서 범죄행위가 된다.

셋째, 근로생활의 질(Quality of Working Life: QWL)은 근로자의 근로환경과 근로조건을 인간다운 수준에서 유지하는 것을 말하는데, 경영자가 이것을 실행하지 못하면 비윤리적 행위가 된다.

넷째, 기업은 그 지역사회에서 노동력을 제공받고 지역사회의 물과 환경을 이용하며 지역사회의 환경에 영향을 끼친다. 그렇기 때문에 기업은 지역사회의 일원이고 따라서 그에 따른 의무가 있다. 생산 측면에서 지역사회와 관련하여 두 가지의 윤리적 문제가 생길 수 있다. 그 하나는 공장(사업장)위치이고 또 다른 하나는 환경보호문제이다. 특히 후자는 공장폐수, 매연, 산업쓰레기, 대형트럭의 통행량 증가 등 지역주민에게는 사활의 문제이다. 기업측은 환경이 생산원가에 영향을 미치기 때문에 경영자가 환경에 관한 결정을 할 때에는 윤리적 문제에 자주 직면하게 된다.

(2) 근로자의 운영윤리

전술한 윤리적 인적자원관리에서 종업원의 권리, 종업원의 의무를 참고로 하고 근로자의 운영윤리를 설명하고자 한다.

근로자는 기업의 가장 소중한 요소이고 가장 소중한 자산이다. 경영자가 아무리 윤리적인 경영을 하려고 해도 근로자들의 윤리수준이 높지 않으면 효과가 나지 않는다. 근로자의 활동 중에 특히 품질관리, 생산성, 전문인 정신, 대면관계 등에 문제가 발생할 수 있으며, 기업은 근로자의 윤리수준 향상을 위해서 많은 노력을 기울여야 한다.

3) 협력회사와의 관계

호텔·관광기업은 생산업체 및 농수산업체에서 다양한 품목을 구매하고 또한 외부용역(아웃소싱)을 활용하여 원가절감, 서비스개발 및 재고관리 개선에 이용하고 있다. 호텔·관광기업에서 최종서비스의 품질은 이들 구매품목 및 아웃소싱 기업이 제공하는 서비스의 품질에 의해 크게 영향을 받는다. 구매 및 서비스 관련 협력부문은 경비, 청소, 운송 및 배달, 차량, 인력, 건물보수, 보급수송 등이 1차적 대상이지만, 금융, 보험·법률, 설계(건물, 상품, 서비스프로세스), 광고뿐만 아니라, 교육·훈련, 정보시스템 개발, 자재, 비품 및 소모품, 중간투입서비스 등 최근 외부용역 범위 및 대상도 확대되고 있다. 그러므로 운영관리에서 협력회사(줄여서 협력사)와의 관계는 대단히 중요하며 협력사와의 윤리적 문제가 중요시 된다.

첫째, 윤리적인 측면에서 가장 중요한 것이 생산관계인데 협력사와의 관계는 품질, 원가, 납품 및 납기, 관리 등 QCDM(Quality, Cost, Delivery, Management)이 그 핵심이다.

둘째, 제품 및 서비스 개발인데, 협력사에서 제공하는 기술이나 노하우는 제품의 경쟁력 확보에 중요한 역할을 한다. 그러한 해당 부품이나 원자재, 노하우를 제공하는 협력사의 협력이 절대적으로 필요하다. 생산공정이나 서비스상품 개발과정에는 자칫하면 다른 기업의 기술도용, 노하우 도용 또는 모방문제가 발생할 수 있고, 이런 문제는 결국 해당 호텔·관광기업의 책임으로 돌아간다.

셋째, 정보공유인데, 기업과 협력사 간에는 상품의 생산과정(QCDM)에 관한 정보를 공유할 수 있어야 한다. 그래서 본사의 상품개발실도 협력업체가 이용하고 상품개발과정에 상호 협력할 수 있는 분위기가 되어 있어야 한다.

넷째, 신뢰관계인데, QCDM에서 해당 기업과 협력사 간에 신뢰관계가 형성되어야 한다. 이러한 신뢰관계 수립을 위해서는 윤리적 협력관계가 관건이 된다. 많은 기업들이 협력사 사원의 호칭문제를 개정하여 서로 존중하는 분위기를 만들고 있다.

4. 윤리적 환경관리

1) 친환경경영의 환경변화

(1) 인간의 삶의 질과 생활환경

환경문제는 대기오염, 수질오염, 토양오염, 해양오염, 방사능오염, 소음, 진동, 악취 등이 인간의 삶과 생태계에 피해를 주는 문제들로서 양적이나 질적으로 그 어떤 문제와도 차원이 다르다. 오늘날 경제활동의 궁극적인 목표가 풍요로운 물질생활과 인간의 삶의 질 향상에 있다고 본다면, 환경오염이나 파괴현상은 이러한 차원을 넘어 심각한 생존의 문제로 등장하고 있다. 그런데 국민의 물질적 생활수준이 계속 향상되고 있는 상황에서 심각한 환경오염의 문제를 해결하지 않고서는 생활환경이 개선되지 않아 우리의 삶의 질은 도저히 향상되기가 어렵다.

(2) 국제적 환경 변화

우루과이 라운드 협상의 하나로 120개국이 참가한 '환경과 무역에 관한 다자간 협상'(소위 그린라운드에 의해 세계무역기구 : WTO)에 무역환경위원회가 가동되어 그린라운드가 효력을 발휘하고 있다. 그밖에 온실가스규제에 관한 국제적 협약 등이 크게 문제가 되고 있다.

또한 EU(유럽연맹)가입 27개국 전역에 걸쳐 2006년 7월부터 '전기전자 제품 환경 유해물질 사용제한 지침'이 시행되었다. 그밖에 여러 국제적 규제들은 수출은 물론이고 서비스업까지 우리나라 산업 전반에 걸쳐 적지 않은 영향을 미치고 있다.

(3) 국내의 경영환경 변화

친환경 경영을 위한 국제적 경영환경의 변화와 함께 국내의 환경경영 여건이 크게 변하고 있다. 최근 환경보호 관련 시민운동이 더욱 활발해지면서 각종 환경관련 시민단체들은 기업의 환경오염을 감시하고 이를 고발하고 환경오염을 방지하도록 압력을 가하고 있다. 이러한 시민단체의 활동은 기업의 이미지와 매출에 직접 영향을 미치기 때문에 기업은 현 사회의 가치수준에 맞도록 친환경경영을 강화해야 한다. 그와 더불어 친환경경영을 위한 정부의 각종 법규, 지침, 방침이 점차 강화되고 있는 것도 간과할 수 없다.

2) 기업차원의 친환경경영

인간이 삶과 생태계에 피해를 주는 문제, 국제적 환경변화, 국내 경영환경의 변화 등으로 인해 정부의 환경관련 규제, 지도 및 장려제도는 기업차원의 환경대책에 대한 대응방안을 고려하게 만들었다. 기업차원의 환경대책에는 ① 환경사고를 예방하고 환경개선활동을 전개해 환경문제가 오히려 기업의 자산이 되도록 평상시 환경관리활동을 전개하는 것과, ② 환경사고가 발생하였을 경우에 이 위기에 대처하는 위기관리에 관한 대응 등이 있다.

기업차원에서 환경관리체제를 수립하는 기본목표는 적극적으로 환경친화적 경영체제를 확립하는데 있다. 즉 적극적으로 사업활동의 전 과정에 걸친 환경영향을 평가하고, 구체적인 환경목표를 설정하여 지속적으로 환경개선을 도모하는 경영방식을 말한다. 이러한 일련의 노력을 통해 기업은 환경친화적이 되고 이 내용이 소비자에게 전달되면 환경보호 노력 그 자체는 기업의 커다란 자산이 되면서 다른 기업에 대해 경쟁적 우위를 차지할 수 있다.

기업의 친환경경영은 예를 들면 제품별 유해물질 미포함 선언, 환경유해물질이 없는 녹색구매제도 도입, 녹색경영전략 실시(경영의 녹색화, 제품의 녹색화, 공정의 녹색화, 사업장의 녹색화, 지역사회의 녹색화 등) 등에서부터 기업의 환경성 평가나 환경감사, 국제적 환경관리 인증 및 확인제도 활용 등 적극적이고 공신력 있는 환경경영전략을 도입하는 것이다.

3) 국제적 환경 문제들

인류가 생존하고 있는 지구는 그 구성하고 있는 물리적·생물적·화학적 요소들의 상호관계가 매우 복잡하기 때문에 온갖 산업들이 환경에 주는 충격을 명확하게 이해하는 것은 결코 쉬운 일이 아니다. 그러나 오늘날 기업경영자들이 매우 중시해야 할 환경요인들로는 대체적으로 지구온난화(global warming), 오존층파괴(ozone layer depletion), 비산림화(deforestation), 산성비(acid rain), 엘니뇨(Nino)와 라니냐(La Nina)현상 등으로 지적할 수 있다.

4) 환경친화적 경영마인드

오늘날 기업은 자연환경에 대한 사회적 요구에 부응하기 위해 적절한 행동을 취하지 않을 수 없는 상황에 직면해 있고, 이를 적극적으로 경영전략에 반영하는 기업들은 더욱 성장하는데 커다란 동력을 얻을 수 있을 것이다. 자연환경과 관련해 요구되는 주요한 마인드로서 대략 세 가지 사항으로 집약할 수 있다.

첫째, 손익분석에 대한 새로운 사고방식이 필요하다. 생산 및 투자에 대한 이익과 비용은 실제로 계산이 가능할까? 한라산 정상에 케이블카를 설치하는 것이 이익일까 손해가 될까? 우리는 관광상품의 개발과 관광자원의 보존 사이에 간단하게 환경비용을 확정지울 수가 없다. 실제로 환경을 고려했을 때와 그렇지 않았을 때를 장기적인 안목에서 바라보아야 할 것이다.

둘째, 계속기업으로서의 개발 마인드가 필요하다. 오래된 숲이나 열대우림을 파괴하면서 이루어내는 경제성장은 스스로 파멸할 수밖에 없다. 관광객을 위한 올레길을 만드는데 얼마나 환경적인 파괴나 복구 시기를 고려하였는가? 그것으로 인한 이익(편익)과 비용은 계산이 용이한가?

기업이 갖는 영속기업 또는 계속기업(going concern)으로서의 개발 마인드는 환경이 장기적으로 유지되거나 스스로 재생될 수 있도록 하게 하는 조직행동에 초점을 맞추어야 한다. 우리 현 세대는 미래의 세대가 지구오염에 따른 재앙을 극복할 수 있을 것이라는 미래적 낙관론과 타협해서는 안 된다.

제3절 　다국적기업과 기업윤리

1. 다국적기업과 기업윤리

1) 다국적 기업의 윤리의 필요성[6]

다국적기업(Multinational Corporations: MNC)은 본국이 아닌 외국에 생산, 마케팅 또

---

6) 박헌준, 전게서, pp.667-679; 이종영, 전게서, pp.606-667.

는 서비스시설을 가지고 있거나 그러한 활동을 통제하고 있는 기업을 말한다. 다국적기업의 특징은 경영전략을 전개하는데 ① 나라의 구별 없이 경제적으로 가장 유리한 곳에서 원자재를 조달하여, ② 가장 유리한 곳에서 생산하고, ③ 가장 유리한 시장에서 판매함으로써 이익을 올리도록 계획되어 있다. 따라서 다국적기업은 원칙적으로 국적이 없고, 각국 사람들이 주주이며, 오로지 경제적 목적에 의해 움직이고 본국의 지원을 받지만 네덜란드의 필립스, 스위스의 네슬레처럼 원래 그 회사가 창설된 본국은 별로 관계가 없는 경우도 있다. 즉 '출생지는 있어도 본적지는 없다'고 일컬어지기도 한다.

다국적기업은 이윤추구가 기본적 목적이지만 다국적기업이 진출하는 현지국에 많은 경제적 이점을 가져다준다. ① 자본을 제공하고, ② 기술을 전수하고, ③ 낙후된 특정 산업을 발전시키고, ④ 국내에 신제품 및 새로운 서비스를 도입하여 경쟁을 조장하고, ⑤ 현지국의 해외부채를 감소시키고, ⑥ 현지국의 경제발전에 도움을 준다.

그러나 나라와 사회에 따라 법규와 사회관습이 다르고 기업경영에 관계되는 활동방식도 다를 수가 있다. 따라서 다국적기업의 본사 소재국(HQ: headquarter)의 기업윤리와 현지국의 윤리관이 다를 경우 마찰이 생기고 각종 문제가 발생하는데 이에 대한 대처가 점차 큰 문제로 대두되고 있다. 또한 각국의 경영자의 윤리수준이 다를 수 있는데 이들에게 공통적으로 적용될 수 있는 가치판단 기준도 문제가 된다. <표 14.8>에서 보는 바와 같이, 일반적으로 다국적기업은 행동기준 7원칙에 따라 행동하는 것이 바람직하다.

〈표 14.8〉 다국적기업의 행동기준 7원칙

항목	다국적기업의 행동기준 7원칙
1	고의적으로 현지국에 직접 피해를 끼쳐서는 안된다.
2	현지국에 손해보다는 혜택을 많이 주어야 한다.
3	기업활동을 통해서 현지국의 발전에 기여해야 한다.
4	현지국 종업원의 인권을 존중해야 한다.
5	윤리적 표준에 위배되지 않는 한 현지문화를 존중해야 한다.
6	정당한 세금을 납부해야 한다.
7	현지의 법질서 유지를 위해 현지국 지방정부와 협력해야 한다.

2) 다국적기업과 현지국의 윤리적 판단기준

다국적기업은 여러 나라에 걸쳐 활동하기 때문에 기업경영에서 윤리문제의 형태를 정리할 필요가 있다. 여기서는 최저기준인 법규와 윤리 판단의 기준이 되는 사회적 관행으로 나누어 생각해 볼 수 있다.

첫째, 본국에서 금지된 제품이 현지에서는 아직 그런 법규가 없어 불법이 아닌 경우가 있다. 이를테면 본국에서 금지된 식품첨가제가 현지국에서는 아직 금지품목에 포함되지 않을 경우, 어느 쪽을 따라야 하는가에 대한 문제가 나온다. 뇌물이나 금지약물, 성인용 비디오나 성인용 잡지가 풍습이 다른 현지국에서 금지 또는 허용이 되어 있는 경우도 있다.

둘째, 사회적 가치관이나 윤리적 규범에 속하는 사회적 관행이다. 이 도덕적 규범은 각 사회에 따라 다른데, 한 사회에서 정당히 인정되는 관행이 다른 나라에서는 인정받지 못하는 경우가 있다. 본국에서는 방문시 선물을 가져가면 뇌물로 오해받는데, 현지국에서는 방문자의 예의로 당연시하고 그런 예물이 없으면 무례로 취급될 수도 있다.

반면에 그 반대 경우도 있다. 미국에서는 자유계약취업의 원칙에 따라 아무리 가까운 사이라도 간단히 해고해도 사회적으로 아무런 문제가 없는데, 동양권에서는 친척이나 친구도 돌보아 주지 않는 비정한 사람이라고 비난받고 불신을 당할 수도 있다.

이상과 같은 경우에 다국적기업은 어떻게 행동해야 좋은가 라는 문제가 발생한다.

2. 다국적기업의 윤리적 문제

다국적기업의 기업경영활동에서 본국의 법규나 관행이 현지국의 법규나 관행과 다를 경우에는 윤리적 문제가 생길 수 있다. 특히 다국적기업에서 자주 당면하는 경영윤리 문제로는 부패, 탈세, 불건전 상품의 판매, 불건전한 노무관리, 환경공해, 불공정거래의 강요 등이 자주 발생한다.

1) 부패

다국적기업의 윤리문제 가운데 가장 많이 논의되는 것이 부패, 즉 뇌물문제이다. 나라에 따라서 뇌물에 대한 개념이 다르기 때문에 자주 문제가 발생한다.

극히 적은 명목의 선물(현금 아닌 것)을 사회적 관행으로 인정하는 나라도 있고 그렇지 않은 나라도 있다. 다국적기업은 회사의 방침에 따라서 "현지국의 사회적 예의에 어긋나지 않은 정도의 인사 표시"는 인정하는 기업도 있다.

뇌물은 비교적 큰 금액이나 혜택을 비교적 고위직에게 제공하는 행위인데, 그 목적은 원칙적으로 될 수 없는 일을 되게 하든지, 다르게 행동하려는 것에 영향을 미쳐서 뇌물 제공자에게 유리한 결정을 하도록 하기 위한 것이다. 흔히 액수가 큰 뇌물은 정치적 권력에 영향을 미치기 위해 쓰이기도 한다.

2) 탈세

다국적기업은 장부상 이익을 축소시키거나 세금을 포탈하기 위해 현지국과 본국의 법규차이를 이용하는 '이전거래'의 수법을 이용하는 경우가 많다. 즉 세율이 높은 A국에 있는 현지회사에서 세율이 낮은 B국의 현지회사에 제품을 싸게 판매하여 A국 회사의 이익은 줄이고 B국 회사의 이익을 올리는 방법이 이전거래이다. 이는 개발도상국에 진출해 있는 선진국의 다국적기업들이 자주 이용하는 수법이다. 탈세는 대체로 현지국의 감독체계가 미흡하고, 다국적기업의 경제적 영향력 때문에 현지국 정부가 강력히 규제 못하거나, 현지국 관리들과 결탁하였을 경우에 자주 발생한다.

3) 불건전 상품의 판매

본국에서는 법적·윤리적으로 문제가 되는 상품을 그러한 제한이 약한 외국에 판매하는 경우가 있다. 가장 많이 이용되는 상품은 담배, 약품 및 식품이다.

4) 불건전한 노무관리

노무관리의 문제는 크게 4가지로 집약할 수 있다. 첫째로 실업자가 많은 개도국에서 활동하는 다국적기업이 우월적 입장을 이용하여 노동집약적 산업에 종사하는 현지국 근로자에게 부당한 근로조건을 강요 또는 묵인하는 경우이다.

둘째는 본국과 현지국의 사회적 관행의 차이로 문제를 일으키는 경우가 있다. 한번 고용되면 특별한 잘못이 없는 한 직장이 보장되고 가족적인 분위기를 존중하는게 일반적 사회통념인 나라에, 철저한 개인주의적·경쟁적·기계적 노무관리방식을 채용하는 것이 이런 경우에 속한다.

셋째로 성적 차별이 관행으로 인정되고 있는 나라의 다국적기업이 성적 평등 개념이 강한 현지국 종업원의 개념을 인정하지 않아서 문제가 되는 경우도 자주 발생한다.

넷째로 노무자의 과잉 노동, 저임금 및 미성년자 노동은 더 어려운 문제이다. 선진국의 다국적기업이 생산과정을 후진국에 이전하는 주요한 이유는 저임금을 이용한 원가 절감이 일반적이다. 다국적기업은 하청업체와 생산, 공급계약만 맺고, 하청업체의 노무관리 문제에는 관여하지 않으며, 하청업체가 현지 노무관리의 관행에 따라서 저임금, 초과시간 노동 및 아동노동을 시킨다. 간혹 체인호텔의 매니지먼트 계약에 따라 노무관리에 관여하는 경우도 있을 수 있다. 이 경우 다국적기업은 현지국의 관행을 그대로 인정할 것인지 또는 본국수준으로 노무관리를 개선할 것인지의 문제에 직면하게 된다.

5) 환경공해

환경에 관한 전반적 내용은 2절 4. 윤리적 환경관리에서 이미 언급하였다. 관점을 달리해서 보면 다국적기업은 본국에서는 금지되거나 사회적으로 기피하고 있는 공해산업을, 그런 규제가 없는 개도국에 수출하거나 산업 자체를 이전하여 윤리적 문제를 일으키는 경우가 자주 있다. 이를테면 공장폐유를 개도국에 수출하거나, 공장의 연기, 폐수, 산업폐기물 등 공해유발공장을 개도국에 이전하는 경우이다. 다국적기업은 본국에는 제품·서비스 개발, 설계, 디자인 개발, 시제품 시험생산, 기술관리, 상표관리, 지적소유권 관리, 마케팅 관리, 재무관리에 중점을 두고 공해산업을 개도국에 이전시키는 경향이 있다.

6) 불공정거래의 강요

다국적기업은 우월적 지위를 이용해 개도국의 관련회사에 거래상 어려운 조건을 강요하는 경우가 있다. 다국적기업이 유리한 위치에 있을 때 이런 일이 자주 생긴다. 경영전략으로 인정될 수 있는 범위 내에서 흥정에서 유리한 입지를 차지하기 위해 이러한 방법을 이용하지만 정도를 넘으면 비윤리적인 행위가 되어 오히려 기업의 명성에 금이

가게 되기도 한다.

3. 다국적기업의 윤리관리

1) 다국적기업 차원의 윤리관리[7]

첫째, 다국적기업 활동의 윤리관리를 위해서는 공통적으로 적용될 수 있는 기준을 제공해야 한다. 공통적 윤리강령을 개발하려면 기업이 지향하고 또 고객에게 알리고자 하는 핵심적 가치관 또는 핵심적 기업이념을 확고히 해야 한다. 이것은 기업의 기본적 철학이나 경영이념을 나타내는 것으로 인종과 나라에 따라서 달라질 수 없는 것이라야 한다. 이 핵심적 가치가 정해지면 각국의 실정에 맞도록 행동준칙을 정해야 하는데 이를 위해서 '하위가치관' 또는 실전지침을 정해야 한다. 이는 가령 방문할 때 조그만 선물이 예의이고 맨손으로 가는 것이 실례로 인정되는 사회에서는 그대로 따르는 것이 좋다.

둘째로, 정해진 윤리강령 또는 종업원의 행동강령은 준수되어야 한다. 윤리강령을 성실하게 실천하기 위한 제반조치가 뒤따라야 한다.

셋째로, 이해관계자 분석인데, 이것은 윤리문제에 관련된 기업활동의 의사결정을 할 때에 기업주나 종업원뿐만 아니고 그 결정이 영향을 미칠 모든 이해관계자의 이익을 아울러 고려하고 그중에서 가장 중요한 이해관계자의 이익을 생각하는 분석방식이다.

넷째로 기업의 경영전략 그 자체에 윤리가 도입되어야 한다. 그러기 위해서는 문제가 되고 있거나 문제가 될 사항을 파악해야 하고, 기업이 세계 시장에 알리고 싶은 '윤리 프로필'을 정해야 한다. 예를 들어 "우리기업은 사회적 안정을 가장 중요시 합니다." 또는 "환경오염을 줄이는 노력을 가장 중요시 합니다" 등이다. 그리고 이 윤리적 프로필을 기업전략에 반영시켜야 한다. 또 이런 윤리적 프로필을 현지국의 이해관계자에게 알리고 또 이러한 윤리 프로필이 구체적으로 나타나도록 해야 한다.

마지막으로 현지국의 정부규제나 간섭으로 인해 윤리적 규범을 약속대로 이행하기 불가능한 경우는, 다국적기업으로서 다른 나라의 관련 회사의 공통적 이미지를 보호하기 위해서, 필요하다면 해당국에서 철수까지도 고려할 수 있어야 한다. 이런 이유로

---

7) 윤대혁, 전게서, pp.464-466, 이종영, 전게서 pp.627-630 참조.

IBM과 코카콜라는 인도에서 철수한 적이 있다.

2) 다국적기업의 윤리실천 방안

기업의 윤리수준 향상은 기업의 장기적 발전에 도움이 되고, 국제사회에서 신뢰성을 제고해 국제경쟁력을 향상시킬 수 있지만, 이것을 실천하는 데는 몇 가지의 기본조건이 있다.

첫째, 기업윤리의 효과는 장기간에 걸쳐 서서히 나타나기 때문에 장기적 이익을 위해서 어떤 경우에는 단기적 이익이 희생될 수 있다. 그것을 위해서는 기업윤리를 자산으로 인식하고 윤리수준 향상을 통해 기업 이미지가 향상된다는 확신과 더불어 지역사회와 동반성장하는 선한기업(good company)을 지향하고, 경영성과와 영업성과에서 얼마나 벌었나(이익의 양)보다는 어떻게 벌었나(이익의 질)를 중시해야 한다.

둘째로, 기업의 윤리강령과 종업원의 행동기준을 무국적화할 필요가 있는데, 이는 국내용과 국제용(현지용)을 다르게 작성하여서는 안되며, 전세계 어느 국가에서도 공평하게 적응하도록 하여야 한다.

셋째로, 종업원과 관리자들이 비윤리적 행동을 하였을 경우에, 비록 회사를 위한 행위일지라도 그 책임은 개인이 져야 한다는 것을 명백히 밝혀둘 필요가 있고 또한 그대로 실천해야 한다.

넷째는, 내부자고발의 의무화이다. 내부자고발은 한국의 기업풍토 속에서 매우 실천하기 어려운 일이다. 현재까지 대부분의 조직은 내부자고발을 고자질로 생각하고 내부고발자를 따가운 시선으로 바라보는 경향이 있다. 그러나 최근 우리나라 조직에도 합리적 사고방식이 확산되면서 내부자고발 의무에 대한 생각에 변화가 나타나고 있으며, 이것은 기업윤리수준의 향상에 긍정적인 신호로 받아들여지고 있다.

참고문헌

김경환(2014), 글로벌 호텔경영, 백산출판사.

김경환·차길수(2005), 호텔경영학, 현학사.

김상진 외 6인(1999), 현대경영학 이해, 청목출판사.

김석훈·김수균·홍민(2010), 효과적인 인사관리를 위한 e-HRM 경영정보시스템 구축 연구, 한국정보통신학회논문지, 14(2), 409-414.

김성국·김문주·서여주(2003), e-HR(전자인적자원관리)의 성공요인에 관한 연구, 경영논집(이화여대), 21(2), 21-34.

김성택(2012), CSR 5.0-기업의 사회적 책임과 역할, 도서출판 청람.

김성혁(2015), 관광산업의 이해, 백산출판사.

김성혁(2013), 최신 관광경영론, 백산출판사.

김성혁·오익근(2007), 관광서비스관리론, 형설출판사.

김성혁·오재경(2013), 최신 관광사업개론(개정판), 백산출판사.

김성혁·황수영(2011), 신판 관광마케팅, 백산출판사.

김성혁·권상미(2010), 서비스품질의 연구동향: 1989-2008, 관광연구, 25(1). 205-223.

김수욱·김승철·김희탁·성백서 편역(2004), 서비스 운영관리(Successful Operation Management, 한경사: 서울.

김태웅(2010), 서비스 운영관리, 신영사: 서울.

김형준(2011), 전략경영론, 형설출판사: 서울.

박성환(2007), 역량중심 인적자원관리, 한올출판사.

박헌준 편저(2002). 한국의 기업윤리-이론과 현실, 박영사.

서비스경영연구회 편역(2004), 서비스경영(Service Management), 한경사: 서울.

신유근(2012), 제3판 경영학원론-시스템적 접근, 다산출판사: 서울.

신현우(2007), 서비스중심 운영관리론. 도서출판 대명: 대구.

신황호(2009), 다국적기업과 해외투자, 두남: 서울.

안영도(2012), 전략적 사회책임 경영 - 기업의 사회적 책임과 전략적 선택, 필맥.

어윤대 · 방호열(2000), 전략경영, 학현사.

원석희(2010), 서비스 운영관리(개정2판). 형설출판사: 서울.

유영목(2005), 서비스 품질경영, 양서각: 서울.

육윤복(2004), 현대사회와 경영학, 경영과 회계: 서울.

윤대혁(2005), 글로벌시대의 윤리경영, 무역경영사.

이관춘(2009), 기업의 위기극복을 위한 윤리경영 전략, 학지사.

이문규 · 안광호(2011), 서비스마케팅 & 매니지먼트, 집현재: 서울.

이원재(2005), 전략적 윤리경영의 발견, 삼성경제연구소.

이종영(2007), 기업윤리 - 윤리경영의 이론과 실제, 삼영사.

장세진(2006), 글로벌 경쟁시대의 경영전략 4판, 박영사.

전용욱 · 김주현 · 최창범(2012), 글로벌경영, 문영사: 서울.

정준화(2001), 경영학원론, 세경사.

조동성(2002), 21세기를 위한 경영학, 서울경제경영.

지호준(2003), 21세기 경영학, 법문사.

피터 드러커 소사이티 역(2007), 원칙경영을 통한 가치의 창출-기업의 윤리경영과 사회적 책임(아이라 잭슨 · 제인 넬슨 저), 지평.

Barney, J. B.(2000), *Gain and Sustaining Competitive Advantage*, Pearson Education. 권구혁 · 신진교 역, 전략경영과 경쟁우위. 시그마프레스.

Berry, L. L. et al.(1983), *Emerging Perspectives of Service Marketing*, AMA.

Chakravarthy, B. S. & Perlmutter, H. V.(1985), "Strategic Planning for A Global Business", *Columbia Journal of World Business*, Summer. pp.3-10.

Chase, R. & N. Aquilano(1992), *Production and Operations Management: A Life Cycle Approach*. 6th ed., Irwin.

Goetsch, D. L. & S. B. Davis(2006), *Quality Management*, 5ed, Pearson Hall. 김종걸 · 이낙영 · 권영일 편역(2006), 품질경영, 사이텍미디어.

Gunn, C. A.(1979), *Tourism Planning*, NY: Crame Russak.

Hill, L. A.(2008), Where will we find tomorrow's leader? *Harvard Business Review*, (January) pp.123-129.

Hill, C, W. L.(2011), *International Business: Competing in the Global Marketplace*, 8ed. 최순규·신형덕 역, 국제경영: 글로벌 시장에서의 경쟁전략, HS Media.

Langeard, E., C. H. Lovelock, J. E. G. Bateson and R. F. Young(1977), *Marketing Consumer Service - New Insight. Cambridge*, MA. Marketing Science Institute.

Lee, C. Y., & H. Yoshihara(1997), Business Ethnic of Korean and Japanese Managers, *Journal of Business Ethnics*, 16. Jan. 7-21.

Leiper, Neil(1979), "The framework of Tourism", *Annals of Tourism Research*, Vol 6, No 4.

Mathieson, A. & G. Wall(1982), "Conceptualization of Tourism", *Tourism: Economic, Physical and Social Impact*. London: Longman.

Moutinho, L.(2000), *Strategic Management in Tourism*, (ed) CABI Publishing.

Mondy, R. W. & R. M. Noe(2005), *Human Resource Management*, 9th edition. Pearson Prentice Hall.

Olson, M. D., E, Tse, & J. W. West(1998), *Strategic Management in the Hospitality Industry*. John Wiley & Son, Inc. 김경환 역(1999), 호텔·레스토랑산업의 경영전략, 백산출판사: 서울.

Schonberger, R.(2001), *Operations Management : Meeting Customer Demands*, McCGraw Hill.

Timmons, J. A., L. E. Smollen & A. L. Danger(1997), *New Venture Creation*, Homewood Ⅲ, Richard D, Irwin.

Weaver, D. & L. Weaver(2010), *Tourism Management*, 4 ed. Wieley.

Wirtz, J., P. Chew, & C. Lovelock(2013), *Essential of Services Marketing*, 2nd ed. 김재욱·김종근·김준환·이서구·이성근·이종호·최지호·한계숙 역(2014), 서비스 마케팅, 시그마 프레스.

저자 소개

김성혁

〈경력〉
- 제주대학교 관광경영학과 학사
- 일본 경응의숙(게이오) 상학석사 및 상학박사
- 한국관광학회 부회장 및 편집위원장 역임
- 관광통역안내사 자격시험위원
- 호텔경영사 및 호텔관리사 자격시험위원
- 문화체육관광부 관광자문위원
- 한국관광공사, 서울시 관광자문위원 등
- 현, 세종대학교 호텔관광경영학과 교수

〈저서〉
- 관광산업의 이해, 백산출판사, 2015
- 최신 관광경영론, 백산출판사, 2013
- 최신 관광사업개론(개정판), 백산출판사, 2013
- 신판 관광마케팅, 백산출판사, 2011
- 관광서비스(5판), 백산출판사, 2010
- MICE산업론(개정3판), 백산출판사, 2010
- 관광서비스(개정5판), 백산출판사, 2010
- 외식마케팅론, 백산출판사, 2009
- 개정판 관광학원론, 형설출판사, 2009
- 호텔관광서비스마케팅, 백산출판사, 2004
- 여행사경영관리론, 형설출판사 2004

기타
저서 30여 편, 논문 150여 편

호텔관광경영론

2016년 2월 20일 초판 1쇄 인쇄
2016년 2월 26일 초판 1쇄 발행

지은이 김성혁
펴낸이 진욱상 · 진성원
펴낸곳 백산출판사
교 정 조진호
본문디자인 오행복
표지디자인 오정은

등 록 1974년 1월 9일 제1-72호
주 소 경기도 파주시 회동길 370(백산빌딩 3층)
전 화 02-914-1621(代)
팩 스 031-955-9911
이메일 editbsp@naver.com
홈페이지 www.ibaeksan.kr

ISBN 979-11-5763-145-2
값 28,000원